Elektrotechnik für Studierende

Wechselstrom 1

Dipl.-Ing. Univ. Leonhard Stiny

Elektrotechnik für Studierende

Wechselstrom 1

197 Abbildungen und 83 Beispiele mit ausführlichen Musterlösungen

1. Auflage 2014

Dr.-Ing. Paul Christiani GmbH & Co. KG

Titelbild: © Robert Kneschke/fotolia.com

Bestell-Nr. 95489

ISBN: 978-3-86522-918-2

---

1. Auflage 2014

Inhalt

Vorwort

Der erste Band der Buchreihe „Elektrotechnik für Studierende“ behandelt mathematische Verfahren und Konzepte, erläutert die Ursachen des Stromes und die Grundlagen elektrischer Stromkreise.

Der zweite Band bietet eine verständliche Einführung in das Gebiet der Gleichstromtechnik. Dieser Bereich steht nach den Grundlagen von Stromkreisen oft zu Beginn von Vorlesungen der Elektrotechnik.

So wie Band 1 und Band 2 ist auch dieser Band 3, Wechselstrom 1, als Lehr- und Studienbuch für alle gedacht, die sich in ihrem Studium mit der Elektrotechnik beschäftigen müssen. Sowohl für die Fachrichtung Elektrotechnik als auch für Studiengänge anderer technisch-naturwissenschaftlicher Zweige wie Maschinenbau, Automatisierungs- und Produktionstechnik, Biomedical Engineering, Wirtschaftsingenieurwesen oder Informatik werden den Studierenden die Grundzüge der Wechselstromtechnik erläutert. Dieses Werk kann an Akademien, Fachhochschulen und Universitäten als Leitfaden von Lehrveranstaltungen dienen, welche Wechselstrom zum Inhalt haben. Für Studierende ist es sowohl zum Selbststudium als auch als vorlesungsbegleitendes Ergänzungswerk geeignet. Ingenieure in der Berufspraxis können ihr Wissen um Vorgehensweisen und Berechnungsverfahren auffrischen und vertiefen. Einen Schwerpunkt bildet dabei die Berechnung von Netzwerken mit Hilfe komplexer Größen.

Vorausgesetzt werden wieder Kenntnisse in Mathematik, welche in etwa dem Abitur an einem mathematisch-naturwissenschaftlichen Gymnasium oder dem Abschluss in einem technischen Zweig einer Fachoberschule oder Berufsoberschule entsprechen. Differenzieren und Integrieren wird als geläufig angenommen. Ein Grundwissen über elektrische Stromkreise und die Anwendung unterschiedlicher Analysemethoden für Gleichstromnetzwerke sollte ebenfalls vorhanden sein.

Nach einer Vorstellung von Arten, Eigenschaften und Kenngrößen verschiedener Signale im ersten Abschnitt werden im zweiten Abschnitt Sinusgrößen und damit verbundene wichtige Begriffe und Definitionen behandelt. Die Zeigerdarstellung von Sinusgrößen erlaubt eine anschauliche grafische Darstellung von Sachverhalten in Wechselstromkreisen. Zahlreiche Übungen mit Lösungen vermitteln hier die Kenntnisse zur selbstständigen Erstellung von Zeigerbildern.

In Abschnitt drei werden die unterschiedlichen Wechselstromwiderstände und die grundlegenden Gesetze zu ihrer rechnerischen Behandlung vorgestellt. In Abschnitt vier werden Sinusstromkreise im Zeitbereich untersucht, die durch das Zusammenschalten von zwei Wechselstromwiderständen entstehen.

Abschnitt fünf erläutert die verschiedenen Arten der Leistung in einem Wechselstromkreis, welche in den unterschiedlichen Verbrauchern entstehen, und zeigt ihre Zusammenhänge auf.

In Abschnitt sechs werden lineare Wechselstromnetzwerke mit Hilfe der komplexen Wechselstromrechnung analysiert. Dabei wird zunächst die gesamte komplexe Rechnung neu eingeführt, um sie dann erst auf die Berechnung elektrischer Netzwerke anzuwenden.

Abschnitt sieben zeigt Möglichkeiten zur Umwandlung von Netzwerken, hier werden Äquivalenz, Dualität und Reziprozität erläutert.

In Abschnitt acht werden die einfachen Wechselstromschaltungen von Abschnitt vier im komplexen Bereich berechnet. Diese Berechnungen werden in Abschnitt neun auf allgemeine und umfangreichere Netzwerke angewandt, hier werden ausschließlich viele Beispiele mit ausführlichen Lösungswegen gezeigt.

In Abschnitt zehn wird dann die Frequenz in Wechselstromnetzwerken als variabel betrachtet. Ersatzschaltungen von realen Bauelementen und besonders das Gebiet Schwingkreise spielen hier eine zentrale Rolle.

Durch die Fülle des Stoffes war es nicht ratsam, die gesamte Thematik „Wechselstrom" in einem einzigen Band dieser Buchreihe abzuhandeln. Der vorliegende Band 3 vermittelt ein Grundwissen der Wechselstromlehre. Band 4, Wechselstrom 2, setzt dieses Wissen voraus, um es bei weitergehenden Berechnungs- und Analysemethoden praktischer Wechselstromnetzwerke einzusetzen.

Viele Abbildungen erleichtern das Verständnis des Stoffes. Zusammenfassungen am Ende der Kapitel heben das Wesentliche hervor. Vor allem aber ermöglichen zahlreiche Beispiele, die meisten in Form von Übungsaufgaben mit ausführlichen Lösungen, das Wissen durch eigene Berechnungen zu vertiefen und zu festigen. Somit kann das Werk auch als Hilfe für eine Prüfungsvorbereitung verwendet werden.

Haag a. d. Amper, im Februar 2014

Leonhard Stiny

1 Signale

Bei Betrachtungen zum Gleichstrom sind die behandelten Größen zeitlich invariant (stationär). Derartige zeitlich gleichbleibende Größen bezeichnet man als **Gleichgrößen**, z. B. Gleichströme, Gleichspannungen. Gleichgrößen sind eigentlich ein Ausnahmefall, im Allgemeinen sind diese elektrischen Größen zeitlich variabel, man bezeichnet sie dann als **Wechselgrößen**. Im Folgenden werden die Eigenschaften und Beziehungen elektrischer Wechselgrößen behandelt.

Ehe eine Beschränkung auf die in der Wechselstromtechnik hauptsächlich betrachtete sinusförmige Zeitabhängigkeit elektrischer Ströme und Spannungen erfolgt, wird der häufig verwendete Begriff „Signal" definiert, und es werden Signale nach unterschiedlichen Kriterien klassifiziert.

1.1 Definitionen zu Signalen

Ein **System** kann allgemein als eine Menge untereinander verbundener Komponenten zur Erfüllung eines technischen Zwecks definiert werden.

Ein System verarbeitet *Eingangssignale* und liefert *Ausgangssignale*. Die *Systemtheorie* beschreibt mit Hilfe geeigneter mathematischer Werkzeuge die Eigenschaften eines Systems und dessen Auswirkungen auf Signale bei ihrer Übertragung oder Verarbeitung durch ein System. Indem ein funktionaler Zusammenhang zwischen Ein- und Ausgangssignalen hergestellt wird, kann das System selbst definiert werden. Die *Signaltheorie* dagegen beschreibt und klassifiziert die Signale.

Informationen sind Angaben über Sachverhalte und/oder Vorgänge.

Nachrichten sind kontinuierliche Funktionen oder Zeichen, die Informationen zum Zwecke der Weitergabe auf Grund bekannter Abmachungen (Protokolle) darstellen. Nachrichten informieren über einen Sachverhalt oder ein Ereignis.

Da für die Übertragung von Nachrichten sehr unterschiedliche Übertragungsmedien genutzt werden, ist es grundsätzlich erforderlich, die zu übertragende Nachricht einer physikalischen Größe aufzuprägen (z. B. einer elektrischen Spannung). Ein **Signal** ist allgemein die physikalische Erscheinungsform bzw. der Träger einer Nachricht. Ein Signal ist die Darstellung von Information durch den Wert oder Werteverlauf einer physikalischen Größe. Die **physikalische Größe** ist der **Signalträger**. Beispiele: Elektrischer Strom, elektrische Spannung, Schallwelle, Magnetisierung, Schwärzungsgrad. Meist versteht man unter einem Signal sich (entsprechend den übertragenen Informationen) ändernde Eigenschaften eines Signalträgers, z. B. die Höhe oder den zeitlichen

Verlauf einer physikalischen Größe, welche Informationen übermittelt und somit der **Informationsträger** ist. – Organismen und Systeme unserer Welt stehen miteinander in einem Austausch, sie kommunizieren miteinander. Zur Kommunikation gehören der Austausch von *Materie*, *Energie* und *Nachrichten*. Solche Nachrichten können z. B. akustische Reize in Form von Sprache sein. Beispiel: Ein Mikrofon wandelt die Sprache in ein sich zeitlich änderndes Signal um, z. B. in einen elektrischen Strom $i(t)$. Der Strom ist der Signalträger, die zeitliche Änderung des Signals $i(t)$ ist der Träger der Nachricht, der Informationsträger.

Signale haben normalerweise von der Nachricht abhängige Merkmale (z. B. zeitlicher Verlauf, Signalhöhe durch Lautstärke) und zusätzlich von der Nachricht unabhängige Merkmale (eine physikalische Größe wie Strom, Spannung).

Von der Nachricht abhängige Merkmale eines Signals nennt man **Signalparameter** (Informationsparameter). Der Signalparameter ist das nachrichtenabhängige Merkmal eines Signals und ist derjenige Parameter der physikalischen Größe, der die Information enthält und der eine Funktion der Zeit oder der Ortskoordinaten ist. Der Signalparameter ist also diejenige Kenngröße eines Signals, deren Wert oder Werteverlauf die Nachricht darstellt. Beispiele: Amplitude bei der Amplitudenmodulation, Frequenz bei der Frequenzmodulation, zeitlicher Abstand von Impulsflanken bei der Impulsdauermodulation.

Signale werden vom Sender über einen oder mehrere **Übertragungskanäle** (Nachrichtenkanäle) zum Empfänger übertragen. Beispiele für Übertragungskanäle sind elektrische Leitungen oder Funkverbindungen.

Das **Nutzsignal** ist eindeutig der Nachricht zugeordnet.

Störsignale sind physikalische Größen, welche die Übertragung stören. Beispiele: Rauschen, Nebensprechen, Verzerrungen, Netzbrummen, atmosphärische Störungen. Störsignale sind Signale mit nachrichten*un*abhängigen Merkmalen und verfälschen die Form bzw. den zeitlichen Verlauf des Nutzsignals.

Hilfssignale tragen keine Information, können aber für die Funktion des Systems wichtig sein. Beispiel: Trägersignal bei der Amplitudenmodulation.

Ein **Testsignal** (Prüfsignal) ist ein typisches, meist sehr einfaches Signal, das zur Prüfung oder Identifizierung eines Systems dient. Es wird als Eingangssignal einem System zugeführt und die Systemantwort in Form des resultierenden Ausgangssignals (Kennfunktion) gemessen. Testsignale können zur Bestimmung der Systemeigenschaften verwendet werden.

Der **Augenblickswert** (Momentanwert) eines Signals $x(t)$ ist sein Wert zum Zeitpunkt t.

1.2 Klassifizierung von Signalen

Signale lassen sich nach der Gesetzmäßigkeit der Änderung des Signalträgers (also nach der Änderung der physikalischen Größe) in mehrere Klassen einteilen.

Die folgenden Definitionen gelten allgemein für jede Art von physikalischen Signalen, somit gleichermaßen für z. B. einen Strom $i(t)$ als auch für eine Spannung $u(t)$. Sollen für veränderliche Signale Kennwerte gefunden werden, so müssen folgende Eigenschaften des Signals beschrieben werden:

- Beschreibung des Zeitverhaltens des Signals (der zeitliche Verlauf kann beliebig kompliziert werden).
- Angaben über den Wert oder die Größe des Signals.
- Für einfache Signale die (mathematische) Beschreibung der Kurvenform.

Für beliebige Signalformen können im Allgemeinen keine vollständigen Beschreibungen gefunden werden.

Eine Klassifizierung von Signalen kann nach der Vorhersagbarkeit des zeitlichen Verlaufs und nach dem Signalparameter (Art und Verlauf der Funktionswerte) erfolgen.

1.2.1 Klassifizierung nach dem Signalverlauf

1.2.1.1 Determinierte Signale

Ein determiniertes (deterministisches) Signal hat einen vorhersagbaren zeitlichen Verlauf. Der Verlauf der Signalwerte ist für jeden Zeitpunkt exakt vorhersagbar bzw. vorausberechenbar, da er mit mathematischen Funktionen analytisch vollständig beschreibbar ist. Beispiel:
$u(t) = 5\ \mathrm{V} \cdot \sin\left(2 \cdot \pi \cdot 50\ \mathrm{s}^{-1} \cdot t\right)$.

Determinierte Signale eignen sich nicht zur Übertragung einer Nachricht. Der Empfänger eines determinierten Signals kann sich selbst ausrechnen, wie der weitere Signalverlauf sein wird, er erhält somit keine Information. Determinierte Signale werden deshalb meist als Test- oder Hilfssignale eingesetzt.

1.2.1.2 Nicht determinierte Signale

Ein nicht determiniertes Signal hat einen *nicht* vorhersagbaren zeitlichen Verlauf. Ein solches Signal wird auch Zufallssignal oder *stochastisches* Signal genannt. Der zeitliche Verlauf der Signalwerte ist regellos und nicht vollständig analytisch beschreibbar, sondern nur durch statistische Kenngrößen der Wahrscheinlichkeitstheorie charakterisierbar. Die Signalwerte sind Zufallsgrößen und werden von statistischen Eigenschaften beschrieben, wie z. B. mittlere Amplitude (Erwartungswert) oder mittlere Abweichung der Amplitude.

Informationstragende Signale zur Übertragung einer Nachricht, z. B. Audio-, Video- oder Datensignale, sind stochastische Signale.

Auch Rauschsignale, die bei regellosen physikalischen Vorgängen wie der Elektronenbewegung in einem ohmschen Widerstand entstehen, sind stochastische Signale.

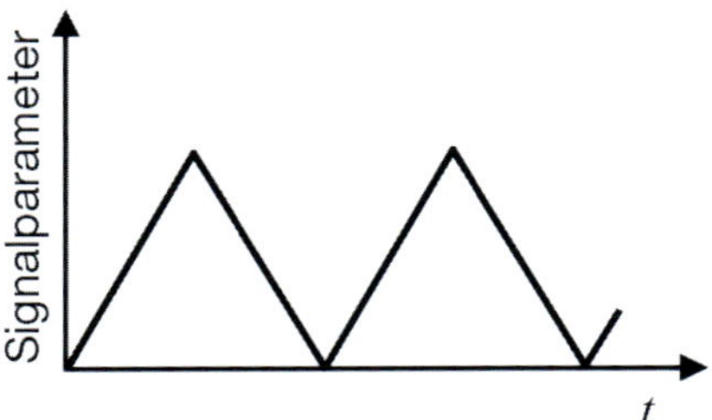

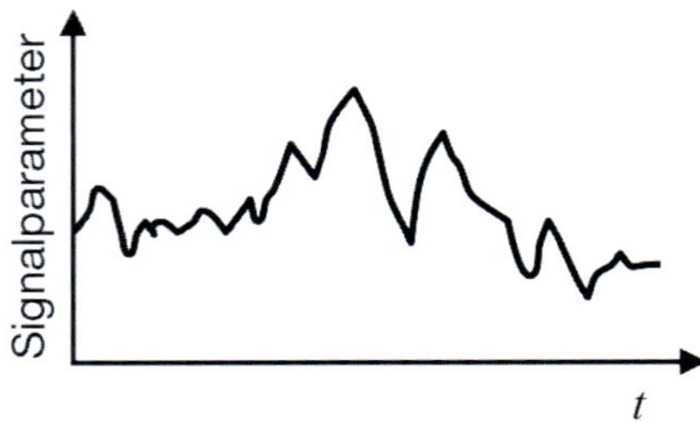

Abb. 1: Beispiel für ein determiniertes Signal (links) und ein stochastisches Signal (rechts)

Determinierte Signale können in kontinuierliche und diskrete Signale eingeteilt werden. „Kontinuierlich" und „diskret" kann wiederum auf die Zeit oder auf die Signalwerte bezogen sein.

1.2.2 Klassifizierung nach dem Signalparameter

1.2.2.1 Zeitkontinuierliches Signal

Bei einem zeitkontinuierlichen Signal ist der Signalparameter für jeden beliebigen Zeitpunkt (für jeden Zeitpunkt $t \in \mathbb{R}$) während der Dauer des Signals definiert ($\mathbb{R} =$ Menge der reellen Zahlen). Zeitkontinuierliche Signale werden häufig durch Funktionen $f(t)$ beschrieben.

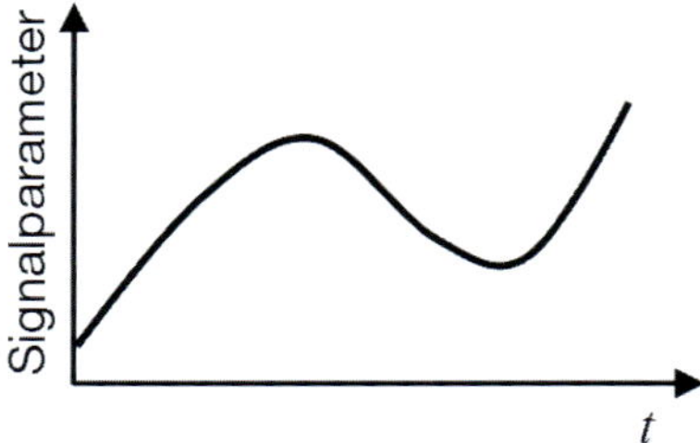

Abb. 2: Beispiel für ein zeitkontinuierliches Signal

1.2.2.2 Wertkontinuierliches Signal

Bei einem wertkontinuierlichen Signal kann der Signalparameter (Amplitude) jeden beliebigen Wert innerhalb eines Wertebereiches annehmen. Beispiel: Alle Spannungen zwischen $-10\ \text{V}$ und $+5\ \text{V}$.

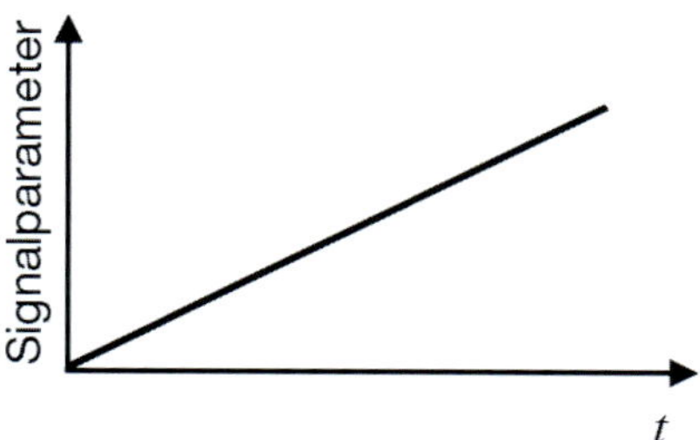

Abb. 3: Beispiel für ein wertkontinuierliches Signal

1.2.2.3 Zeitdiskretes Signal

Bei einem zeitdiskreten Signal ist der Signalparameter nur zu diskreten Zeitpunkten $k \in \mathbb{Z} = \{0,\ \pm 1,\ \pm 2, \ldots\}$ definiert ($\mathbb{Z}$ = Menge der ganzen Zahlen).

Der Signalparameter kann evtl. auch nur innerhalb von vorgegebenen Zeitintervallen definiert sein (Abb. 4 rechts).

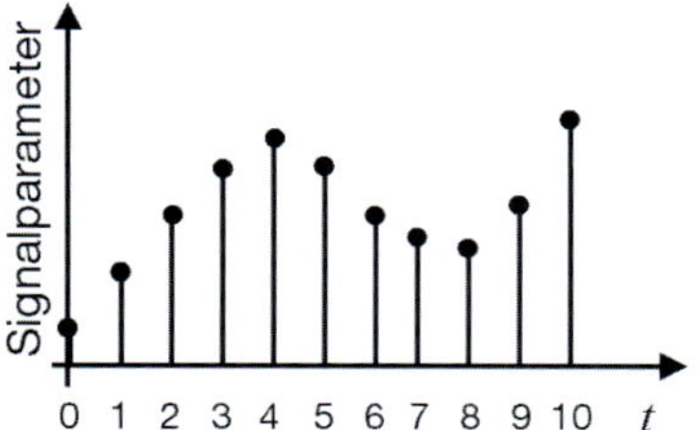

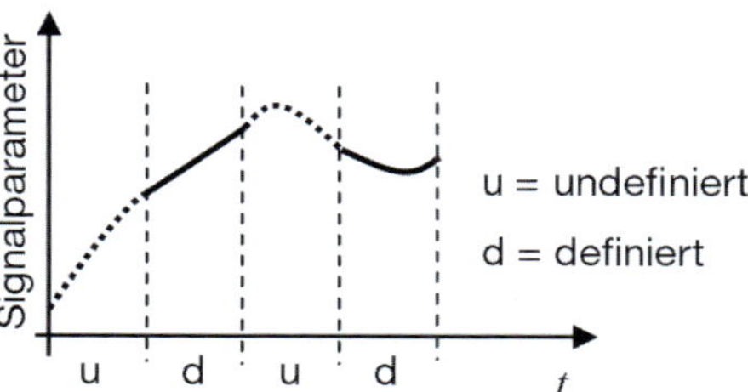

Abb. 4: Beispiele für zeitdiskrete Signale, das linke Signal ist ein zeitdiskretes, aber wertkontinuierliches Signal, das durch Abtastung des Signals in Abb. 2 gewonnen wurde.

Ein zeitdiskretes Signal (Abb. 4 links) wird durch eine aus unendlich vielen Elementen bestehende Zahlenfolge $\{f(k)\} = \{\ldots, f(-2), f(-1), f(0), f(1), f(2), \ldots\}$ beschrieben. Die Argumentvariable k kann ausschließlich ganzzahlige Werte annehmen, es handelt sich bei k um einen diskreten Index. Dieser Index ist diskreten Zeitpunkten $t = t_k$, $t_k < t_{k+1}$ zugeordnet. In der Regel sind diese Zeitpunkte als ganzes Vielfaches einer vorgegebenen Taktperiode „T_A" (als äquidistante Zeitpunkte) definiert. Die Elemente $f(k)$ der Zahlenfolge nennt man dann auch **Abtastwerte**. Die Konstante T_A wird als **Abtastzeit** (Abtastperiode) bzw. deren Kehrwert $f_A = 1/T_A$ als **Abtastfrequenz** bezeichnet. Normalerweise setzt man den Beginn der Abtastung auf den Zeitnullpunkt $t = 0$.

Unter **Abtastung** (Entnahme von Amplitudenwerten zu bestimmten, äquidistanten Zeitpunkten) versteht man den Übergang vom zeitlich kontinuierlichen zum zeitdiskreten Signal.

1.2.2.4 Wertdiskretes (quantisiertes) Signal

Bei einem wertdiskreten Signal kann der Signalparameter nur bestimmte diskrete (abzählbare) Werte innerhalb eines Wertevorrats annehmen, oder der Signalparameter liegt innerhalb sich nicht überlappender Wertintervalle eines Wertebereichs. Ein n-wertiges Signal hat n relevante Werte bzw. Wertintervalle des Signalparameters. Bei einem quantisierten Signal kann die Amplitude nicht beliebig genau dargestellt werden, sie kann sich nur in Schritten ändern.

Man spricht von **Quantisierung**, wenn die Amplitude eines Signals von einem kontinuierlichen in einen wertdiskreten Zustand übergeführt wird.

Diskrete Signalwerte entstehen aus einem analogen Signal durch Analog-Digital-Wandlung. Ein Analog-Digital-Wandler (**A**nalog-to-**D**igital **C**onverter, ADC) entnimmt aus einem analogen Signal mittels einer Abtastschaltung zu äquidistanten Zeitpunkten Abtastwerte (Messwerte). Der zeitliche Abstand zwischen zwei Abtastwerten ist die Abtastzeit. Es entsteht ein zeitdiskretes Signal, dessen Werte jedoch noch wertkontinuierlich sind. Die Abtastwerte werden in Zahlen umgewandelt. Da die Genauigkeit dieser Umwandlung vom gewählten Zahlenformat mit seinem endlichen Wertevorrat begrenzt wird, entsteht ein wertdiskretes Signal. Die Signalwerte sind in der Regel ein ganzes Vielfaches einer kleinsten Stufe (engl.: **l**east **s**ignificant **b**it, LSB).

Ein Digital-Analog-Wandler (**D**igital-to-**A**nalog **C**onverter, DAC) kann Zahlenwerte wieder in „analoge“ Werte umsetzen, aber nur mit Spannungsstufen entsprechend der Genauigkeit (Auflösung) des DAC.

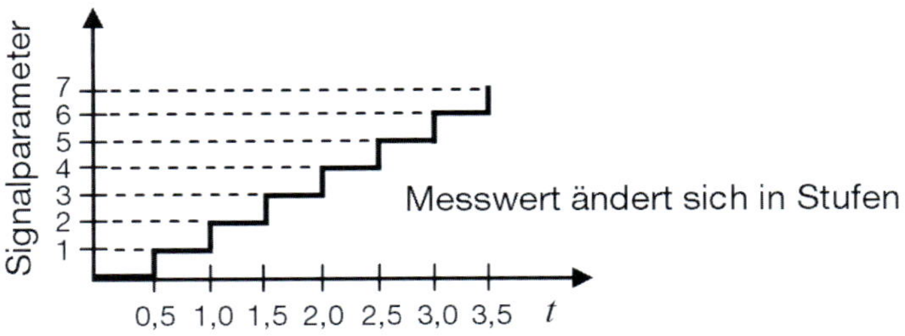

Abb. 5: Beispiel für ein wertdiskretes, aber zeitkontinuierliches Signal

Die vier Signaldarstellungen im Überblick (siehe Abb. 6):

1: zeitkontinuierlich, wertkontinuierlich → analoge Schaltungen, z. B. RC-Filter
2: zeitdiskret, wertkontinuierlich → z. B. Ausgang einer Abtastschaltung
3: zeitkontinuierlich, wertdiskret → z. B. Ausgang eines DAC
4: zeitdiskret, wertdiskret → z. B. Ausgang eines ADC

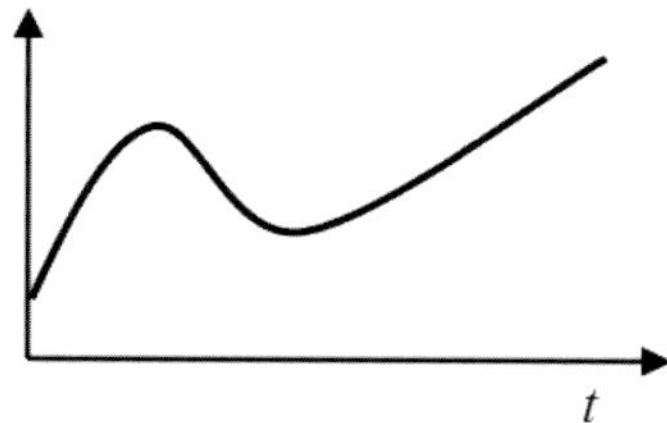

1: zeitkontinuierlich, wertkontinuierlich

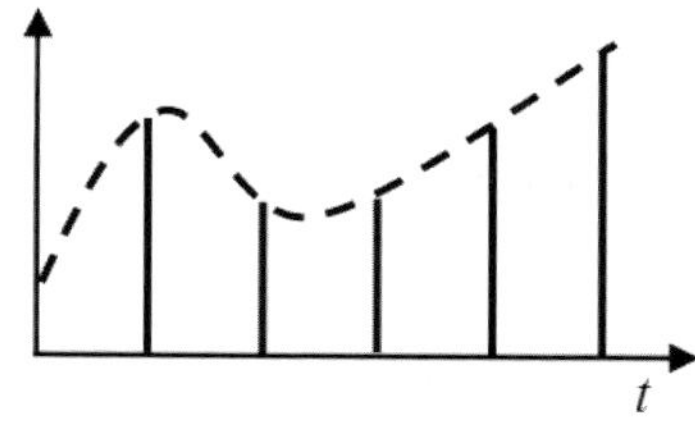

2: zeitdiskret, wertkontinuierlich

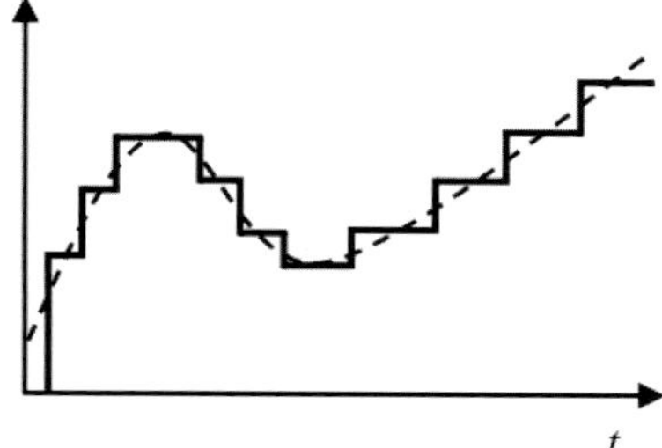

3: zeitkontinuierlich, wertdiskret

t

4: zeitdiskret, wertdiskret

Abb. 6: Zur Klassifikation von Signalen

Beispiel 1

Zu Abb. 6 gehörige Beispiele aus der Messtechnik

1: Ständige Messung mit analogem Messinstrument

2: Messung zu bestimmten Zeitpunkten mit analogem Messinstrument

3: Ständige Messung mit digitalem Messinstrument

4: Messung zu bestimmten Zeitpunkten mit digitalem Messinstrument

Analoge Signale bilden einen kontinuierlichen Vorgang kontinuierlich ab. Es sind wert- und zeitkontinuierliche Signale. Alle physikalischen Größen ändern sich von Natur aus wert- und zeitkontinuierlich (analog). Ihre Verarbeitung erfolgt aber oft zeitlich und/oder wertmäßig quantisiert.

Digitale Signale sind normalerweise wert- und zeitdiskret. Die Signalparameter (z. B. die diskret zugelassenen Spannungswerte) stellen eine Nachricht dar, die nur aus Zeichen besteht. Ein Zeichen ist dabei ein Element aus einer zur Informationsdarstellung vereinbarten Menge voneinander unterschiedlicher Elemente. Oder einfacher ausgedrückt: Die einzelnen Signalpegel werden durch Zahlwörter (Digits) dargestellt. Solche Signale treten bei Regelungen mit Computern oder so genannten digitalen Regelgeräten auf. Die Umwandlung analoger Signale in digitale Signale ist nur durch Diskretisierung des Signalpegels möglich. Die bei der digitalen Regelung verwendeten Analog-Digital-Wandler führen den Umwandlungsprozess im Allgemeinen nur zu diskreten Zeitpunkten durch, welche durch die Abtastzeit gegeben sind. Man erhält aus dem analogen Signal ein Ergebnis, das sowohl wertdiskret als auch zeitdiskret ist.

Je nach Kontext bedeutet „**digital**“:

- in der Schaltungs- und Übertragungstechnik „wertdiskret“, nicht notwendigerweise auch „zeitdiskret“ (z. B. Rechteckspannung)
- in der Signalverarbeitung „zeitdiskret“, nicht notwendigerweise auch „wertdiskret“ (z. B. Abtastwert).

Zeit- und wertdiskret ist immer „digital“.

Binäre Signale sind zweiwertige Digitalsignale. Ihre zwei möglichen Zustände werden mit „0“ (L = Low = niedriger Spannungsbereich) bzw. „1“ (H = High = höherer Spannungsbereich) bezeichnet. Binäre Signale sind elektrisch einfach darstellbar, können sehr leicht gespeichert werden und haben große Bedeutung in der elektronischen Datenverarbeitung und Nachrichtenübermittlung. Man bezeichnet Binärsignale auch als logische Signale und ordnet ihnen dann die Werte „wahr“ und „falsch“ zu. Praktisch alle Digitalschaltungen in der Elektrotechnik arbeiten mit diesen logischen Signalen. Auch Mikroprozessoren und Prozessrechner sind mit Elementen aufgebaut, die nur diese beiden Signalzustände kennen.

Anmerkung: Diskrete und stochastische Signale werden in diesem Abschnitt über Signale nur der Vollständigkeit halber erläutert. Auf die Verarbeitung dieser Signale durch ein System wird in diesem Buch nicht eingegangen. Somit betrachten wir ab jetzt nur zeitkontinuierliche Signale.

Zeitkontinuierliche Signale können periodisch oder nichtperiodisch sein.

1.2.2.5 Periodische Signale

Als periodische Wechselgröße bezeichnet man eine physikalische Größe, die zeitlich veränderlich ist und die einen Wert, den sie zur beliebigen Zeit t hatte, nach Ablauf der Periodendauer T und auch nach beliebig vielen Perioden wieder annimmt.

Formal lässt sich dies für eine Spannung in folgender Form ausdrücken:

$$u(t) = u(t + k \cdot T) \text{ mit } k = 0,\ 1,\ 2,\ldots \tag{1.1}$$

In der Elektrotechnik wird der Begriff „Wechselgröße“ enger definiert als in der Physik. Unter einer Wechselgröße wird hier eine physikalische Größe verstanden, die periodisch ist, die also einen sich mit der Periode T wiederholenden

Augenblickswert besitzt *und* deren arithmetischer Mittelwert[1] null ist:

$$\overline{u}(t)=\frac{1}{T}\int_0^T u(t)\,dt=0 \tag{1.2}$$

Der arithmetische Mittelwert $\overline{u}$ einer periodischen Spannung $u(t)$oder $\overline{i}$ eines periodischen Stromes $i(t)$ wird als **Gleichanteil** bezeichnet.

Der Momentanwert einer periodischen Größe ändert sich nach Betrag und Vorzeichen und wiederholt sich nach der Periodendauer (nach dem Zeitintervall) T. Die Funktionskurve einer Wechselgröße schließt innerhalb einer Periode mit der Zeitachse eine Fläche oberhalb und eine Fläche unterhalb der Zeitachse ein. Sind beide Flächen gleich groß, so ist der Gleichanteil des Signals null, und es handelt sich nicht nur um eine periodische Größe, sondern um eine periodische Wechselgröße.

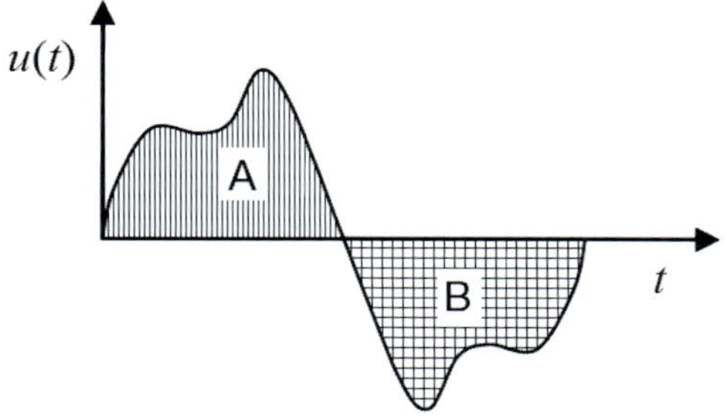

Abb. 7: Eine periodische Wechselgröße, die Flächen A und B sind gleich groß, somit ist der arithmetische Mittelwert null

Sinusförmige Signale

In der Elektrotechnik spielen sinus- bzw. kosinusförmige Wechselgrößen eine wichtige Rolle. Solche Wechselgrößen werden als *harmonische* Wechselgrößen bezeichnet.

Die Sinus- und Kosinusfunktion werden hier als bekannt vorausgesetzt und nur kurz wiederholt.

Eine sinusförmige, zeitabhängige Spannung wird beschrieben durch:

$$u(t)=\hat{U}\cdot\sin(\omega t+\varphi_u) \tag{1.3}$$

Eine kosinusförmige Spannung ist:

$$u(t)=\hat{U}\cdot\cos(\omega t+\varphi_u) \tag{1.4}$$

1 Üblicherweise wird ein zeitlicher Mittelwert durch Überstreichen des jeweiligen Symbols gekennzeichnet.

Hierin sind:

$\hat{U}$ = **Amplitude** (auch **Scheitelwert**, Maximalwert, Spitzenwert, maximale Elongation); $\left[\hat{U}\right] = \mathrm{V}$

$\omega = 2 \cdot \pi \cdot f$ = **Kreisfrequenz**; $[\omega] = \frac{1}{\mathrm{s}}$ (*nicht* Hertz!)

$f = \frac{1}{T}$ = **Frequenz** = Anzahl der vollen Schwingungen pro Sekunde;

$[f] = \frac{1}{\mathrm{s}} = \mathrm{Hz}$ (Hertz)

T = **Periodendauer** = Zeit in der eine vollständige Schwingung abläuft;

$[T] = \mathrm{s}$

φ_u = **Nullphasenwinkel** = Maß für die zeitliche Verschiebung (bezeichnet als **Phasenverschiebung**) der Sinuskurve einer Wechselspannung, die nicht durch den Koordinatenursprung verläuft;

$[\varphi_u] = \mathrm{rad}$ (Radiant) oder Grad

Bei sinusförmiger Spannung gilt:

$$U_{SS} = 2 \cdot \hat{U} = \textbf{Spitze-Spitze-Wert} \qquad (1.5)$$

U_{SS} = Wert zwischen größtem positiven und größtem negativen Ausschlag eines Signals

Statt der Frequenz wird häufig die Wellenlänge angegeben.

$$\lambda = \frac{c}{f} = \frac{3 \cdot 10^8 \ \mathrm{m/s}}{f} = \textbf{Wellenlänge}; \ [\lambda] = \mathrm{m} \qquad (1.6)$$

$c = c_0 = 2{,}9979 \cdot 10^8 \ \mathrm{m/s}$ = Lichtgeschwindigkeit im Vakuum

Die grafische Darstellung der Sinus- bzw. Kosinusfunktion sollte bekannt sein, der als Liniendiagramm bezeichnete Funktionsverlauf ist in Abb. 8 gezeigt. Als Beispiel wurde eine Spannung $u(t)$ gewählt, der Verlauf eines Stromes $i(t)$ wäre natürlich auch möglich bzw. sieht genauso aus.

Auf der Abszisse kann entweder die Zeit t oder der zur Zeit proportionale Winkel ωt aufgetragen werden. Dies wird bei der näheren Betrachtung sinusförmiger Wechselgrößen und deren Zeigerdarstellung erneut behandelt.

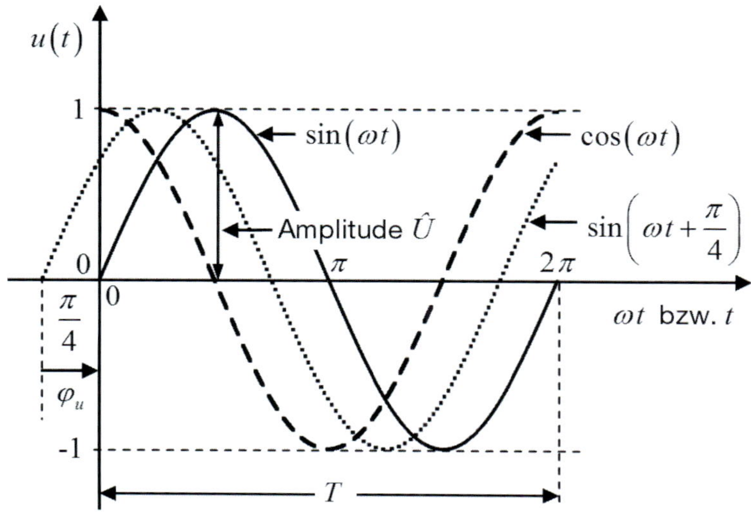

Abb. 8: Liniendiagramm einer Sinusspannung, einer Kosinusspannung und einer um $\varphi_u = \pi/4$ aus dem Ursprung nach links verschobenen Sinusspannung, jeweils mit der normierten Amplitude $\hat{U} = 1$

Mischgrößen

Bei einer reinen sinusoidalen Wechselgröße ohne Gleichanteil ist der arithmetische Mittelwert stets gleich null. Anschaulich bedeutet dies, dass die Flächen unter der Sinusfunktion während einer Periode oberhalb und unterhalb der Abszisse gleich groß sind. Positive und negative Funktionswerte heben sich bei der Summation zur Bildung des Mittelwertes gegenseitig auf. Rechnerisch kann dies leicht gezeigt werden, wenn in Gl. (1.7) die Gleichung einer Sinusspannung $u(t) = \hat{U} \cdot \sin(\omega t)$ eingesetzt wird. Das Ergebnis der Integration über eine Periode ist null.

Ein periodisches Signal, bei dem der arithmetische Mittelwert nicht null ist, wird als *Mischgröße* bezeichnet (Mischspannung, Mischstrom). Eine Mischspannung kann als Überlagerung (Summe) einer Gleichspannung und einer Wechselspannung aufgefasst werden. Der im Signal enthaltene **Gleichanteil** wird als **Offset** (= Versatz) bezeichnet. Bei einer Mischspannung gilt Gl. (1.1) und zusätzlich ist der **arithmetische Mittelwert** (der Gleichanteil) *nicht* null:

$$\overline{u}(t) = \frac{1}{T}\int_0^T u(t)\,dt \neq 0 \qquad (1.7)$$

Der arithmetische Mittelwert einer periodischen Größe ist der mittlere Wert aller Funktionswerte, die innerhalb der Periode T auftreten. Umgangssprachlich wird der arithmetische Mittelwert als „Durchschnitt" bezeichnet, er wird auch linearer Mittelwert genannt. Häufig wird der Gleichanteil als U_{av} (average value) bezeichnet.

Der arithmetische Mittelwert ist:

- für Wechselgrößen (symmetrisch zur Zeitachse) gleich null,
- für Gleichgrößen gleich dem Gleichwert,
- für Mischgrößen gleich dem Gleichanteil, positiv oder negativ.

Abb. 9 zeigt eine Mischspannung, die aus einer Gleichspannungskomponente (DC-Offset, Gleichanteil, arithmetischer Mittelwert) der Höhe $\overline{u} = U_0$ und einer Sinusspannung besteht.

Der Gleichanteil mit der Höhe U_0 und der Dauer T (dunkelgraue Fläche zwischen 0 und T) bewegt die gleiche Ladungsmenge wie die Mischspannung aus Gleichanteil und aufgesetzter (aufmodulierter) Wechselspannung (hellgraue Fläche zwischen T und $2T$).

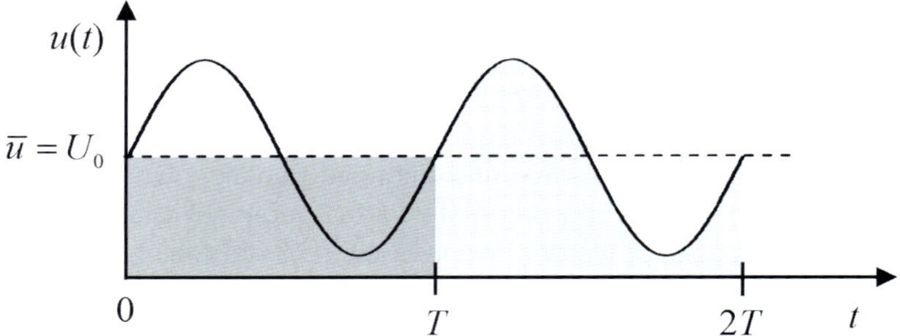

Abb. 9: Mischspannung aus einer Gleichspannungskomponente der Höhe $\overline{u} = U_0$ und einer Sinusspannung

Nichtsinusförmige, periodische Signale

In der Elektronik gibt es viele Signale, die zwar keinen sinusförmigen, aber trotzdem einen periodischen Verlauf haben. Sie werden als nichtsinusförmige Größen bezeichnet. Es gibt eine Reihe von Werten, mit denen der Signalverlauf eindeutig beschrieben wird. Die Signalform ist durch ihren zeit- oder winkelabhängigen Verlauf gekennzeichnet. Einfache Formen werden durch ihre Namen beschrieben. Abb. 10 zeigt einige Beispiele für periodische, nichtsinusförmige Signale.

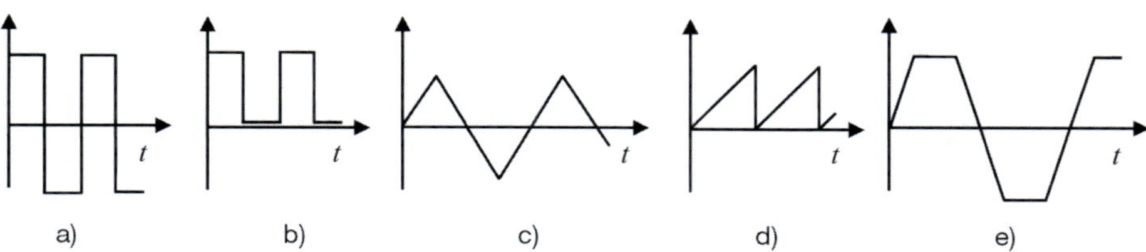

Abb. 10: Periodische, nichtsinusförmige Signale; a) Rechtecksignal symmetrisch zu null b) Rechtecksignal c) Dreiecksignal d) Sägezahnsignal e) Trapezsignal symmetrisch zu null

Ein periodisches Rechtecksignal mit (evtl. unterschiedlicher) Ein- und Ausschaltzeit wird durch seinen **Tastgrad** δ (Aussteuergrad, engl.: duty cycle) charakterisiert. Dieser gibt das Verhältnis der Impulsdauer (Einschaltzeit) zur Impulsperiodendauer an. Der Tastgrad ist eine Verhältniszahl mit einem Wert von 0 bis 1 bzw. 0 bis 100 %. Durch Variation des Tastgrades (entspricht einer Pulsweitenmodulation) kann der arithmetische Mittelwert einer elektrischen Spannung geändert werden.

$$\delta = \frac{t_I}{T} = \frac{t_I}{t_I + t_P} \tag{1.8}$$

Das **Tastverhältnis** V ist in der Literatur unterschiedlich definiert, sowohl als Tastgrad als auch als dessen Kehrwert.

$$V = \frac{1}{\delta} = \frac{T}{t_I} \tag{1.9}$$

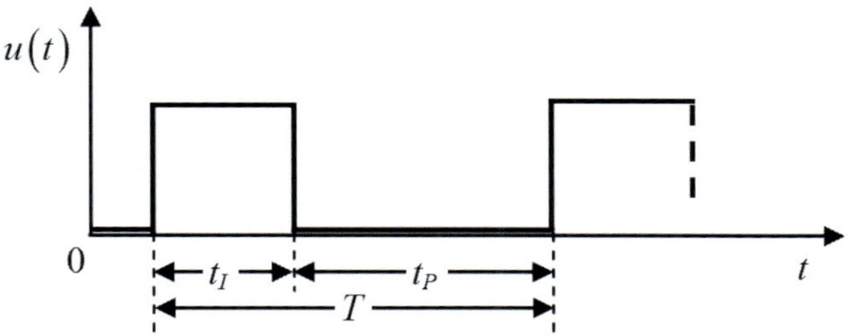

t_I = Impulsdauer, t_P = Impulspausendauer, T = Impulsperiodendauer

Abb. 11: Zur Definition des Begriffes Tastgrad und Tastverhältnis bei einem Rechtecksignal

1.2.2.6 Aperiodische (nichtperiodische) Signale

Beispiele für nichtperiodische Signale sind Rauschsignale, der Einschwinganteil einer Systemantwort, eine Sprungfunktion, eine Impulsfunktion, eine Exponentialfunktion oder eine gedämpfte Sinusschwingung. Aperiodische Signale sind häufig von endlicher Dauer. Ein Beispiel für ein Signal endlicher Dauer ist ein Rechteckimpuls oder eine endliche Pulsfolge. Ein *transientes* Signal ist ein vorübergehendes Signal, z. B. eine abklingende, kurzfristige Schwingung.

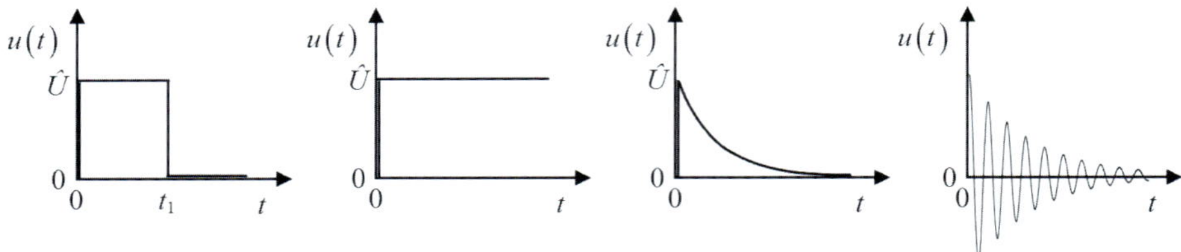

Abb. 12: Zeitfunktionen einiger kontinuierlicher aperiodischer Signale, Impulsfunktion, Sprungfunktion, Exponentialfunktion, gedämpfte Sinusschwingung (von links nach rechts)

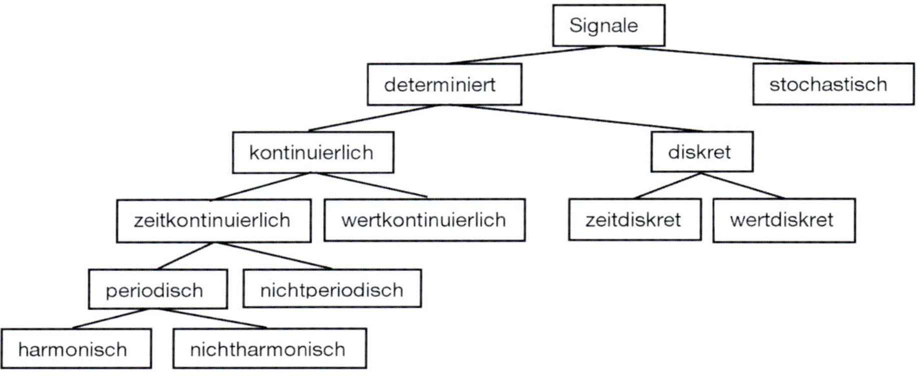

Abb. 13: Unterteilung der Signale in verschiedene Klassen

1.3 Standardsignale

Die tatsächlich vorkommenden Eingangssignale eines elektrischen Netzwerkes (eines Nachrichten-Übertragungssystems) sind statistische Signale, da sie z. B. aus Sprache, Musik, Bildern gewonnen werden. Diese Signale lassen sich im Allgemeinen nicht explizit als Zeitfunktionen angeben.

Bei der Analyse elektrischer Netzwerke werden deshalb mathematisch determinierte Zeitfunktionen verwendet, die sich wiederum aus elementaren Zeitfunktionen (Komponenten) zusammensetzen. Diese Komponenten sind so einfach, dass die Antwort eines Systems auf die Erregung mit einer solchen Zeitfunktion (einem Testsignal, Prüfsignal) einfach berechnet werden kann. Bei einem linearen Netzwerk kann dann die Antwort auf eine beliebige Zeitfunktion aus den einzelnen Komponentenantworten nach dem Superpositionsprinzip zusammengesetzt werden. Als Beispiel für eine solche Zerlegung in elementare Komponenten sei die Fourier-Reihe genannt, mit der eine periodische, nichtsinusförmige Spannung durch Überlagerung sinusförmiger Spannungen dargestellt werden kann.

Signale mit besonders einfacher Darstellungsform werden als **Elementarsignale** bezeichnet. Diese Signale können durch einen meist sehr einfachen algebraischen Ausdruck (Bildungsgesetz) beschrieben werden und lassen sich auch technisch einfach erzeugen. Solche Signale werden als Testsignale zum Testen der Übertragungseigenschaften von Systemen verwendet. Manche der Funktionen lassen sich nicht geschlossen durch einen algebraischen Ausdruck darstellen, sondern müssen stückweise definiert werden.

Im Folgenden werden die wichtigsten Elementar- und Testsignale (determinierte Standardsignale) aufgeführt. Dabei werden alle Funktionen normiert dargestellt, d. h., dass alle Signale einheitenfrei sind. Spannungssignale werden auf $1\ \mathrm{V}$ und Stromsignale auf $1\ \mathrm{A}$ normiert.

Diese Elementarsignale werden der Vollständigkeit halber hier angeführt, obwohl in der „normalen" Wechselstromtechnik mit ihnen kaum gearbeitet wird. Sie spielen eher in der Systemtheorie, in der Nachrichtentechnik und in der Regelungstechnik eine bedeutsame Rolle. Wie wir sehen werden, sind die harmonischen Funktionen (Sinus und Kosinus) die wichtigsten Signale in der Wechselstromtechnik.

1.3.1 Sprungfunktion

Diese Funktion ist zur Ermittlung der Übertragungseigenschaften eines Systems sehr wichtig. Sie lässt sich technisch sehr leicht erzeugen, da sie das Einschalten einer Gleichspannung am Eingang eines Systems zum Zeitpunkt $t=0$ darstellt. Die Sprungfunktion ist das in der Praxis am häufigsten benutzte Testsignal.

Definition der Sprungfunktion:

$$\sigma(t)=\begin{cases}0 & \text{für t} < 0\\ 1 & \text{für t} \geq 0\end{cases} \tag{1.10}$$

Die Sprungfunktion hat die „Sprunghöhe" 1 und ist zeitlich nicht begrenzt.

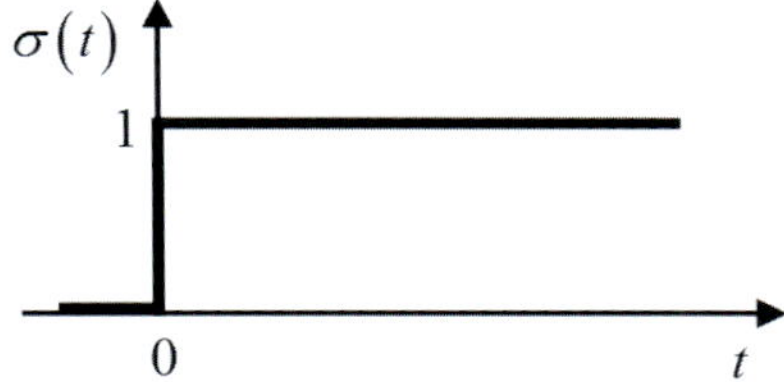

Abb. 14: Funktionsverlauf der Sprungfunktion

Die Sprungfunktion wird statt mit $\sigma(t)$ auch mit $\delta_{-1}(t)$ bezeichnet und wird auch Einschaltfunktion, Sprungsignal, Einheitssprung oder Heaviside-Funktion genannt.

Die Sprungfunktion dient zur **Bestimmung des Verhaltens von elektrischen Netzwerken bei Schaltvorgängen.** Die Verwendung der Sprungfunktion als Eingangssignal ergibt als zugehöriges Ausgangssignal die so genannte **Sprungantwort** oder **Übergangsfunktion**. Die Sprungantwort ist eine Systemkenngröße und dient zur Beschreibung des Übertragungsverhaltens linearer Systeme im Zeitbereich. In der Regelungstechnik wird die Sprungfunktion zur Identifikation von Systemen verwendet.

1.3.1.1 Verzögerte Sprungfunktion

Die Sprungfunktion kann zeitlich verschoben werden, um den „Anfang" eines Signals anzugeben. Eine negative Zeit bedeutet eine Verschiebung „nach rechts" hin zu einer „späteren" Zeit. Eine positive Zeit verschiebt die Funktion „nach links" zu einer „früheren" Zeit.

Definition der verzögerten (zeitlich um T_1 verschobenen) Sprungfunktion:

$$\sigma(t-T_1) = \begin{cases} 0 & \text{für } t < T_1 \\ 1 & \text{für } t \geq T_1 \end{cases} \tag{1.11}$$

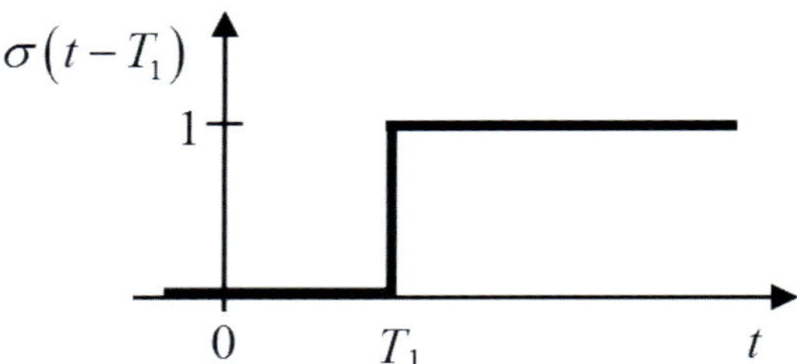

Abb. 15: Funktionsverlauf der verzögerten Sprungfunktion

1.3.1.2 Ausblendeigenschaft der Sprungfunktion

Die Sprungfunktion besitzt eine „Ausblendeigenschaft", z. B. kann man damit eine Sinusfunktion beschreiben, die erst zum Zeitpunkt T_1 beginnt:

$$u_1(t) = \sigma(t-T_1) \cdot \sin(\omega t) \tag{1.12}$$

Eine beliebige Zeitfunktion $g_1(t)$ lässt sich durch Multiplikation mit der Sprungfunktion auf bestimmte Zeitintervalle beschränken.

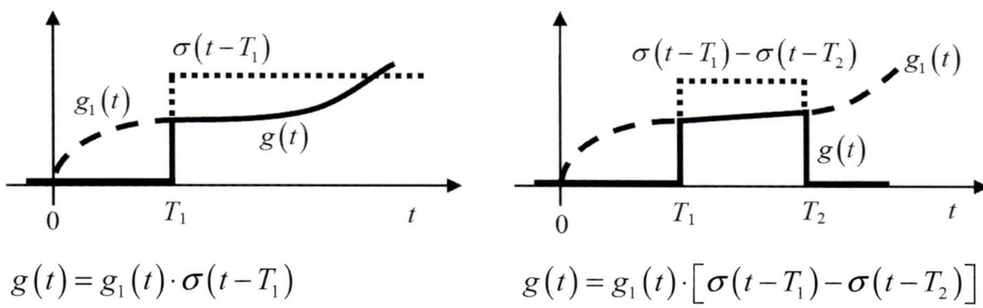

Abb. 16: Beschränkung einer Zeitfunktion auf ein Intervall $t \geq T_1$ (links) bzw. $T_1 \leq t \leq T_2$ (rechts) durch die Sprungfunktion

1.3.2 Anstiegsfunktion (Rampenfunktion)

Die Rampenfunktion ist das Integral der Sprungfunktion.

$$r(t)=\int_0^t d\tau = t,\ t \geq 0 \tag{1.13}$$

Die Rampenfunktion kann zur Messung der Linearität von Netzwerken verwendet werden.

Definition der Rampenfunktion:

$$r(t)=\begin{cases} 0 & \text{für } t<0 \\ t & \text{für } t \geq 0 \end{cases} \tag{1.14}$$

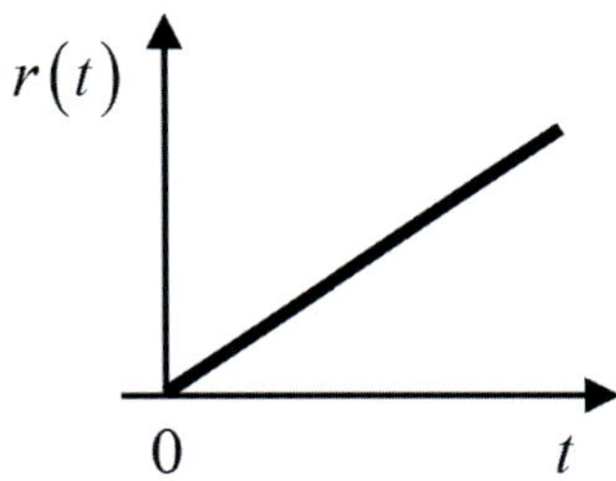

Abb. 17: Funktionsverlauf der Anstiegsfunktion

1.3.3 Impulsfunktion

Die Impulsfunktion wird auch als Stoßfunktion, Deltafunktion, Dirac-Stoß, Dirac-Impuls oder kurz Impuls bezeichnet. Statt $\delta(t)$ schreibt man auch $\delta_0(t)$.

Die Impulsfunktion ist als mathematisches Modell ein spezielles Signal, das in der Praxis nicht existiert (physikalisch nicht realisiert werden kann).

Definition der Impulsfunktion:

$$\delta(t)=\begin{cases}0 \text{ für } t\neq 0\\ \infty \text{ für } t=0\end{cases} \quad \textbf{und} \quad \int_{-\infty}^{+\infty}\delta(t)\,dt=1 \tag{1.15}$$

Die unendlich große Amplitude der Impulsfunktion wird grafisch durch einen Pfeil symbolisiert.

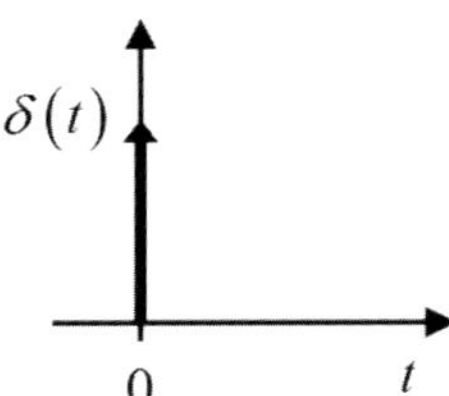

Abb. 18: Darstellung der Impulsfunktion

$\delta(t)$ ist im Sinne der klassischen Analysis nicht definierbar und wird im Rahmen der Theorie der Distributionen als verallgemeinerte Funktion (Distribution) behandelt. Behelfsweise lässt sich die Impulsfunktion (der Impuls ist unendlich schmal, unendlich hoch und hat die Fläche Eins) als Grenzfall eines Rechteckimpulses der Breite T und der Höhe $1/T$ veranschaulichen. Soll die Impulsfläche mit dem Wert Eins des Rechteckimpulses beibehalten werden, so muss bei ständiger Verringerung der Impulsdauer die Impulshöhe ständig anwachsen. Im Grenzfall $T\to 0$ stellt sich eine unendlich große Impulshöhe ein.

Für messtechnische Zwecke kann $\delta(t)$ näherungsweise durch einen sehr schmalen Rechteckimpuls realisiert werden.

In dem Ausdruck $k\cdot\delta(t)$ wird der konstante Faktor k als *Gewicht der Impulsfunktion* $\delta(t)$ oder als **Impulsstärke** bezeichnet.

Die Verwendung der Impulsfunktion als Eingangssignal ergibt als zugehöriges Ausgangssignal die so genannte **Impulsantwort**. Die Impulsantwort ist eine wichtige Systemkenngröße zur Beschreibung des Übertragungsverhaltens linearer Systeme im Zeitbereich. Durch ihre Messung kann man die Antwort eines linearen Systems auf jede beliebige andere Eingangsfunktion vorhersagen. In der Regelungstechnik wird die Impulsantwort auch **Gewichtsfunktion** genannt.

Im Impuls $\delta(t)$ sind *alle* Frequenzen mit gleicher Amplitude vorhanden. Wird ein LTI-System (engl.: Linear Time-Invariant, lineares, zeitinvariantes System) mit $\delta(t)$ erregt, so ist dies gleichbedeutend mit dem gleichzeitigen Erregen des Systems mit harmonischen Schwingungen aller möglichen Frequenzen.

Die Antwort ist demzufolge die Überlagerung aller vom System unterschiedlich beeinflussten Frequenzkomponenten.

Die Impulsantwort charakterisiert das System vollständig.

1.4 Mittelwerte periodischer Größen

Vorteil der Angabe von Mittelwerten

Wird ein technisches System durch eine nichtsinusförmige Größe angeregt, so kann die mathematische Beschreibung der Wirkung recht aufwendig sein, wenn die Wirkung zu einem bestimmten Zeitpunkt angegeben werden soll. In vielen Fällen ist dies jedoch gar nicht erforderlich. Oft lassen sich die relevanten Zusammenhänge wesentlich einfacher durch Angabe eines entsprechenden zeitlichen Mittelwertes erklären. Zeitliche Mittelwerte stellen eine kurze Charakterisierung einer periodischen Größe dar, durch ihre Verwendung erübrigt sich in vielen Fällen die Angabe des genauen zeitlichen Funktionsverlaufes und wichtige Aussagen werden erleichtert. – In den Elementen elektrischer Netzwerke erzeugen Ströme und Spannungen bestimmte Wirkungen, z. B. werden Widerstände erwärmt. Dabei sind die Mittelwerte von Leistungen und Energien wichtig, wenn beispielsweise der Energiefluss berechnet werden soll, die Leistung zu einem bestimmten Zeitpunkt aber nicht interessiert (wie dies meist der Fall ist). In der Messtechnik treten häufig Mittelwertbildungen auf, so sorgt z. B. die mechanische Trägheit der Messgeräte für eine Mittelwertbildung.

Als ein Mittelwert einer periodischen Größe wurde in Abschnitt 1.2.2.5 bereits der arithmetische Mittelwert (Gleichanteil) einer Mischgröße besprochen. Der Effektivwert ist ein weiterer Mittelwert einer periodischen Größe.

1.4.1 Effektivwert

Bei einer periodischen Größe ändert sich ihr Wert ständig zwischen null und ihrem Scheitelwert. Zur Kennzeichnung der **Wirkung** einer Wechselgröße oder Mischgröße ist es deshalb zweckmäßig, einen mittleren Wert der Größe anzugeben. Der Effektivwert (der „wirksame Wert") ist definiert über die Wirksamkeit (Effektivität) der betreffenden elektrischen Größe, er ist eine wichtige Kenngröße eines Wechselstromes bzw. einer Wechselspannung. Der Effektivwert gibt den zeitlichen Mittelwert der Wirkung einer Spannung oder eines Stromes in einem Zeitintervall an.

Definition des Effektivwertes, gültig für einen beliebigen zeitlichen Verlauf des periodischen Stromes:

Der Effektivwert eines Wechselstromes entspricht dem Wert eines Gleichstromes, der in einem Widerstand innerhalb der Zeit T dieselbe Wärmeenergie erzeugt wie der Wechselstrom.

Auf gleiche Weise kann der Effektivwert einer Wechselspannung definiert werden.

Es folgt die Herleitung der Formel zur Berechnung des Effektivwertes eines Wechselstromes.

Ein Gleichstrom I erzeugt in einem Widerstand R die zeitlich konstante Wärmeleistung:

$$P = I^2 \cdot R \tag{1.16}$$

In der Zeit T wird im Widerstand eine Wärmeenergie entsprechend $W = P \cdot t$ umgesetzt, sie ist:

$$W_G = I^2 \cdot R \cdot T \tag{1.17}$$

Für einen Wechselstrom $i(t)$ beliebiger Kurvenform ergibt sich die im Widerstand R entstehende Wärmeleistung als zeitabhängige Größe (Augenblicksleistung) zu:

$$p(t) = i^2(t) \cdot R \tag{1.18}$$

Während der Dauer einer Periode T entsteht im Widerstand die Stromwärme:

$$W_W = \int_0^T p(t)\,dt = R \cdot \int_0^T i^2(t)\,dt \tag{1.19}$$

Durch Gleichsetzen von Gl. (1.17) und Gl. (1.19) und Auflösen nach I erhält man:

$$\boxed{I = \sqrt{\frac{1}{T}\int_0^T i^2(t)\,dt}} \tag{1.20}$$

Analog gilt für die Berechnung des Effektivwertes einer Wechselspannung:

$$\boxed{U = \sqrt{\frac{1}{T}\int_0^T u^2(t)\,dt}} \tag{1.21}$$

Die Gleichungen (1.20) und (1.21) gelten für beliebige Kurvenformen.

Bei Gleichstrom und Gleichspannung sind die Effektivwerte identisch mit den Werten des Gleichstromes und der Gleichspannung.

Der **Effektivwert** wird **wie eine Gleichgröße** durch einen **großen Buchstaben** gekennzeichnet. Nur in besonderen Fällen wird der Index „eff“ angegeben.

Der Zahlenwert einer Wechselgröße ohne besonderen Zusatz drückt den Effektivwert aus.

Die Netzwechselspannung beträgt bekanntlich $230\ \mathrm{V}$, dies ist eine Angabe des Effektivwertes.

Die Bedeutung des Effektivwertes einer Wechselgröße mit beliebiger Kurvenform erkennt man, wenn die in einer bestimmten Zeit geleistete Arbeit („verbrauchte“, umgewandelte Energie) bestimmt werden soll, weil diese z. B. bezahlt werden muss. In diesem Fall ist die Leistung zu einem bestimmten Zeitpunkt (Augenblicksleistung) nicht von Interesse. Ist der Effektivwert einer Wechselspannung bekannt, so kann wie mit Gleichgrößen auf einfache Weise (ohne ein Integral lösen zu müssen) die Leistung entsprechend $P = U \cdot I = I^2 \cdot R = U^2 / R$ bzw. die in einer Zeit geleistete Arbeit (die elektrische Energie) nach $W = P \cdot t$ bestimmt werden.

Da die in einem Zeitabschnitt betrachtete Wärmeenergie quadratisch vom Strom bzw. von der Spannung abhängt, ist zur Ermittlung des Effektivwertes die Bildung des **quadratischen Mittelwertes** notwendig. Der quadratische Mittelwert ist der Mittelwert über dem Quadrat der betrachteten periodischen Funktion. Im Englischen wird der Effektivwert daher mit „root mean square“ bezeichnet (abgekürzt „RMS“).

Nun wird der spezielle, aber sehr wichtige Fall eines sinusförmigen Wechselstromes näher betrachtet. Gegeben ist der Strom:

$$i(t) = \hat{I} \cdot \sin(\omega t) \tag{1.22}$$

Nachfolgend wird der Effektivwert dieses Stromes bestimmt.

$$I^2 = \frac{1}{T} \int_0^T i^2(t)\, dt = \frac{1}{T} \int_0^T \left[\hat{I} \cdot \sin(\omega t) \right]^2 dt \tag{1.23}$$

Mit

$$\sin^2(x) = \frac{1}{2} \cdot \left[1 - \cos(2x) \right] \tag{1.24}$$

folgt:

$$I^2 = \frac{\hat{I}^2}{2 \cdot T}\int_0^T \left[1-\cos(2\omega t)\right]dt = \frac{\hat{I}^2}{2 \cdot T} \cdot \left\{ \left[t\right]_0^T - \left[\frac{1}{2\omega} \cdot \sin(2\omega t)\right]_0^T \right\} \tag{1.25}$$

$$I^2 = \frac{\hat{I}^2}{2 \cdot T} \cdot \left\{ T - \frac{1}{2\omega}(0-0) \right\} = \frac{\hat{I}^2}{2} \tag{1.26}$$

Somit ergibt sich der Effektivwert des sinusförmigen Stromes direkt aus dem Scheitelwert:

$$\boxed{I = \frac{\hat{I}}{\sqrt{2}}} \tag{1.27}$$

Analog dazu folgt für eine sinusförmige Spannung $u(t) = \hat{U} \cdot \sin(\omega t)$:

$$\boxed{U = \frac{\hat{U}}{\sqrt{2}}} \tag{1.28}$$

Ein Nullphasenwinkel φ_i oder φ_u ändert nichts an den Ergebnissen, da er willkürlich verschoben und zu null gesetzt werden kann.

Man beachte, dass der Faktor $1/\sqrt{2}$ in den Beziehungen (1.27) und (1.28) zwischen Effektivwert und Scheitelwert *nur* für *sinusförmige* Wechselgrößen gilt.

Im Gleichstromfall ist die in einem Widerstand R erzeugt Wärmeleistung:

$$P = U \cdot I \tag{1.29}$$

Mit den Effektivwerten einer sinusförmigen Spannung und eines sinusförmigen Stromes als gleichstromäquivalente Größen kann im Wechselstromfall die Leistung ebenso einfach wie im Gleichstromfall berechnet werden:

$$P = U \cdot I = \frac{\hat{U} \cdot \hat{I}}{2} \text{ für } \varphi_i = 0,\ \varphi_u = 0 \tag{1.30}$$

Der zeitliche (lineare) Mittelwert $\overline{p}(t) = P$ der Augenblicksleistung wird auch **Wirkleistung** genannt.

$$\boxed{\overline{p}(t) = P = \frac{1}{T}\int_0^T \frac{u^2(t)}{R}dt = \frac{1}{T}\int_0^T i^2(t) \cdot R = \frac{U^2}{R} = I^2 \cdot R = U \cdot I = \frac{\hat{U} \cdot \hat{I}}{2}} \tag{1.31}$$

Beispiel 2

Gegeben ist die Spannung $u(t) = 2\ \mathrm{V} \cdot \sin(\omega t)$ an einem Widerstand $R = 1\ \Omega$, der Strom ist somit $i(t) = 2\ \mathrm{A} \cdot \sin(\omega t)$. Grafisch dargestellt werden sollen $u(t)$, $i(t)$, die Effektivwerte U und I von Spannung und Strom, die Augenblicksleistung $p(t)$ und deren zeitlicher Mittelwert P.

Lösung:

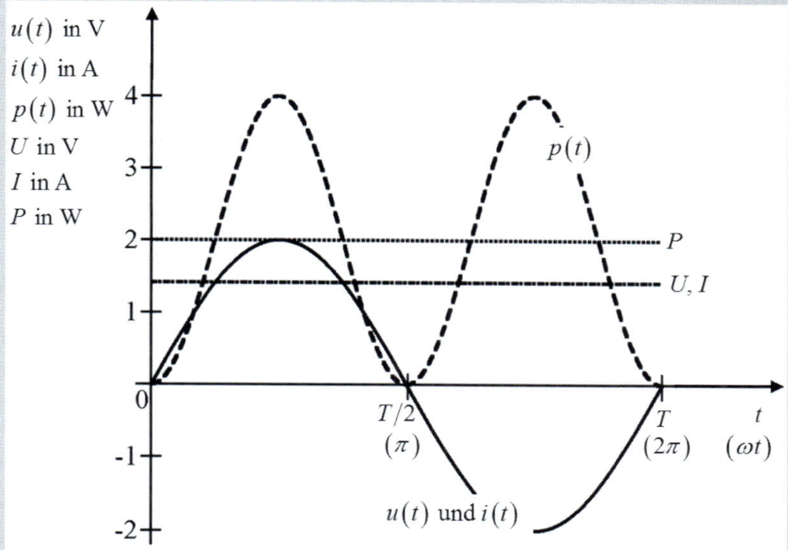

Abb. 19: Sinusförmige Wechselspannung und -strom, ihre Effektivwerte, Augenblicksleistung und Wirkleistung

Möglichkeiten zur Berechnung des Effektivwertes

Nehmen wir als Wechselgröße $U(t)$ an. Bei der Bestimmung des Effektivwertes von $U(t)$ lassen sich drei Fälle unterscheiden.

1. Fall

Die Wechselgröße wird in ihrer ganzen Periode durch einen geschlossenen mathematischen Ausdruck beschrieben. Ein Beispiel hierfür ist die sinusförmige Wechselspannung: $u(t) = \hat{U} \cdot \sin(\omega t)$. Der Ausdruck für $U(t)$ wird in Gl. (1.21) eingesetzt und die Formel ausgewertet. Dies wurde anhand eines sinusförmigen Wechselstromes gezeigt.

2. Fall

Die Zeitfunktion $U(t)$ muss über ihre Periode abschnittsweise definiert werden. Entsprechend der abschnittweisen Definition von $U(t)$ muss dann auch bei Anwendung von Gl. (1.21) abschnittsweise integriert werden.

3. Fall

Es können Symmetrieverhältnisse der Zeitfunktion $U(t)$ bei der Integration ausgenutzt werden, dadurch lässt sich die Rechnung oft einfacher gestalten. Es wird z. B. statt über die ganze Periode nur von 0 bis $T/4$ integriert. Statt mit dem Faktor $1/T$ über die ganze Periode zu mitteln, wird dann auch nur mit $1/T/4$ über diese Viertelperiode gemittelt.

Beispiel 3

Gegeben ist der Verlauf einer Dreieckspannung $U(t)$. Ihr Effektivwert U soll in allgemeiner Form bestimmt werden.

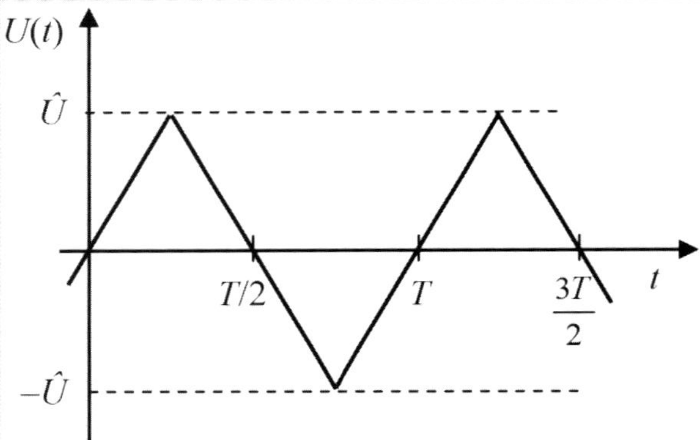

Abb. 20: Zur Berechnung des Effektivwertes einer Dreieckspannung

Lösung:

Die Lösung erfolgt, indem die Zeitfunktion $U(t)$ über ihre Periode abschnittsweise definiert wird. Für oben gezeigte Dreieckspannung ergibt sich:

$$\left.\begin{aligned} U(t) &= \frac{\hat{U}}{\frac{T}{4}} \cdot t = \frac{4\hat{U}}{T} \cdot t \\ U(t) &= -\frac{\hat{U}}{\frac{T}{4}} \cdot t + 2\hat{U} = -\frac{4\hat{U}}{T} \cdot t + 2\hat{U} \\ U(t) &= \frac{4\hat{U}}{T} \cdot t - 4\hat{U} \end{aligned}\right\} \text{für} \left\{\begin{aligned} & 0 \le t \le \frac{T}{4} \\ & \frac{T}{4} \le t \le \frac{3}{4}T \\ & \frac{3}{4}T \le t \le T \end{aligned}\right.$$

Entsprechend der abschnittweisen Definition von $U(t)$ wird jetzt abschnittsweise integriert.

$$U = \sqrt{\frac{1}{T}\left[\int_0^{\frac{T}{4}} \left(\frac{4\hat{U}}{T} \cdot t\right)^2 \cdot dt + \int_{\frac{T}{4}}^{\frac{3T}{4}} \left(-\frac{4\hat{U}}{T} \cdot t + 2\hat{U}\right)^2 \cdot dt + \int_{\frac{3T}{4}}^{T} \left(\frac{4\hat{U}}{T} \cdot t - 4\hat{U}\right)^2 \cdot dt\right]}$$

Die einzelnen Integrale werden getrennt berechnet.

$$\int_0^{\frac{T}{4}} \left(\frac{4\hat{U}}{T} \cdot t\right)^2 \cdot dt = \left(\frac{4\hat{U}}{T}\right)^2 \cdot \int_0^{\frac{T}{4}} t^2 dt = \left(\frac{4\hat{U}}{T}\right)^2 \cdot \frac{1}{3} \cdot \left[t^3\right]_0^{\frac{T}{4}} = \left(\frac{4\hat{U}}{T}\right)^2 \cdot \frac{1}{3} \cdot \left[\frac{T}{4}\right]^3 = \underline{\frac{\hat{U}^2 \cdot T}{12}}$$

$$\int_{\frac{T}{4}}^{\frac{3T}{4}} \left[\left(\frac{4\hat{U}}{T}\right)^2 \cdot t^2 - \frac{2 \cdot 8 \cdot \hat{U}^2}{T} \cdot t + 4\hat{U}^2\right] dt = \left(\frac{4\hat{U}}{T}\right)^2 \cdot \frac{1}{3} \cdot \left[t^3\right]_{\frac{T}{4}}^{\frac{3T}{4}} - \frac{2 \cdot 8 \cdot \hat{U}^2}{T} \cdot \frac{1}{2} \cdot \left[t^2\right]_{\frac{T}{4}}^{\frac{3T}{4}} + 4\hat{U}^2 \cdot \left[t\right]_{\frac{T}{4}}^{\frac{3T}{4}} =$$

$$= \left(\frac{4\hat{U}}{T}\right)^2 \cdot \frac{1}{3} \cdot \left[\left(\frac{3}{4}T\right)^3 - \left(\frac{T}{4}\right)^3\right] - \frac{2 \cdot 8 \cdot \hat{U}^2}{T} \cdot \frac{1}{2} \cdot \left[\left(\frac{3}{4}T\right)^2 - \left(\frac{T}{4}\right)^2\right] + 4\hat{U} \cdot \left[\frac{3}{4}T - \frac{T}{4}\right] =$$

$$= \frac{4^2 \cdot \hat{U}^2}{T^2 \cdot 3} \cdot T^3 \cdot \frac{26}{4^3} - \frac{8 \cdot \hat{U}^2}{T} \cdot \frac{1}{2} T^2 + 4\hat{U}^2 \cdot \frac{1}{2} T = \frac{\hat{U}^2 \cdot T \cdot 13}{6} - 4\hat{U}^2 T + 2\hat{U}^2 T =$$

$$= \frac{\hat{U}^2 \cdot T^2 \cdot 13}{6} - 2\hat{U}^2 T = \frac{13 \cdot \hat{U}^2 \cdot T - 12 \cdot \hat{U}^2 \cdot T}{6} = \underline{\frac{\hat{U}^2 \cdot T}{6}}$$

$$\int_{\frac{3T}{4}}^{T} \left[\left(\frac{4\hat{U}}{T}\right)^2 \cdot t^2 - \frac{2 \cdot 4 \cdot 4 \cdot \hat{U}^2}{T} \cdot t + 16 \cdot \hat{U}^2\right] dt =$$

$$=\left(\frac{4\hat{U}}{T}\right)^2\cdot\frac{1}{3}\cdot\left[T^3-\left(\frac{3}{4}T\right)^3\right]-\frac{32\cdot\hat{U}^2}{T}\cdot\frac{1}{2}\left[T^2-\left(\frac{3}{4}T\right)^2\right]+16\hat{U}^2\cdot\left[T-\frac{3}{4}T\right]=$$

$$=\frac{4^2\cdot\hat{U}^2}{T^2}\cdot\frac{1}{3}\cdot\frac{37\cdot T^3}{64}-\frac{32\cdot\hat{U}^2}{T}\cdot\frac{1}{2}\cdot\frac{7\cdot T^2}{4^2}+4\cdot\hat{U}^2\cdot T=\frac{37\cdot\hat{U}^2\cdot T}{4\cdot 3}-3\cdot\hat{U}^2\cdot T=\underline{\frac{\hat{U}^2\cdot T}{12}}$$

Es folgt:

$$U=\sqrt{\frac{1}{T}\cdot\left(\frac{\hat{U}^2\cdot T}{12}+\frac{\hat{U}^2\cdot T}{6}+\frac{\hat{U}^2\cdot T}{12}\right)};\ \underline{\underline{U=\frac{\hat{U}}{\sqrt{3}}}}$$

Die Lösung kann auch unter Ausnutzung der Symmetrieverhältnisse erfolgen. Die Rechnung wird dadurch wesentlich kürzer.

Von 0 bis $T/4$ ist $U(t)=\dfrac{4\hat{U}}{T}\cdot t$

$U=\sqrt{\dfrac{1}{\frac{T}{4}}\cdot\displaystyle\int_0^{\frac{T}{4}}\left(\frac{4\hat{U}}{T}\cdot t\right)^2\cdot dt}$; es braucht jetzt nur ein Integral berechnet zu werden:

$$\int_0^{\frac{T}{4}}\left(\frac{4\hat{U}}{T}\cdot t\right)^2\cdot dt=\left(\frac{4\hat{U}}{T}\right)^2\cdot\int_0^{\frac{T}{4}}t^2dt=\left(\frac{4\hat{U}}{T}\right)^2\cdot\frac{1}{3}\cdot\left[t^3\right]_0^{\frac{T}{4}}=\left(\frac{4\hat{U}}{T}\right)^2\cdot\frac{1}{3}\cdot\left[\frac{T}{4}\right]^3=\frac{\hat{U}^2\cdot T}{12}$$

$$U=\sqrt{\frac{4}{T}\cdot\frac{\hat{U}^2\cdot T}{12}};\ \underline{\underline{U=\frac{\hat{U}}{\sqrt{3}}}}$$

1.4.2 Gleichrichtwert

Der Gleichrichtwert einer periodischen Wechselgröße ist der arithmetische (zeitlich lineare) Mittelwert **des Betrages** der Funktion über der Periodendauer. Bei der Betragsbildung werden die negativen Anteile der Funktion ins Positive geklappt. In der Elektronik kann man dies mittels Halbleiterbauelementen erreichen. Mit Halbleiterdioden kann eine so genannte Gleichrichtung einer Wechselspannung erfolgen, nach deren Durchführung positive und negative Schwingungsanteile dieselbe Stromrichtung aufweisen. Nach der Gleichrichtung hat auch ein Wechselstrom einen einseitig gerichteten Ladungstransport zur Folge (wie ein Gleichstrom). Der Gleichrichtwert einer Wechselspannung ist also der arithmetische Mittelwert der absoluten, vor der Mittelung gleichgerichteten Wechselspannung.

Der Gleichrichtwert wird auch *elektrolytischer Mittelwert* genannt, er liefert die mittlere Gleichspannung oder den mittleren Gleichstrom des jeweiligen Signals. Ist die Wechselgröße ein Strom, so entspricht der Gleichrichtwert einem Gleichstrom, der dieselbe elektrolytische Wirkung hat wie der gleichgerichtete Wechselstrom. Der Gleichrichtwert eines Stromes ist bei elektrolytischen Vorgängen und beim Betrieb von Gleichrichterschaltungen von Bedeutung.

Der Gleichrichtwert einer Wechselspannung ist:

$$\overline{|u(t)|} = \frac{1}{T}\int_0^T |u(t)|\,dt \tag{1.32}$$

Der Gleichrichtwert eines Wechselstromes ist:

$$\overline{|i(t)|} = \frac{1}{T}\int_0^T |i(t)|\,dt \tag{1.33}$$

Die Gleichungen (1.32) und (1.33) gelten für beliebige Kurvenformen.

Hat die periodische Größe *nur positive Funktionswerte*, so gilt: Gleichanteil = Gleichrichtwert. Für Spannungen (analog für Ströme) ist dann:

$$\overline{u}(t) = \frac{1}{T}\int_0^T u(t)\,dt = \overline{|u(t)|} = \frac{1}{T}\int_0^T |u(t)|\,dt \tag{1.34}$$

Beispiel 4

Gegeben ist die Wechselspannung $u(t) = \hat{U} \cdot \sin(\omega t)$. Gesucht ist der zugehörige Gleichrichtwert $\overline{|u(t)|}$ mit Kurvenverlauf und der Kurvenverlauf von $|u(t)|$.

Lösung:

Achtung: $\overline{|u|} \neq |\overline{u}|$

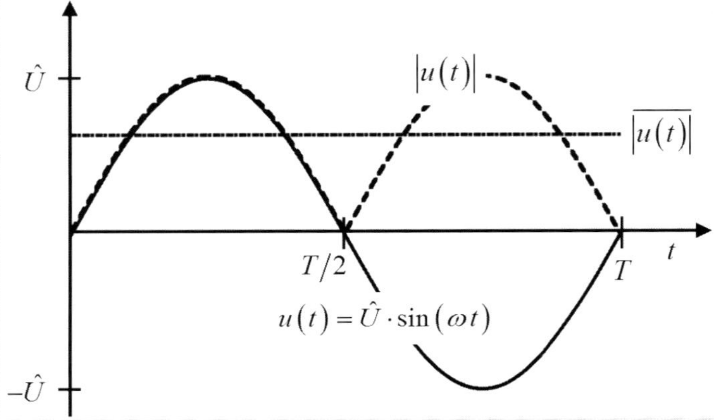

Abb. 21: Der Betrag einer sinusförmigen Wechselspannung und ihr Gleichrichtwert

Anmerkung: Die gezeigte Betragsbildung der Sinusspannung entspricht einer so genannten **Zweiweggleichrichtung**.

$$\overline{|u(t)|} = \frac{1}{T}\int_0^T \left|\hat{U} \cdot \sin(\omega t)\right| dt = \frac{1}{2\pi} \cdot 2 \cdot \hat{U} \cdot \int_0^\pi \sin(\varphi)\, d\varphi = \frac{\hat{U}}{\pi} \cdot \left[-\cos(\varphi)\right]_0^\pi = -\frac{\hat{U}}{\pi} \cdot [-1-1] = \underline{\underline{\frac{2}{\pi} \cdot \hat{U}}}$$

Alternative Integration:

$$\overline{|u(t)|} = \frac{1}{T}\int_0^T \left|\hat{U} \cdot \sin(\omega t)\right| dt = 2 \cdot \frac{1}{T} \cdot \hat{U} \cdot \int_0^{T/2} \sin(\omega t)\, dt = 2 \cdot \frac{1}{T} \cdot \hat{U} \cdot \frac{1}{\omega} \cdot \left[-\cos(\omega t)\right]_0^{T/2} =$$

$$= -\frac{2 \cdot \hat{U}}{T} \cdot \frac{1}{\omega} \cdot [-1-1] = \frac{2 \cdot \hat{U}}{1/f} \cdot \frac{2}{2\pi f} = \underline{\underline{\frac{2}{\pi} \cdot \hat{U}}}$$

Beispiel 5

Gegeben ist der Kurvenverlauf einer Sinusspannung nach einer so genannten **Einweggleichrichtung**. Gesucht ist der zugehörige Gleichrichtwert.

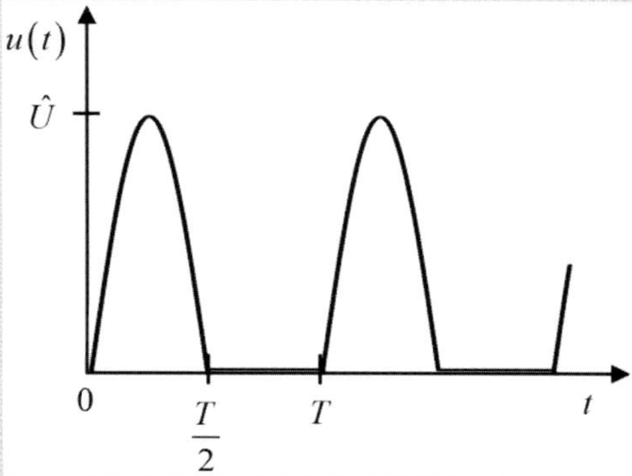

Abb. 22: Sinusspannung nach Einweggleichrichtung

Lösung:

$$\overline{|u(t)|} = \frac{1}{T}\int_0^{T/2} \hat{U}\cdot\sin(\omega t)\,dt = \frac{1}{T}\cdot\hat{U}\cdot\frac{1}{\omega}\cdot\left[-\cos(\omega t)\right]_0^{T/2} = -\frac{\hat{U}}{1/f}\cdot\frac{1}{2\pi f}\left[-1-1\right] = \underline{\underline{\frac{1}{\pi}\cdot\hat{U}}}$$

Dieses Ergebnis ist halb so groß wie das Ergebnis von Beispiel 4. Dies war zu erwarten, da hier gegenüber Beispiel 4 jede zweite Halbwelle verschwindet und keinen Anteil zum Wert des Integrals liefert.

Beispiel 6

Zu bestimmen ist der Gleichrichtwert einer Dreieckspannung nach Abb. 23 mit einem Maximalwert von $\hat{U} = 10\ \text{V}$.

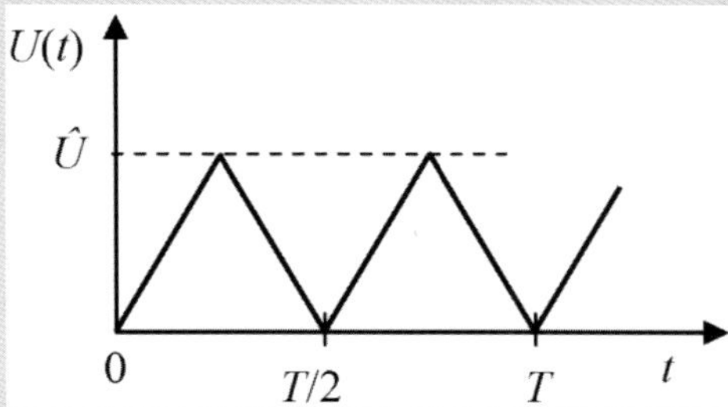

Abb. 23: Gesucht ist der Gleichrichtwert dieser Dreieckspannung

Lösung:

Im Bereich $t=0$ bis $t=T/4$ ist die Funktion definiert als $U(t)=\frac{\hat{U}}{T/4}\cdot t$. Es wird die Symmetrie der Zeitfunktion ausgenutzt.

$$\overline{|U(t)|}=\frac{1}{T/4}\int_0^{T/4}\frac{\hat{U}}{T/4}\cdot t\,dt=\frac{\hat{U}\cdot 16}{T^2}\cdot\frac{1}{2}\cdot\left[t^2\right]_0^{T/4}=\frac{\hat{U}\cdot 8}{T^2}\cdot\frac{T^2}{16}=\frac{\hat{U}}{\underline{\underline{2}}}=\underline{\underline{5\text{ V}}}$$

1.4.3 Formfaktor

Ein Drehspulmesswerk zeigt den arithmetischen Mittelwert (Gleichanteil) des fließenden Stromes an. Zur Messung von Wechselstrom muss dem Messwerk ein Gleichrichter vorgeschaltet werden. Durch einen Zweiweggleichrichter erfolgt eine Betragsbildung, der Strom wird in seiner Form so verändert, dass der arithmetische Mittelwert nicht mehr null ist. Bei Wechselströmen soll meist der Effektivwert gemessen werden, der aber im Allgemeinen nicht mit dem arithmetischen Mittelwert übereinstimmt. Damit die Anzeige zumindest beim sehr wichtigen sinusförmigen Stromverlauf richtig ist, wird die Skala des Messinstrumentes entsprechend korrigiert. In die Skalenteilung wird der Formfaktor eingerechnet. Der Formfaktor wird auch als *Kurvenformfaktor* oder als *Skalenfaktor* bezeichnet.

Für einen Wechselstrom beliebiger Kurvenform ist der Formfaktor:

$$\boxed{F=\frac{\text{Effektivwert}}{\text{Gleichrichtwert}}=\frac{I}{\overline{|i(t)|}}} \quad (1.35)$$

Analog gilt diese Formel für eine Wechselspannung.

Für Sinusgrößen gilt bei Zweiweggleichrichtung:

$$F=\frac{U}{\overline{|u(t)|}}=\frac{\frac{\hat{U}}{\sqrt{2}}}{\frac{2}{\pi}\cdot\hat{U}}=\frac{\pi}{2\cdot\sqrt{2}}\approx 1{,}11 \quad (1.36)$$

Damit die Anzeige mit dem Effektivwert übereinstimmt, wird die Skalenbeschriftung bei sinusförmigen Größen und Zweiweggleichrichtung mit dem Wert $F=1{,}11$ multipliziert. Für Einweggleichrichtung wäre der Formfaktor $F=2{,}22$. Nichtsinusförmige Größen werden mit derartigen Messinstrumenten falsch angezeigt, da sie einen anderen Formfaktor haben.

1.4.4 Scheitelfaktor

Der Scheitelfaktor wird auch als **Crestfaktor** bezeichnet. Wie der Formfaktor dient der Scheitelfaktor zur groben Beschreibung der Kurvenform einer Wechselgröße. Der Scheitelfaktor ist definiert als der Quotient aus Scheitelwert und Effektivwert einer Wechselgröße.

Für einen Wechselstrom beliebiger Kurvenform ist der Scheitelfaktor:

$$k_S = \frac{\text{Scheitelwert}}{\text{Effektivwert}} = \frac{\hat{I}}{I} \tag{1.37}$$

Analog gilt diese Formel für eine Wechselspannung.

Zeigt ein Messgerät den Effektivwert einer Wechselspannung an, so muss es natürlich auf das Anschließen einer Spannung mit dem gegenüber dem Effektivwert höheren Scheitelwert ausgelegt sein. Bei sinusförmigen Größen hat der Scheitelfaktor den Wert $k_S = \sqrt{2}$. Besonders bei impulsförmigen Wechselgrößen kann jedoch der Scheitelfaktor groß werden, der Scheitelwert kann viel größer als der Effektivwert sein. Je spitzer die Kurvenform der Messgröße ist, desto größer ist der Scheitelfaktor. Damit ein Messgerät (z. B. ein Digitalmultimeter) nicht übersteuert und eine angegebene Messgenauigkeit eingehalten wird, darf ein vom Messgerätehersteller in der Gebrauchsanweisung angegebener Scheitelfaktor nicht überschritten werden.

Beispiel 7

Berechnen Sie den Effektivwert, den Gleichrichtwert, den Gleichanteil, den Formfaktor und den Scheitelfaktor der in Abb. 24 angegebenen periodischen Sägezahnspannung.

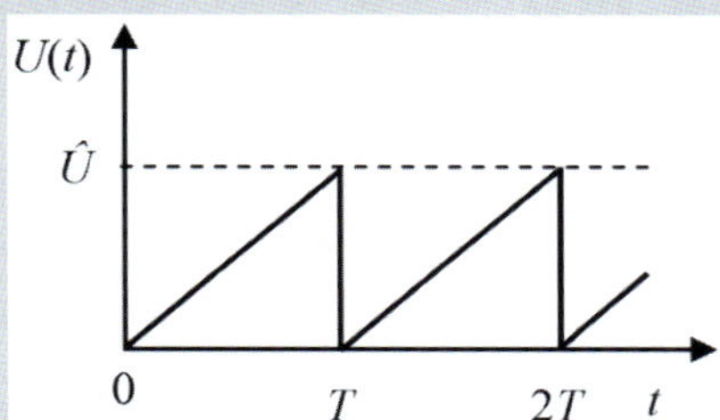

Abb. 24: Eine Sägezahnspannung

Lösung:

Von 0 bis T ist die Funktionsgleichung der Sägezahnspannung: $U(t) = \frac{\hat{U}}{T} \cdot t$

Effektivwert:

$$U^2 = \frac{1}{T}\int_0^T U^2(t)\,dt = \frac{1}{T}\cdot\left(\frac{\hat{U}}{T}\right)^2\cdot\int_0^T t^2\,dt = \frac{\hat{U}^2}{T^3}\cdot\frac{T^3}{3} = \frac{\hat{U}^2}{3};\ \underline{\underline{U = \frac{\hat{U}}{\sqrt{3}}}}$$

Gleichrichtwert:

$$\overline{|U(t)|} = \frac{1}{T}\int_0^T \left|\frac{\hat{U}}{T}\cdot t\right| dt = \frac{\hat{U}}{T^2}\int_0^T t\,dt = \frac{\hat{U}}{T^2}\cdot\frac{T^2}{2} = \underline{\underline{\frac{\hat{U}}{2}}}$$

Gleichanteil:

$\overline{U}(t) = \overline{|U(t)|}$; Gleichanteil und Gleichrichtwert sind gleich groß, da die Betragsbildung die gegebene Funktion nicht verändert (Funktion hat nur positive Werte).

Formfaktor:

$$F = \frac{U}{\overline{|U(t)|}} = \frac{\frac{\hat{U}}{\sqrt{3}}}{\frac{\hat{U}}{2}} = \frac{2}{\sqrt{3}} \approx \underline{\underline{1,16}}$$

Scheitelfaktor:

$$k_S = \frac{\hat{U}}{\frac{\hat{U}}{\sqrt{3}}} = \sqrt{3} \approx \underline{\underline{1,73}}$$

1.5 Zusammenfassung

1. Ein System besteht aus mehreren Komponenten, es erfüllt einen technischen Zweck.
2. Ein Signal ist allgemein der Träger einer Nachricht.
3. Ein System verarbeitet Eingangssignale und liefert Ausgangssignale.
4. Die physikalische Größe eines Signals ist der Signalträger (z. B. Strom, Spannung).
5. Sich ändernde, informationsübertragende Eigenschaften eines Signalträgers bilden den Informationsträger (z. B. zeitlicher Verlauf der Spannung).
6. Der Signalparameter ist das nachrichtenabhängige Merkmal eines Signals.
7. Signale werden über Übertragungskanäle (z. B. elektrische Leitungen) übertragen.
8. Signale werden unterteilt in Nutz-, Stör-, Hilfs- und Testsignale.
9. Ein determiniertes Signal hat einen vorhersagbaren zeitlichen Verlauf, es ist durch mathematische Funktionen vollständig beschreibbar.
10. Ein nicht determiniertes Signal (Zufallssignal, stochastisches Signal) hat einen nicht vorhersagbaren zeitlichen Verlauf.
11. Es gibt Signale, die nach Zeit oder Wert jeweils kontinuierlich oder diskret sind.
12. Analoge Signale sind zeit- und wertkontinuierlich.
13. Digitale Signale sind zeit- und wertdiskret.
14. Binäre Signale sind zweiwertige Digitalsignale.
15. Harmonische Wechselgrößen (sinus- bzw. kosinusförmige Signale) spielen in der Elektrotechnik eine sehr wichtige Rolle.
16. Elementare Testsignale sind die Sprung-, die Impuls- und die Rampenfunktion.
17. Mittelwerte periodischer Größen erleichtern oft deren Charakterisierung.
18. Der arithmetische Mittelwert (Gleichanteil) einer periodischen Größe ist $\overline{u}(t) = \frac{1}{T}\int_0^T u(t)\,dt$.
19. Der Effektivwert einer Wechselspannung ist $U = \sqrt{\frac{1}{T}\int_0^T u^2(t)\,dt}$.

20. Der Gleichrichtwert einer Wechselspannung ist $\overline{|u(t)|} = \frac{1}{T}\int_0^T |u(t)|\,dt$.

21. Der Formfaktor ist definiert als $F = \frac{U}{\overline{|u(t)|}}$.

22. Der Scheitelfaktor ist definiert als $k_S = \frac{\hat{I}}{I}$.

2 Sinusgrößen

2.1 Bedeutung sinusförmiger Wechselgrößen

Falls nicht anders festgelegt, wird im Folgenden unter Wechselspannung immer eine sinusförmige Wechselspannung verstanden (AC, alternating current). Warum haben sinusförmige Wechselspannungen und -ströme in der Elektrotechnik eine so große Bedeutung?

Eine elektrische Spannung mit einem zeitlichen Sinusverlauf kann leicht erzeugt werden, wie im nächsten Abschnitt gezeigt wird. Dies gilt sowohl für die Energietechnik (die Wechselspannung zur Stromversorgung in Haushalten besitzt bekanntlich Sinusform) als auch in der Nachrichtentechnik.

In der Informationstechnik lassen sich sinusförmige Größen relativ leicht erzeugen und zur Informationsübertragung verwenden. Die gesamte Nachrichtentechnik (Funk- und Fernmeldewesen) ist in ihrem Kern reine Wechselstromtechnik.

Die meisten elektrischen Maschinen liefern sinusförmige Spannungen und Ströme (Generatoren) oder werden mit diesen betrieben (Motoren). Wechselstrommotoren können einfach und preiswert hergestellt werden.

Wechselspannungen können in ihrer Höhe durch Transformatoren leicht geändert werden. Dadurch sind unterschiedliche Nutzungsarten möglich.

Die Energieübertragung von hohen Wechselspannungen kann relativ verlustarm erfolgen. Transformierbarkeit und Verteilbarkeit bilden die Basis unseres Energieversorgungssystems.

Die Addition und Subtraktion sinusförmiger Wechselgrößen mit gleicher Frequenz (sie können phasenverschoben sein und unterschiedliche Amplituden besitzen) ergibt wieder eine sinusförmige Wechselgröße. Ebenso ergibt die Differenziation und Integration der Sinus- und der Kosinusfunktion wieder eine sinusförmige Größe. Die Frequenz bleibt durch die Operationen unverändert. Deshalb gilt: Wird ein **lineares** elektrisches **Netzwerk** mit einer **sinusförmigen Größe gespeist**, so verlaufen **alle übrigen Netzwerkgrößen ebenfalls sinusförmig mit gleicher Frequenz**. In einem linearen Netzwerk erzeugt also eine sinusförmige Wechselspannung wiederum sinusförmige Wechselgrößen, neue Frequenzen entstehen nicht. Um die Übertragungseigenschaften eines linearen Systems bei bekannter Frequenz der Anregung zu bestimmen, genügt es, die Amplituden und Phasen der Netzwerkgrößen zu ermitteln.

Zusätzlich zu all den genannten Punkten ist die Sinusschwingung die Grundfunktion aller möglichen Zeitfunktionen. Jede beliebige Zeitfunktion kann aus einer Summe von Sinus- und Kosinus-Zeitfunktionen (unterschiedlicher Frequenzen) zusammengesetzt werden (Fourier-Analyse). Somit lassen sich also alle Wechselgrößen beliebiger Kurvenform in eine Summe sinusförmiger Größen zerlegen. Eine sinusförmige Zeitfunktion lässt sich hingegen nicht weiter zerlegen, weder mathematisch noch physikalisch.

Besitzen die ein elektrisches System anregenden Ströme und Spannungen sinusförmigen Verlauf, so können die im System auftretenden Größen mit besonders wirkungsvollen Methoden berechnet werden. Vor allem das Benutzen komplexer Zahlen erlaubt es, die Berechnung von Wechselstromschaltungen auf die Berechnungsmethoden von Gleichstromschaltungen zurückzuführen. Damit in einer elektrischen Schaltung nur harmonische Signale auftreten, müssen drei Bedingungen erfüllt sein:

1. Die sinusförmige Anregung der Schaltung erfolgt nur mit einer einheitlichen, **festen Frequenz**. In der Schaltung befinden sich eine oder mehrere Wechselstromquellen (Spannungs- oder Stromquellen), die alle mit derselben konstanten (nicht zeitabhängigen) Frequenz schwingen. Die Quellen müssen dabei nicht synchron arbeiten, d. h., die Nulldurchgänge der sinusförmigen Größen müssen nicht gleichzeitig erfolgen.
2. Die Schaltung enthält nur **lineare** Komponenten (Spannungs- und Stromquellen, R, L, C).
3. Es ist der **stationäre Zustand** erreicht, Einschwingvorgänge sind abgeklungen. Nach dem Anschalten einer sinusförmigen Quelle stellen sich in der Schaltung nicht sofort sinusförmige Spannungen und Ströme ein. Der eingeschwungene Zustand wird erst nach einer bestimmten Zeit erreicht, wenn Ausgleichsvorgänge vorüber sind. Die Dauer des Einschwingvorgangs hängt nur von der Schaltung und nicht von der anregenden Frequenz ab.

2.2 Erzeugung sinusförmiger Wechselspannung

Eine rechteckige Spule mit der Fläche A und der Windungszahl N rotiert mit konstanter Winkelgeschwindigkeit ω in einem homogenen Magnetfeld der Flussdichte B. Wegen der Rotation der Spule ändert sich der magnetische Fluss durch die Spule in Abhängigkeit des Drehwinkels α. Der magnetische Fluss durch die Spule ist:

$$\boxed{\Phi = N \cdot B \cdot A \cdot \cos(\alpha)} \tag{2.1}$$

Φ = magnetischer Fluss, $[\Phi] = \mathrm{Vs} = \mathrm{Wb}$ (Weber)

N = Anzahl der Windungen der Spule

B = magnetische Flussdichte, $[B] = \frac{\mathrm{Vs}}{\mathrm{m}^2} = \mathrm{T}\ (\mathrm{Tesla})$

A = Fläche der Spule, $[A] = \mathrm{m}^2$

α = Winkel zwischen der Flächennormalen der Spule und den Feldlinien

Wird der waagrechten Lage der Spule zwischen zwei Polen eines Permanentmagneten der Zeitpunkt $t = 0$ zugeordnet, so bildet die Spule zu einem beliebigen Zeitpunkt t mit der Waagerechten den Winkel $\alpha = \omega t$.

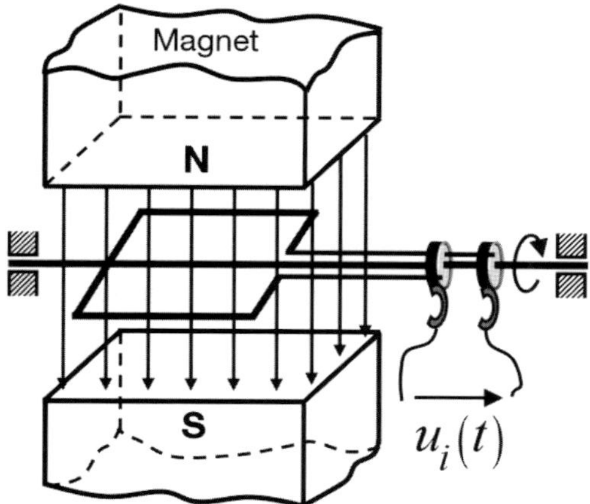

Abb. 25: Prinzipanordnung eines Generators zur Erzeugung einer sinusförmigen Spannung durch eine in einem stationären Magnetfeld rotierende Spule (vereinfacht dargestellt als Leiterschleife)

Das Induktionsgesetz lautet:

$$u_i(t) = -\frac{d\Phi(t)}{dt} \tag{2.2}$$

Die in der rotierenden Spule induzierte Spannung ist:

$$u_i(t) = -\frac{d\Phi(t)}{dt} = -\frac{d\left[N \cdot B \cdot A \cdot \cos(\omega t)\right]}{dt} = N \cdot B \cdot A \cdot \omega \cdot \sin(\omega t) \tag{2.3}$$

Die Konstante $N \cdot B \cdot A \cdot \omega$ wird zum Scheitelwert $\hat{U}$ der Sinusspannung zusammengefasst. Die durch Induktion erzeugte sinusförmige Wechselspannung ist somit:

$$u(t) = \hat{U} \cdot \sin(\omega t) \tag{2.4}$$

2.3 Entstehung der Sinuskurve

Eine mit konstanter Winkelgeschwindigkeit in einem homogenen Magnetfeld rotierende Leiterschleife ergibt eine Wechselspannung entsprechend einer Sinuskurve mit dem Scheitelwert $\hat{U}$. Das Liniendiagramm einer Sinusspannung zeigt Abb. 8. Außer in einem Liniendiagramm kann aber eine Sinusfunktion auch durch einen rotierenden Zeiger in der x, y-Ebene dargestellt werden. Es wird gezeigt, wie das Liniendiagramm einer Sinusfunktion aus einer Zeigerdarstellung hervorgeht.

Wir zeichnen für den Fall einer sinusförmigen Spannung $u(t)=\hat{U}\cdot\sin(\omega t)$ einen Kreis, dessen Radius dem Scheitelwert $\hat{U}$ entspricht. Um den Mittelpunkt des Kreises rotiert ein Zeiger der Länge $\hat{U}$ *gegen* den Uhrzeigersinn (linksdrehend, im mathematisch positiven Drehsinn eines Winkels). Dieser **Scheitelwertzeiger** ist ein **Drehzeiger**, er rotiert mit der konstanten Winkelgeschwindigkeit ω, die gleich der Kreisfrequenz ω der Sinuswechselgröße ist.

Lässt man die Drehbewegung zum Zeitpunkt $t=0$ bei $\varphi=0$ starten, so wächst der Winkel φ linear mit der Zeit, und es gilt mit $\varphi(t)=\omega t$ bekanntlich $y(t)=\hat{U}\cdot\sin(\omega t)$. Der Zeiger wird auf die vertikale Achse der Spannungs-Zeit-Darstellung des Liniendiagramms projiziert. Diese Zeigerprojektion gibt die Augenblickswerte im Liniendiagramm zum Zeitpunkt $t=\varphi/\omega$ an. Auf diese Weise kann die Sinuskurve punktweise konstruiert werden.

Wird der Zeiger statt auf die y-Achse des Zeigerdiagramms (die der Spannungsachse im Liniendiagramm entspricht) auf die x-Achse projiziert, so erhalten wir statt der Sinusfunktion $y(t)=\hat{U}\cdot\sin(\omega t)$ die Kosinusfunktion $x(t)=\hat{U}\cdot\cos(\omega t)$. Werden die Werte der Kosinusfunktion auf die Spannungsachse übertragen, so erhalten wir die gegenüber der Sinusspannung lediglich zeitlich verschobene Kosinusspannung. Am grundsätzlichen Verlauf der Funktion als harmonische Größe ändert sich nichts. Sinus- und Kosinusspannung unterscheiden sich ja nur durch den Nullphasenwinkel $\pi/2$: $u(t)=\hat{U}\cdot\sin(\omega t)=\hat{U}\cdot\cos(\omega t-\pi/2)$. Diesen Nullphasenwinkel der Spannung erhält man auch, indem man die Drehbewegung zum Zeitpunkt $t=0$ bei $\varphi=\pi/2$ starten lässt. Ein von null verschiedener Nullphasenwinkel bedeutet, dass die Lage des Zeigers zu Beginn der Drehbewegung (zum Zeitpunkt $t=0$) aus der Lage bei $\varphi=0$ auf eine Startposition $\varphi\neq 0$ verdreht ist.

Effektivwertzeiger sind um das $1/\sqrt{2}$-fache kürzer als Scheitelwertzeiger.

Die vorangegangenen Überlegungen zeigen den Zusammenhang eines rotierenden Zeigers mit der Sinusfunktion. Sinusförmige Größen können nicht nur in Form von Liniendiagrammen sondern auch durch Zeiger dargestellt werden. Dies wird in Abschnitt 2.6 weiter ausgeführt.

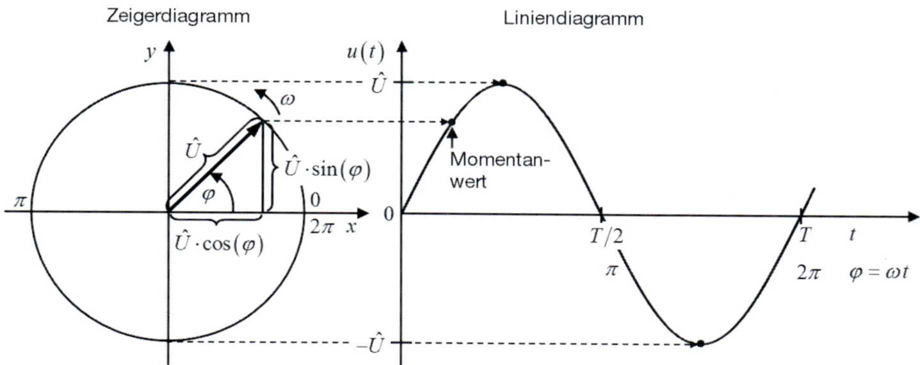

Abb. 26: Entstehung der Sinuskurve durch einen umlaufenden Zeiger

2.4 Nullphasenwinkel

Die Kennwerte sinusförmiger Wechselgrößen (Spannungen, Ströme) und ihre grafische Darstellung im Liniendiagramm wurden bereits in Abschnitt 1.2.2.5 betrachtet. Eine sinusförmige Spannung ist gekennzeichnet durch ihren Scheitelwert $\hat{U}$, ihre Frequenz f (oder ihre Periodendauer $T=1/f$ oder ihre Kreisfrequenz $\omega=2\pi f$) und evtl. (falls ihr Nulldurchgang aus dem Ursprung des Koordinatensystems verschoben ist und nicht zum Zeitpunkt $t=0$ erfolgt) durch den positiven oder negativen Nullphasenwinkel φ_u.

Der Nullphasenwinkel wird auch als **Anfangsphasenwinkel** bezeichnet. Nachfolgend wird der Nullphasenwinkel näher betrachtet.

Wie bereits erwähnt, wird allgemein eine sinusförmige, zeitabhängige Spannung beschrieben durch:

$$u(t)=\hat{U}\cdot\sin(\omega t+\varphi_u) \tag{2.5}$$

Für einen sinusförmigen Strom gilt analog:

$$i(t)=\hat{I}\cdot\sin(\omega t+\varphi_i) \tag{2.6}$$

Ist der **Nullphasenwinkel** φ_u oder φ_i **positiv**, so ist die Sinuskurve (das Liniendiagramm) vom Ursprung aus nach **links** verschoben. Ist der **Nullphasenwinkel negativ**, so ist sie nach **rechts** verschoben. Eine nach **links** verschobene Kurve **eilt voraus.** Stellt man sich vor, man bewegt sich auf der Zeitachse von links nach rechts, so trifft man (auf einer gewissen Höhe der Kurve) zuerst auf die nach links verschobene Kurve, sie kommt zeitlich zuerst. Erst später trifft man auf eine nach **rechts** verschobene Kurve, sie **eilt nach**. Bei positivem

Nullphasenwinkel wird ja zum Drehwinkel $\alpha = \omega t$ etwas addiert, die Drehung ist also schon weiter fortgeschritten. Die Entstehung des Nullphasenwinkels kann man sich somit auch durch unterschiedliche Stellungen der Leiterschleife in Abb. 25 zu Beginn des Drehvorgangs vorstellen.

Der Nullphasenwinkel einer sinusförmigen Wechselgröße gibt deren Winkel bezogen auf den Ursprung $\omega t = 0$ als Bezugspunkt, also ihre Phasenverschiebung gegenüber dem Nullpunkt an. Da der Zeitpunkt $t = 0$ willkürlich gewählt werden kann, sind die Werte der Nullphasenwinkel von Spannungen und Strömen für sich alleine betrachtet kaum von Interesse.

Der Nullphasenwinkel im Liniendiagramm

Eine Darstellung von harmonischen Spannungen und Strömen in einem Wechselstromnetzwerk als Funktion des Winkels ωt wird als **Liniendiagramm** (oder **Zeitdiagramm**) bezeichnet. Der Nullphasenwinkel wird im Liniendiagramm von demjenigen Schnittpunkt der sinusförmigen Größe mit der ωt-Achse (Nulldurchgang), ab dem der Funktionswert positiv wird und dem Ursprung am nächsten liegt, bis zum Ursprung bei $\omega t = 0$ eingezeichnet. Erfolgt bei diesem Einzeichnen das Fortschreiten in positive ωt-Richtung, so ist der Nullphasenwinkel positiv ($\varphi_{u,i} > 0$), andernfalls negativ ($\varphi_{u,i} < 0$).

Abb. 27 zeigt zwei Beispiele für einen Nullphasenwinkel. Der Strom in Abb. 27 links wird beschrieben durch $i(t) = \hat{I} \cdot \sin(\omega t + \varphi_i)$, der Nullphasenwinkel ist positiv. Die Spannung in Abb. 27 rechts beschreibt die Gleichung $u(t) = \hat{U} \cdot \sin(\omega t - \varphi_u)$, der Nullphasenwinkel ist negativ.

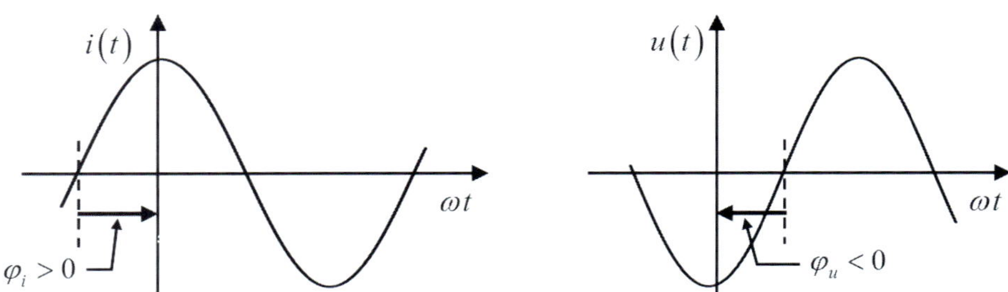

Abb. 27: Positiver Nullphasenwinkel eines Stromes (links) und negativer Nullphasenwinkel einer Spannung (rechts) als Beispiele

2.5 Phasenverschiebung

Wechselspannungen und -ströme mit gleicher Frequenz können in einer elektrischen Schaltung gegeneinander zeitlich verschoben sein. Eine der Größen spielt dabei immer die Rolle der *Bezugsgröße*. Die zeitliche Verschiebung bezeichnet man als *Phasenverschiebung*. Treten die beiden Höchstwerte (die durchaus unterschiedlich groß sein können) von zwei periodischen Vorgängen zum gleichen Zeitpunkt auf, so werden die Vorgänge als *„phasengleich"* bezeichnet, man sagt, sie sind *„in Phase"*. Werden die Höchstwerte der beiden Vorgänge (oder ihre Nulldurchgänge) zu verschiedenen Zeitpunkten erreicht, so handelt es sich um eine „Phasenverschiebung". Eine Phasenverschiebung kann zwischen Spannungen, zwischen Strömen oder zwischen einer Spannung und einem Strom vorliegen. Zu einer Phasenverschiebung gehören also immer (mindestens) zwei Vorgänge, im Gegensatz zum Nullphasenwinkel. Am häufigsten interessiert die Phasenverschiebung zwischen einer Spannung und einem durch diese Spannung hervorgerufenen Strom.

Eine Phasenverschiebung kann (wie ein Nullphasenwinkel auch) durch den Zeitunterschied (z. B. $1/4$ Periode) oder durch den entsprechenden Winkel in Winkelgraden (z. B. $45°$) bzw. im Bogenmaß (z. B. $\pi/2$) angegeben werden.

Im Allgemeinen sind in einem Wechselstromnetzwerk (z. B. wegen Kapazitäten, Induktivitäten) Strom und Spannung an einem Bauelement nicht gleichphasig, sondern haben untereinander den Phasenwinkel φ. Strom und Spannung sind gegeneinander zeitlich verschoben. Wie groß diese Verschiebung ist, gibt der Phasenwinkel φ an. Dabei wird der **Strom** als **Bezugsgröße** gewählt (nach DIN 40110). Als Phasenwinkel (oder Phasenverschiebung, Phasenverschiebungswinkel) wird die Phasendifferenz, also die Differenz der Nullphasenwinkel zweier Schwingungen bezeichnet.

Man muss also streng unterscheiden zwischen dem

- **Nullphasenwinkel** φ_u oder φ_i einer Spannung oder eines Stromes

und dem

- **Phasenwinkel** φ zwischen einer Spannung und einem Strom.

Die Phasenverschiebung φ ist eine Winkeldifferenz, eine Differenz von Nullphasenwinkeln. Der Phasenwinkel φ kann somit aus den Nullphasenwinkeln berechnet werden:

$$\boxed{\varphi = \varphi_{ui} = \varphi_u - \varphi_i} \tag{2.7}$$

$\varphi = \varphi_{ui}$ gibt an, um welchen Winkel die Spannung dem Strom vorauseilt.

Als **Bezugskurve**, die durch den Bezugspunkt $\omega t = 0$ gelegt werden kann, ist die **Stromkurve** festgelegt. Der Strom hat also den Nullphasenwinkel $\varphi_i = 0$, er ist $i(t) = \hat{I} \cdot \sin(\omega t)$.

Für eine Spannung $u(t) = \hat{U} \cdot \sin(\omega t + \varphi_u)$ mit dem Nullphasenwinkel φ_u als veränderliche Größe sind jetzt bezüglich des Phasenwinkels φ zwischen Spannung und Strom drei Fälle zu unterscheiden:

$\varphi > 0$: Die Spannung eilt dem Strom um den Winkel $\varphi = \varphi_u$ voraus (der Strom eilt der Spannung um φ nach). Die Spannungskurve ist gegenüber der Stromkurve in $-\omega t$-Richtung (nach links) verschoben. Bei $\omega t = 0$ hat $u(t)$ schon einen positiven Wert.

$\varphi = 0$: Spannung und Strom sind phasengleich, es ist $\varphi_u = \varphi_i$.

$\varphi < 0$: Die Spannung läuft dem Strom um den Winkel $\varphi = \varphi_u$ hinterher (der Strom eilt der Spannung um φ voraus). Die Spannungskurve ist gegenüber der Stromkurve in $+\omega t$-Richtung (nach rechts) verschoben. Bei $\omega t = 0$ hat $u(t)$ noch einen negativen Wert.

Abb. 28 zeigt die beiden Fälle für $\varphi > 0$ und $\varphi < 0$.

Im Liniendiagramm wird der Pfeil für den Phasenwinkel vom Nulldurchgang der Spannungskurve zum Nulldurchgang der Stromkurve eingezeichnet.

Zeigt der Pfeil für φ in positive ωt-Richtung, so ist $\varphi > 0$, zeigt er in negative ωt-Richtung, so ist $\varphi < 0$. Da in diesem Fall der Nullphasenwinkel der Bezugsgröße $i(t)$ null ist, stimmt der Phasenverschiebungswinkel φ mit dem Nullphasenwinkel φ_u der Spannung überein.

Wie man sieht, gibt es sprachlich zwei Möglichkeiten, ein und denselben Sachverhalt auszudrücken. Man kann sagen: „Die Spannung eilt dem Strom voraus“. Die gleiche Bedeutung hat natürlich die Aussage: „Der Strom eilt der Spannung nach“.

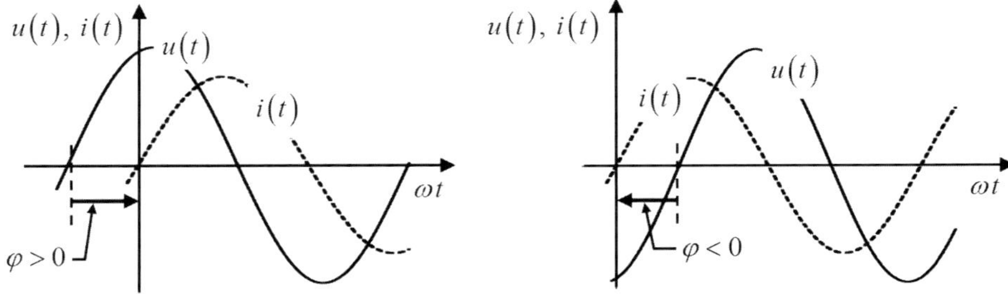

Abb. 28: Phasenverschiebung zwischen Spannung und Strom mit dem Strom als Bezugskurve durch den Ursprung, $\varphi > 0$ (links) und $\varphi < 0$ (rechts)

Abb. 29 zeigt ein Beispiel, bei dem sowohl Spannung als auch Strom einen Nullphasenwinkel besitzen. Der Strom ist die Bezugsgröße. Linkes Teilbild: Hier ist $\varphi_u > 0$ und $\varphi_i < 0$. Nach $\varphi = \varphi_u - \varphi_i$ ergibt sich $\varphi > 0$. Der Strom eilt der Spannung um φ nach. Rechtes Teilbild: Es ist $\varphi_u < 0$ und $\varphi_i > 0$. Somit ist $\varphi < 0$. Der Strom eilt der Spannung um φ voraus.

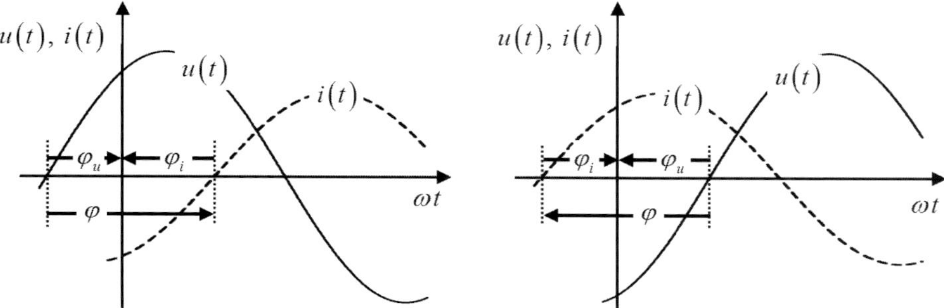

Abb. 29: Phasenverschiebung zwischen Spannung und Strom bei $\varphi_u > 0$ und $\varphi_i < 0$, somit $\varphi > 0$ (links) und bei $\varphi_u < 0$ und $\varphi_i > 0$, somit $\varphi < 0$ (rechts)

Kurz:

- φ positiv: Strom eilt nach
- φ negativ: Strom eilt vor

Diese Betrachtungsweise ist angepasst an das spätere Arbeiten mit Zeigern. Üblicherweise würde man sagen, φ ist positiv, die Spannung eilt der Bezugsgröße Strom vor bzw. φ ist negativ, die Spannung eilt der Bezugsgröße Strom nach. Gleichbedeutend wäre: $\varphi_{ui} > 0$: Zuerst Spannung, dann Strom. $\varphi_{ui} < 0$: Zuerst Strom, dann Spannung.

Wir wollen jedoch bei der Betrachtung des Phasenwinkels immer vom Strom ausgehend bleiben. Wie wir noch sehen werden, muss (im Gegensatz zum Liniendiagramm) in einem Zeigerdiagramm der Phasenwinkel φ immer vom Stromzeiger ausgehend zum Spannungszeiger hin eingetragen werden. Es wird empfohlen, diese vom Strom ausgehende Betrachtungsweise des Phasenwinkels für Liniendiagramm und Zeigerdiagramm einheitlich zu verwenden.

Anmerkung: Häufig wird für den Nullphasenwinkel statt φ_u die Bezeichnung φ_0 oder sogar φ verwendet. Letzteres kann zur Verwechslung mit dem Phasenverschiebungswinkel φ führen. Der Phasenwinkel φ zwischen Strom und Spannung darf auch nicht mit dem Winkel der Phasenverschiebung zwischen Eingangs- und Ausgangsspannung eines Netzwerkes verwechselt werden, der oft in Abhängigkeit der Frequenz als $\varphi(\omega)$ angegeben wird.

2.6 Zeigerdarstellung von Sinusgrößen

Den sinusförmigem Verlauf einer Größe zeigt ein Liniendiagramm sehr anschaulich, der Wert der Größe wird darin zu jedem Augenblick dargestellt. Das Zeichnen von Liniendiagrammen ist jedoch aufwendig, besonders wenn mehrere Größen gleichzeitig dargestellt und miteinander verknüpft werden sollen. Bereits in Abschnitt 2.3 wurde festgestellt, dass sinusförmige Wechselgrößen nicht nur in Form von Liniendiagrammen, sondern auch durch Zeiger dargestellt werden können. Ein Zeiger wird als einfacher Pfeil mit nur einer Pfeilspitze gezeichnet. Ein Zeigerdiagramm enthält eine vollständige Beschreibung eines sinusförmigen Wechselvorgangs. Der große Vorteil ist, dass die Zeigerdarstellung (auch mit mehreren Zeigern in einem Bild) wesentlich einfacher zu zeichnen ist als ein Liniendiagramm. Zeigerdiagramme erlauben eine übersichtliche Darstellung der qualitativen Phasen- und Betragsverhältnisse. Genügt bei der Untersuchung einer Schaltung die grafische Genauigkeit, so lassen sich auch quantitative Lösungen aus einem maßstäblichen Zeigerdiagramm durch Abmessen von Längen und Winkeln ermitteln.

Da in einem Zeigerdiagramm nur Wechselgrößen gleicher Frequenz vorkommen dürfen, eignet sich das Verfahren des Zeigerdiagramms zur Untersuchung von *linearen* Netzwerken, da in diesen keine Frequenzänderungen, sondern ausschließlich Amplituden- und Phasenverschiebungen auftreten.[2]

Eine sinusförmige Größe wird durch die Frequenz, den Scheitelwert (oder den Effektivwert) und den Nullphasenwinkel eindeutig beschrieben. Ist die Frequenz bekannt, so reicht der Effektivwert U und der Nullphasenwinkel φ_u aus, um die Wechselspannung eindeutig zu kennzeichnen. Für einen Strom gilt analog das Gleiche. Da Leistungen aus Effektivwerten berechnet werden, nutzen Zeigerdiagramme meist Effektivwertzeiger statt Scheitelwertzeiger.

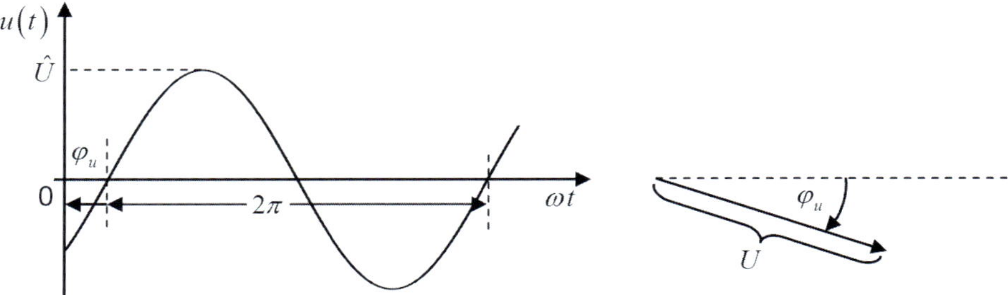

Abb. 30: Eine Sinusgröße (links) und ihre Zeigerdarstellung (rechts)

2 Siehe Abschnitt 5.5.1, Elektrotechnik für Studierende: Band 2 – Gleichstrom, Christiani-Verlag

Die Augenblickswerte von Wechselgrößen werden normalerweise nicht benötigt. Man kann sich daher von der Vorstellung der Sinuskurve lösen. Somit benötigt man aber auch keinen Drehzeiger mehr. Es genügt, eine „Momentaufnahme" aus dem dynamischen Ablauf der Sinuskurve zu betrachten. Auf diese Weise wird aus dem Drehzeiger ein **ruhender Zeiger** (**Festzeiger**), entweder ein ruhender Scheitelwertzeiger oder ein ruhender Effektivwertzeiger.

Anmerkung: Wollte man aus einem rotierenden Effektivwertzeiger das äquivalente Liniendiagramm erzeugen, müsste natürlich der Effektivwert mit $\sqrt{2}$ multipliziert werden, um den Scheitelwert der Sinuskurve zu erhalten. Der rotierende Effektivwertzeiger wird wieder zum rotierenden Scheitelwertzeiger. Effektivwertzeiger sind somit nur als ruhende Zeiger sinnvoll.

Ein ruhendes Zeigerdiagramm enthält alle Informationen, die bei sinusförmigen Wechselgrößen von Interesse sind (falls Momentanwerte nicht interessieren). Liegt nur *eine* Sinusgröße $u(t) = \hat{U} \cdot \sin(\omega t - \varphi_u)$ vor, wie in Abb. 30, so wird man als Bezugslinie für den Nullphasenwinkel (für den Zeitpunkt $t = 0$) im Zeigerdiagramm die Horizontale wählen. Das Zeigerdiagramm in Abb. 30 ist vereinfacht, das Achsenkreuz von Abb. 26 links ist weggelassen. Der Effektivwertzeiger U liegt im (nicht gekennzeichneten) 4. Quadranten, φ_u hat somit negatives Vorzeichen. Dies entspricht einer Drehung des Zeigers aus der horizontalen Lage, die $\varphi_u = 0$ entspricht, *im* (daher ist φ_u negativ) Uhrzeigersinn um den Nullphasenwinkel φ_u.

Eine gemeinsame Darstellung mehrerer Wechselgrößen in einem Zeigerdiagramm ist nur möglich, wenn **alle Wechselgrößen** die **gleiche Frequenz** haben. Dies ist bei der Speisung von Wechselstromnetzwerken ausschließlich aus Quellen mit gleicher Frequenz der Fall. Bei unterschiedlichen Frequenzen würden die Drehzeiger mit unterschiedlichen Winkelgeschwindigkeiten rotieren. Die Phasenverschiebung zwischen den Zeigern wäre in diesem Fall nicht konstant, sondern vom Zeitpunkt der Betrachtung abhängig.

Bei der festgelegten Voraussetzung einer einheitlichen Winkelgeschwindigkeit für alle Zeiger bleiben die Winkel zwischen ihnen stets konstant. Außerdem ist es bei sinusförmigen Verläufen gleichgültig, zu welchem Zeitpunkt man mit der Betrachtung beginnt, da sich die Vorgänge jeweils nach einer Periodendauer wiederholen. Die Zeiger können zu einem beliebigen Zeitpunkt dargestellt werden. Damit kann einem der Zeiger im Zeigerdiagramm eine beliebige Winkellage zugewiesen werden. Dieser Zeiger ist dann der **Bezugszeiger**. Als Bezugszeiger wird vorteilhaft ein Zeiger mit dem Nullphasenwinkel $\varphi_u = 0$ oder $\varphi_i = 0$ gewählt. Der Bezugszeiger wird dann in die Horizontale eingezeichnet, diese wird zur **Phasenbezugsachse**. Weitere Zeiger müssen allerdings im richtigen Winkel zum Bezugszeiger eingetragen werden.

Der Vorteil des Zeigerdiagramms wird besonders ersichtlich, wenn man zwei oder mehr Sinusgrößen darzustellen hat, die gegeneinander phasenverschoben sind oder miteinander verknüpft werden sollen. In der Regel ist die Phasenverschiebung zwischen zwei Sinusgrößen von Bedeutung, z. B. zwischen einem Strom und einer Spannung. Es interessiert also nur die relative Phasenverschiebung der beiden Größen zueinander, ohne Bezug zu einem willkürlich festgelegten Nullpunkt. Wird nur die relative Lage der Zeiger betrachtet, so ist es gleichgültig, in welcher Gesamtphasenlage das Zeigerbild darstellt wird. Folglich kann nicht nur das Achsenkreuz im Zeigerdiagramm weggelassen werden. Das **Zeigerdiagramm** kann auch um einen beliebigen Winkel **gedreht** werden, die Lage des Bezugszeigers ist ja frei wählbar. Bei Vorhandensein mehrerer Zeiger ist es allerdings zweckmäßig, einen davon als Bezugszeiger festzulegen und die Phasenverschiebungen zueinander zu benennen. Da Zeiger geometrisch addiert werden können (siehe Abschnitt 2.7), können **Zeiger** auch **parallel verschoben** werden.

Achtung: Im Gegensatz zum Liniendiagramm muss im Zeigerdiagramm der Phasenwinkel $\varphi = \varphi_{ui} = \varphi_u - \varphi_i$ zwischen Strom und Spannung als Pfeil immer vom Strom- zum Spannungszeiger hinzeigend eingetragen werden. Aus dieser Richtung ergibt sich das Vorzeichen von φ: „–" gleich im oder „+" gleich gegen den Uhrzeigersinn. Nur dann erhält man bei Berechnungen (vor allem mit komplexen Zahlen) den Phasenverschiebungswinkel mit richtigem Vorzeichen.

Beispiel 8

Abb. 31 zeigt die Liniendiagramme einer sinusförmigen Wechselspannung und eines ebenfalls sinusförmigen Wechselstromes. Der Nullphasenwinkel von $u(t)$ ist null, der von $i(t)$ ist $-\varphi_i$. Der Phasenwinkel zwischen den beiden Größen ist somit $\varphi = \varphi_{ui} = \varphi_u - \varphi_i = 0 - (-\varphi_i) = \varphi_i$, also $\varphi > 0$. Der Pfeil für den Phasenwinkel wird vom Nulldurchgang der Spannungskurve zum Nulldurchgang der Stromkurve eingezeichnet. Der Pfeil für φ zeigt in positive ωt-Richtung, somit ist $\varphi > 0$. Der Strom eilt der Spannung nach.

Im Zeigerdiagramm wurde der Scheitelwertzeiger der Spannung als Bezugszeiger gewählt, da der Nullphasenwinkel der Spannung null ist. Dieser Zeiger wird horizontal, also in Richtung der ωt-Achse in das zu konstruierende Zeigerdiagramm eingezeichnet. Der Scheitelwertzeiger des Stromes ist gegenüber dem Spannungszeiger um den Winkel φ verdreht, und zwar *im* Uhrzeigersinn, da φ_i negativ ist. Der Pfeil für den Phasenwinkel φ wird vereinbarungsgemäß vom Stromzeiger zum Spannungszeiger eingetragen. Da dabei ein Fortschreiten *entgegen* dem Uhrzeigersinn (im mathematisch positiven Sinn für Winkel) ausgeführt wird, ist der Phasenwinkel φ positiv (> 0).

Sind Momentanwerte (wie meist) nicht von Interesse, so stellt das Zeigerdiagramm eine gleichwertige Information zum Liniendiagramm dar, ist aber viel einfacher zu zeichnen. Die Zeigerlängen können bei Bedarf maßstabsgetreu gezeichnet werden, um Werte abmessen zu können. Der (falls nötig messbare) Winkel zwischen den Zeigern gibt die Phasenverschiebung der Größen gegeneinander an. Aus der Lage der Zeiger ist ersichtlich, welche Größe voraus- oder nacheilt. Effektivwerte sind durch entsprechend kürzere Zeiger ($\hat{U}/\sqrt{2}$) leicht realisierbar. Die Zeiger kann man sich als ruhend vorstellen, eine dauernde Rotation der Scheitelwertzeiger würde nur zum komplizierteren Liniendiagramm führen. Falls erforderlich, kann das ganze Zeigerdiagramm um einen beliebigen Winkel gedreht werden, wie in Abb. 31 rechts gezeigt.

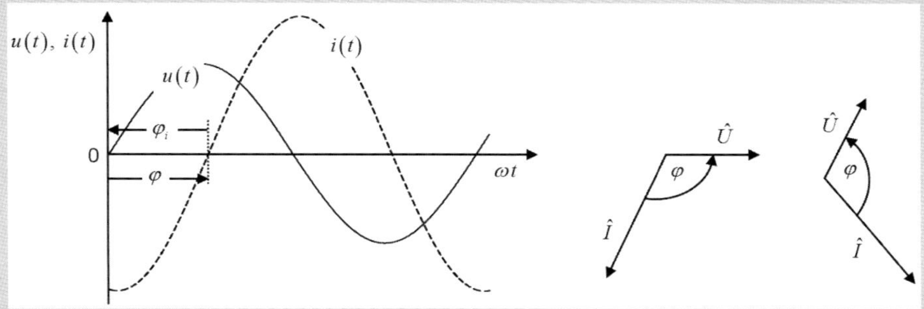

Abb. 31: Ein Liniendiagramm eines sinusförmigen Wechselvorgangs und zugehöriges Zeigerdiagramm

Das Vor- oder Nacheilen einer Größe kann aus einem Zeigerdiagramm mit zwei Zeigern leicht entnommen werden. Dazu stellen wir uns die Zeiger in einem x, y-Koordinatensystem angeordnet vor. Die gemeinsamen Anfangspunkte der Zeiger liegen im Koordinatenursprung. Wir denken uns im Koordinatensystem an einem Standort befindlich, der außerhalb des Phasenwinkels zwischen den beiden Zeigern ist. Derjenige Zeiger, der bei einer Linksrotation des Zeigerdiagramms zuerst auf uns zukommt, eilt der anderen Größe voraus.

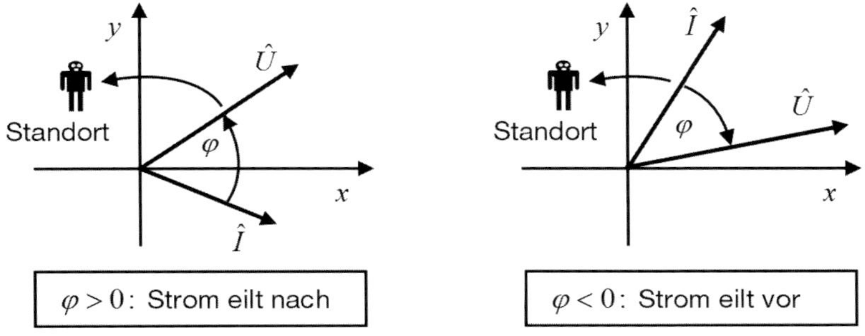

Abb. 32: Bestimmung von Vor- und Nacheilen einer Größe im Zeigerdiagramm

Auf welche Weise zwei Zeigergrößen zueinander in Bezug gebracht werden, drückt sich somit im Vorzeichen von φ und in der Reihenfolge der Indizes von φ_{ui} aus. Ist $\varphi_{ui} > 0$, so ist u gegenüber i im mathematisch positiven Sinn (gegen den Uhrzeigersinn) verdreht. Ist $\varphi_{ui} < 0$, so ist u gegenüber i im mathematisch negativen Sinn (im Uhrzeigersinn) verdreht. Somit gilt für ein Vertauschen der Indizes:

$$\boxed{\varphi_{ui} = -\varphi_{iu}} \qquad (2.8)$$

Wir werden meist nur den Phasenwinkel $\varphi = \varphi_{ui}$ benutzen und den Winkel zwischen Strom- und Spannungszeiger vom Stromzeiger ausgehend zum Spannungszeiger hin betrachten.

Beispiel 9

Im Beispiel nach Abb. 33 ist $\varphi_i = 0$ und $\varphi_u < 0$. Mit $\varphi = \varphi_{ui} = \varphi_u - \varphi_i$ folgt $\varphi < 0$. Der Strom eilt der Spannung voraus. Dies kann im Zeigerdiagramm sofort erkannt werden. Das Beispiel entspricht den Verhältnissen in Abb. 28 rechts.

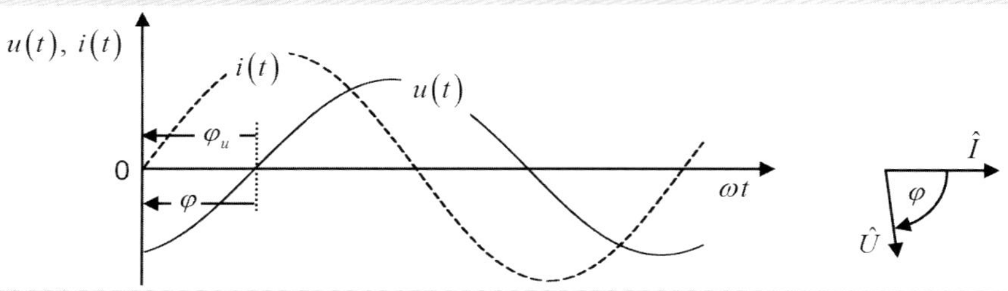

Abb. 33: Der Strom eilt der Spannung voraus

Beispiel 10

Im Beispiel nach Abb. 34 (entspricht Abb. 28 links) ist $\varphi > 0$. Der Strom eilt der Spannung nach. Das Zeigerdiagramm ist nicht maßstäblich gezeichnet.

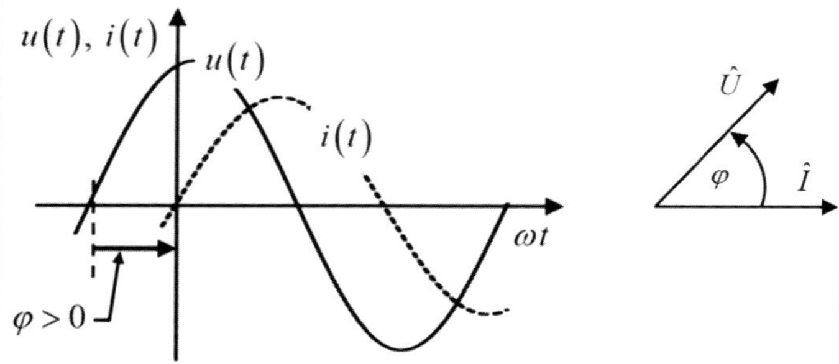

Abb. 34: Der Strom eilt der Spannung nach

Beispiel 11

Die Liniendiagramme in Abb. 35 entsprechen denen von Abb. 29. Sie wurden ergänzt um die zugehörigen Zeigerdiagramme (nicht maßstäblich). Links: $\varphi > 0$, der Strom eilt nach. Rechts: $\varphi < 0$, der Strom eilt vor.

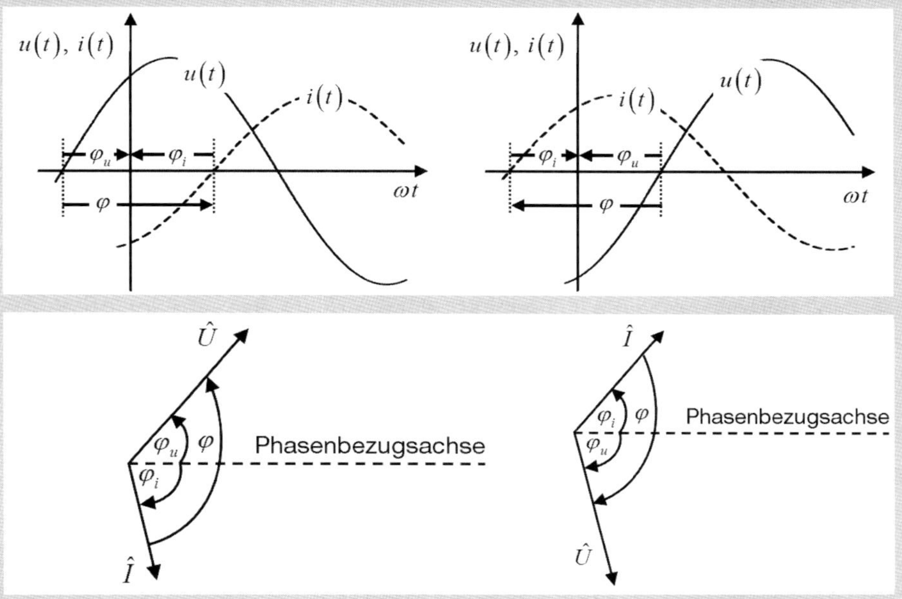

Abb. 35: Sowohl Spannung als auch Strom haben einen Nullphasenwinkel $\varphi_u \neq 0$, $\varphi_i \neq 0$. Auch hier sind die Zeigerdiagramme einfach zu zeichnen.

2.7 Addition und Subtraktion von Sinusgrößen

2.7.1 Addition durch Zeiger

Die kirchhoffschen Regeln können im Wechselstromkreis ebenso angewandt werden wie im Gleichstromkreis. Anstatt mit konstanten Werten bei Gleichstrom wird im Wechselstromkreis mit Momentanwerten gerechnet. Bei der Reihenschaltung von zwei Wechselspannungsquellen gleicher Frequenz entsteht wieder eine sinusförmige Spannung mit derselben Frequenz. Die Amplitude und der Nullphasenwinkel der resultierenden Spannung sind neue Werte.

In Abb. 36 sind die Spannungen:

$$u_1(t) = \sin(\omega t);\ u_2(t) = 2 \cdot \sin\left(\omega t - \frac{\pi}{2}\right);\ u_3(t) = u_1(t) + u_2(t)$$

Das Liniendiagramm von $u_3(t)$ entsteht durch punktweise Addition der Kurven von $u_1(t)$ und $u_2(t)$. Dieses grafische Verfahren ist von Hand relativ aufwendig. Wesentlich einfacher als die Addition phasenverschobener Sinusfunktionen ist das Arbeiten mit Zeigerdiagrammen. Sinusgrößen können grafisch auch mit Hilfe der Zeigerdarstellung addiert und subtrahiert werden. Das Ergebnis ist in Abb. 36 rechts gezeigt (nicht maßstäblich). $\hat{U}_1$ ist der Bezugszeiger.

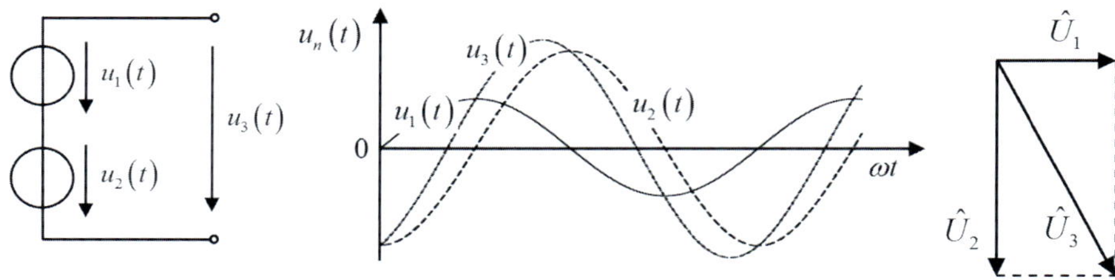

Abb. 36: Reihenschaltung von zwei Wechselspannungsquellen

Sinusförmige Wechselgrößen werden im Zeigerdiagramm addiert oder subtrahiert, indem man ihre Zeiger wie zweidimensionale Vektoren[3] **geometrisch** addiert oder subtrahiert. Die zeichnerische Lösung ist leicht durch die Konstruktion eines Parallelogramms durchführbar. Da die Einzelspannungen $u_1(t)$ und $u_2(t)$ und auch die Summenspannung $u_3(t)$ mit ω rotieren, bleiben die Phasenverschiebungen zwischen den Spannungen zu jeder Zeit erhalten. Die Summengröße kann nach Betrag und Phase (sowohl der Nullphasenwinkel als auch die Phasenverschiebung bezüglich der anderen Größen) aus dem Zeigerdiagramm abgelesen oder trigonometrisch berechnet werden.

3 Ein Zeiger ist kein Vektor. Zeiger und Vektoren unterliegen unterschiedlichen Rechengesetzen.

Eine Subtraktion der beiden Spannungen entspricht einer Gegenreihenschaltung von $u_1(t)$ und $u_2(t)$ in Abb. 36, d. h., die Phase einer der beiden Spannungen wird um 180° verschoben. Bei der Differenzbildung wird der zu subtrahierende Zeiger negiert und dieser dann zum anderen Zeiger vektoriell addiert.

Für die geometrische Addition der Zeiger können diese beliebig aneinander gereiht werden. Jeder Zeiger kann also an beliebiger Stelle gezeichnet werden, solange seine Länge und Richtung korrekt bleiben.

Auf keinen Fall dürfen die Scheitel- oder Effektivwerte algebraisch addiert oder subtrahiert werden, wenn die Phasenlage der Sinusgrößen unterschiedlich ist.

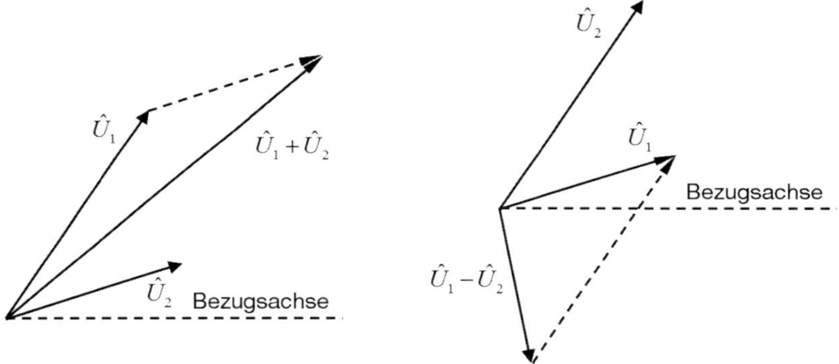

Abb. 37: Addition (links) und Subtraktion (rechts) zweier Zeiger

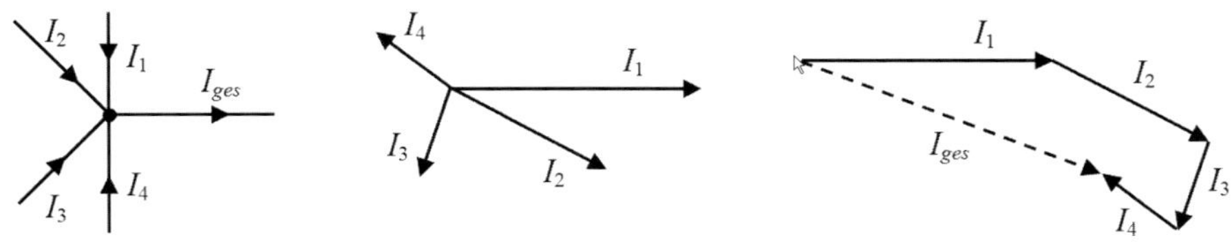

Abb. 38: Zum Knotensatz, die Addition mehrerer Ströme durch frei verschiebbare Zeiger

Beispiel 12

Zwei sinusförmige Spannungen u_1 und u_2 gleicher Frequenz haben die Amplituden $\hat{U}_1 = 3\ \mathrm{V}$ und $\hat{U}_2 = 8\ \mathrm{V}$. u_2 eilt u_1 um $\pi/2$ voraus. Wie groß ist die Amplitude $\hat{U}$ der Summenspannung $u = u_1 + u_2$? Wie groß ist der Phasenverschiebungswinkel φ zwischen u und u_2 in Grad?

Lösung:

Wir skizzieren das Zeigerdiagramm.

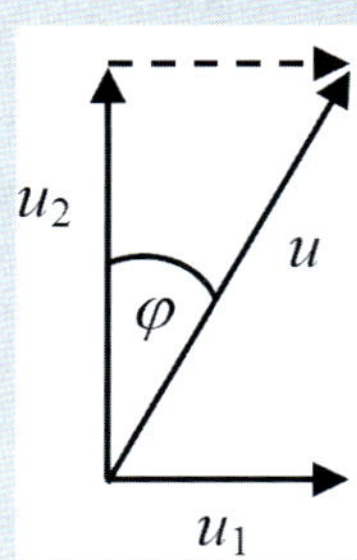

u ist die Hypotenuse eines rechtwinkligen Dreiecks. Somit ist: $u^2 = u_1^2 + u_2^2$ oder $u = \sqrt{u_1^2 + u_2^2}$.

$\hat{U} = \sqrt{3^2 + 8^2}\ \mathrm{V}$; $\underline{\underline{\hat{U} = 8{,}544\ \mathrm{V}}}$

Der Phasenwinkel φ zwischen u und u_2 ist: $\sin(\varphi) = u_1/u$; $\varphi = \arcsin(u_1/u)$; $\underline{\underline{\varphi = 20{,}6°}}$

2.7.2 Algebraische Addition der Momentanwerte

Wie umständlich es ist, phasenverschobene Sinusgrößen im Zeitbereich zu addieren, zeigt nachfolgende Rechnung.

Die beiden sinusförmigen Größen sind in allgemeiner Form gegeben:

$$y_1(t) = A_1 \cdot \sin(\omega t + \varphi_1) \tag{2.9}$$

$$y_2(t) = A_2 \cdot \sin(\omega t + \varphi_2) \tag{2.10}$$

$y_{1,2}(t)$ können z. B. Spannungen oder Ströme sein. $A_{1,2}$ sind die jeweiligen Scheitelwerte.

Berechnet werden soll die Summe der beiden Größen:

$$y(t) = y_1(t) + y_2(t) = A \cdot \sin(\omega t + \varphi) \tag{2.11}$$

Entweder man leitet für diesen Fall die folgenden beiden Zusammenhänge mühevoll her oder entnimmt sie aus einer Formelsammlung:

$$A^2 = A_1^2 + A_2^2 + 2 \cdot A_1 \cdot A_2 \cdot \cos(\varphi_2 - \varphi_1) \tag{2.12}$$

$$\varphi = \arctan\left(\frac{A_1 \cdot \sin(\varphi_1) + A_2 \cdot \sin(\varphi_2)}{A_1 \cdot \cos(\varphi_1) + A_2 \cdot \cos(\varphi_2)}\right) \tag{2.13}$$

Beispiel 13

Die Parallelschaltung eines ohmschen Widerstandes und eines Kondensators liegt an einer sinusförmigen Spannungsquelle $u(t) = \hat{U} \cdot \sin(\omega t)$.

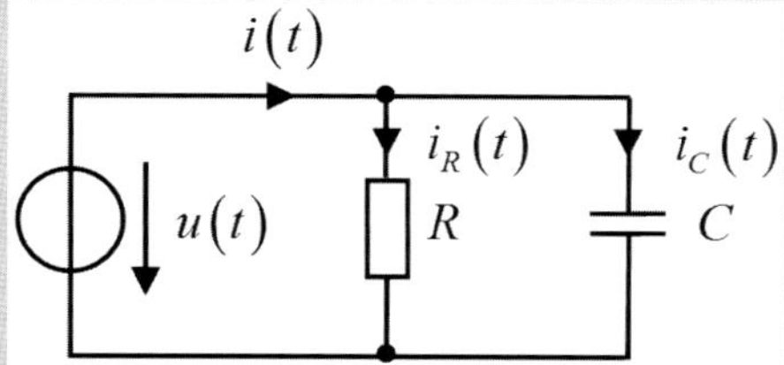

Abb. 39: Parallelschaltung aus Widerstand und Kondensator an sinusförmiger Spannungsquelle

Gegeben sind im Zeitbereich die beiden Teilströme

$$i_C(t) = \sqrt{2} \cdot 30 \text{ mA} \cdot \sin\left(\omega t + \frac{\pi}{2}\right) = A_1 \cdot \sin(\omega t + \varphi_1) \tag{2.14}$$

$$i_R(t) = \sqrt{2} \cdot 40 \text{ mA} \cdot \sin(\omega t) = A_2 \cdot \sin(\omega t + \varphi_2) \text{ mit } \varphi_2 = 0 \tag{2.15}$$

Gesucht ist die Summe der beiden Ströme

$i(t) = i_R(t) + i_C(t) = A \cdot \sin(\omega t + \varphi)$.

Lösung:

$$A^2 = \left(\sqrt{2} \cdot 30 \text{ mA}\right)^2 + \left(\sqrt{2} \cdot 40 \text{ mA}\right)^2 + 2 \cdot \sqrt{2} \cdot 30 \text{ mA} \cdot \sqrt{2} \cdot 40 \text{ mA} \cdot \underbrace{\cos\left(0 - \frac{\pi}{2}\right)}_{0}$$

$$A^2 = 2 \cdot (30 \text{ mA})^2 + 2 \cdot (40 \text{ mA})^2 = 2 \cdot \left(30^2 + 40^2\right) \text{mA} = 5000 \text{ mA};$$

$$A = \sqrt{2} \cdot 50 \text{ mA}$$

$$\varphi = \arctan \frac{\sqrt{2} \cdot 30 \text{ mA} \cdot \sin\left(\frac{\pi}{2}\right) + \sqrt{2} \cdot 40 \text{ mA} \cdot \sin(0)}{\sqrt{2} \cdot 30 \text{ mA} \cdot \cos\left(\frac{\pi}{2}\right) + \sqrt{2} \cdot 40 \text{ mA} \cdot \cos(0)} = \arctan\left(\frac{30}{40}\right);$$

$$\varphi = 36{,}9°$$

$$i(t) = A \cdot \sin(\omega t + \varphi) = \underline{\underline{\sqrt{2} \cdot 50 \text{ mA} \cdot \sin(\omega t + 36{,}9°)}}$$

Der Strom durch den Widerstand hat den Nullphasenwinkel null, er wird mit der Länge A_2 als Bezugszeiger gewählt und in horizontaler Lage in das Zeigerdiagramm (nicht maßstäblich) eingezeichnet. Laut Angabe eilt der Strom durch den Kondensator dem Strom durch den Widerstand um $\pi/2$ voraus (der Grund hierfür sei im Moment nicht von Interesse). Der Zeiger mit der Länge A_1 steht also senkrecht auf dem ersten Zeiger. Die geometrische Addition der beiden Zeiger ergibt den Summenzeiger mit der Länge A und dem Nullphasenwinkel φ.

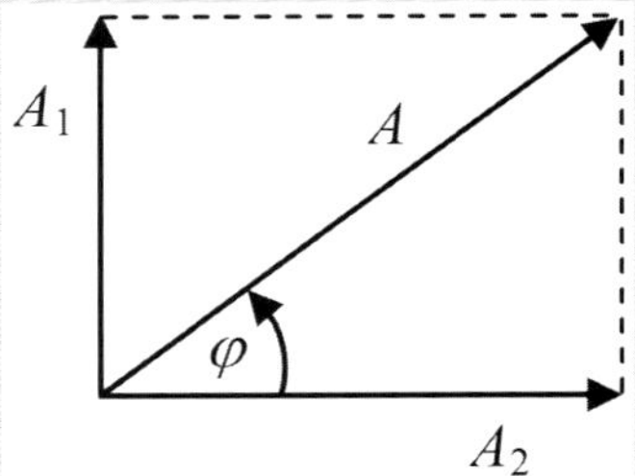

Abb. 40: Zeigerdiagramm zu der Schaltung nach Abb. 39

Wie man sieht, ist die Rechnung im Zeitbereich aufwendig. Das Zeichnen des Zeigerdiagramms geht viel schneller, ist aber ungenauer. Ein einfaches und rein rechnerisches Verfahren, welches sowohl die Beträge der Größen als auch ihre Phasenverschiebung berücksichtigt, werden wir mit der komplexen Rechnung kennenlernen.

Ist ein Zeigerbild nicht maßstäblich gezeichnet, so handelt es sich um ein **qualitatives Zeigerbild**. Mit ihm kann man schnell einen Überblick über die Verhältnisse in einem Wechselstromnetzwerk bekommen. Ein **quantitatives Zeigerbild** benutzt einen festgelegten Maßstab. Mit ihm können Ergebnisse durch Messen von Strecken und Winkeln gewonnen werden.

Zeiger werden in der Literatur meist mit dem unterstrichenen Formelzeichen der Sinusgröße bezeichnet. Das Unterstreichen soll darauf hinweisen, dass dieses Formelzeichen nicht nur die physikalische Größe, sondern auch die Eigenschaft als Zeiger symbolisieren soll. Davon wird hier abgewichen. Handelt es sich um *zeitabhängige* Größen, so werden Zeiger in diesem Buch *nicht* unterstrichen, sondern mit dem Scheitelwert oder dem Effektivwert der Sinusgröße beschriftet, da es in den Abbildungen ersichtlich ist, dass es sich um Zeiger handelt. Unterstrichene Formelzeichen sind sinnvoll, wenn im Zeitbereich ohne Abbildungen mit Zeigern gerechnet wird, um z. B. eine geometrische Addition zu erkennen. Wir werden später Zeiger im Bereich der komplexen Zahlen kennenlernen. Diese Zeiger werden dann, wie komplexe Zahlen auch, mit unterstrichenen Größen benannt.

2.8 Zusammenfassung

1. Wird ein lineares elektrisches Netzwerk mit einer sinusförmigen Größe gespeist, so verlaufen alle übrigen Netzwerkgrößen ebenfalls sinusförmig mit gleicher Frequenz.
2. Eine sinusförmige Spannung kann durch eine in einem Magnetfeld rotierende Spule erzeugt werden.
3. Das Liniendiagramm der Sinusfunktion kann aus einem rotierenden Scheitelwertzeiger gewonnen werden.
4. Eine Sinuskurve ist nach links verschoben, sie eilt voraus, wenn ihr Nullphasenwinkel positiv (>0) ist.
5. Eine Sinuskurve ist nach rechts verschoben, sie eilt nach, wenn ihr Nullphasenwinkel negativ (<0) ist.
6. Im Liniendiagramm wird der Nullphasenwinkel als Pfeil von demjenigen positiven Nulldurchgang, der dem Ursprung am nächsten liegt, bis zum Ursprung eingezeichnet.
7. Ein Nullphasenwinkel ist positiv, falls sein Pfeil in positive ωt-Richtung zeigt, andernfalls negativ.
8. Die zeitliche Verschiebung zwischen zwei Wechselgrößen heißt Phasenverschiebung.
9. Der Phasenwinkel $\varphi = \varphi_{ui}$ gibt an, um welchen Winkel die Spannung dem Strom vorauseilt.
10. Im Liniendiagramm ist der Pfeil für den Phasenwinkel vom Nulldurchgang der Spannungskurve zum Nulldurchgang der Stromkurve gerichtet.
11. Ein Phasenwinkel ist positiv, falls sein Pfeil in positive ωt -Richtung zeigt, andernfalls negativ.
12. Sinusförmige Wechselgrößen können statt durch Drehzeiger durch ruhende Zeiger (Festzeiger) dargestellt werden, falls Momentanwerte nicht von Interesse sind.
13. Ein Zeigerdiagramm kann um einen beliebigen Winkel gedreht werden.
14. Eine Parallelverschiebung einzelner Zeiger bei der Konstruktion eines Zeigerdiagramms ist möglich.
15. Zeiger werden wie Vektoren geometrisch addiert oder subtrahiert.

16. Ein Zeiger, der eine Sinusschwingung darstellt, ist durch vier Kennwerte festgelegt:
    - elektrotechnische Bedeutung des Zeigers (Spannung, Strom etc.) durch ein Formelzeichen
    - Betrag der Sinusgröße durch die Länge des Zeigers (Scheitelwert $\hat{U}$ oder Effektivwert U)
    - Phasenlage relativ zu einem Bezugszeiger und zwischen den Zeigern
    - Frequenz der Sinusschwingung. Bei mehreren Zeigern in einem Diagramm müssen alle Zeiger mit der gleichen Frequenz rotieren.
17. Zeigerdiagramme sind gleichwertige Darstellungen zu Liniendiagrammen, aber einfacher zu zeichnen.
18. Mit Zeigerdiagrammen können die Verhältnisse in linearen Wechselstromnetzwerken bei Anregung durch eine Quelle mit einer einzigen, festen Frequenz qualitativ übersichtlich dargestellt werden.
19. Die Zeigerlänge gibt (oft maßstabsgetreu) den Effektiv- oder Scheitelwert von Spannung oder Strom an.
20. Der Winkel zwischen Zeigern entspricht dem Phasenwinkel zwischen den Größen.
21. Im Zeigerdiagramm muss der Phasenwinkel $\varphi = \varphi_{ui} = \varphi_u - \varphi_i$ zwischen Strom und Spannung als Pfeil immer vom Strom- zum Spannungszeiger hinzeigend eingetragen werden. Aus dieser Richtung ergibt sich das Vorzeichen von φ („–“ falls im oder „+“ falls gegen den Uhrzeigersinn).
22. Bei mehreren Zeigern muss in einem Zeigerdiagramm ein Zeiger als Bezugszeiger (vorteilhaft mit einem Nullphasenwinkel gleich null) oder eine Phasenbezugsachse festgelegt werden. Weitere Zeiger sind phasenrichtig zum Bezugszeiger zu zeichnen.

3 Wechselstromwiderstände

Beim Gleichstromkreis mit passiven, linearen Bauelementen als Verbraucher sind im eingeschwungenen Zustand nur ohmsche Widerstände zu berücksichtigen. Im Wechselstromkreis muss zwischen ohmschen, kapazitiven und induktiven Widerständen unterschieden werden. Wir werden im Folgenden an eine Quelle mit sinusförmiger Wechselspannung jeweils einen Widerstand, eine Spule und einen Kondensator anschließen und den Zusammenhang zwischen Spannung und Strom betrachten. Einfache Beispiele aus der gemischten Zusammenschaltung dieser Bauelemente werden ebenfalls untersucht. Die Ergebnisse werden in diesem Abschnitt rein im reellen Zeitbereich hergeleitet, die physikalischen Vorgänge sind dadurch gut vorstellbar. Wie wir sehen werden, ist dieses Vorgehen bereits bei etwas umfangreicheren Schaltungen sehr aufwendig. Wir verzichten dann auf die Anschaulichkeit und arbeiten mit der etwas abstrakteren, aber einfach benutzbaren Darstellung im Bereich der komplexen Zahlen.

Beim Übergang vom Zeitbereich in den Bereich der komplexen Zahlen wird eine sinusförmige Zeitfunktion in die komplexe Ebene transformiert, wobei eine Funktion der Zeit umkehrbar eindeutig als eine Funktion der Frequenz abgebildet wird. Im Gegensatz zum „*Zeitbereich*“ wird dieser Bereich dann als „*Bildbereich*“ oder „*Frequenzbereich*“ bezeichnet. Problemstellungen in der Wechselstromtechnik können also grundsätzlich im Zeitbereich mit der Zeit als variable Größe oder im Frequenzbereich (unter Nutzung komplexer Zahlen) mit der Frequenz als variable Größe betrachtet werden.

Wie beim Gleichstrom werden auch beim Wechselstrom Zählpfeile verwendet, und es gelten die Gesetze des Verbraucher- und des Erzeugerzählpfeilsystems[4]. Die Zählpfeile können bei Wechselstrom natürlich keine Richtung von Spannung und Strom angeben, sondern nur die Richtung, in der diese positiv gezählt werden sollen.

Die beiden kirchhoffschen Gesetze (Knoten- und Maschenregel) sind auch für Wechselstromgrößen und, entsprechend dem Gesetz der Ladungserhaltung und dem Energieerhaltungssatz[5], sogar für ganz beliebig zeitlich verlaufende Signale gültig. Konstante Werte des Gleichstromkreises werden durch Momentanwerte ersetzt.

$$\sum_{k=1}^{n} i_k(t) = 0, \quad \sum_{k=1}^{n} u_k(t) = 0, \quad \text{für alle } t \tag{3.1}$$

4 Siehe Abschnitt 2.2, Elektrotechnik für Studierende: Band 2 – Gleichstrom, Christiani-Verlag

5 Siehe Abschnitt 3.1.2 und 3.1.3, Elektrotechnik für Studierende: Band 2 – Gleichstrom, Christiani-Verlag

Die sich in Wechselstromkreisen ergebenden Phasenverschiebungen bei Kondensatoren und Spulen müssen bei Anwendung der kirchhoffschen Gesetze berücksichtigt werden. Auf sehr elementare Art kann dies mit Hilfe von Zeigerdiagrammen geschehen. Wir werden sehen, dass bei Berechnungen mit komplexen Zahlen die Phasenbeziehungen automatisch berücksichtigt werden.

3.1 Wechselstromkreis mit ohmschem Widerstand

Untersucht wird der Zusammenhang zwischen Spannung und Strom an einem ohmschen Widerstand im Wechselstromkreis. Der ohmsche Widerstand nimmt bekanntlich eine Leistung auf, in ihm wird Wärme erzeugt, er wird daher als Wirkwiderstand bezeichnet.

Ein idealer ohmscher Widerstand R (ohne Induktivitäten und Kapazitäten) ist an eine sinusförmige Spannungsquelle

$$u(t) = \hat{U} \cdot \sin(\omega t + \varphi_u) \tag{3.2}$$

angeschlossen.

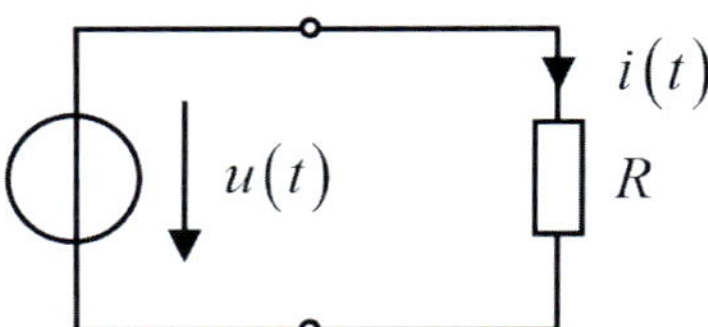

Abb. 41: Ohm'scher Widerstand an sinusförmiger Wechselspannungsquelle

Der durch R fließende Strom $i(t)$ ist aus in Abschnitt 2.1 genannten Gründen ebenfalls sinusförmig. In jedem Augenblick gilt der kirchhoffsche Maschensatz (Abb. 41):

$$u(t) - R \cdot i(t) = 0; \; R = \text{Widerstandswert in } \Omega \tag{3.3}$$

Somit ist auch das ohmsche Gesetz in jedem Augenblick gültig. Das ohmsche Gesetz wird auf Augenblickswerte, auf zeitabhängige Größen übertragen.

$$\boxed{u(t) = R \cdot i(t)} \tag{3.4}$$

Mit $u(t) = \hat{U} \cdot \sin(\omega t + \varphi_u)$ folgt:

$$i(t) = \frac{u(t)}{R} = \frac{\hat{U} \cdot \sin(\omega t + \varphi_u)}{R} = \frac{\hat{U}}{R} \cdot \sin(\omega t + \varphi_u) \text{ mit } \frac{\hat{U}}{R} = \hat{I} \tag{3.5}$$

Der Strom durch den Widerstand ist also:

$$i(t) = \hat{I} \cdot \sin(\omega t + \varphi_u) \tag{3.6}$$

Der Nullphasenwinkel des Stromes wird mit φ_i bezeichnet.

$$i(t) = \hat{I} \cdot \sin(\omega t + \varphi_i) \tag{3.7}$$

Ein Vergleich von (3.6) und (3.7) ergibt:

$$\varphi_i = \varphi_u \tag{3.8}$$

Die Phasenverschiebung zwischen Spannung und Strom ist allgemein:

$$\varphi = \varphi_{ui} = \varphi_u - \varphi_i \tag{3.9}$$

Für den ohmschen Widerstand folgt damit:

$$\boxed{\varphi = \varphi_{ui} = 0} \tag{3.10}$$

Beim ohmschen Widerstand sind Strom und Spannung in Phase.

Strom und Spannung am ohmschen Widerstand sind gleichphasig, die Nulldurchgänge bzw. Extremwerte beider Kurven treten im Liniendiagramm zu gleichen Zeitpunkten auf. Im Zeigerdiagramm liegen die beiden Zeiger von Spannung und Strom parallel, der Phasenwinkel zwischen ihnen ist null. Beide Zeiger werden entsprechend $\varphi = 0$ in die Horizontale als Phasenbezugsachse gelegt.

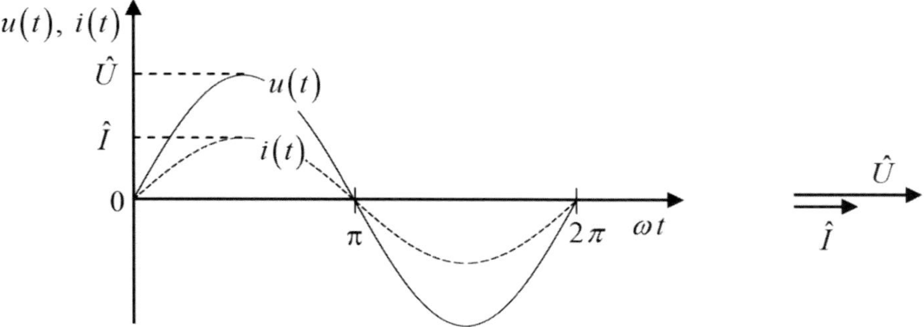

Abb. 42: Ohm'scher Widerstand im Sinusstromkreis, Zeitdiagramm von Spannung und Strom (links) und Zeigerdiagramm (rechts)

Die Spannung über dem Wirkwiderstand ändert sich zwar zeitlich, aber der Wert des Wechselstromwiderstandes ändert sich zeitlich nicht, er bleibt der konstante Wert R_0.

$$R(t)=\frac{u(t)}{i(t)}=\frac{\hat{U}\cdot\sin(\omega t)}{\hat{I}\cdot\sin(\omega t)}=\frac{\hat{U}}{\frac{\hat{U}}{R_0}}=R_0 \tag{3.11}$$

$$R(t)=R_0=\text{const.} \tag{3.12}$$

Beim ohmschen Widerstand ist der Widerstandswert von der Zeit und von der Frequenz unabhängig.

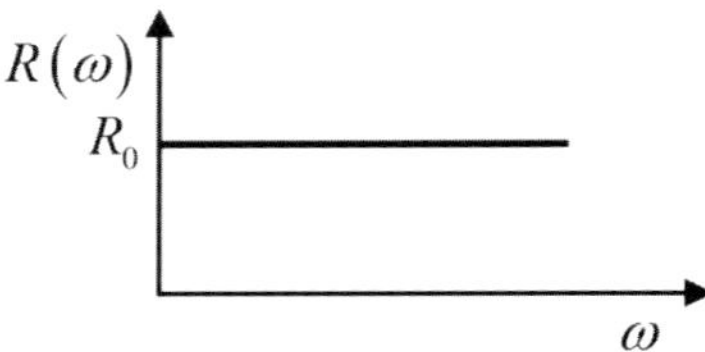

Abb. 43: Frequenzabhängigkeit des ohmschen Widerstandes

Werden Effektivwerte statt zeitlich veränderlicher Größen verwendet, so ist das ohmsche Gesetz im Vergleich zu Gl. (3.4):

$$\boxed{U=R\cdot I} \tag{3.13}$$

Der Kehrwert des ohmschen Widerstandes R ist der Leitwert G:

$$\boxed{G=\frac{1}{R}} \quad [G]=\frac{1}{\Omega}=\text{S (Siemens)} \tag{3.14}$$

Aus den vorangegangenen Betrachtungen folgt: Bei Netzwerken, die nur aus Widerständen aufgebaut sind, können die Ergebnisse der Gleichstromtechnik ohne jede Einschränkung übernommen werden. Es sind lediglich die konstanten Spannungen U_n durch die zeitabhängigen Spannungen $u_n(t)$ und die Gleichströme I_m durch die zeitabhängigen Ströme $i_m(t)$ zu ersetzen.

3.2 Wechselstromkreis mit Induktivität

Untersucht wird der Zusammenhang zwischen Spannung und Strom an einer Spule im Wechselstromkreis.

Eine ideale Spule (ohne Wicklungswiderstand und parasitäre Kapazitäten) mit der Induktivität L ist an eine sinusförmige Spannungsquelle

$$u(t) = \hat{U} \cdot \sin(\omega t + \varphi_u) \tag{3.15}$$

angeschlossen.

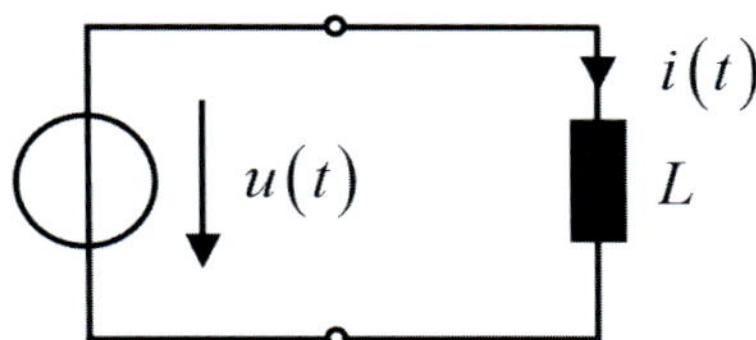

Abb. 44: Ideale Spule an sinusförmiger Wechselspannungsquelle

Ein Ansatz für den Strom ist:

$$i(t) = \hat{I} \cdot \sin(\omega t + \varphi_i) \tag{3.16}$$

Bei der Spule ist der Zusammenhang zwischen Spannung und Strom durch das Induktionsgesetz gegeben (Bauteilgleichung für die Spule):

$$\boxed{u(t) = L \cdot \frac{di(t)}{dt}} \tag{3.17}$$

Durch Einsetzen von Gl. (3.16) in Gl. (3.17) folgt:

$$u(t) = \omega \cdot L \cdot \hat{I} \cdot \cos(\omega t + \varphi_i) = \omega \cdot L \cdot \hat{I} \cdot \sin\left(\omega t + \underbrace{\varphi_i + \frac{\pi}{2}}_{\varphi_u}\right) \tag{3.18}$$

Aus obiger Gleichung folgt für den Nullphasenwinkel der Spannung:

$$\varphi_u = \varphi_i + \frac{\pi}{2} \tag{3.19}$$

Somit ist der Phasenwinkel:

$$\boxed{\varphi = \varphi_{ui} = \varphi_u - \varphi_i = \frac{\pi}{2}} \tag{3.20}$$

Die Spannungskurve eilt also der Stromkurve um $90°$ voraus, sie ist im Liniendiagramm um $90°$ in negative ωt-Richtung verschoben. Im Zeigerdiagramm ist der Spannungszeiger um $90°$ entgegen dem Uhrzeigersinn gegenüber dem Stromzeiger verdreht. Oder (wie vereinbart) vom Stromzeiger ausgehend betrachtet: **Der Stromzeiger eilt dem Spannungszeiger um $90°$ nach**. In Abb. 45 geht die Stromkurve durch den Ursprung, ist somit die Bezugsgröße und wird entsprechend $\varphi_i = 0$ als Zeiger in die Horizontale gelegt[6]. Bei einer (in Gedanken vorgestellten) Linksrotation eilt der Spannungszeiger um $90°$ voraus.

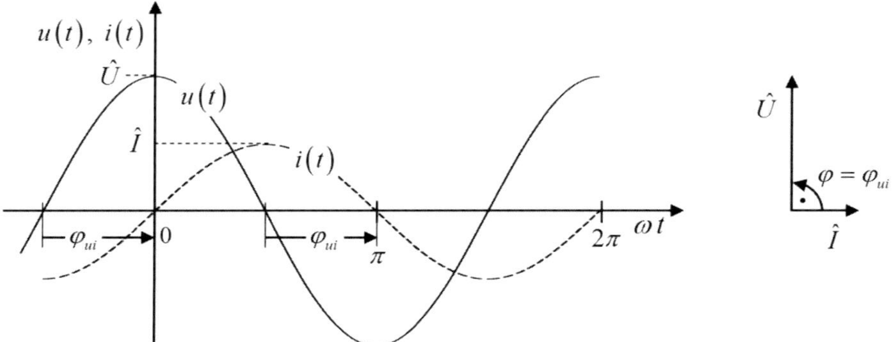

Abb. 45: Spule im Sinusstromkreis, Zeitdiagramm von Spannung und Strom (links) und Zeigerdiagramm (rechts)

Wie man in Abb. 45 sieht, kann der Phasenwinkel φ_{ui} auch vom negativen Nulldurchgang der Spannung zum negativen Nulldurchgang des Stromes eingezeichnet werden.

Dass der Strom durch die Spule der Spannung an der Spule hinterhereilt ist im Einklang mit dem physikalischen Verhalten der Spule. Ändert sich der Strom durch eine Spule, so wird entsprechend der Regel von Lenz in ihr eine Spannung induziert die so gerichtet ist, dass sie einer Stromänderung entgegenwirkt. Eine Spannungsänderung an der Spule bewirkt daher erst zeitlich verzögert eine Stromänderung durch die Spule. Der Spulenstrom ist stetig, er ändert sich nicht sprungförmig. Dieser Zusammenhang wurde bereits beim Schaltvorgang bei der Spule[7] festgestellt.

Aus den Gleichungen (3.15) und (3.18) folgt:

$$u(t) = \omega \cdot L \cdot \hat{I} \cdot \cos(\omega t + \varphi_i) = \hat{U} \cdot \sin(\omega t + \varphi_u) \tag{3.21}$$

6 Dies ist kein Zwang, das Zeigerdiagramm kann um einen beliebigen Winkel verdreht werden.

7 Siehe Abschnitt 6.7, Elektrotechnik für Studierende: Band 2 – Gleichstrom, Christiani-Verlag

Die Phasenbeziehung in dieser Gleichung haben wir bereits betrachtet. Ein Vergleich der Beträge ergibt:

$$\omega \cdot L \cdot \hat{I} = \hat{U} \tag{3.22}$$

$$\boxed{\hat{I} = \frac{\hat{U}}{\omega \cdot L} = \frac{\hat{U}}{X_L}} \tag{3.23}$$

Der Ausdruck

$$\boxed{X_L = \omega \cdot L} \quad [X_L] = \Omega \tag{3.24}$$

entspricht als Faktor zwischen den Amplituden von Strom und Spannung formal dem eines Widerstandes im ohmschen Gesetz. X_L mit der Einheit Ohm wird als Blindwiderstand der Induktivität oder als **induktiver Blindwiderstand** bezeichnet.

In einem Blindwiderstand wird nur Blindleistung erzeugt. Es entsteht keine Wirkleistung, somit wird im Blindwiderstand auch **keine Wärmewirkung** hervorgerufen. Den Ausdruck „Blindwiderstand" werden wir verstehen, wenn wir den Leistungsumsatz in einer Induktivität untersucht haben.

Werden in Gl. (3.23) beide Seiten durch $\sqrt{2}$ dividiert, so erhalten wir die Beziehung zwischen den Effektivwerten von Spannung und Strom:

$$\boxed{I = \frac{U}{\omega \cdot L} = \frac{U}{X_L}} \tag{3.25}$$

Der induktive Blindwiderstand X_L ist sowohl zum Induktivitätswert L der Spule als auch zur Kreisfrequenz ω der anliegenden Sinusspannung proportional.

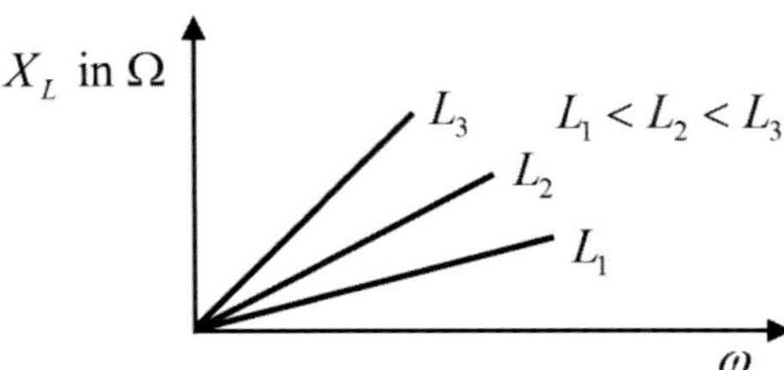

Abb. 46: Frequenzabhängigkeit des induktiven Blindwiderstandes

Wichtig sind die zwei Grenzwerte von X_L für $\omega \to 0$ und $\omega \to \infty$.

$$\omega \to 0: \; X_L = \omega \cdot L \; \to 0 \; \Rightarrow I = \frac{U}{X_L} \to \infty \tag{3.26}$$

Dies bedeutet: Im eingeschwungenen Zustand wird für Gleichspannung der Widerstand der idealen Spule null, der Strom würde unendlich groß. Die ideale Spule bildet für **Gleichspannung** einen **Kurzschluss**. Eine *reale* Spule weist bei Gleichspannung den ohmschen Widerstand des Wicklungsmaterials auf.

$$\omega \to \infty: \; X_L = \omega \cdot L \;\to \infty \;\Rightarrow I = \frac{U}{X_L} \to 0 \qquad (3.27)$$

Für sehr hohe Frequenzen ist der Widerstand der idealen Spule unendlich groß, der Strom durch die Spule würde null. Die ideale Spule stellt bei sehr **hohen Frequenzen** für die Spannungsquelle einen **Leerlauf** dar.

Der Kehrwert des induktiven Blindwiderstandes X_L ist der **induktive Blindleitwert** B_L. Er wird zur Unterscheidung von dem später noch zu besprechenden kapazitiven Blindleitwert durch negative Zahlenwerte angegeben.

$$\boxed{B_L = -\frac{1}{X_L} = -\frac{1}{\omega \cdot L}} \quad [B_L] = \frac{1}{\Omega} = \text{S (Siemens)} \qquad (3.28)$$

Beispiel 14

Wie groß ist der induktive Blindwiderstand X_L einer idealen Spule mit der Induktivität $L = 10\ \text{mH}$ bei der Frequenz $f = 1\ \text{MHz}$?

Lösung:

$$X_L = 2 \cdot \pi \cdot f \cdot L = 2 \cdot \pi \cdot 10^6\ \text{s}^{-1} \cdot 10^{-2}\ \text{H};\ \underline{\underline{X_L = 62{,}8\ \text{k}\Omega}}$$

Beispiel 15

Eine ideale Induktivität hat den Wert $L = 150\ \text{mH}$. Wie groß ist ihr Blindwiderstand X_L und ihr Blindleitwert B_L bei einer Frequenz von $f = 15\ \text{kHz}$?

Lösung:

$$X_L = 2 \cdot \pi \cdot f \cdot L = 2 \cdot \pi \cdot 15 \cdot 10^3\ \text{s}^{-1} \cdot 0{,}15\ \text{H};\ \underline{\underline{X_L = 14{,}14\ \text{k}\Omega}};\ \underline{\underline{B_L = -70{,}7\ \mu\text{S}}}$$

Beispiel 16

Wie groß ist die Induktivität einer idealen Spule, an der bei einer Frequenz von $f = 100\ \text{Hz}$ und einem durch die Spule fließenden sinusförmigen Strom mit dem Scheitelwert $\hat{I} = 15\ \text{A}$ eine Spannung von $U = 180\ \text{V}$ gemessen wird?

Lösung:

$$L = \frac{X_L}{2 \cdot \pi \cdot f}; \; X_L = \frac{U}{I} = \frac{U}{\hat{I}/\sqrt{2}} = \frac{\sqrt{2} \cdot U}{\hat{I}}; \; L = \frac{\sqrt{2} \cdot U}{2 \cdot \pi \cdot f \cdot \hat{I}} = \frac{\sqrt{2} \cdot 180 \text{ V}}{2 \cdot \pi \cdot 100 \text{ s}^{1} \cdot 15 \text{ A}};$$

$$\underline{\underline{L = 27 \text{ mH}}}$$

3.3 Wechselstromkreis mit Kapazität

Untersucht wird der Zusammenhang zwischen Spannung und Strom an einem Kondensator im Wechselstromkreis.

Ein idealer Kondensator (mit idealem Dielektrikum) mit der Kapazität C ist an eine sinusförmige Spannungsquelle

$$u(t) = \hat{U} \cdot \sin(\omega t + \varphi_u) \tag{3.29}$$

angeschlossen.

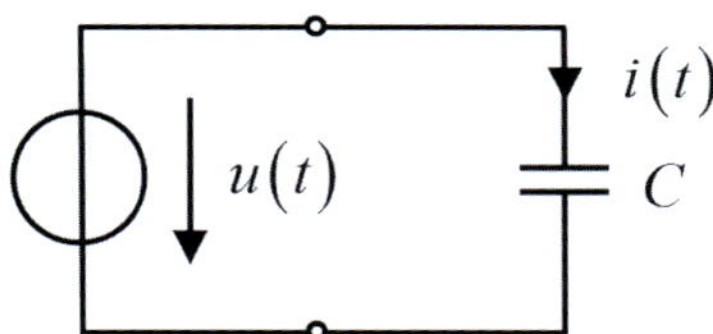

Abb. 47: Idealer Kondensator an sinusförmiger Wechselspannungsquelle

Ein Ansatz für den Strom ist:

$$i(t) = \hat{I} \cdot \sin(\omega t + \varphi_i) \tag{3.30}$$

Der Zusammenhang zwischen Spannung und Strom beim Kondensator ist durch die Bauteilgleichung des Kondensators gegeben:

$$\boxed{i(t) = C \cdot \frac{du(t)}{dt}} \tag{3.31}$$

Durch Einsetzen von Gl. (3.29) in Gl. (3.31) folgt:

$$i(t) = \omega \cdot C \cdot \hat{U} \cdot \cos(\omega t + \varphi_u) = \omega \cdot C \cdot \hat{U} \cdot \sin\left(\omega t + \underbrace{\varphi_u + \frac{\pi}{2}}_{\varphi_i}\right) \tag{3.32}$$

Aus obiger Gleichung folgt für den Nullphasenwinkel des Stromes:

$$\varphi_i = \varphi_u + \frac{\pi}{2} \tag{3.33}$$

Somit ist der Phasenwinkel:

$$\boxed{\varphi = \varphi_{ui} = \varphi_u - \varphi_i = -\frac{\pi}{2}} \tag{3.34}$$

Die Stromkurve eilt also der Spannungskurve um $90°$ voraus, sie ist im Liniendiagramm um $90°$ in negative ωt-Richtung verschoben. Im Zeigerdiagramm ist der Stromzeiger gegenüber dem Spannungszeiger um $90°$ entgegen dem Uhrzeigersinn verdreht. **Der Stromzeiger eilt dem Spannungszeiger um $90°$ voraus.** Gehen wir vom Stromzeiger aus zum Spannungszeiger hin, so müssen wir eine Drehung um $90°$ **im** Uhrzeigersinn vollziehen (eine Rechtsdrehung, im mathematisch negativen Drehsinn eines Winkels).

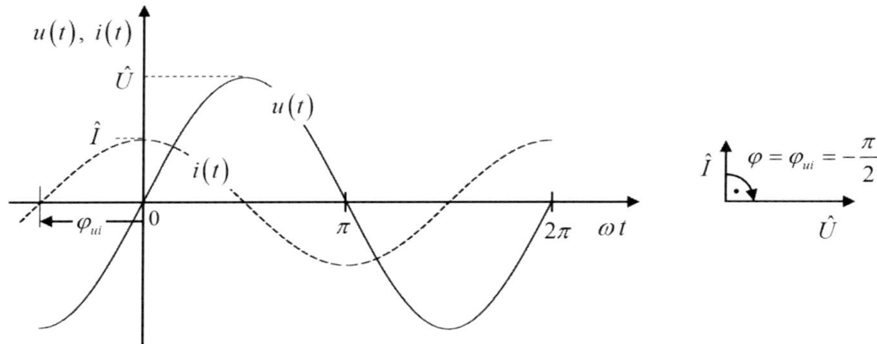

Abb. 48: Kondensator im Sinusstromkreis, Zeitdiagramm von Spannung und Strom (links) und Zeigerdiagramm (rechts)

Dass der Strom „durch“[8] den Kondensator der Spannung am Kondensator vorauseilt stimmt mit dem physikalischen Verhalten des Kondensators überein. Dies kann man sich durch das Verhalten eines Kondensators beim Anschalten an eine Gleichspannung verdeutlichen[9]. Ein ungeladener Kondensator stellt dabei im ersten Augenblick einen Kurzschluss dar, der Strom fließt sprungartig sofort und wird dann immer kleiner. Die Spannung verhält sich gerade umgekehrt, sie steigt von null ausgehend langsam an und strebt gegen einen Endwert der ladenden Quelle.

8 Es handelt sich nicht um einen Leitungsstrom, sondern um einen Verschiebungsstrom, siehe Abschnitt 5.1.2.2, Elektrotechnik für Studierende: Band 1 – Grundlagen, Christiani-Verlag

9 Siehe Abschnitt 6.5, Elektrotechnik für Studierende: Band 2 – Gleichstrom, Christiani-Verlag

Aus den Gleichungen (3.30) und (3.32) folgt:

$$i(t) = \omega \cdot C \cdot \hat{U} \cdot \cos(\omega t + \varphi_u) = \hat{I} \cdot \sin(\omega t + \varphi_i) \tag{3.35}$$

Ein Koeffizientenvergleich ergibt:

$$\hat{I} = \omega \cdot C \cdot \hat{U} \tag{3.36}$$

$$\boxed{\hat{I} = \frac{\hat{U}}{\frac{1}{\omega \cdot C}} = \frac{\hat{U}}{X_C}} \tag{3.37}$$

Der Ausdruck

$$\boxed{X_C = \frac{1}{\omega \cdot C}} \quad [X_C] = \Omega \tag{3.38}$$

entspricht formal einem Widerstand im ohmschen Gesetz für den Zusammenhang zwischen den Amplituden von Strom und Spannung am Kondensator, er wird **kapazitiver Blindwiderstand** genannt.

Für die Effektivwerte von Strom und Spannung gilt die Beziehung:

$$\boxed{I = \frac{U}{X_C}} \tag{3.39}$$

Der kapazitive Blindwiderstand ist umgekehrt proportional zum Kapazitätswert C des Kondensators und umgekehrt proportional zur Kreisfrequenz ω der anliegenden Sinusspannung.

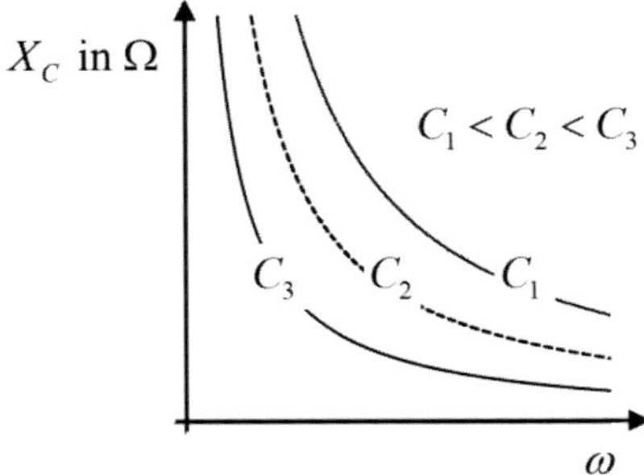

Abb. 49: Frequenzabhängigkeit des kapazitiven Blindwiderstandes

Wichtig sind wieder die zwei Grenzwerte von X_C für $\omega \to 0$ und $\omega \to \infty$.

$$\omega \to 0:\ X_C = \frac{1}{\omega \cdot C} \to \infty \ \Rightarrow\ I = \frac{U}{X_C} \to 0 \tag{3.40}$$

Im eingeschwungenen Zustand wird für Gleichspannung der Widerstand des idealen Kondensators unendlich groß, der Strom wird null. Der ideale Kondensator bildet für **Gleichspannung** eine Unterbrechung, stellt also für die Spannungsquelle einen **Leerlauf** dar.

$$\omega \to \infty:\ X_C = \frac{1}{\omega \cdot C} \to 0 \ \Rightarrow\ I = \frac{U}{X_C} \to \infty \tag{3.41}$$

Für sehr hohe Frequenzen ist der Widerstand des idealen Kondensators null, der Strom würde unendlich groß. Der Kondensator wirkt bei **hohen Frequenzen** wie ein **Kurzschluss**.

Der Kehrwert des kapazitiven Blindwiderstandes X_C ist der **kapazitive Blindleitwert** B_C.

$$\boxed{B_C = \omega \cdot C} \quad [B_C] = \frac{1}{\Omega} = \mathrm{S}\ (\text{Siemens}) \tag{3.42}$$

Beispiel 17

Wie groß ist der kapazitive Blindwiderstand X_C eines Kondensators mit dem Kapazitätswert $C = 10\ \mu\mathrm{F}$ bei der Frequenz $f = 100\ \mathrm{Hz}$? An den Kondensator wird die Spannung $u(t) = 20\ \mathrm{V} \cdot \sin(\omega t)$ mit der Frequenz $f = 400\ \mathrm{Hz}$ angelegt. Wie hoch ist der Effektivwert I des Stromes?

Lösung:

$$X_C = \frac{1}{2 \cdot \pi \cdot f \cdot C} = \frac{1}{2 \cdot \pi \cdot 100\ \mathrm{s}^{-1} \cdot 10^{-5}\ \mathrm{F}};\ \underline{\underline{X_C = 159{,}2\ \Omega}}$$

$$I = \omega \cdot C \cdot U = 2 \cdot \pi \cdot f \cdot C \cdot U = 2 \cdot \pi \cdot 400\ \mathrm{s}^{-1} \cdot 10^{-5}\ \mathrm{F} \cdot \frac{20\ \mathrm{V}}{\sqrt{2}};\ \underline{\underline{I = 355\ \mathrm{mA}}}$$

Die Frage, welche Größe voreilt und welche nacheilt, kann auf unterschiedliche Arten erklärt werden:

- Physikalische Erklärung
- Mathematische Erklärung
- Erklärung im Zeitbereich anhand von Linien- und/oder Zeigerdiagrammen
- Erklärung anhand komplexer Zeiger (folgt später)
- Merksätze (Gedächtnisstütze).

Für die physikalische Erklärung wurde bei der Spule und beim Kondensator an das Verhalten beim Anschalten einer Gleichspannung an das Bauelement erinnert. Die mathematische Erklärung erfolgte durch das Herleiten von Phasenwinkeln. Eine Veranschaulichung der Verhältnisse wurde durch grafische Darstellungen von Linien- und Zeigerdiagrammen erreicht. Die Verwendung komplexer Zeiger folgt später. Hier noch zwei Merksätze mit Betonungen (Gedächtnisstützen, besser man weiß es so als gar nicht):

- Bei der Induktivit**ä**t kommt der Strom zu sp**ä**t.
- Beim Kondensat**o**r eilt der Strom v**o**r.

Noch einige verallgemeinernde Worte zur physikalischen Erklärung: Induktivitäten und Kapazitäten sind Energiespeicher. Die momentan gespeicherte Energie ist bei der Induktivität (die Herleitung erfolgt später):

$$\boxed{W_L(t) = \frac{1}{2} \cdot L \cdot i^2(t)} \tag{3.43}$$

Bei der Kapazität ist die gespeicherte Energie:

$$\boxed{W_C(t) = \frac{1}{2} \cdot C \cdot u^2(t)} \tag{3.44}$$

Bei der Induktivität ist die Energie vom Strom abhängig, beim Kondensator von der Spannung.

Nach einem physikalischen Grundprinzip können sich makroskopische energiebehaftete Größen nur stetig ändern. Eine sprunghafte Veränderung der Energie würde eine unendliche Leistung $P = dW/dt$ erfordern. Die träge Masse in der Mechanik ist hierfür ein anschauliches Beispiel. Geschwindigkeit und Weg können sich als energiebehaftete Größen nicht sprunghaft verändern. Die kinetische Energie ist z. B. $W_{kin} = \frac{m}{2} \cdot v^2$. In diesem Fall ist die Energie von der Geschwindigkeit abhängig, die Anregung ist eine Kraft. Die Geschwindigkeit als Wirkung ändert sich langsamer als die Beschleunigung, welche die Anregung ist. Somit tritt die Wirkung später auf und ist nacheilend.

Das Ergebnis ist: **Die Größe, von der die Energie abhängt, ist nacheilend**.

Bei der Induktivität ist die Energie vom Strom abhängig, er eilt der Spanung nach.

Beim Kondensator ist die Energie von der Spannung abhängig, sie eilt dem Strom nach.

Tabelle 1: Verhalten von R, L und C an einer Sinusspannung

Bauelement	**ohmscher Widerstand**	**Spule**	**Kondensator**
Schaltzeichen, Kenngröße	Widerstand R	 Induktivität L	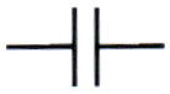 Kapazität C
Zusammenhang $u(t)$, $i(t)$	$u(t)=R\cdot i(t)$	$u(t)=L\cdot\frac{di(t)}{dt}$	$i(t)=C\cdot\frac{du(t)}{dt}$
Liniendiagramme	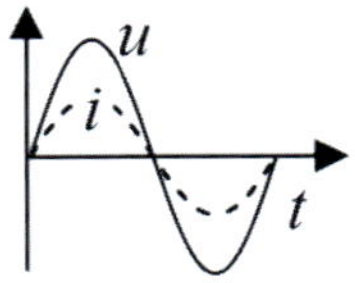 u, i, t	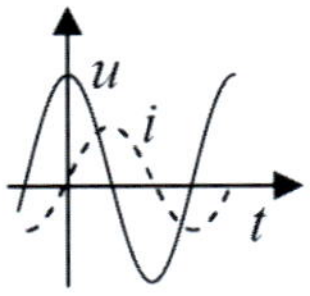 u, i, t	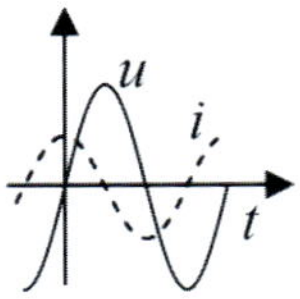 u, i, t
Phasenverschiebung	$\varphi_{ui}=0°$	$\varphi_{ui}=+90°$	$\varphi_{ui}=-90°$
Zeigerdiagramm	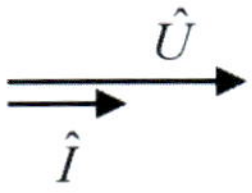 $\hat{U}$, $\hat{I}$	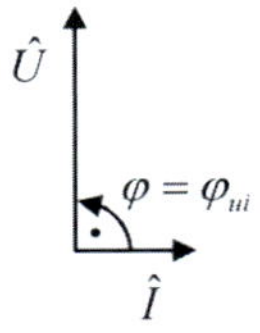 $\hat{U}$, $\varphi=\varphi_{ui}$, $\hat{I}$	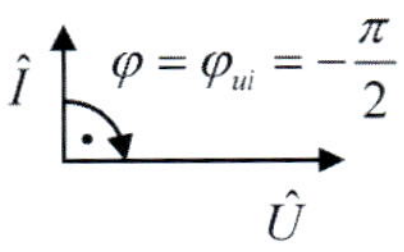 $\hat{I}$, $\varphi=\varphi_{ui}=-\frac{\pi}{2}$, $\hat{U}$
Strom	$\hat{I}=\frac{\hat{U}}{R}$ $i(t)=\hat{I}\cdot\sin(\omega t)$ i und u in Phase	$\hat{I}=\frac{\hat{U}}{\omega\cdot L}$ $i(t)=\hat{I}\cdot\sin(\omega t-90°)$ i eilt u um $90°$ nach	$\hat{I}=\frac{\hat{U}}{\frac{1}{\omega\cdot C}}$ $i(t)=\hat{I}\cdot\sin(\omega t+90°)$ i eilt u um $90°$ voraus
Widerstandsbezeichnung	Wirkwiderstand R	induktiver Blindwiderstand $X_L=\omega\cdot L$	kapazitiver Blindwiderstand $X_C=\frac{1}{\omega\cdot C}$
Frequenzabhängigkeit des Widerstandes	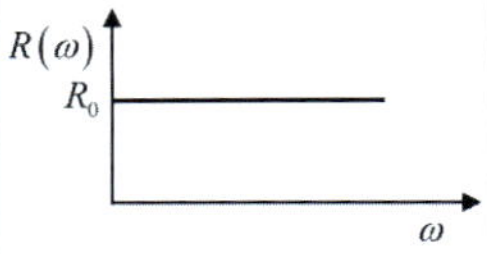 $R(\omega)$, R_0, ω	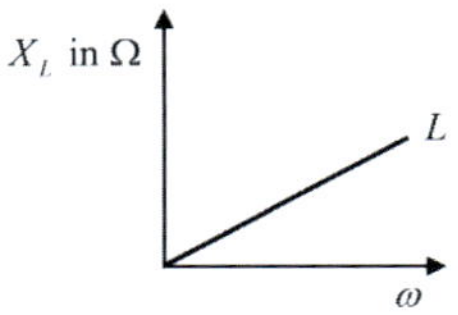 X_L in Ω, L, ω	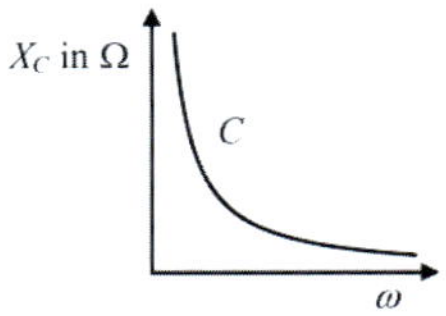 X_C in Ω, C, ω
Effektivwerte	$U=R\cdot I$	$U=X_L\cdot I$	$U=X_C\cdot I$

3.4 Scheinwiderstand

Bisher kennen wir den Begriff **Wirkwiderstand**. Er gibt nach dem ohmschen Gesetz $R = U/I$ bzw. $R = u(t)/i(t)$ das Verhältnis von Spannung und Strom an einem ohmschen Widerstand an. In einem Wirkwiderstand wird Wärme erzeugt, er nimmt eine Leistung auf. Die Größe R kann der Gesamtwiderstand (Ersatzwiderstand) eines gesamten Widerstandsnetzwerkes sein, dessen Verhalten zwischen zwei Klemmen (Anschlusspunkten) betrachtet wird.

Ebenso kennen wir den Begriff **Blindwiderstand**. Auch dieser gibt das Verhältnis von Spannung und Strom an einer Induktivität oder an einem Kondensator an. Im Gegensatz zum ohmschen Widerstand nimmt er jedoch keine Leistung auf.

Welcher Widerstand ergibt sich bei einer gemischten Schaltung, die aus ohmschen Widerständen, Induktivitäten und/oder Kapazitäten aufgebaut ist? Bei solchen Wechselstromkreisen kann ebenfalls das Verhältnis aus Klemmenspannung und Klemmenstrom gebildet werden. Da aber in diesen Schaltungen eine Kombination aus Wirk- und Blindwiderständen auftritt, dürfen die einzelnen Wirk- und Blindwiderstände nicht einfach arithmetisch addiert werden. Wegen ihren gegenseitigen Phasenverschiebungen müssen die Widerstände wie Zeiger behandelt und *geometrisch* addiert werden. Der Gesamtwechselstromwiderstand wird dann **Scheinwiderstand** Z genannt. Der Gesamtleitwert wird als **Scheinleitwert** Y bezeichnet. **Scheinwiderstände ergeben sich bei Reihen- oder Parallelschaltung von Wirk- und Blindwiderständen**.

Mit dem Scheinwiderstand Z kann der formale Zusammenhang zwischen Gesamtspannung und Gesamtstrom bei Sinusgrößen (Scheitelwerte oder Effektivwerte) angegeben werden:

$$\boxed{U = Z \cdot I} \quad \text{(„ohmsches Gesetz des Wechselstromkreises“)} \tag{3.45}$$

Für den Scheinleitwert gilt:

$$\boxed{Y = \frac{1}{Z}} \tag{3.46}$$

Um die Vorgehensweise zur Berechnung eines Scheinwiderstandes im Zeitbereich zu erläutern, wird von einem Zeigerbild der Spannungen ausgegangen, das sich bei einer Reihenschaltung eines ohmschen Widerstandes und einer Induktivität ergibt, die an eine Sinusspannung angeschlossen ist.

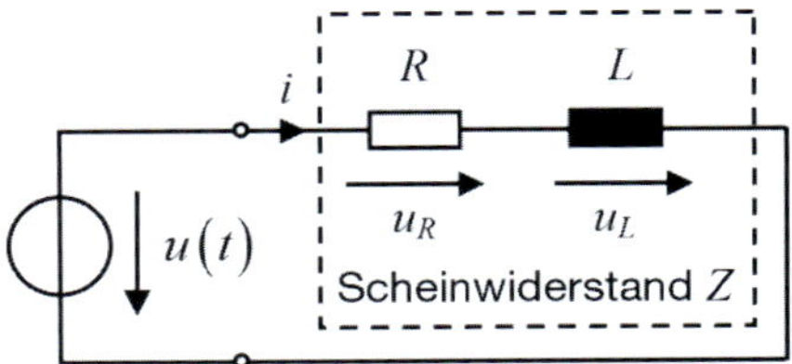

Abb. 50: Induktivität und ohmscher Widerstand im Wechselstromkreis

Konstruktion des Zeigerdiagramms

In Zeigerdiagrammen ist die x-Achse mit den Wirkanteilen verbunden. Strom und Spannung sind am Wirkwiderstand in Phase, somit ist $\varphi = 0$. Beide Zeiger werden in die Horizontale als Phasenbezugsachse gelegt. Dies bietet sich an, da es im Stromkreis nur einen Strom gibt. Die Längen der Pfeile werden hier willkürlich angenommen. In der Reihenschaltung addieren sich die Spannung am Widerstand und die Spannung an der Spule. Außerdem eilt die Spulenspannung U_L dem Strom I um $90°$ voraus, ihr Pfeil steht somit um $90°$ gegen den Uhrzeigersinn verdreht senkrecht zum Pfeil der Spannung U_R am Widerstand. Wegen der Addition beginnt der Zeiger der Spulenspannung am Ende (also an der Pfeilspitze) des Zeigers der Spannung am Widerstand. Beide Spannungszeiger werden geometrisch zur Gesamtspannung U addiert. Der Phasenwinkel φ wird im Zeigerdiagramm vereinbarungsgemäß vom Strom- zum Spannungszeiger eingezeichnet. Es ist $\varphi > 0$, der Strom I eilt der Gesamtspannung U nach, allerdings um weniger als $90°$, wie es bei $R = 0\ \Omega$ der Fall wäre.

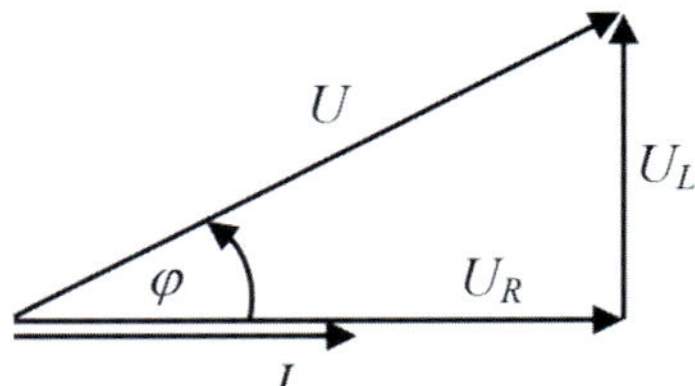

Abb. 51: Zeigerdiagramm zu Abb. 50

Das durch die Zeigeraddition entstehende **Spannungszeigerdiagramm** bildet ein rechtwinkliges Dreieck, das als **Spannungsdreieck** bezeichnet wird. Nach Pythagoras folgt:

$$U^2 = U_R^2 + U_L^2 = R^2 \cdot I^2 + X_L^2 \cdot I^2 = \left(R^2 + X_L^2\right) \cdot I^2 \qquad (3.47)$$

Somit ist die Gesamtspannung:

$$U = \underbrace{\sqrt{R^2 + X_L^2}}_{Z} \cdot I = Z \cdot I \tag{3.48}$$

$$\boxed{Z = \sqrt{R^2 + X_L^2}} \tag{3.49}$$

Der Scheinwiderstand Z wird aus der geometrischen Addition von Wirk- und Blindwiderstand bestimmt. Diesen Zusammenhang erkennt man auch, wenn man statt des Spannungszeigerdiagramms das **Widerstandszeigerdiagramm** zeichnet.

Dividiert man alle Größen des Spannungszeigerdiagramms durch I, dann bleibt das Widerstandszeigerdiagramm mit dem rechtwinkligen **Widerstandsdreieck** übrig. Der Wirkwiderstand R liegt in der Bezugsachse, der induktive Blindwiderstand eilt um $90°$ voraus. Der Scheinwiderstand Z bestimmt sich durch die geometrische Addition der beiden Widerstandszeiger R und X_L. Durch Anwendung des Satzes von Pythagoras erhält man aus dem Widerstandsdreieck direkt Gl. (3.49).

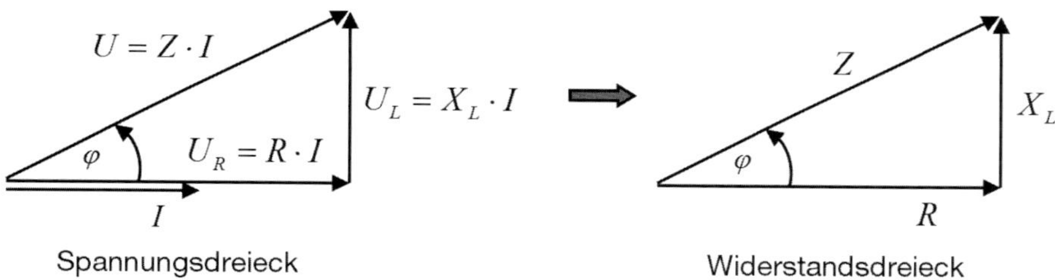

Abb. 52: Aus dem Spannungsdreieck folgt das Widerstandsdreieck, beide Dreiecke sind sich ähnlich, ihre Winkel stimmen überein

Der Phasenverschiebungswinkel zwischen Gesamtspannung und Gesamtstrom kann entweder aus dem Spannungszeigerdiagramm oder aus dem Widerstandszeigerdiagramm berechnet werden.

$$\tan(\varphi) = \frac{\text{Gegenkathete}}{\text{Ankathete}} = \frac{U_L}{U_R} = \frac{X_L}{R} = \frac{\omega \cdot L}{R} \tag{3.50}$$

$$\boxed{\varphi = \arctan\left(\frac{X_L}{R}\right) = \arctan\left(\frac{\omega \cdot L}{R}\right)} \tag{3.51}$$

Der Scheinwiderstand Z wurde für den einfachen Fall einer Reihenschaltung aus ohmschem Widerstand und Induktivität bestimmt, um den Zusammenhang zwischen Gesamtspannung und Gesamtstrom und den Phasenwinkel zwischen diesen beiden Größen angeben zu können. Im nächsten Abschnitt folgen weitere einfache Zusammenschaltungen aus Wirk- und Blindwiderständen. Wir werden dann sehen, dass diese Vorgehensweise im Zeitbereich bei allgemeinen Wechselstromnetzwerken mit mehreren Bauelementen sehr umständlich ist und daraus die Motivation für die Rechnung mit komplexen Größen gewinnen.

3.5 Zusammenfassung

1. Elementare Wechselstromwiderstände (Grundzweipole) sind ohmscher Widerstand, Induktivität und Kapazität. Diese Schaltungskomponenten werden als konzentrierte, ideale Bauelemente behandelt.
2. Auch beim Wechselstrom werden Zählpfeile für Spannungen und Ströme verwendet, und es gelten die Gesetze des Verbraucher- und Erzeugerzählpfeilsystems.
3. Das ohmsche Gesetz gilt uneingeschränkt auch bei Wechselgrößen, es wird auf Augenblickswerte, auf zeitabhängige Größen übertragen: $u(t) = R \cdot i(t)$.
4. Die kirchhoffschen Gesetze (Knoten- und Maschenregel) sind auch für Wechselstromgrößen gültig.
5. Bei einem ohmschen Widerstand sind Strom und Spannung in Phase ($\varphi = 0$), der Widerstandswert ist von der Frequenz unabhängig.
6. Bei der Induktivität ist der Phasenwinkel $\varphi = \frac{\pi}{2}$, der Stromzeiger eilt dem Spannungszeiger um $90°$ nach.
7. Der induktive Blindwiderstand ist $X_L = \omega \cdot L$, $[X_L] = \Omega$.
8. In einem Blindwiderstand entsteht keine Wärme, er nimmt keine Wirkleistung auf.
9. Bei der Induktivität gilt für die Beziehung zwischen den Effektivwerten von Spannung und Strom: $I = \frac{U}{\omega \cdot L} = \frac{U}{X_L}$
10. Bei der Kapazität ist der Phasenwinkel $\varphi = -\frac{\pi}{2}$, der Stromzeiger eilt dem Spannungszeiger um $90°$ voraus.

11. Der kapazitive Blindwiderstand ist $X_C = \frac{1}{\omega \cdot C}$, $[X_C] = \Omega$.
12. Bei der Kapazität gilt für die Beziehung zwischen den Effektivwerten von Spannung und Strom: $I = \frac{U}{X_C} = \frac{U}{\frac{1}{\omega \cdot C}}$.
13. Durch Kondensatoren und Spulen entstehen in eingeschwungenen Wechselstromkreisen Phasenverschiebungen, d.h. zeitliche Verschiebungen zwischen den Verläufen von Spannungen und Strömen.
14. Als Folge der Phasenverschiebungen dürfen Spannungen und Ströme nicht rein arithmetisch, sondern müssen als Zeiger geometrisch addiert werden.
15. Ein Scheinwiderstand Z entsteht durch die geometrische Addition eines Wirk- und eines Blindwiderstandes.
16. Der Kehrwert des Scheinwiderstandes wird Scheinleitwert Y genannt.
17. Scheinwiderstände ergeben sich bei Reihen- oder Parallelschaltung von Wirk- und Blindwiderständen. Die einzelnen Größen bilden ein rechtwinkliges Dreieck.
18. Bei einfachen Scheinwiderständen können die Zusammenhänge von Spannungen oder Widerständen entsprechend dem Satz von Pythagoras berechnet werden.
19. Der Phasenwinkel kann aus den trigonometrischen Funktionen im rechtwinkligen Dreieck berechnet werden.

4 Einfache Sinusstromkreise

4.1 Reihenschaltung von Wirkwiderständen

Werden in Reihe geschaltete ohmsche Widerstände an eine Sinusspannung angeschlossen, so ist nichts Besonderes zu beachten. Nach Berechnung des Ersatzwiderstandes (als Summe der Einzelwiderstände) kann dieser einfache Einsatzfall auf einen einzigen ohmschen Widerstand im Wechselstromkreis zurückgeführt werden, wie dies in Abschnitt 3.1 ausführlich dargestellt wurde.

4.2 Reihenschaltung von Wirkwiderstand und Spule

4.2.1 Zeigerdiagramm

Die Reihenschaltung aus ohmschem Widerstand und Induktivität wurde in Abschnitt 3.4 zur Einführung des Scheinwiderstandes verwendet, das Schaltbild ist in Abb. 53 noch einmal gegeben. Die Eigenschaften dieser Anordnung im Wechselstromkreis werden hier vertieft.

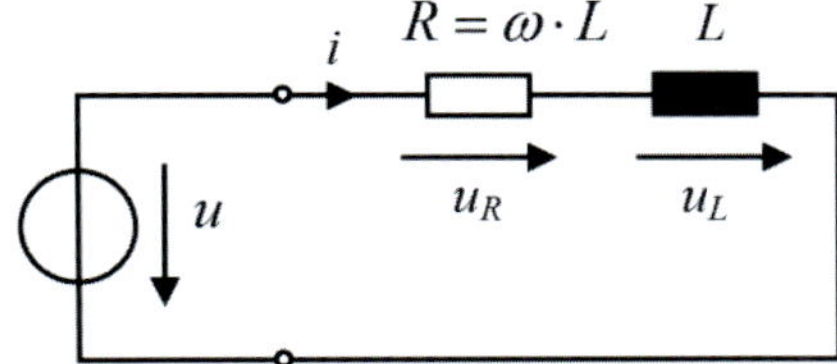

Abb. 53: RL-Reihenschaltung an einer Sinusspannung

Grundsätzlich gelten sowohl bei der Reihen- als auch bei der Parallelschaltung die kirchhoffschen Gesetze bei Wechselstromkreisen in gleicher Weise wie bei Gleichstromkreisen, es müssen jetzt nur die Besonderheiten aufgrund der Phasenverschiebung zwischen den Strömen und Spannungen bei den verschiedenen Verbrauchertypen R, L und C berücksichtigt werden.

Bei der Reihenschaltung eines induktiven Blindwiderstandes $\omega \cdot L$ mit einem gleich groß angenommenen ohmschen Widerstand R ($R = \omega \cdot L$) wird die Höhe des Stromes i durch beide Widerstände beeinflusst. Nach der kirchhoffschen Knotenregel muss der Strom durch beide Verbraucher gleich groß sein. Wir haben bei der Betrachtung der einzelnen Verbraucher gesehen, dass u und i bei R in Phase, bei $\omega \cdot L$ aber um $90°$ verschoben sind. Die Spannungsabfälle $u_R = R \cdot i$ und $u_L = \omega \cdot L \cdot i$ werden in das Bild der Sinusverläufe eingetragen. u_R liegt in Phase mit i, u_L eilt beiden um $90°$ voraus.

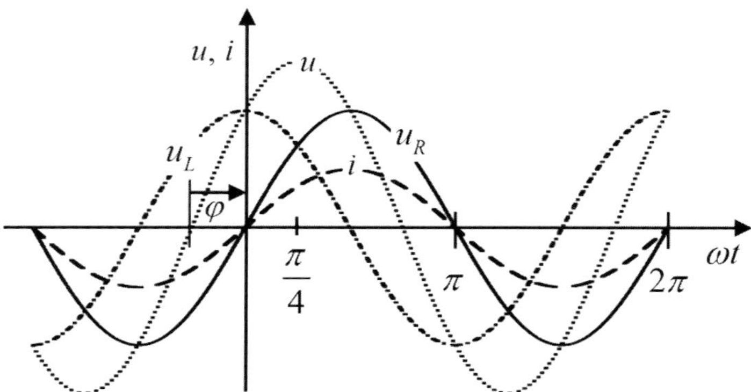

Abb. 54: Zeitlicher Verlauf der Spannungen und des Stromes der Schaltung von Abb. 53

Nach der Maschenregel ergibt sich jetzt die Gesamtspannung u aus der Summe der Teilspannungen, d. h. zu jedem Zeitpunkt müssen die Augenblickswerte der Spannungsabfälle u_R und u_L addiert werden. In diesem Beispiel sind die Teilspannungen u_R und u_L gleich groß, da die Widerstände gleich groß sind. Man sieht, dass nach der Addition die Gesamtspannung u eine Phasenverschiebung von $45°$ gegenüber dem Strom hat (nur bei $R = \omega \cdot L$!). Bei $R \neq \omega \cdot L$ werden die Spannungsabfälle u_R und u_L unterschiedlich groß und die Phasenverschiebung zwischen u und i variiert.

Diese Betrachtungen sind hier nur der Anschaulichkeit halber durchgeführt. Um die aufwendige Addition der Zeitverläufe zu umgehen (siehe Abschnitt 2.7.2), existieren Rechenregeln für die Ermittlung von Strom und Spannung in Wechselstromnetzen. Die Voraussetzung ist die Rechnung mit komplexen Zahlen, die wir später kennenlernen. Hier wird die Rechnung mit Zeigergrößen durchgeführt.

Bei der Ermittlung der Summenspannung $u_R + u_L$ ist die Summe der Augenblickswerte zu bilden. Die beiden Sinusfunktionen, jede gekennzeichnet durch Amplitude und Phasenverschiebung, sind phasenrichtig zu addieren. Durch die Zeigerdarstellung wird die Addition und Subtraktion einfach möglich, indem die Zeiger (wie Vektoren) unter Berücksichtigung ihrer Richtung addiert werden.

Mit maßstabsgerechten grafischen Konstruktionen von Zeigerdiagrammen ist es zwar möglich, gesuchte Größen in Wechselstromnetzen schnell und einfach zu bestimmen, wie bei jeder grafischen Methode ist jedoch die Genauigkeit relativ beschränkt.

Konstruktion des Zeigerdiagramms

Bei der Zeigerrechnung werden häufig statt der Scheitelwerte die Effektivwerte eingesetzt. Die Buchstaben können zur Kennzeichnung, dass es sich um Zeiger handelt, unterstrichen werden. Die Darstellung der Sinusverläufe wird vollständig weggelassen.

Für das Beispiel der RL-Reihenschaltung bedeutet dies:

- Durch alle Widerstände fließt der gleiche Strom, beim Widerstand R ist i außerdem ein Wirkstrom. Der Strom wird daher als Bezugsgröße gewählt. Der Zeiger der gemeinsamen Größe, hier der Strom, wird in die horizontale Achse gelegt, die damit zur Bezugsachse wird ($\varphi_i = 0$).
- Der Spannungsabfall U_R am Wirkwiderstand ist in Phase mit dem Strom und liegt somit ebenfalls in der x-Achse.
- Der Spannungsabfall U_L am induktiven Blindwiderstand liegt $90°$ voreilend zum Strom, also in der (gedachten) positiven y-Achse. Der Zeiger kann auch zunächst dorthin gezeichnet werden.
- Die Gesamtspannung U ergibt sich als geometrische Addition der Zeiger U_R und U_L. Um die Addition grafisch durchführen zu können, muss der U_L-Zeiger nach rechts parallel verschoben werden, bis sein Anfang an der Pfeilspitze (dem Ende) von U_R positioniert ist.

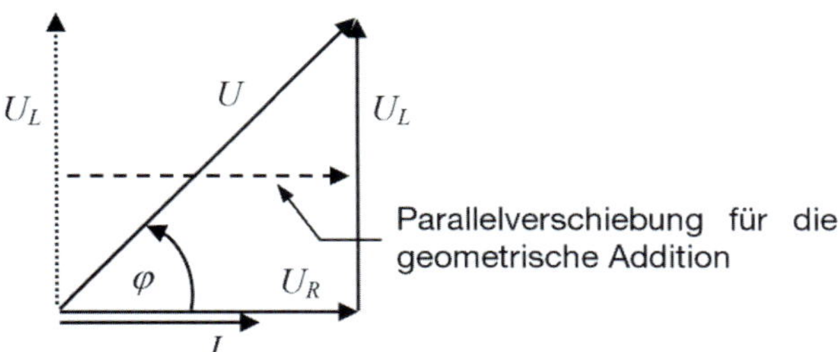

Abb. 55: Zur Konstruktion des Zeigerdiagramms der RL-Reihenschaltung

Im Liniendiagramm ist der Phasenwinkel vom positiven Nulldurchgang der Gesamtspannung zum positiven Nulldurchgang des Stromes eingezeichnet, der Pfeil zeigt in positive ωt-Richtung, also ist $\varphi > 0$. Im Zeigerdiagramm ist φ vom Strom ausgehend als Pfeil gegen den Uhrzeigersinn gerichtet (im positiven Drehsinn eines Winkels) zur Gesamtspannung hin eingetragen. Somit gilt natürlich auch hier: $\varphi > 0$. Es liegt **induktives Verhalten** vor.

Die Größen U_R, U_L und U sind im rechtwinkligen Dreieck nach Pythagoras miteinander verknüpft:

$$U = \sqrt{U_R^2 + U_L^2} \tag{4.1}$$

Sind zwei der drei Größen gegeben, kann die dritte Größe berechnet werden.

Für die Teilspannungen gilt:

$$U_R = U \cdot \cos(\varphi) \tag{4.2}$$

$$U_L = U \cdot \sin(\varphi) \tag{4.3}$$

$$U_R = R \cdot I \tag{4.4}$$

$$U_L = X_L \cdot I = \omega \cdot L \cdot I \tag{4.5}$$

Der Gesamtwiderstand ist der Scheinwiderstand Z:

$$Z = \sqrt{R^2 + X_L^2} = \sqrt{R^2 + \omega^2 \cdot L^2} \tag{4.6}$$

Damit ist die Gesamtspannung:

$$U = Z \cdot I = \sqrt{R^2 + \omega^2 \cdot L^2} \cdot I \tag{4.7}$$

Aus den Einzelwiderständen oder den Teilspannungen kann der Phasenwinkel zwischen Gesamtspannung und Gesamtstrom berechnet werden:

$$\varphi = \arctan\left(\frac{X_L}{R}\right) = \arctan\left(\frac{\omega \cdot L}{R}\right) = \arctan\left(\frac{U_L}{U_R}\right) \tag{4.8}$$

Zwei Grenzfälle von φ:

- $\omega \to 0$ (Gleichstrom): $\varphi \to 0$, es bleibt nur der ohmsche Widerstand übrig.
- $\omega \to \infty$: $\varphi \to 90^\circ$, der ohmsche Widerstand wird vernachlässigbar klein gegen den unendlich hohen induktiven Widerstand.

In der Praxis ist eine Reihenschaltung aus Wirkwiderstand und idealer Spule bei der Beschreibung der Ersatzschaltung einer realen Spule, sowie beim RL-Tiefpass und RL-Hochpass von Bedeutung.

4.2.2 Berechnung der Zeitfunktion von Strom oder Spannung

Für die oben angegebenen Formeln Gl. (4.1) bis Gl. (4.8) wurde als Grundlage das Zeigerdiagramm mit seinen darin enthaltenen mathematischen Zusammenhängen der einzelnen Größen im rechtwinkligen Dreieck herangezogen. Wir haben uns dabei auf Amplitudenwerte bzw. Effektivwerte beschränkt, Momentanwerte wurden nicht betrachtet. Eine Berechnung des zeitlichen Verlaufs z. B. von $i(t)$ in Abhängigkeit der Größen ω, R, L und $\hat{U}$ wurde bisher nicht vorgenommen, Momentanwerte bzw. die Zeitfunktion einer Größe waren bisher nicht von Interesse.

Soll z. B. der Gesamtstrom oder die Spannung an einem Bauelement oder einem Netzwerk als Funktion der Zeit berechnet werden, so haben wir (zusätzlich zu einer grafischen Lösung) drei Möglichkeiten:

1. Die Zeitfunktion wird mit Hilfe der Größen berechnet, die in einem Zeigerdiagramm enthalten sind (analytische Lösung mit Hilfe trigonometrischer Theoreme). Diese Methode ist nur mit vertretbarem Aufwand anwendbar, wenn eine Schaltung nur relativ wenige Bauelemente enthält. Die Verhältnisse werden sonst schnell unübersichtlich.

2. Es wird die Differenzialgleichung[10] gelöst, die das Netzwerk beschreibt. Der Aufwand ist bereits bei zwei Bauelementen sehr groß. Enthält ein Netzwerk n Energiespeicher, so muss eine Differenzialgleichung n-ter Ordnung gelöst werden.

3. Die gegebenen Größen werden in den Frequenzbereich transformiert. In diesem Bildbereich wird die gesuchte Größe berechnet, und das Ergebnis wird zurück in den Zeitbereich transformiert. Dies wird später diejenige Methode sein, die hauptsächlich zur Anwendung kommt. Sie ist einfach zu handhaben und auch für große Netzwerke mit vielen Bauelementen geeignet.

Beispiel 18

Dieses Beispiel zeigt, wie im vorhin genannten 1. Fall ein Strom als Zeitfunktion aus den Größen eines Zeigerdiagramms berechnet werden kann. In einem allgemeinen Fall mit mehreren Bauelementen (Widerstände, Spulen, Kondensatoren sind auf irgendeine Art verschaltet) kann jedoch der Scheinwiderstand der Schaltung nicht so leicht angegeben werden.

---

10 Siehe Abschnitt 6.1 und 6.2, Elektrotechnik für Studierende: Band 2 – Gleichstrom, Christiani-Verlag

Die Reihenschaltung eines ohmschen Widerstandes $R = 50\ \Omega$ und einer Spule $L = 200\ \text{mH}$ liegt an der Netzwechselspannung $U = 230\ \text{V}$, $f = 50\ \text{Hz}$. Geben Sie die Zeitfunktion $i(t)$ des Stromes an.

Lösung:

Der Scheinwiderstand der Reihenschaltung ist:

$$Z = \sqrt{R^2 + (\omega L)^2} = 80{,}3\ \Omega \tag{4.9}$$

Der Scheitelwert des Stromes ist somit:

$$\hat{I} = \frac{\sqrt{2} \cdot U}{Z} = 4{,}1\ \text{A} \tag{4.10}$$

Der Phasenverschiebungswinkel zwischen Spannung und Strom ist:

$$\varphi = \arctan\left(\frac{\omega L}{R}\right) = \arctan\left(\frac{2 \cdot \pi \cdot 50\ \text{s}^{-1} \cdot 0{,}2\ \text{H}}{50\ \Omega}\right) = 51{,}5° \tag{4.11}$$

Wir denken uns die Spannung im Liniendiagramm mit dem Nullphasenwinkel $\varphi_u = 0$ durch den Nullpunkt des Koordinatensystems verlaufend. Es ist $\varphi > 0$, der Strom eilt der Spannung nach, ist also im Liniendiagramm nach rechts verschoben und hat somit einen negativen Nullphasenwinkel von $\varphi_i = -\varphi = -51{,}5°$.

Die Netzwechselspannung ist sinusförmig, somit ist auch der Strom in diesem linearen Netzwerk sinusförmig mit gleicher Frequenz wie die Spannung. Der Strom ist allgemein:

$$i(t) = \hat{I} \cdot \sin(\omega t + \varphi_i) \tag{4.12}$$

Die Zeitfunktion des Stromes ist:

$$\underline{\underline{i(t) = 4{,}1\ \text{A} \cdot \sin(\omega t - 51{,}5°)}}$$

In diesem Beispiel gibt es zwei Punkte, die zu beachten sind und in Prüfungen häufige Fehlerquellen darstellen:

1. Vor der Sinusfunktion muss ein Scheitelwert stehen, dieser muss aus dem gegebenen Effektivwert der Spannung berechnet werden.
2. Der Phasenverschiebungswinkel zwischen Spannung und Strom ist positiv, der Nullphasenwinkel des Stromes ist negativ.

Im Folgenden wird gezeigt, wie eine gesuchte Größe in einem Netzwerk durch Lösen einer Differenzialgleichung berechnet werden kann. Kurz dazu gesagt: Der Aufwand ist sehr groß, das Ergebnis ist aber auch sehr genau.

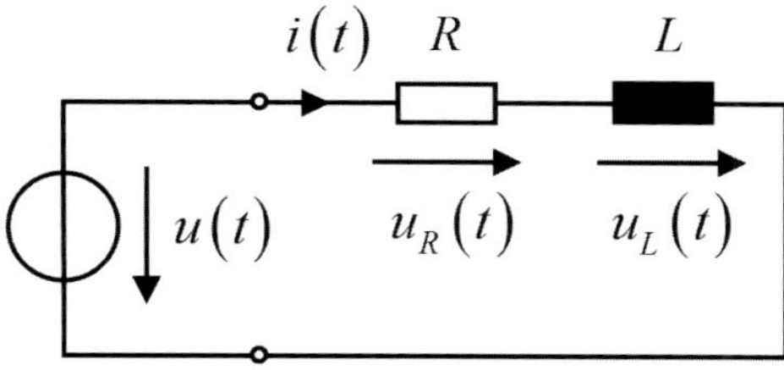

Abb. 56: RL-Reihenschaltung an Sinusspannung

Wir nehmen wieder als Beispiel: Die Reihenschaltung eines ohmschen Widerstandes R und einer Spule L liegt an einer sinusförmigen Wechselspannung. Dieses Netzwerk soll durch eine Differenzialgleichung (DGL) beschrieben werden. Durch das Lösen der Differenzialgleichung soll die Zeitfunktion $i(t)$ des Stromes angegeben werden.

$$u(t) = \hat{U} \cdot \sin(\omega t) \text{ (Quellspannung)} \tag{4.13}$$

$$u_R(t) = R \cdot i(t) \text{ (ohmsches Gesetz)} \tag{4.14}$$

$$u_L(t) = L \cdot \frac{di(t)}{dt} \text{ (Induktionsgesetz)} \tag{4.15}$$

$$u_L(t) + u_R(t) = u(t) \text{ (Maschenregel)} \tag{4.16}$$

Durch Einsetzen erhalten wir die inhomogene lineare Differenzialgleichung 1. Ordnung mit konstanten Koeffizienten, die den zeitlichen Verlauf der Stromstärke $i(t)$ beschreibt:

$$L \cdot \frac{di(t)}{dt} + R \cdot i(t) = \hat{U} \cdot \sin(\omega t) \tag{4.17}$$

Umformen ergibt:

$$\frac{di(t)}{dt} + \frac{R}{L} \cdot i(t) = \frac{\hat{U}}{L} \cdot \sin(\omega t) \tag{4.18}$$

Die homogene DGL ist:

$$\frac{di(t)}{dt} + \frac{R}{L} \cdot i(t) = 0 \tag{4.19}$$

Zur Lösung dieser homogenen DGL machen wir den Exponentialansatz:

$$i_h(t) = C \cdot e^{\lambda t} \tag{4.20}$$

$$\frac{di_h(t)}{dt} = C \cdot \lambda \cdot e^{\lambda t} \tag{4.21}$$

$$\Rightarrow C \cdot \lambda \cdot e^{\lambda t} + \frac{R}{L} \cdot C \cdot e^{\lambda t} = 0 \tag{4.22}$$

$$\Rightarrow \lambda = -\frac{R}{L} \tag{4.23}$$

$$i_h(t) = C \cdot e^{-\frac{R}{L} \cdot t} \text{ (allgemeine Lösung der homogenen DGL)} \tag{4.24}$$

Die Konstante C wird später durch eine Anfangsbedingung zum Zeitpunkt $t = 0$ bestimmt.

Die inhomogene DGL lösen wir durch Aufsuchen einer partikulären Lösung. Wir machen den Lösungsansatz:

$$i_p(t) = \hat{I} \cdot \sin(\omega t + \varphi_i) \tag{4.25}$$

In dieser Gleichung sind der Scheitelwert $\hat{I}$ und der Nullphasenwinkel φ_i Parameter.

$$\frac{di_p(t)}{dt} = \hat{I} \cdot \omega \cdot \cos(\omega t + \varphi_i) \tag{4.26}$$

Durch Einsetzen in die inhomogene DGL Gl. (4.18) folgt:

$$\hat{I} \cdot \omega \cdot \cos(\omega t + \varphi_i) + \frac{R}{L} \cdot \hat{I} \cdot \sin(\omega t + \varphi_i) = \frac{\hat{U}}{L} \cdot \sin(\omega t) \tag{4.27}$$

Additionstheoreme:

$$\cos(\alpha \pm \beta) = \cos(\alpha) \cdot \cos(\beta) \mp \sin(\alpha) \cdot \sin(\beta) \tag{4.28}$$

$$\sin(\alpha \pm \beta) = \sin(\alpha) \cdot \cos(\beta) \pm \cos(\alpha) \cdot \sin(\beta) \tag{4.29}$$

$$\hat{I} \cdot \omega \cdot \cos(\omega t) \cdot \cos(\varphi_i) - \hat{I} \cdot \omega \cdot \sin(\omega t) \cdot \sin(\varphi_i) + \frac{R}{L} \cdot \hat{I} \cdot \sin(\omega t) \cdot \cos(\varphi_i) +$$
$$+ \frac{R}{L} \cdot \hat{I} \cdot \cos(\omega t) \cdot \sin(\varphi_i) = \frac{\hat{U}}{L} \cdot \sin(\omega t) \tag{4.30}$$

Koeffizientenvergleich bezüglich $\sin(\omega t)$:

$$-\hat{I} \cdot \omega \cdot \sin(\varphi_i) + \frac{R}{L} \cdot \hat{I} \cdot \cos(\varphi_i) = \frac{\hat{U}}{L} \tag{4.31}$$

Koeffizientenvergleich bezüglich $\cos(\omega t)$, auf der rechten Seite von Gl. (4.30) denken wir uns den Term $0 \cdot \cos(\omega t) = 0$ ergänzt:

$$\hat{I} \cdot \omega \cdot \cos(\varphi_i) + \frac{R}{L} \cdot \hat{I} \cdot \sin(\varphi_i) = 0 \tag{4.32}$$

Die Gleichungen (4.31) und (4.32) werden quadriert und addiert.

$$\left(\hat{I} \cdot \omega \cdot L\right)^2 \cdot \sin^2(\varphi_i) - 2 \cdot \hat{I}^2 \cdot \omega \cdot L \cdot R \cdot \sin(\varphi_i) \cdot \cos(\varphi_i) + \left(R \cdot \hat{I}\right)^2 \cdot \cos^2(\varphi_i) = \hat{U}^2 \tag{4.33}$$

$$\left(\hat{I} \cdot \omega \cdot L\right)^2 \cdot \cos^2(\varphi_i) + 2 \cdot \hat{I}^2 \cdot \omega \cdot L \cdot R \cdot \sin(\varphi_i) \cdot \cos(\varphi_i) + \left(R \cdot \hat{I}\right)^2 \cdot \sin^2(\varphi_i) = 0 \tag{4.34}$$

$$\left(\hat{I} \cdot \omega \cdot L\right)^2 \cdot \underbrace{\left[\sin^2(\varphi_i) + \cos^2(\varphi_i)\right]}_{=1} + \left(R \cdot \hat{I}\right)^2 \cdot \underbrace{\left[\sin^2(\varphi_i) + \cos^2(\varphi_i)\right]}_{=1} = \hat{U}^2 \tag{4.35}$$

Daraus folgt der Scheitelwert:

$$\underline{\underline{\hat{I} = \frac{\hat{U}}{\sqrt{R^2 + (\omega \cdot L)^2}}}} \tag{4.36}$$

Der Nullphasenwinkel φ_i kann aus Gl. (4.32) berechnet werden.

$$\hat{I} \cdot \omega \cdot L + \hat{I} \cdot R \cdot \frac{\sin(\varphi_i)}{\cos(\varphi_i)} = 0 \tag{4.37}$$

$$\tan(\varphi_i) = -\frac{\omega \cdot L}{R} \tag{4.38}$$

Mit $\arctan(-x) = -\arctan(x)$ folgt:

$$\underline{\underline{\varphi_i = -\arctan\left(\frac{\omega \cdot L}{R}\right)}} \tag{4.39}$$

Die *partikuläre* Lösung der inhomogenen DGL Gl. (4.18) lautet für den sinusförmigen Wechselstrom:

$$i_p(t) = \hat{I} \cdot \sin(\omega t + \varphi_i) = \frac{\hat{U}}{\sqrt{R^2 + (\omega \cdot L)^2}} \cdot \sin\left(\omega t - \arctan\left(\frac{\omega \cdot L}{R}\right)\right) \tag{4.40}$$

Der Scheinwiderstand des Wechselstromkreises beträgt (wie wir schon früher in Gl. (4.6) beim Zeigerdiagramm festgestellt haben):

$$Z = \sqrt{R^2 + (\omega \cdot L)^2} \tag{4.41}$$

Der Nullphasenwinkel ist negativ, somit ist die Stromkurve im Liniendiagramm nach rechts verschoben, der Strom eilt der Spannung nach. Der Phasenverschiebungswinkel (Phasenwinkel φ zwischen Spannung und Strom) ist positiv (im Liniendiagramm von der Spannungs- zur Stromkurve in positive ωt-Richtung, im Zeigerdiagramm vom Strom- zum Spannungszeiger gegen den Uhrzeigersinn und somit positiv).

Anmerkung: Oft wird der Begriff „Phasenwinkel" im Sinne von „Nullphasenwinkel" verwendet. Das ist falsch und kann zu Missverständnissen führen. Nullphasenwinkel und Phasenverschiebungswinkel sind gerichtete Größen, die stets durch einen Pfeil mit nur einer Spitze gekennzeichnet werden, nicht durch einen Doppelpfeil oder durch eine geschweifte Klammer.

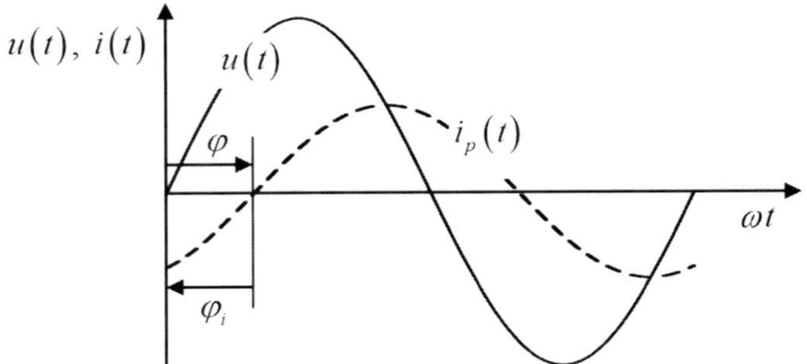

Abb. 57: Die Wechselspannung erzeugt in der RL-Reihenschaltung einen phasenverschobenen Wechselstrom

Die allgemeine Lösung der inhomogenen DGL Gl. (4.18) lautet (Summe von (4.40) und (4.24)):

$$i(t) = i_p(t) + i_h(t) = \frac{\hat{U}}{\sqrt{R^2 + (\omega \cdot L)^2}} \cdot \sin\left(\omega t - \arctan\left(\frac{\omega \cdot L}{R}\right)\right) + C \cdot e^{-\frac{R}{L} \cdot t} \quad (t \geq 0) \tag{4.42}$$

Dem Wechselstrom $i_p(t)$ überlagert sich ein exponentiell abklingender Gleichstrom $i_h(t)$. Dieser Gleichstrom ist nach kurzer Einschwingzeit fast null, er wird als *flüchtiger Bestandteil* der allgemeinen Lösung der inhomogenen DGL bezeichnet. Nach hinreichend großer Zeit ist der Strom nur durch die partikuläre Lösung $i_p(t)$ der inhomogenen DGL Gl. (4.18) gegeben.

Wie zu Beginn dieser Berechnung gesagt wurde: Der Aufwand bei dieser Berechnungsmethode ist sehr groß, zumindest wenn die Lösung der DGL von Hand berechnet wird, und nicht mit einem Mathematikprogramm wie z. B. „Maple". Jeder zusätzliche Energiespeicher im Netzwerk erhöht den Grad der DGL um eins. Mit dieser Methode erhalten wir allerdings nicht nur den stationären Anteil der gesuchten Größe (auch *Anregungsanteil* genannt), sondern auch den *Einschwinganteil*[11], welcher nach dem Einschalten einer Wechselspannung auftritt.

Die bereits in der Lösung der homogenen DGL Gl. (4.24) enthaltene und in der Lösung der inhomogenen DGL Gl. (4.42) auch noch vorkommende Konstante C kann nun aus einer Anfangsbedingung bestimmt werden. Da sich der Strom durch die Induktivität nicht sprunghaft ändern kann, gilt für den Augenblick des Anschaltens der Quellspannung $u(t)$:

$$i(t=0)=0 \tag{4.43}$$

Diese Bedingung wird in Gl. (4.42) eingesetzt:

$$\frac{\hat{U}}{\sqrt{R^2+(\omega\cdot L)^2}}\cdot\sin\left(0-\arctan\left(\frac{\omega\cdot L}{R}\right)\right)+C\cdot 1=0 \tag{4.44}$$

Mit $\sin(-x)=-\sin(x)$ folgt:

$$C=\frac{\hat{U}}{\sqrt{R^2+(\omega\cdot L)^2}}\cdot\sin\left(\arctan\left(\frac{\omega\cdot L}{R}\right)\right) \tag{4.45}$$

Mit den Beziehungen

$$\arctan(x)=\arcsin\left(\frac{x}{\sqrt{1+x^2}}\right),\ \sin(\arcsin(x))=x \tag{4.46}$$

kann folgende Umformung erfolgen:

$$C=\frac{\hat{U}}{\sqrt{R^2+(\omega\cdot L)^2}}\cdot\frac{\frac{\omega\cdot L}{R}}{\sqrt{1+\frac{(\omega\cdot L)^2}{R^2}}}=\frac{\hat{U}\cdot\omega\cdot L}{R^2+(\omega\cdot L)^2} \tag{4.47}$$

Damit ist der Einschwinganteil:

$$i_h(t)=\frac{\hat{U}\cdot\omega\cdot L}{R^2+(\omega\cdot L)^2}\cdot e^{-\frac{R}{L}\cdot t} \tag{4.48}$$

Der Strom ist jetzt:

$$\boxed{i(t)=\frac{\hat{U}}{\sqrt{R^2+(\omega\cdot L)^2}}\cdot\sin\left(\omega t-\arctan\left(\frac{\omega\cdot L}{R}\right)\right)+\frac{\hat{U}\cdot\omega\cdot L}{R^2+(\omega\cdot L)^2}\cdot e^{-\frac{R}{L}\cdot t}} \tag{4.49}$$

11 Der Einschwinganteil kann auch im Frequenzbereich berechnet werden.

Den zeitlichen Verlauf des Stromes nach Gl. (4.49) zeigt Abb. 58. Man sieht, wie der Einschwinganteil (der Gleichstrom) im Laufe der Zeit gegen null geht, übrig bleibt der stationäre Strom mit konstanter Amplitude. – Auf eine Untersuchung, wie die Überhöhung des Stromes beim Einschalten der am RL-Kreis anliegenden Spannung, von deren Nullphasenwinkel φ_u abhängt, wird verzichtet.

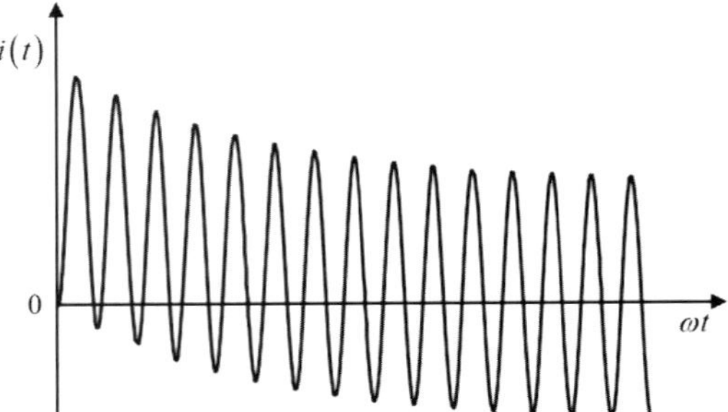

Abb. 58: Verlauf des Stromes nach dem Einschalten einer Sinusspannung an eine RL-Reihenschaltung

Beispiel 19

Bei einer Drosselspule mit einer angelegten Gleichspannung von $U = 24{,}0\ \text{V}$ wird ein Gleichstrom von $I = 160{,}0\ \text{mA}$ gemessen. Bei einer angelegten Netzwechselspannung von $U = 230\ \text{V}$, $f = 50\ \text{Hz}$ ergibt sich ein Wechselstrom von $I = 1{,}0\ \text{A}$.

a) Wie groß sind Wirkwiderstand R, Blindwiderstand X_L und Scheinwiderstand Z_L der Spule?

b) Welche Induktivität L hat die Spule?

c) Geben Sie ein Ersatzschaltbild für die Spule an.

d) Ermitteln Sie den Phasenwinkel φ zwischen Strom und Spannung.

e) Berechnen Sie die Spannungsabfälle U_R und U_L am Wirk- und am Blindwiderstand.

f) Warum ist $U_R + U_L \neq U$?

Lösung:

a) Im Gleichstromkreis ist der Wirkwiderstand: $R = \dfrac{U}{I} = \dfrac{24{,}0\ \text{V}}{0{,}16\ \text{A}} = \underline{\underline{150{,}0\ \Omega}}$

Im Wechselstromkreis ist der Scheinwiderstand: $Z_L = \dfrac{230\ \text{V}}{1{,}0\ \text{A}} = \underline{\underline{230{,}0\ \Omega}}$

Der Blindwiderstand ist: $X_L = \sqrt{Z_L^2 - R^2} = \sqrt{230{,}0^2 - 150{,}0^2}\ \Omega = \underline{\underline{174{,}4\ \Omega}}$

b) Induktivität: $L = \dfrac{X_L}{2 \cdot \pi \cdot f} = \dfrac{174{,}4\ \Omega}{2 \cdot \pi \cdot 50\ \text{s}^{-1}} = \underline{\underline{0{,}56\ \text{H}}}$

c) Ersatzschaltbild:

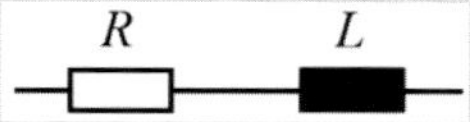

Abb. 59: Ersatzschaltbild einer realen Spule mit Wicklungswiderstand R und idealer Induktivität L

d) Phasenwinkel: $\varphi = \arctan\left(\dfrac{X_L}{R}\right) = \arctan\left(\dfrac{174{,}4\ \Omega}{150{,}0\ \Omega}\right) = \underline{\underline{49{,}3^\circ}}$

e) Spannungsabfälle: $U_R = R \cdot I = 150{,}0\ \Omega \cdot 1{,}0\ \text{A} = \underline{\underline{150{,}0\ \text{V}}}$;

$U_L = X_L \cdot I = 174{,}4\ \Omega \cdot 1{,}0\ \text{A} = \underline{\underline{174{,}4\ \text{V}}}$

f) Zwischen U_R und U_L besteht eine Phasenverschiebung, die beiden Spannungen müssen geometrisch addiert werden:

$U = \sqrt{150{,}0^2 + 174{,}4^2}\ \text{V} = \underline{\underline{230\ \text{V}}}$

Beispiel 20

In der angegebenen Schaltung wirken die Spannungen $u_1(t) = 5 \cdot \sqrt{2}\ \text{V} \cdot \sin(\omega t + 30^\circ)$ und $u_2(t) = 5 \cdot \sqrt{2}\ \text{V} \cdot \sin(\omega t - 30^\circ)$. Bestimmen Sie mit einem Zeigerdiagramm der zugehörigen Effektivwerte die Spannung $u_0(t)$ und geben Sie diese als Zeitfunktion an.

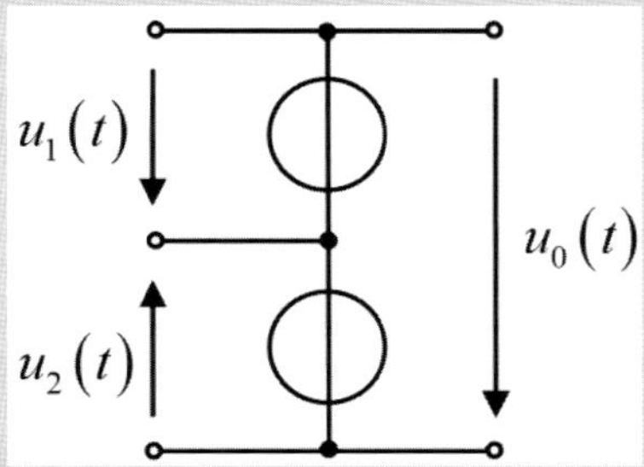

Abb. 60: Reihenschaltung von Spannungsquellen

Lösung:

u_1 wird mit dem Winkel $+30^\circ$ zur Bezugsachse eingetragen. Für die Effektivwerte ist der Maßstab $1\ \text{V} \mathrel{\hat{=}} 1\ \text{cm}$ (Amplitude : $\sqrt{2}$), die Zeigerlänge von

u_1 ist damit $5\ \mathrm{cm}$. u_2 hat die gleiche Zeigerlänge wie u_1 und wird mit dem Winkel $-30°$ eingetragen. Ein Maschenumlauf ergibt: $u_1 - u_2 - u_0 = 0$ oder $u_0 = u_1 - u_2$. Zum Subtrahieren wird der Zeiger von u_2 parallel verschoben. Es ergeben sich zwei Seiten eines gleichseitigen Dreiecks, welches mit der dritten Seite u_0 geschlossen wird. u_0 steht senkrecht auf der Bezugsachse, der Nullphasenwinkel ist somit $90°$. Ergebnis: $u_0(t) = 5 \cdot \sqrt{2} \cdot \sin(\omega t + 90°)$.

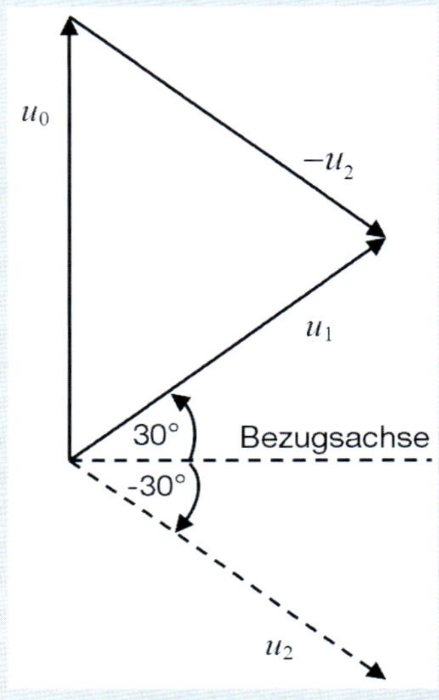

Abb. 61: Zeigerdiagramm zu Abb. 60

4.3 Reihenschaltung von Wirkwiderstand und Kondensator

Wie bei der RL-Reihenschaltung ist auch bei der Reihenschaltung eines kapazitiven Blindwiderstandes $X_C = \frac{1}{\omega \cdot C}$ mit einem ohmschen Widerstand R der Strom i durch beide Verbraucher gleich groß. Beim Widerstand R sind u und i in Phase, am Kondensator C eilt der Strom der Spannung um $90°$ voraus. Die Spannungsabfälle $u_R = R \cdot i$ und $u_C = \frac{1}{\omega \cdot C} \cdot i$ werden in das Bild der Sinusverläufe eingetragen. u_R liegt in Phase mit i, u_C eilt beiden um $90°$ nach. Die punktweise Addition der Augenblickswerte von u_R und u_C ergibt die Gesamtspannung u. Der Strom eilt der Spannung voraus, der Phasenwinkel ist negativ ($\varphi < 0$).

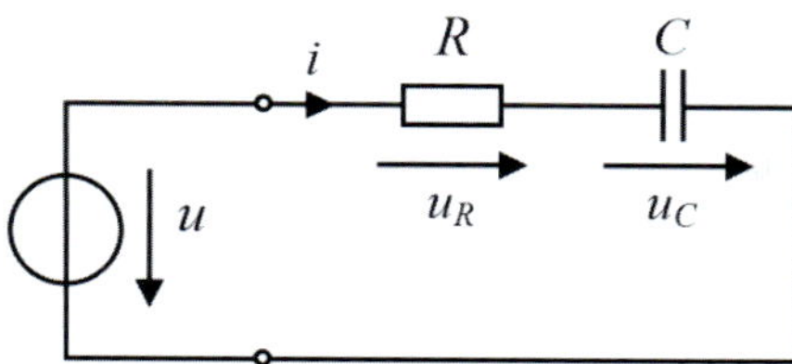

Abb. 62: RC-Reihenschaltung an Sinusspannung

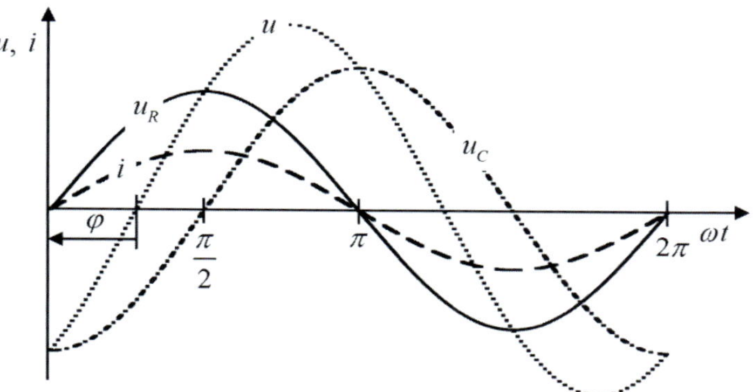

Abb. 63: Zeitlicher Verlauf der Spannungen und des Stromes der Schaltung von Abb. 62

Konstruktion des Zeigerdiagramms

- Wir gehen über zu Effektivwerten. Der Strom durch R und X_C ist gleich groß, beim Widerstand R ist I außerdem ein Wirkstrom. Deshalb wird der Strom als Zeiger in die horizontale Bezugsachse gelegt.
- U_R ist in Phase mit dem Strom, der Zeiger liegt parallel zum Stromzeiger.
- Der Spannungsabfall U_C am kapazitiven Blindwiderstand liegt $90°$ nacheilend zum Strom, also in der (gedachten) negativen y-Achse. Der Zeiger kann auch zunächst dorthin gezeichnet werden.
- Die Gesamtspannung U ergibt sich als geometrische Addition der Zeiger U_R und U_C. Um die Addition grafisch durchführen zu können, muss der U_C-Zeiger nach rechts parallel verschoben werden, bis sein Anfang an der Pfeilspitze (dem Ende) von U_R positioniert ist.
- Da der Strom durch alle Verbraucher gleich groß ist, können aus den Spannungszeigern (alle durch I dividieren) direkt die Widerstandszeiger ermittelt werden, sie sind proportional.

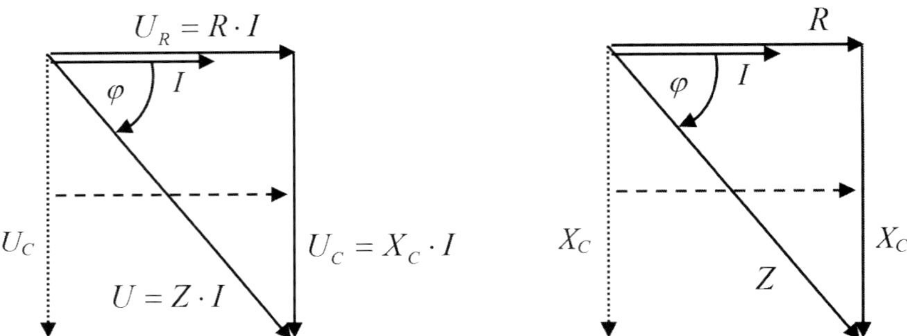

Abb. 64: Zeigerdiagramm der RC-Reihenschaltung als Spannungsdreieck (links) und Widerstandsdreieck (rechts)

Im Liniendiagramm ist der Phasenwinkel vom positiven Nulldurchgang der Gesamtspannung zum positiven Nulldurchgang des Stromes eingezeichnet, der Pfeil zeigt in negative ωt-Richtung, also ist $\varphi < 0$. Im Zeigerdiagramm ist φ vom Strom ausgehend als Pfeil im Uhrzeigersinn gerichtet (im negativen Drehsinn eines Winkels) zur Gesamtspannung hin eingetragen. Somit gilt natürlich auch hier: $\varphi < 0$. Es liegt **kapazitives Verhalten** vor.

Die Größen U_R, U_C und U sind im rechtwinkligen Dreieck nach Pythagoras miteinander verknüpft:

$$U = \sqrt{U_R^2 + U_C^2} \tag{4.50}$$

Sind zwei der drei Größen gegeben, kann die dritte Größe berechnet werden.

Für die Teilspannungen gilt:

$$U_R = U \cdot \cos(\varphi) \tag{4.51}$$

$$U_C = U \cdot \sin(\varphi) \tag{4.52}$$

$$U_R = R \cdot I \tag{4.53}$$

$$U_C = X_C \cdot I = \frac{1}{\omega \cdot C} \cdot I \tag{4.54}$$

Der Gesamtwiderstand ist der Scheinwiderstand Z:

$$Z = \sqrt{R^2 + X_C^2} = \sqrt{R^2 + \frac{1}{(\omega \cdot C)^2}} \tag{4.55}$$

Damit ist die Gesamtspannung:

$$U = Z \cdot I = \sqrt{R^2 + \frac{1}{(\omega \cdot C)^2}} \cdot I \tag{4.56}$$

Aus den Einzelwiderständen oder den Teilspannungen kann der Phasenwinkel zwischen Gesamtspannung und Gesamtstrom berechnet werden. Für das Vorzeichen muss dabei der negative Drehsinn des Winkels berücksichtigt werden. Dies kann geschehen, indem man die Spannung U_C im Spannungsdreieck betrachtet, sie ist negativ (ebenso ist X_C negativ).

Mit $\arctan(-x) = -\arctan(x)$ folgt:

$$\varphi = -\arctan\left(\frac{X_C}{R}\right) = -\arctan\left(\frac{1}{\omega \cdot R \cdot C}\right) = -\arctan\left(\frac{U_C}{U_R}\right) \tag{4.57}$$

Zwei Grenzfälle von φ:

- $\omega \to 0$ (Gleichstrom): $\varphi \to 90°$, der ohmsche Widerstand wird vernachlässigbar klein gegen den unendlich hohen kapazitiven Widerstand. Der Kondensator sperrt Gleichstrom.
- $\omega \to \infty$: $\varphi \to 0$, es bleibt nur der ohmsche Widerstand übrig.

Beispiel 21

Die Reihenschaltung eines ohmschen Widerstandes $R = 100\ \Omega$ und eines Kondensators mit dem kapazitiven Blindwiderstand $X_C = 200\ \Omega$ wird an eine Sinusspannung $U = 200\ \text{V}$ angeschlossen.

a) Wie groß sind Scheinwiderstand Z und Stromstärke I?

b) Berechnen Sie die Spannungsabfälle U_R und U_C am Wirk- und am Blindwiderstand.

c) Ermitteln Sie den Phasenwinkel φ zwischen Strom und Spannung.

Lösung:

a) $Z = \sqrt{R^2 + X_C^2} = \underline{\underline{223{,}6\ \Omega}}$; $I = \frac{U}{Z} = \frac{200\ \text{V}}{223{,}6\ \Omega} = \underline{\underline{895\ \text{mA}}}$

b) $U_R = R \cdot I = 100\ \Omega \cdot 0{,}895\ \text{A} = \underline{\underline{89{,}5\ \text{V}}}$

$U_C = X_C \cdot I = 200\ \Omega \cdot 0{,}895\ \text{A} = \underline{\underline{179{,}0\ \text{V}}}$

c) $\varphi = -\arctan\left(\frac{X_C}{R}\right) = -\arctan(2) = \underline{\underline{-63{,}4°}}$

4.4 Parallelschaltung von Wirkwiderständen

Wie bei der Reihenschaltung ohmscher Widerstände gilt: Werden parallel geschaltete ohmsche Widerstände an eine Sinusspannung angeschlossen, so ist nichts Besonderes zu beachten. Nach Berechnung des Ersatzwiderstandes kann dieser einfache Einsatzfall auf einen einzigen ohmschen Widerstand im Wechselstromkreis zurückgeführt werden, wie dies in Abschnitt 3.1 ausführlich dargestellt wurde.

4.5 Parallelschaltung von Wirkwiderstand und Spule

Ein ohmscher Widerstand kann alternativ zum Widerstandswert R durch den Leitwert $G = 1/R$ beschrieben werden. Diese Beschreibung kann bei Parallelschaltungen vorteilhaft sein, da sich dann die Leitwerte addieren. Ist bei einer Parallelschaltung zusätzlich zu einem Wirkwiderstand auch ein Blindwiderstand vorhanden, so kann statt mit dem Scheinwiderstand Z mit dem Scheinleitwert $Y = 1/Z$ gerechnet werden. Der Scheinleitwert als Kehrwert des Scheinwiderstandes wurde bereits in Abschnitt 3.4 definiert.

Bei einer Parallelschaltung gibt es drei Grundsätze:

- Der Gesamtstrom ist die Summe der Teilströme in den Parallelzweigen.
- Die Leitwerte der Parallelzweige addieren sich zum Gesamtleitwert.
- So wie es bei der Reihenschaltung nur *einen* Strom gibt, tritt bei der Parallelschaltung nur *eine* Spannung auf. Diese wird zur Konstruktion des Zeigerbildes in die horizontale Achse als Bezugszeiger gelegt (bei der Reihenschaltung war dies der Stromzeiger).

Bei der Parallelschaltung eines Wirkwiderstandes R und eines induktiven Blindwiderstandes X_L ergibt sich durch die anliegende Sinusspannung ein Wirkstrom $i_R = u/R = u \cdot G$ und ein Blindstrom $i_L = u/X_L = u \cdot B_L$. Beim Widerstand sind u und i_R in Phase, bei der Spule eilt der Teilstrom i_L der Spannung und damit auch dem Wirkstrom um $90°$ nach. Die Ströme werden in das Bild der Sinusverläufe eingetragen. Die punktweise Addition der Augenblickswerte von i_R und i_L ergibt den Gesamtstrom i. Der Gesamtstrom eilt der Spannung nach, es gilt $\varphi > 0$. Es liegt induktives Verhalten vor.

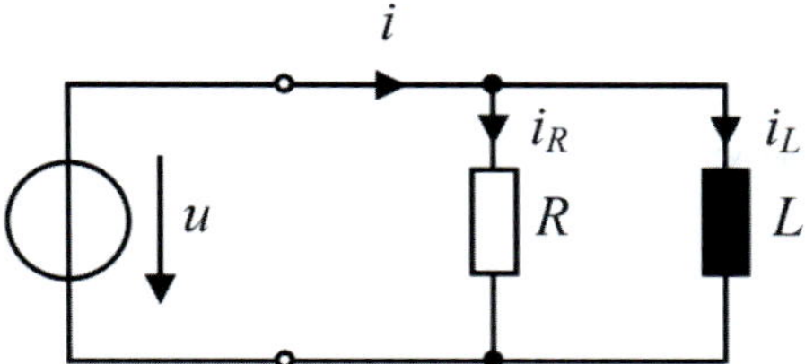

Abb. 65: RL-Parallelschaltung an Sinusspannung

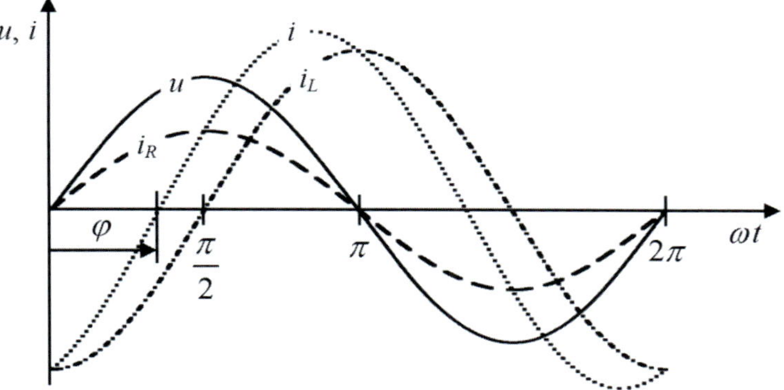

Abb. 66: Zeitlicher Verlauf der Spannung und der Ströme der Schaltung von Abb. 65

Konstruktion des Zeigerdiagramms

- Wir gehen wieder über zu Effektivwerten. Da es nur eine Spannung U gibt, wird sie als Referenzgröße benutzt und als Bezugszeiger in horizontaler Richtung eingetragen.
- I_R ist in Phase mit der Spannung U, der Zeiger liegt parallel zum Spannungszeiger.
- Der Strom I_L durch die Spule eilt der Spannung und auch I_R um $90°$ nach, liegt also in der (gedachten) negativen y-Achse. Der Zeiger kann auch zunächst dorthin gezeichnet werden.
- Der Gesamtstrom I ergibt sich als geometrische Addition der Zeiger I_R und I_L, wir erhalten ein **Stromdreieck**. Um die Addition grafisch durchführen zu können, muss der I_L-Zeiger nach rechts parallel verschoben werden, bis sein Anfang an der Pfeilspitze (dem Ende) von I_R positioniert ist. Dividieren wir alle Ströme durch die Spannung, so erhalten wir das **Leitwertdreieck**.

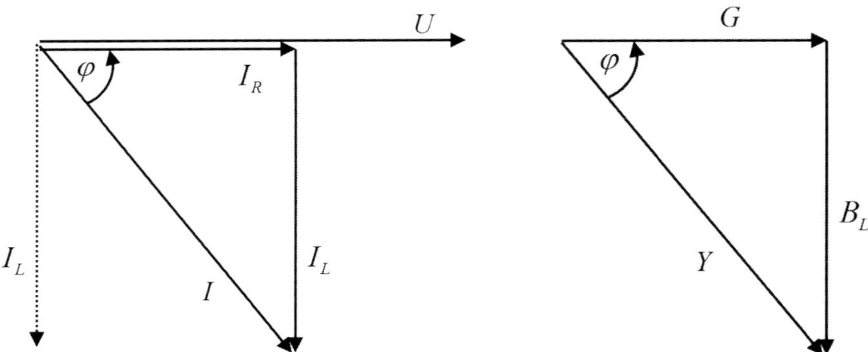

Abb. 67: Zeigerdiagramm der RL-Parallelschaltung als Stromdreieck (links) und als Leitwertdreieck (rechts)

Da Wirk- und Blindanteil immer senkrecht aufeinander stehen, ist das Stromdreieck stets rechtwinklig. I_R, I_L und Gesamtstrom I sind nach Pythagoras miteinander verknüpft:

$$I = \sqrt{I_R^2 + I_L^2} \tag{4.58}$$

Für den Gesamtstrom gilt auch:

$$I = U \cdot Y \tag{4.59}$$

Hierin ist Y der Scheinleitwert:

$$Y = \sqrt{G^2 + B_L^2} \text{ mit } G = \frac{1}{R} \text{ und } B_L = \frac{1}{\omega \cdot L} \tag{4.60}$$

Für die Teilströme gilt:

$$I_R = U \cdot G = I \cdot \cos(\varphi) \tag{4.61}$$

$$I_L = U \cdot B_L = I \cdot \sin(\varphi) \tag{4.62}$$

Die Phasenverschiebung zwischen Gesamtspannung U und Gesamtstrom I ist:

$$\varphi = \arctan\left(\frac{I_L}{I_R}\right) = \arctan\left(\frac{B_L}{G}\right) = \arctan\left(\frac{R}{\omega \cdot L}\right) \tag{4.63}$$

4.6 Parallelschaltung von Wirkwiderstand und Kondensator

Wie bei der RL-Parallelschaltung gibt es nur eine Spannung. Der Gesamtstrom i teilt sich wieder auf in den Wirkstrom $i_R = u/R = u \cdot G$ und den Blindstrom $i_C = u/X_C = u \cdot B_C$. Beim Widerstand sind u und i_R in Phase, beim Kondensator eilt der Teilstrom i_C der Spannung und damit auch dem Wirkstrom i_R um $90°$ voraus. Die Augenblickswerte von i_R und i_C werden punktweise addiert und ergeben den Gesamtstrom i. Der Gesamtstrom eilt der Spannung voraus, es gilt $\varphi < 0$. Es liegt kapazitives Verhalten vor.

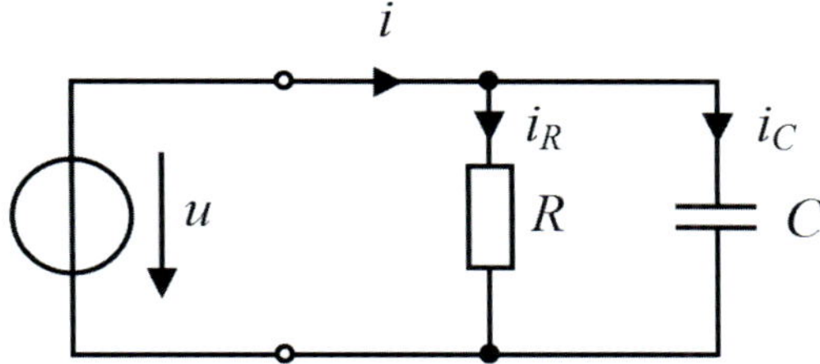

Abb. 68: RC-Parallelschaltung an Sinusspannung

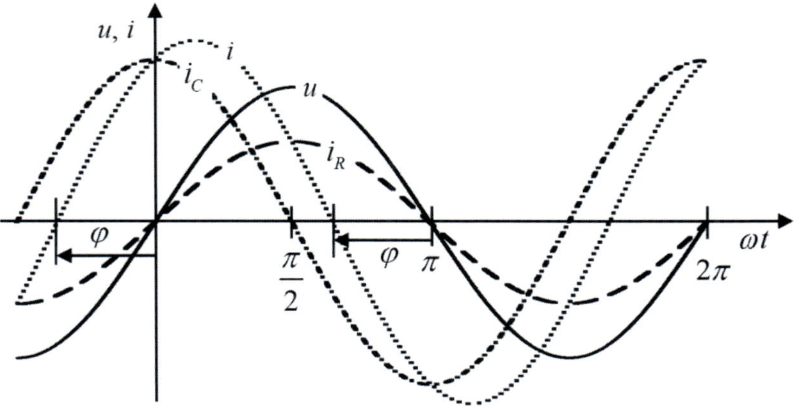

Abb. 69: Zeitlicher Verlauf der Spannung und der Ströme der Schaltung von Abb. 68

Konstruktion des Zeigerdiagramms

- Die Spannung U wird als Referenzgröße benutzt und als Bezugszeiger in horizontaler Richtung eingetragen.
- I_R ist in Phase mit der Spannung U, der Zeiger liegt parallel zum Spannungszeiger.

- Der Strom I_C durch den Kondensator eilt der Spannung und auch I_R um $90°$ voraus, liegt also in der (gedachten) positiven y-Achse.
- Der Gesamtstrom I ergibt sich als geometrische Addition der Zeiger I_R und I_C.

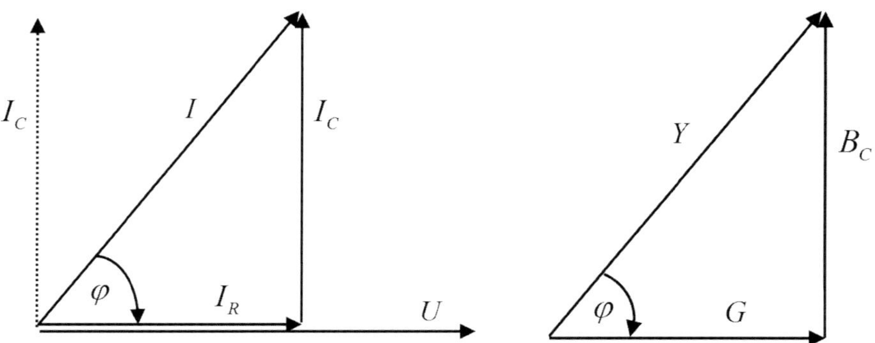

Abb. 70: Zeigerdiagramm der RC-Parallelschaltung als Stromdreieck (links) und als Leitwertdreieck (rechts)

Es gelten folgende Zusammenhänge:

$$I = \sqrt{I_R^2 + I_C^2} = U \cdot Y \tag{4.64}$$

$$Y = \sqrt{G^2 + B_C^2} \text{ mit } G = \frac{1}{R} \text{ und } B_C = \omega \cdot C \tag{4.65}$$

$$I_R = U \cdot G = I \cdot \cos(\varphi) \tag{4.66}$$

$$I_C = U \cdot B_C = I \cdot \sin(\varphi) \tag{4.67}$$

Der Phasenverschiebungswinkel wird im Zeigerdiagramm vom Strom- zum Spannungszeiger hin eingetragen, hier gegen den Uhrzeigersinn. φ ist also (wie im Liniendiagramm natürlich auch) negativ.

$$\varphi = -\arctan\left(\frac{I_C}{I_R}\right) = -\arctan\left(\frac{B_C}{G}\right) \tag{4.68}$$

4.7 Gemischte Schaltungen und Zeigerdiagramm

In diesem Abschnitt folgen noch einige Beispiele für Zeigerdiagramme von gemischten Schaltungen, die aus Kombinationen von Reihen- und Parallelschaltungen bestehen.

Beispiel 22

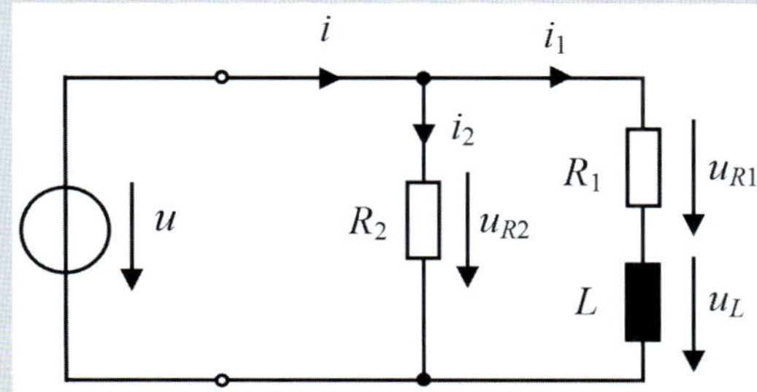

Abb. 71: Eine gemischte Schaltung

Gegeben sind die Gesamtspannung $u = u(t) = \hat{U} \cdot \sin(\omega t)$, R_1, R_2, L und ω.

Gesucht ist der Gesamtstrom $i(t) = \hat{I} \cdot \sin(\omega t + \varphi_i)$.

Lösung:

Nach den kirchhoffschen Regeln gilt in der Schaltung:

$I = I_1 + I_2;\ U = U_{R2} = U_{R1} + U_L$

Zur Konstruktion des qualitativen Zeigerbildes wird I_1 als Bezugszeiger verwendet. U_{R1} ist mit I_1 in Phase, beide Zeiger werden in die horizontale Achse gelegt. U_L eilt I_1 (dem Strom durch die Spule) um $90°$ voraus, und wird zunächst in die positive y-Achse gezeichnet. U_{R1} und U_L addieren sich geometrisch zur Gesamtspannung U, die auch über dem parallelen Zweig R_2 liegt. Der Strom I_2 ist in Phase mit U_{R2}. Der Gesamtstrom I ist die geometrische Summe der Teilströme I_1 und I_2.

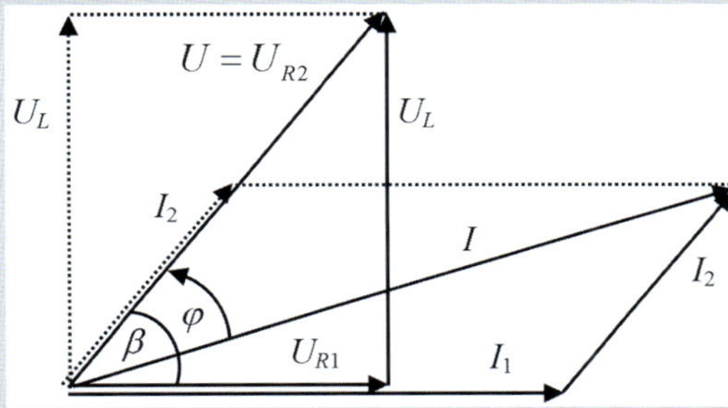

Abb. 72: Zeigerbild zur Schaltung nach Abb. 71

Aus dem Zeigerbild kann man ablesen:

$$U = \sqrt{U_{R1}^2 + U_L^2} = I_1 \cdot \sqrt{R_1^2 + (\omega L)^2}\ ;\ I_1 = \frac{U}{\sqrt{R_1^2 + (\omega L)^2}}\ ;\ \tan(\beta) = \frac{U_L}{U_{R1}}\ ;$$

$$\beta = \arctan\left(\frac{\omega L}{R_1}\right);\ I_2 = \frac{U}{R_2}$$

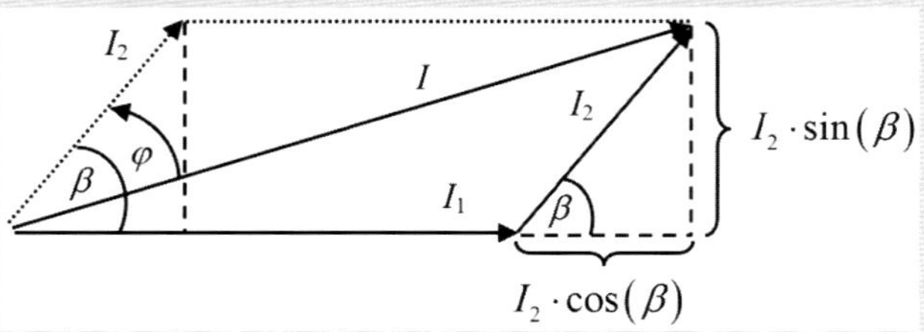

Abb. 73: Erweitertes Zeigerbild der Ströme

Dem erweiterten Zeigerbild der Ströme kann man entnehmen:

$$I^2 = \left[I_1 + I_2 \cdot \cos(\beta)\right]^2 + \left[I_2 \cdot \sin(\beta)\right]^2;\ I = \sqrt{I_1^2 + I_2^2 + 2 \cdot I_1 \cdot I_2 \cdot \cos(\beta)}$$

$$\varphi = \beta - \arctan\left(\frac{I_2 \cdot \sin(\beta)}{I_1 + I_2 \cdot \cos(\beta)}\right)$$

Für $i(t)$ folgt:

$$\hat{I} = \sqrt{2} \cdot \sqrt{\frac{U^2}{R_1^2 + (\omega L)^2} + \frac{U^2}{R_2^2} + 2 \cdot \frac{U}{\sqrt{R_1^2 + (\omega L)^2}} \cdot \frac{U}{R_2} \cdot \cos\left(\arctan\left(\frac{\omega L}{R_1}\right)\right)}$$

Mit $\cos(\arctan(x)) = \frac{1}{\sqrt{1+x^2}}$ und einem Zwischenschritt folgt:

$$\underline{\underline{\hat{I} = U \cdot \sqrt{2} \cdot \sqrt{\frac{1}{R_1^2 + (\omega L)^2} + \frac{1}{R_2^2} + 2 \cdot \frac{R_1}{R_2} \cdot \frac{1}{R_1^2 + (\omega L)^2}}}} \tag{4.69}$$

Überprüfung für die zwei Grenzfälle von ω:

$\omega \to \infty$: $\hat{I} = \hat{I}_2 = \frac{U \cdot \sqrt{2}}{R_2}$; der Widerstand der Spule wird unendlich groß, es bleibt nur der Strompfad durch R_2 übrig.

$\omega \to 0: \hat{I} = U \cdot \sqrt{2} \cdot \sqrt{\frac{1}{R_1^2} + \frac{1}{R_2^2} + \frac{2}{R_1 \cdot R_2}} = U \cdot \sqrt{2} \cdot \sqrt{\frac{R_1^2 + R_2^2 + 2 \cdot R_1 \cdot R_2}{R_1^2 \cdot R_2^2}}$;

$\hat{I} = U \cdot \sqrt{2} \cdot \sqrt{\frac{(R_1 + R_2)^2}{R_1^2 \cdot R_2^2}} = U \cdot \sqrt{2} \cdot \frac{R_1 + R_2}{R_1 \cdot R_2}$; der Widerstand der Spule wird null, es bleibt der Leitwert der parallel geschalteten Widerstände R_1 und R_2 übrig.

Für den Phasenverschiebungswinkel φ des Gesamtstromes folgt:

$\sin(\arctan(x)) = \frac{x}{\sqrt{1+x^2}}$; $\cos(\arctan(x)) = \frac{1}{\sqrt{1+x^2}}$

$$\varphi = \beta - \arctan\left(\frac{I_2 \cdot \frac{x}{\sqrt{1+x^2}}}{I_1 + I_2 \cdot \frac{1}{\sqrt{1+x^2}}}\right) = \beta - \arctan\left(\frac{I_2 \cdot x}{I_1 \cdot \sqrt{1+x^2} + I_2}\right) \text{ mit } x = \frac{\omega L}{R_1}$$

$$\varphi = \beta - \arctan\left(\frac{\frac{U \cdot x}{R_2}}{\frac{U}{\sqrt{R_1^2 + (\omega L)^2}} \cdot \frac{\sqrt{R_1^2 + (\omega L)^2}}{R_1} + \frac{U}{R_2}}\right)$$

$$\underline{\underline{\varphi = \arctan\left(\frac{\omega L}{R_1}\right) - \arctan\left(\frac{\omega L}{R_1 + R_2}\right)}} \qquad (4.70)$$

Überprüfung für erlaubte Grenzfälle der Widerstände:

$R_2 \to \infty: \ \varphi = \arctan\left(\frac{\omega L}{R_1}\right)$; dies entspricht der Formel (4.8) bei der Reihenschaltung von Wirkwiderstand und Spule (R_2 fällt weg).

$R_1 \to 0: \varphi = \frac{\pi}{2} - \arctan\left(\frac{\omega L}{R_2}\right)$; mit $\varphi = \arctan\left(\frac{1}{x}\right) = \frac{\pi}{2} - \arctan(x)$ für $x > 0$ folgt:

$\varphi = \arctan\left(\frac{R_2}{\omega L}\right)$; dies entspricht der Formel (4.63) bei der Parallelschaltung von Wirkwiderstand und Spule.

Da der Nullphasenwinkel der Gesamtspannung null ist, ist der Phasenverschiebungswinkel φ gleich mit dem Nullphasenwinkel des Gesamtstromes: $\varphi_i = \varphi$. Mit $\hat{I}$ und φ_i ist der gesuchte Gesamtstrom gefunden.

Dieses Beispiel wird nun im **Frequenzbereich** berechnet und der jeweilige Aufwand verglichen. Zum Verständnis muss evtl. zuerst das Rechnen im Komplexen erlernt werden, ehe man hierher zurückkehrt.

Wir wissen: Der Winkel $\angle\underline{Z}$ des komplexen Gesamtwiderstandes $\underline{Z}$ ist gleich dem Phasenverschiebungswinkel φ zwischen Spannung und Strom. Der komplexe Gesamtwiderstand zwischen den beiden Anschlussklemmen des Netzwerkes ist:

$$\underline{Z} = R_2 \,||\, (R_1 + j\omega L) = \frac{R_2 \cdot (R_1 + j\omega L)}{R_1 + R_2 + j\omega L} = \frac{R_1 R_2 + j\omega R_2 L}{R_1 + R_2 + j\omega L}$$

Mit $\angle\left(\frac{\underline{Z}_1}{\underline{Z}_2}\right) = \angle\underline{Z}_1 - \angle\underline{Z}_2$ folgt sofort:

$$\angle\underline{Z} = \varphi = \varphi_{ui} = \angle(U, I) = \arctan\left(\frac{\omega L}{R_1}\right) - \arctan\left(\frac{\omega L}{R_1 + R_2}\right)$$

Dieses Ergebnis stimmt mit Gl. (4.70) überein. Der Aufwand hierfür war allerdings erheblich kleiner als unter Verwendung des Zeigerdiagramms.

Um den Strom bestimmen zu können, wird der Betrag des komplexen Widerstandes berechnet.

Mit $|\underline{Z}| = \left|\frac{\underline{Z}_1}{\underline{Z}_2}\right| = \frac{|\underline{Z}_1|}{|\underline{Z}_2|}$ folgt:

$$|\underline{Z}| = Z = \frac{\sqrt{R_1^2 R_2^2 + \omega^2 R_2^2 L^2}}{\sqrt{(R_1 + R_2)^2 + \omega^2 L^2}}; \quad \hat{I} = U \cdot \sqrt{2} \cdot \sqrt{\frac{(R_1 + R_2)^2 + \omega^2 L^2}{R_1^2 R_2^2 + \omega^2 R_2^2 L^2}}$$

Durch eine kleine Zwischenrechnung bestätigt man leicht, dass dieses Ergebnis für $\hat{I}$ mit dem unter Verwendung des Zeigerdiagramms Gl. (4.69) übereinstimmt. Wir sehen, dass eine Berechnung im Frequenzbereich sehr große Vorteile bringt.

Beispiel 23

Es ist ein qualitatives Zeigerbild der Schaltung nach Abb. 74 zu entwickeln.

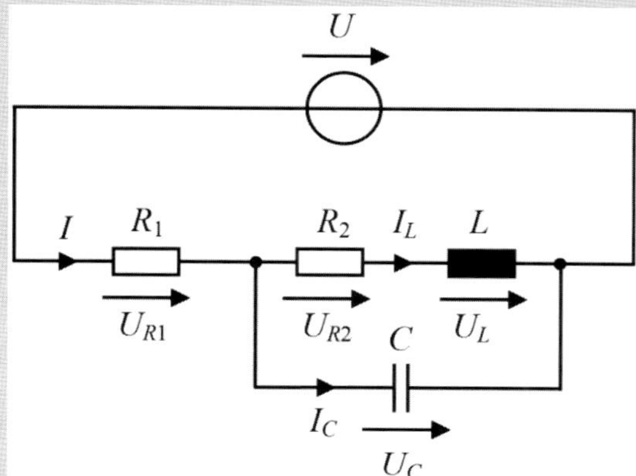

Abb. 74: Eine weitere gemischte Schaltung

Lösung:

Für die Wahl des Bezugszeigers gibt es kein allgemein gültiges Rezept. Es ist jedoch immer gut, in der Tiefe der Schaltung anzufangen und das Ganze nach außen „aufzurollen". Das Zeigerbild einer gemischten Schaltung muss also von innen nach außen entwickelt werden, die Gesamtgrößen ergeben sich ja erst durch die geometrische Addition der Teilgrößen.

Wir beginnen mit der innersten gemeinsamen Größe, in diesem Fall ist dies der Strom I_L. In Phase mit dem Strom I_L durch den Widerstand R_2 ist die Spannung U_{R2}. I_L und U_{R2} werden in die horizontale Bezugsachse gelegt. Die Spannung U_L eilt I_L und somit auch U_{R2} um $90°$ voraus. Die vektorielle Addition von U_{R2} und U_L ergibt die Spannung U_C. Der Strom I_C eilt der Spannung U_C um $90°$ voraus. Der Zeiger von I_C steht senkrecht auf der Wirkungslinie von U_C, sein Anfang wird durch Parallelverschiebung an das Ende des Zeigers von I_L gebracht. Die vektorielle Addition der beiden Stromzeiger I_L und I_C ergibt den durch R_1 fließenden Gesamtstrom I. In Phase zu I liegt U_{R1} (der Zeiger von U_{R1} ist parallel zum Zeiger von I). Der Zeiger von U_{R1} wird an das Ende des Zeigers von U_C angesetzt. U_C und U_{R1} addieren sich vektoriell zur Gesamtspannung U. Der Strom I eilt der Spannung U nach ($\varphi > 0$), es liegt induktives Verhalten der Gesamtschaltung vor.

Ein quantitatives Zeigerbild mit korrekter maßstäblicher Zeichnung könnte anders aussehen und hinsichtlich Gesamtspannung, Gesamtstrom und gesamter Phasenverschiebung andere Ergebnisse liefern.

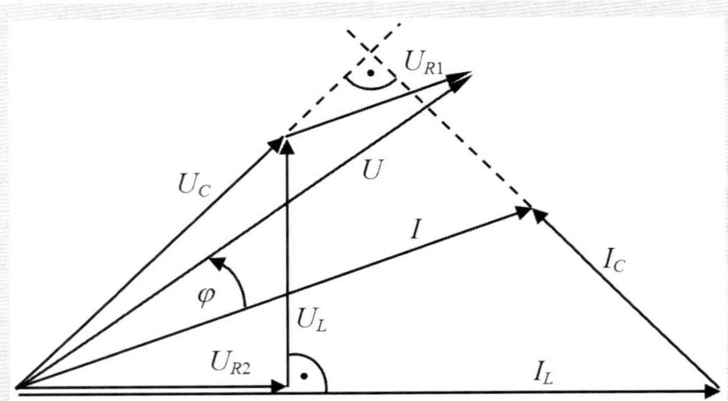

Abb. 75: Qualitatives Zeigerbild zur Schaltung nach Abb. 74

Beispiel 24

Zu der Schaltung nach Abb. 76 soll ein qualitatives Zeigerbild gezeichnet werden.

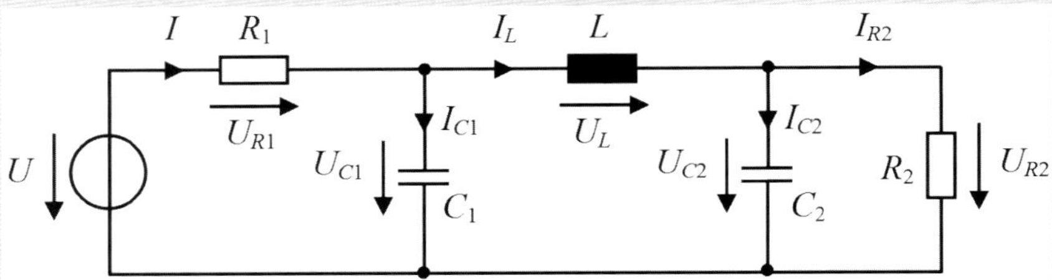

Abb. 76: Gemischte Schaltung mit fünf passiven Bauelementen

Lösung:

I_{R2} und U_{R2} sind Wirkanteile, sie sind in Phase und werden in die x-Achse als Bezugsachse gelegt. I_{C2} eilt U_{R2} und somit auch I_{R2} um $90°$ voraus, beide Ströme addieren sich geometrisch zum Strom I_L. U_L eilt I_L um $90°$ voraus, steht also senkrecht auf der Wirklinie von I_L. $U_{R2} = U_{C2}$ und U_L addieren sich geometrisch zu U_{C1}. I_{C1} eilt U_{C1} um $90°$ voraus, I_{C1} steht also senkrecht auf der Wirklinie von U_{C1}. I_L und I_{C1} addieren sich geometrisch zum Gesamtstrom I. U_{R1} ist in Phase mit I, der Zeiger von U_{R1} ist somit parallel zur Wirklinie von I. U_{R1} und U_{C1} addieren sich geometrisch zur Gesamtspannung U. I eilt U nach, es liegt induktives Verhalten der Gesamtschaltung vor.

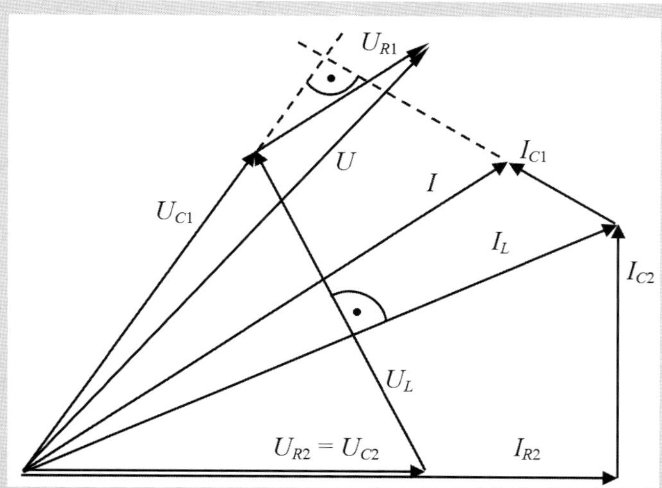

Abb. 77: Qualitatives Zeigerbild zur Schaltung nach Abb. 76

Beispiel 25

Es ist ein qualitatives Zeigerbild der Schaltung nach Abb. 78 zu entwickeln.

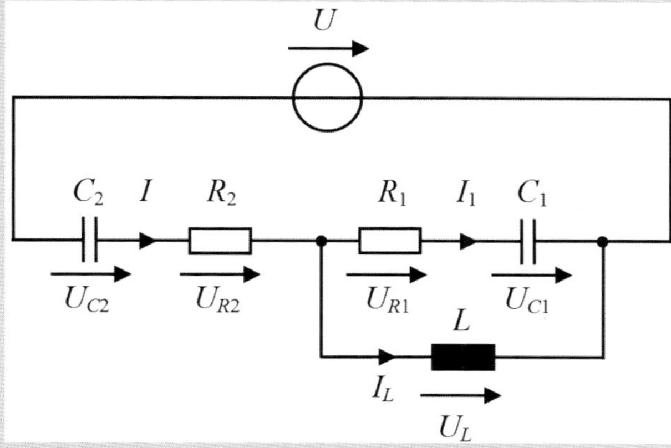

Abb. 78: Schaltung zur Entwicklung eines Zeigerbildes

Lösung:

I_1 und U_{R1} sind in Phase und werden in die x-Achse als Bezugsachse gelegt. U_{C1} eilt I_1 und somit auch U_{R1} um $90°$ nach. U_{R1} und U_{C1} addieren sich geometrisch zu U_L. I_L eilt U_L um $90°$ nach, der Zeiger von I_L steht also senkrecht auf dem Zeiger von U_L. I_1 und I_L addieren sich geometrisch zum Gesamtstrom I. U_{R2} und I sind in Phase, der Zeiger von U_{R2} liegt also parallel zum Zeiger von I. U_{C2} eilt I um $90°$ nach, der Zeiger von

$\underline{U}_{C2}$ steht also senkrecht zum Zeiger von $\underline{I}$. $\underline{U}_{C2}$, $\underline{U}_{R2}$ und $\underline{U}_L$ addieren sich geometrisch zur Gesamtspannung $\underline{U}$. $\underline{I}$ eilt $\underline{U}$ voraus, es liegt kapazitives Verhalten der Gesamtschaltung vor. Die punktierten Zeiger stellen eine alternative Anordnung der Zeiger dar.

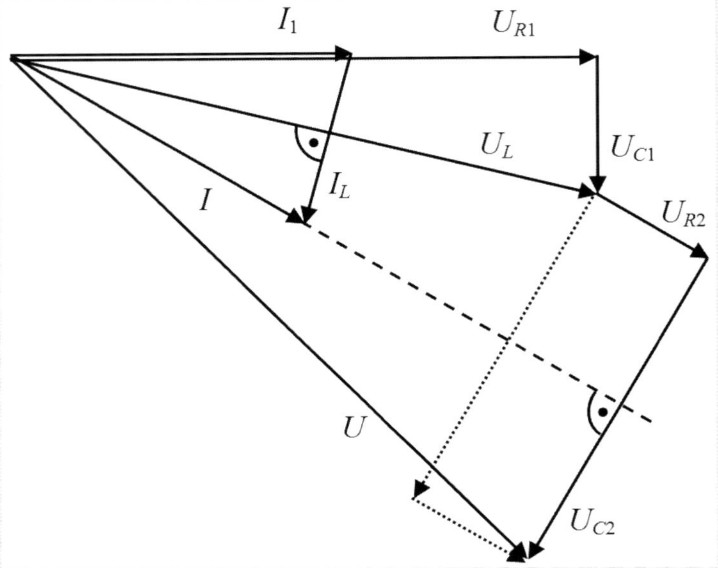

Abb. 79: Qualitatives Zeigerbild zur Schaltung nach Abb. 78

4.8 Zusammenfassung

1. Bei der Reihen- und Parallelschaltung von ohmschen Widerständen im Wechselstromkreis gibt es keine Phasenverschiebung zwischen Gesamtstrom und Gesamtspannung, die beachtet werden muss.
2. Der Ursprung eines Zeigerbildes kann in der Zeichenebene beliebig gewählt werden.
3. Bei einer Reihenschaltung von Wirk- und Blindwiderstand (RL- oder RC-Reihenschaltung) werden Strom- und Spannungszeiger vom Wirkwiderstand in die x-Achse als Bezugsachse gelegt. Strom und Spannung sind am Wirkwiderstand in Phase, beide Zeiger liegen parallel. Die gemeinsame Größe ist bei der Reihenschaltung der Strom, sein Zeiger wird zum Bezugszeiger.
4. Bei einer Parallelschaltung von Wirk- und Blindwiderstand (RL- oder RC-Parallelschaltung) ist die gemeinsame Größe die Spannung, sie wird als Referenzgröße benutzt und als Bezugszeiger in horizontaler Richtung in das Zeigerbild eingetragen.
5. Alle weiteren Zeiger werden entsprechend ihrer Phasenlage zum Bezugszeiger bzw. unter Berücksichtigung der Phasenbeziehung zwischen Spannung und Strom an einem Bauelement in das Zeigerbild nach und nach eingetragen.
6. Die Berücksichtigung der kirchhoffschen Regeln ergibt Zeiger als Ergebnis der geometrischen (vektoriellen) Addition anderer Zeiger, die Ströme oder Spannungen im Netzwerk repräsentieren.
7. Ein Zeigerbild eines Netzwerkes sollte von innen nach außen entwickelt werden, beginnend mit einer gemeinsamen Größe (Strom bei der Reihenschaltung, Spannung bei der Parallelschaltung).
8. Aufgrund geometrischer Überlegungen und mit Hilfe von Winkelbeziehungen im rechtwinkligen Dreieck können mit einem Zeigerbild als Basis interessierende Größen in einem Netzwerk berechnet werden (z. B. der Phasenverschiebungswinkel zwischen Gesamtstrom und Gesamtspannung). Der Aufwand dabei kann allerdings beträchtlich sein und übertrifft den Aufwand einer Berechnung mit komplexen Größen meist erheblich.

5 Leistung im Wechselstromkreis

Im *Gleichstromkreis* ist die Leistung

$$\boxed{P = U \cdot I} \tag{5.1}$$

konstant, da sowohl die Spannung U als auch der Strom I von der Zeit unabhängig sind. Im Wechselstromkreis dagegen sind Spannung und Strom zeitlich veränderliche Größen, daher ist auch die Leistung eine zeitlich veränderliche Größe.

5.1 Augenblicksleistung

Betrachtet wird ein beliebiges Wechselstromnetzwerk, das nur aus sinusförmigen Strom- und Spannungsquellen der gleichen Frequenz sowie passiven RLC-Bauelementen besteht. In diesem Netzwerk sind alle Ströme und Spannungen sinusförmig und lassen sich jeweils durch ihre Amplitude und ihre Phasenlage bezogen auf eine willkürlich definierte Nulllage eindeutig beschreiben.

An einem Wechselstromverbraucher liegen im allgemeinen Fall der Strom

$$i(t) = \hat{I} \cdot \sin(\omega t + \varphi_i) = \sqrt{2} \cdot I \cdot \sin(\omega t + \varphi_i) \tag{5.2}$$

und die Spannung

$$u(t) = \hat{U} \cdot \sin(\omega t + \varphi_u) = \sqrt{2} \cdot U \cdot \sin(\omega t + \varphi_u) \tag{5.3}$$

mit der Phasenverschiebung $\varphi = \varphi_u - \varphi_i$ vor. Achtung: U, I sind Effektivwerte!

Die Leistung im Wechselstromkreis kann analog zur Berechnung der Leistung im Gleichstromkreis für Werte erfolgen, die zeitlich zusammenfallen. Zu jedem Zeitpunkt ergibt sich eine Augenblicks- oder Momentanleistung als Produkt aus momentaner Wechselspannung und momentanem Wechselstrom:

$$\boxed{p(t) = u(t) \cdot i(t)} \tag{5.4}$$

Mit (5.2) und (5.3) folgt:

$$p(t) = \sqrt{2} \cdot U \cdot \sqrt{2} \cdot I \cdot \sin\left(\underbrace{\omega t + \varphi_u}_{\alpha}\right) \cdot \sin\left(\underbrace{\omega t + \varphi_i}_{\beta}\right) \tag{5.5}$$

Mit dem Multiplikationstheorem

$$\sin(\alpha) \cdot \sin(\beta) = \frac{1}{2} \cdot \left[\cos(\alpha - \beta) - \cos(\alpha + \beta)\right] \tag{5.6}$$

folgt:

$$p(t)=U\cdot I\cdot 2\cdot\frac{1}{2}\cdot\left\{\cos\left[(\omega t+\varphi_u)-(\omega t+\varphi_i)\right]-\cos\left[(\omega t+\varphi_u)+(\omega t+\varphi_i)\right]\right\} \quad (5.7)$$

$$\boxed{p(t)=\underbrace{U\cdot I\cdot\cos(\varphi_u-\varphi_i)}_{\text{konstant}}-\underbrace{U\cdot I\cdot\cos(2\omega t+\varphi_u+\varphi_i)}_{\text{zeitabhängig, mit doppelter Frequenz schwankend}}} \quad (5.8)$$

Die Augenblicksleistung setzt sich aus zwei Teilen zusammen. Beide Anteile besitzen die gleiche Amplitude $U\cdot I$. Der zeitlich unabhängige Teil ist ein konstanter Wert, der außer von den Effektivwerten I und U des Stromes und der Spannung nur vom Phasenverschiebungswinkel $\varphi=\varphi_u-\varphi_i$ zwischen diesen beiden Größen abhängt. Der zeitlich abhängige Wechselanteil schwankt mit doppelter Frequenz der im Netzwerk vorhandenen Spannungen und Ströme. Der Mittelwert des Wechselanteils ist stets null.

Gl. (5.8) lässt sich weiter umformen.

Mit $\varphi_i=\varphi_u-\varphi$ ist die Augenblicksleistung:

$$\boxed{p(t)=U\cdot I\cdot\cos(\varphi)-U\cdot I\cdot\cos\left[2(\omega t+\varphi_u)-\varphi\right]} \quad (5.9)$$

Mit dem Additionstheorem

$$\cos(\alpha-\beta)=\cos(\alpha)\cdot\cos(\beta)+\sin(\alpha)\cdot\sin(\beta) \quad (5.10)$$

folgt:

$$p(t)=U\cdot I\cdot\cos(\varphi)-U\cdot I\cdot\left\{\cos\left[2(\omega t+\varphi_u)\right]\cdot\cos(\varphi)+\sin\left[2(\omega t+\varphi_u)\right]\cdot\sin(\varphi)\right\} \quad (5.11)$$

$$p(t)=U\cdot I\cdot\cos(\varphi)-U\cdot I\cdot\cos(\varphi)\cdot\cos\left[2(\omega t+\varphi_u)\right]-U\cdot I\cdot\sin(\varphi)\cdot\sin\left[2(\omega t+\varphi_u)\right] \quad (5.12)$$

$$\boxed{p(t)=\underbrace{U\cdot I\cdot\cos(\varphi)\cdot\left\{1-\cos\left[2(\omega t+\varphi_u)\right]\right\}}_{p_{\text{wirk}}(t)}-\underbrace{U\cdot I\cdot\sin(\varphi)\cdot\sin\left[2(\omega t+\varphi_u)\right]}_{p_{\text{blind}}(t)}} \quad (5.13)$$

$p_{\text{wirk}}(t)$ ist die momentane Wirkleistung und $p_{\text{blind}}(t)$ ist die momentane Blindleistung.

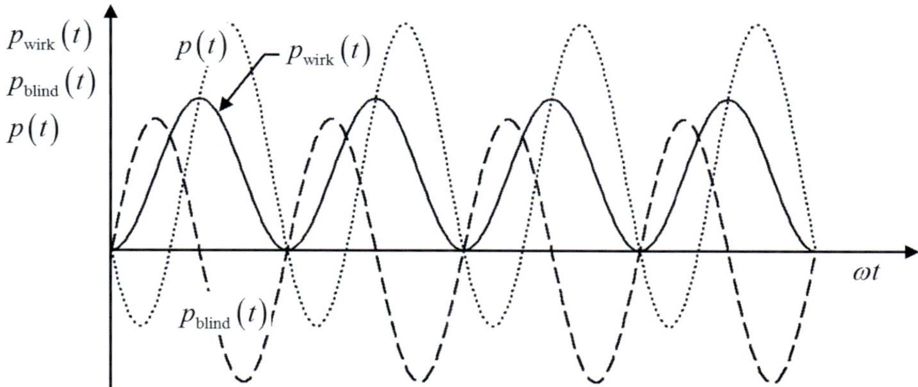

Abb. 80: Wirk-, Blind- und Augenblicksleistung an einem Wechselstromverbraucher (Beispiel, $\varphi_u = 0$)

5.1.1 Wirkleistung

Der zeitliche Verlauf der Augenblicksleistung ist in der Praxis meist bedeutungslos. Von Interesse ist die Wirkleistung. Die von einem Generator abgegebene Energie kann einerseits in einer erwünschten Leistungsumsetzung durch den Verbraucher vollständig in Wärme, mechanische Arbeit, Licht oder Schall usw. umgewandelt werden. Andererseits kann es sich bei einer Wirkleistung um unerwünschte Verluste (z. B. die Erwärmung von Bauelementen) handeln, die es zu minimieren gilt.

Im Gleichstromkreis ist die Wirkleistung definiert als:

$$P = U \cdot I = \frac{U^2}{R} = I^2 \cdot R \tag{5.14}$$

Im Wechselstromkreis ist die **Wirkleistung** der **arithmetische Mittelwert** der **Augenblicksleistung** $p(t)$:

$$P = \overline{p(t)} = \frac{1}{T}\int_0^T u(t) \cdot i(t)\,dt \tag{5.15}$$

Gl. (5.15) ist allgemein gültig und auf jede beliebige Kurvenform anwendbar.

Der arithmetische Mittelwert $P = \overline{p(t)}$ wird Wirkleistung genannt, weil er hinsichtlich der jouleschen Wärme in einem ohmschen Widerstand der gleichen Wirkung entspricht wie die Gleichstromleistung $P = U \cdot I$. Die Wirkleistung im Wechselstromkreis wird deshalb auch mit dem gleichen Buchstaben P gekennzeichnet.

Aus Gl. (5.13) folgt:

$$\overline{p(t)} = \frac{1}{T}\int_0^T p(t)\,dt = \frac{1}{T}\int_0^T p_{\text{wirk}}(t)\,dt - \frac{1}{T}\int_0^T p_{\text{blind}}(t)\,dt \qquad (5.16)$$

$$\begin{aligned}\overline{p(t)} = {} & \frac{1}{T}\int_0^T \left\{U \cdot I \cdot \cos(\varphi) \cdot \left\{1 - \cos\left[2(\omega t + \varphi_u)\right]\right\}\right\} dt \\ & - \frac{1}{T}\int_0^T \left\{U \cdot I \cdot \sin(\varphi) \cdot \sin\left[2(\omega t + \varphi_u)\right]\right\} dt\end{aligned} \qquad (5.17)$$

Die erste Hälfte des ersten Integrals in Gl. (5.17) ist:

$$\frac{1}{T}\int_0^T \left\{U \cdot I \cdot \cos(\varphi)\right\} dt = U \cdot I \cdot \cos(\varphi) \cdot \frac{1}{T} \cdot [T]_0^T = U \cdot I \cdot \cos(\varphi) \qquad (5.18)$$

Die zweite Hälfte des ersten Integrals in Gl. (5.17) ist:

$$\frac{1}{T}\int_0^T \left\{U \cdot I \cdot \cos(\varphi) \cdot \left\{-\cos\left[2(\omega t + \varphi_u)\right]\right\}\right\} dt = -\frac{1}{T} \cdot U \cdot I \cdot \cos(\varphi) \cdot \sin\left[2(\omega t + \varphi_u)\right]_0^T = 0 \qquad (5.19)$$

Das Integral in Gl. (5.19) verschwindet beim Einsetzen der Grenzen. Das Gleiche ist der Fall beim zweiten Integral in Gl. (5.17). Somit bleibt übrig:

$$\boxed{P = \overline{p(t)} = U \cdot I \cdot \cos(\varphi)} \qquad (5.20)$$

Der Mittelwert der Augenblicksleistung ist also gleich dem Mittelwert der Wirkleistung. Der Mittelwert der Blindleistung dagegen ist stets null.

Die Wirkleistung ergibt sich also aus dem Produkt der Effektivwerte für Strom und Spannung und dem so genannten **Leistungsfaktor $\cos(\varphi)$**, der die Phasenverschiebung zwischen Strom und Spannung berücksichtigt. Der Leistungsfaktor ist am größten bei einer Phasenverschiebung $\varphi = 0°$ ($\cos(0°) = 1$) und am kleinsten bei $\varphi = 90°$ ($\cos(90°) = 0$).

Je geringer die Phasenverschiebung ist, desto größer ist der Leistungsfaktor und damit die Wirkleistung.

Für das Vorzeichen der Wirkleistung gilt in Abhängigkeit des Phasenwinkels:

- $P \geq 0$ (5.21)

  für einen passiven Zweipol, der elektrische Energie aufnimmt (Verbraucher), da

  $\cos(\varphi) \geq 0$ für $-90° \leq \varphi \leq 90°$

- $P < 0$ (5.22)

  für einen aktiven Zweipol, der elektrische Energie abgibt (Generator), da

  $\cos(\varphi) < 0$ für $-180° \leq \varphi < -90°$ oder $90° < \varphi \leq 180°$

Die Einheit der Wirkleistung ist (wie im Gleichstromkreis) das Watt.

$$[P] = \mathrm{W}\ (\mathrm{Watt}) \tag{5.23}$$

5.1.2 Blindleistung

Als Blindleistung wird diejenige Leistung bezeichnet, die nicht wirklich (unter Entfaltung einer Wirkung wie Wärme oder mechanische Kraft) im Verbraucher umgesetzt wird, sondern lediglich zwischen Verbraucher und Generator auf Grund der Energiespeicherfähigkeit von Kapazitäten und Induktivitäten hin und her pendelt, oder zwischen energiespeichernden Kapazitäten und Induktivitäten periodisch ausgetauscht wird.

In Gl. (5.13) beschreibt die momentane Blindleistung $p_{\text{blind}}(t) = U \cdot I \cdot \sin(\varphi) \cdot \sin\left[2(\omega t + \varphi_u)\right]$ den zeitlichen Verlauf der zwischen Verbraucher und Generator hin und her pendelnden Leistung. Die momentane Blindleistung ist eine reine Wechselgröße und hat somit keinen Gleichanteil, ihr arithmetischer Mittelwert ist stets null. Der Amplitudenwert $U \cdot I \cdot \sin(\varphi)$ dieser Schwingung wird als Blindleistung Q bezeichnet.

$$Q = U \cdot I \cdot \sin(\varphi) \tag{5.24}$$

Die Blindleistung ist am größten bei einer Phasenverschiebung zwischen Spannung und Strom von $\varphi = 90°$ ($\sin(90°) = 1$) und am kleinsten bei $\varphi = 0°$ ($\sin(0°) = 0$).

Je größer die Phasenverschiebung ist, desto größer ist die Blindleistung.

Die Blindleistung erhöht den Scheinstrom zwischen Generator und Verbraucher und damit die ohmschen Verluste in Leitungen, Maschinen, Transformatoren etc. Die mit dem Blindleistungsfluss verbundenen Lade- und Entladeströme werden auch *Blindströme* genannt. Sie belasten die Leitungen der

Energieversorgungsunternehmen und müssen durch geeignete Maßnahmen an elektrischen Maschinen so klein als möglich gehalten werden. Man spricht dann von einer *Blindleistungskompensation*.

Die Blindleistung wird also nicht im Verbraucher umgesetzt, sondern zeitweilig vom elektrischen Feld eines kapazitiven bzw. vom magnetischen Feld eines induktiven Widerstandsanteils entweder aufgenommen oder (je nach Phasenlage) wieder an die Quelle zurückgegeben.

Die Blindleistung schwingt mit der doppelten Frequenz um den konstanten Wert der Wirkleistung, die Frequenz der Blindleistung ist doppelt so groß wie die Frequenz von Strom und Spannung. Bei einem reinen Blindwiderstand (Kapazität, Induktivität) kehrt sich die Richtung des Leistungsflusses nach jeder Halbperiode um. Die vom Verbraucher in einer Halbperiode aufgenommene Leistung wird in der darauffolgenden Halbperiode an den Generator zurückgeliefert. Die mittlere vom Verbraucher aufgenommene Leistung ist deshalb gleich null.

Die Blindleistung $Q = U \cdot I \cdot \sin(\varphi)$ kann sowohl positives als auch negatives Vorzeichen haben. Dabei hängt das Vorzeichen davon ab, ob die Bezugsgröße die Spannung oder der Strom ist. Nach DIN 40110 wird empfohlen, die Blindleistung positiv zu zählen, wenn die Spannung dem Strom vorauseilt. Dies ist gleichbedeutend mit der Festlegung des Stromes als Bezugsgröße mit $\varphi_i = 0$.

Für $\varphi < 0$ bzw. $-90° \leq \varphi < 0°$ liegt kapazitives Verhalten vor, der Strom eilt der Spannung voraus, es ist $\sin(\varphi) < 0$ und somit $Q_C < 0$, es handelt sich um eine kapazitive Blindleistung.

Für $\varphi > 0$ bzw. $0° < \varphi \leq 90°$ liegt induktives Verhalten vor, der Strom eilt der Spannung nach, es ist $\sin(\varphi) > 0$ und somit $Q_L > 0$, es handelt sich um eine induktive Blindleistung.

Aus $Q_{ges} = Q_L - Q_C$ ist ersichtlich, dass sich Blindleistungen kompensieren lassen.

Die Einheit der Blindleistung ist „var“ oder „VAR“, auch „VAr“ (Volt-Ampere reactive, d. h. über die Leitungen zur Energiequelle „rückwirkend“).

$$[Q] = \text{var} \tag{5.25}$$

5.1.3 Scheinleistung

Die Gesamtleistung im Wechselstromkreis ist die Scheinleitung S, sie setzt sich aus Wirkleistung P und Blindleistung Q zusammen. Die Scheinleistung wird als Grenzbelastung zur Dimensionierung elektrischer Stromkreise herangezogen. Sie ist entscheidend für die Belastung der elektrischen Leitungsnetze. Transformatoren, Generatoren, Schaltanlagen, Sicherungen und Leitungsquerschnitte müssen für die auftretende Scheinleistung ausgelegt sein.

Die Scheinleistung ist stets positiv, sie ist die Amplitude des Wechselanteils der Momentanleistung.

$$S = U \cdot I \tag{5.26}$$

Die Einheit der Scheinleistung ist VA (Voltampere).

$$[S] = \mathrm{VA} \tag{5.27}$$

Die für Wirk-, Blind- und Scheinleistung verwendeten Einheiten W, var und VA sind immer gleich dem Produkt aus den Einheiten Volt und Ampere, sie werden nur zur Unterscheidung der Leistungsarten verwendet.

Schein-, Blind- und Wirkleistung stehen bei gegebener Phasenverschiebung φ zueinander in Beziehung. Mit Gl. (5.26) folgt aus Gl. (5.20) und Gl. (5.24):

$$P = S \cdot \cos(\varphi) = U \cdot I \cdot \cos(\varphi) \tag{5.28}$$

$$Q = S \cdot \sin(\varphi) = U \cdot I \cdot \sin(\varphi) \tag{5.29}$$

$$Q = \frac{P}{\cos(\varphi)} \cdot \sin(\varphi) = P \cdot \tan(\varphi) \tag{5.30}$$

Zwischen den Leistungsarten sind weitere Umrechnungen möglich.

Aus $P^2 = S^2 \cdot \cos^2(\varphi)$ und $Q^2 = S^2 \cdot \sin^2(\varphi)$

folgt durch Addition beider Gleichungen und mit $\cos^2(\varphi) + \sin^2(\varphi) = 1$:

$$P^2 + Q^2 = S^2 \tag{5.31}$$

Mögliche Umformungen sind:

$$P = \sqrt{S^2 - Q^2} \tag{5.32}$$

$$Q = \sqrt{S^2 - P^2} \tag{5.33}$$

$$S = \sqrt{P^2 + Q^2} \tag{5.34}$$

$$\varphi = \arctan\left(\frac{Q}{P}\right) \tag{5.35}$$

Die Zusammenhänge zwischen den drei Leistungsarten und der Phasenverschiebung können im **Leistungsdreieck** veranschaulicht werden. Wirk- und Blindleistung addieren sich geometrisch zur Scheinleistung.

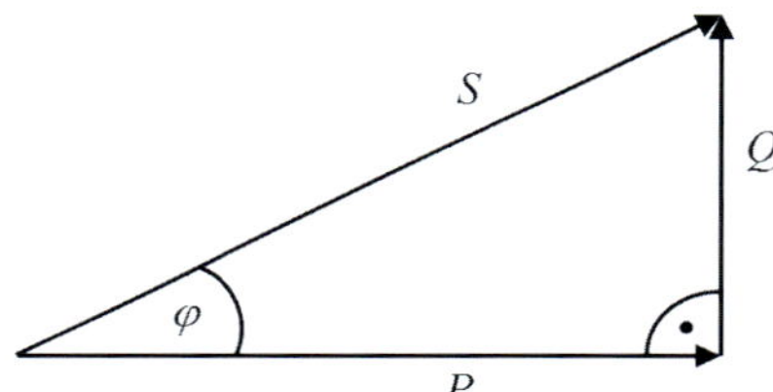

Abb. 81: Leistungsdreieck

5.2 Leistung im rein ohmschen Widerstand

Beim ohmschen Widerstand sind Spannung und Strom in Phase, die Phasenverschiebung ist null:

$$\varphi = \varphi_{ui} = \varphi_u - \varphi_i = 0 \tag{5.36}$$

Somit ist $\cos(\varphi) = 1$.

Wir wählen die Nullphasenwinkel $\varphi_u = \varphi_i = 0$. Mit $u(t) = \hat{U} \cdot \sin(\omega t)$ und $i(t) = \hat{I} \cdot \sin(\omega t)$ erhalten wir für die Augenblicksleistung unter Verwendung von $\sin^2(x) = 1/2 \cdot [1 - \cos(2x)]$:

$$p(t) = u(t) \cdot i(t) = \hat{U} \cdot \hat{I} \cdot \sin^2(\omega t) = \frac{\hat{U} \cdot \hat{I}}{2} \cdot [1 - \cos(2\omega t)] = U \cdot I \cdot [1 - \cos(2\omega t)] \tag{5.37}$$

In Gl. (5.37) sind U und I Effektivwerte.

Die Wirkleistung P ist der arithmetische Mittelwert der Augenblicksleistung, nach Gl. (5.20) ist sie $P = U \cdot I \cdot \cos(\varphi)$. Mit $\cos(\varphi) = 1$ ist die Wirkleistung im ohmschen Widerstand im Wechselstromkreis genauso wie im Gleichstromkreis:

$$P = U \cdot I = \frac{U^2}{R} = I^2 \cdot R \tag{5.38}$$

In einem ohmschen Widerstand wird nur Wirkleistung umgesetzt. Die Frequenz der Leistung ist doppelt so groß wie die Frequenz von Spannung und Strom. Die Leistung ist zu jedem Zeitpunkt positiv, sie fließt immer vom Generator zum Verbraucher.

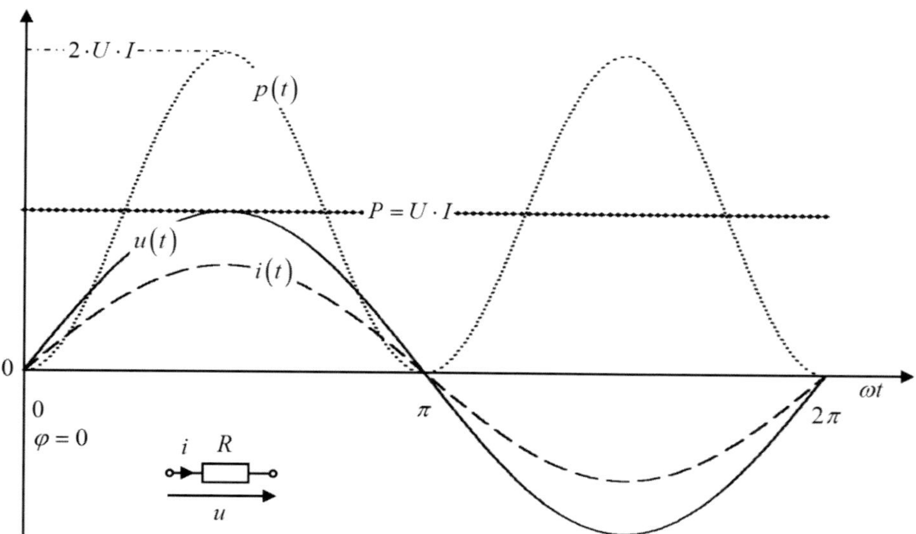

Spannung $u(t)$, Strom $i(t)$, Augenblicksleistung $p(t)$ und Wirkleistung $P = U \cdot I$, Beispiel für $\varphi = 0$

Abb. 82: Liniendiagramm von Spannung, Strom, Augenblicksleistung und Wirkleistung bei einem Wechselstromkreis mit Wirkwiderstand

5.3 Leistung im rein induktiven Blindwiderstand

Wird eine ideale Induktivität an eine Wechselspannungsquelle angeschlossen, so eilt die Spannung dem Strom um $\pi/2$ voraus. Der Nullphasenwinkel des Stromes wird zu null gewählt, $\varphi_i = 0$, $\varphi_u = \frac{\pi}{2}$. Somit ist $\varphi = \varphi_{ui} = \varphi_u - \varphi_i = \frac{\pi}{2}$.

Mit $u(t) = \hat{U} \cdot \sin\left(\omega t + \frac{\pi}{2}\right)$ und $i(t) = \hat{I} \cdot \sin(\omega t)$ erhalten wir für die Augenblicksleistung:

$$p(t) = u(t) \cdot i(t) = \hat{U} \cdot \hat{I} \cdot \sin(\omega t) \cdot \sin\left(\omega t + \frac{\pi}{2}\right) \tag{5.39}$$

Mit $\sin\left(\omega t + \frac{\pi}{2}\right) = \cos(\omega t)$ und $\sin(\omega t) \cdot \cos(\omega t) = \frac{1}{2} \cdot \sin(2\omega t)$ folgt:

$$\boxed{p(t) = \frac{\hat{U} \cdot \hat{I}}{2} \cdot \sin(2\omega t) = U \cdot I \cdot \sin(2\omega t)} \tag{5.40}$$

In Gl. (5.40) sind U und I Effektivwerte.

Im induktiven Wechselstromwiderstand ändert sich die Augenblicksleistung sinusförmig mit der doppelten Frequenz von Spannung und Strom und mit der Amplitude $Q = U \cdot I$. Dieser Wert folgt mit $\sin(\pi/2) = 1$ auch aus Gl. (5.24). Im rein induktiven Blindwiderstand entsteht nur Blindleistung. Wie schon in Abschnitt 5.1.2 festgestellt wurde, ist der arithmetische Mittelwert der Blindleistung und damit die Wirkleistung null. Wird eine ideale Induktivität von einem sinusförmigen Strom durchflossen, so entsteht in ihr keine joulsche Wärme. Die Energie wird in der ersten Halbperiode aufgenommen und im magnetischen Feld gespeichert, in der zweiten Halbperiode wird die Energie wieder an den Generator abgegeben. Die Energie pendelt also zwischen Quelle und Verbraucher hin und her.

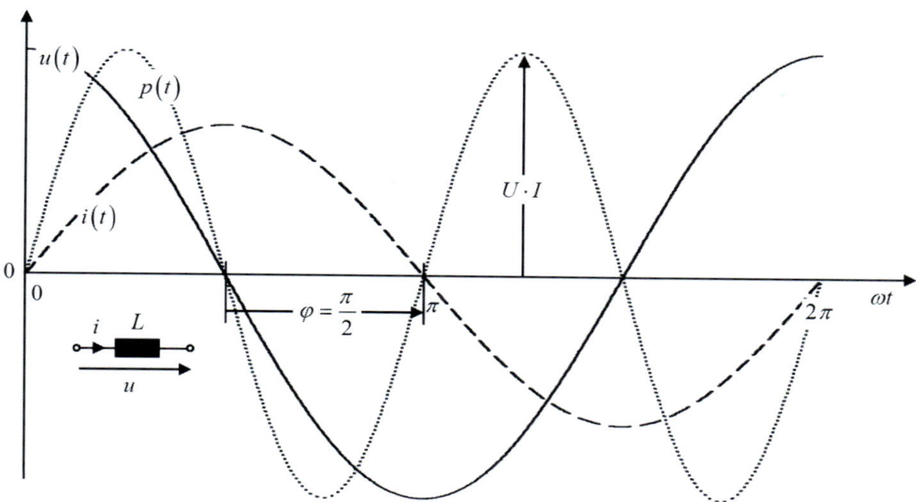

Spannung $u(t)$, Strom $i(t)$, Augenblicksleistung $p(t)$ und Blindleistung $Q = U \cdot I$, Beispiel für $\varphi = \pi/2$

Abb. 83: Liniendiagramm von Spannung, Strom, Augenblicksleistung und Blindleistung bei einem Wechselstromkreis mit rein induktivem Blindwiderstand

5.4 Leistung im rein kapazitiven Blindwiderstand

Wird eine ideale Kapazität an eine Wechselspannungsquelle angeschlossen, so eilt der Strom der Spannung um $\pi/2$ voraus. Der Nullphasenwinkel der Spannung wird zu null gewählt, $\varphi_u = 0$, $\varphi_i = \frac{\pi}{2}$. Somit ist $\varphi = \varphi_{ui} = \varphi_u - \varphi_i = -\frac{\pi}{2}$.

Mit $u(t) = \hat{U} \cdot \sin(\omega t)$ und $i(t) = \hat{I} \cdot \sin\left(\omega t + \frac{\pi}{2}\right)$ erhalten wir für die Augenblicksleistung:

$$p(t) = u(t) \cdot i(t) = \hat{U} \cdot \hat{I} \cdot \sin(\omega t) \cdot \sin\left(\omega t + \frac{\pi}{2}\right) \tag{5.41}$$

Dieser Ausdruck ist identisch mit Gl. (5.39) und kann wie dort umgeformt werden zu:

$$\boxed{p(t) = \frac{\hat{U} \cdot \hat{I}}{2} \cdot \sin(2\omega t) = U \cdot I \cdot \sin(2\omega t)} \tag{5.42}$$

Gl. (5.42) ist identisch mit Gl. (5.40). U und I sind wieder Effektivwerte.

Im kapazitiven Wechselstromwiderstand ändert sich die Augenblicksleistung sinusförmig mit der doppelten Frequenz von Spannung und Strom zwischen den Maximalwerten $-U \cdot I$ und $+U \cdot I$. Im rein kapazitiven Blindwiderstand entsteht nur Blindleistung. Die Wirkleistung ist null, es entsteht keine Wärme. Wie bei der Induktivität pendelt die Energie zwischen Quelle und Verbraucher hin und her.

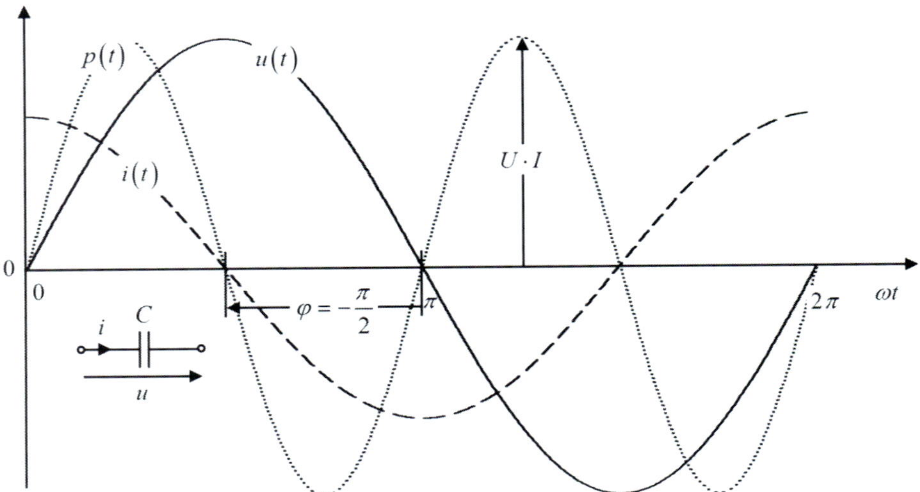

Spannung $u(t)$, Strom $i(t)$, Augenblicksleistung $p(t)$ und Blindleistung $Q = U \cdot I$, Beispiel für $\varphi = -\pi/2$

Abb. 84: Liniendiagramm von Spannung, Strom, Augenblicksleistung und Blindleistung bei einem Wechselstromkreis mit rein kapazitivem Blindwiderstand

5.5 Leistung im Scheinwiderstand

Ein Scheinwiderstand kann ohmsch-induktiv oder ohmsch-kapazitiv sein. Als Ersatzschaltung ist eine Reihen- oder Parallelschaltung aus ohmscher und induktiver bzw. kapazitiver Komponente möglich, wobei beide Ersatzschaltungen als äquivalente Schaltungen ineinander übergeführt werden können. Bei einem beliebigen Wechselstromwiderstand besteht zwischen Strom und Spannung eine Phasenverschiebung φ mit $-\pi/2 < \varphi < \pi/2$. Dieser Fall wurde allgemein in Abschnitt 5.1 behandelt. Die Augenblicksleistung schwankt mit der Amplitude $U \cdot I$ um den Mittelwert $P = U \cdot I \cdot \cos(\varphi)$ mit der doppelten Frequenz von Spannung und Strom. Abb. 85 zeigt am Beispiel eines ohmsch-induktiven Scheinwiderstandes die Verläufe der relevanten Größen.

Bei verlustlosen induktiven ($\varphi = \pi/2$) und kapazitiven ($\varphi = -\pi/2$) Wechselstromwiderständen ist die Wirkleistung $P = 0$, die Augenblicksleistung $p(t)$

pendelt um die ωt-Achse (siehe Abb. 83 und Abb. 84). Mit steigenden ohmschen Anteilen wird der Wert der Wirkleistung größer, um den die Augenblicksleistung pendelt. Bei rein ohmschen Wechselstromwiderständen ($\varphi = 0$) erreicht die Wirkleistung das Maximum, die Augenblicksleistung pendelt mit Werten oberhalb der ωt-Achse um $P = U \cdot I$ (siehe Abb. 82).

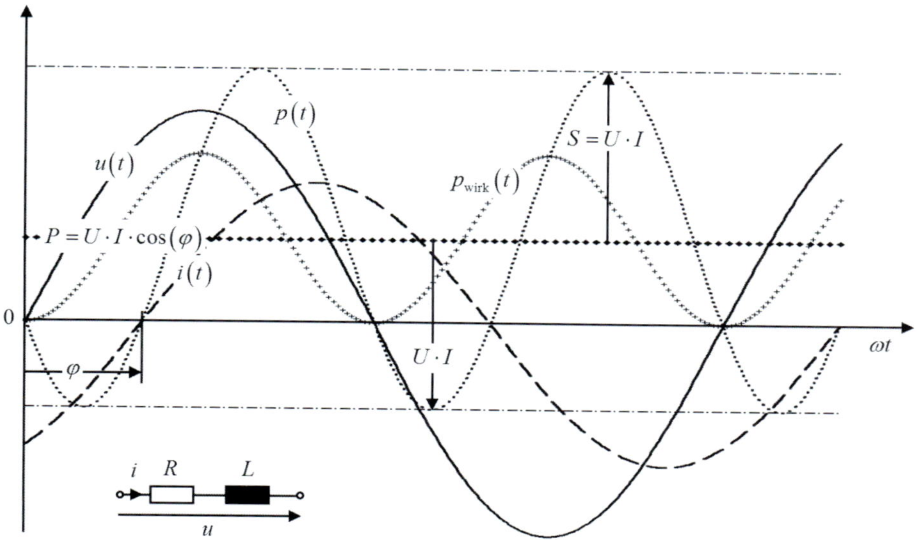

Spannung $u(t)$, Strom $i(t)$, momentane Wirkleistung $p_{\text{wirk}}(t)$,
Wirkleistung $P = U \cdot I \cdot \cos(\varphi)$, Augenblicksleistung $p(t)$,
Beispiel für $\varphi_u = 0$, $\varphi = \pi/3 = 60°$

Abb. 85: Liniendiagramm von Spannung, Strom und Leistungsgrößen bei einem Wechselstromkreis mit Wirkwiderstand und Induktivität als Scheinwiderstand (ohmsch-induktive Last)

5.6 Leistungsfaktor

Die Wirkleistungsaufnahme eines Wechselstromverbrauchers kann durch den bereits erwähnten *Leistungsfaktor* oder *Wirkfaktor* $\cos(\varphi)$ charakterisiert werden. Er ist das Verhältnis von Wirkleistung P zu Scheinleistung S:

$$\lambda = \cos(\varphi) = \frac{P}{S} \tag{5.43}$$

Die Definition von $\lambda = \frac{P}{S}$ gilt für beliebige Kurvenformen von Spannungen und Strömen in einem Netzwerk. Allerdings ist $\lambda = \cos(\varphi)$ nur bei rein sinusförmigen Vorgängen gültig, bei anderen Kurvenformen gilt diese Beziehung nicht.

Das Verhältnis von Blind- zu Scheinleistung wird als *Blindfaktor* bezeichnet.

$$\beta = \sin(\varphi) = \frac{Q}{S} \tag{5.44}$$

Der Leistungsfaktor gibt an, welcher Anteil der Scheinleistung dauerhaft als Wirkleistung in eine andere Energieform umgewandelt wird.

Im öffentlichen Stromversorgungsnetz liegen überwiegend Belastungsfälle mit ohmsch-induktiven Lasten vor. Beim Betrieb dieser Verbraucher (z. B. Wechselstrommotoren, Transformatoren) entstehen induktive Blindleistungen, die Leistungsfaktoren sind oft deutlich kleiner als eins. Das Ziel der Energieversorgung ist jedoch, Wirkleistung zum Verbraucher zu übertragen. Die Blindleistung ist unerwünscht und führt dazu, dass in den Zuleitungen zwischen Energieerzeuger und Verbraucher mehr Strom fließt, als eigentlich notwendig ist. Dieser erhöhte Strom erzeugt im Generator und in den Leitungen Stromwärmeverluste.

Ein Verbraucher mit der Wirkleistung P verursacht bei ohmsch-induktiver Last im Netz den Strom:

$$I = \frac{P}{U \cdot \cos(\varphi)} \tag{5.45}$$

Der Strom ist umso größer, je kleiner der Leistungsfaktor ist. Dies bedeutet, dass die Verlustleistung in den Zuleitungen steigt.

$$P_V = I^2 \cdot R_L = I^2 \cdot 2 \cdot \rho \frac{l}{A} = \frac{1}{\cos^2(\varphi)} \cdot \frac{P^2}{U^2} \cdot 2 \cdot \rho \frac{l}{A} \tag{5.46}$$

P_V = Verlustleistung auf der Leitung, R_L = Widerstand einer Doppelleitung, l = einfache Leitungslänge, ρ = spezifischer Widerstand des Leitermaterials, A = Querschnittsfläche des Leiters

Die Verlustleistung in den Zuleitungen steigt also mit dem Faktor $1/\cos^2(\varphi)$ an. Für Großverbraucher (Industriebetriebe) ist ein Leistungsfaktor $\cos(\varphi) \geq 0,9$ gesetzlich vorgeschrieben. Wenn Verbraucher auch Blindleistung aufnehmen, ist es üblich, auf dem Typenschild den Leistungsfaktor anzugeben. Eine Möglichkeit zur Verbesserung des Leistungsfaktors ist eine Kompensation der induktiven Blindleistung durch Kapazitäten.

Ein Maß für die vom Verbraucher in der Zeit t aufgenommene bzw. umgewandelte Energie ist die *Wirkarbeit*:

$$\boxed{W_P = P \cdot t} \quad [W_P] = \mathrm{W \cdot s \text{ bzw. } kW \cdot h} \tag{5.47}$$

Die *Blindarbeit* ist entsprechend:

$$\boxed{W_Q = Q \cdot t} \quad [W_Q] = \mathrm{Var \cdot s \text{ bzw. } kVar \cdot h} \tag{5.48}$$

Beispiel 26

Ein Elektromotor nimmt bei $U = 230\ \mathrm{V}$ eine Wirkleistung $P = 1500\ \mathrm{W}$ auf, der Leistungsfaktor ist dabei $\cos(\varphi) = 0{,}78$. Wie groß sind Motorstrom I, Blindleistung Q, Scheinleistung S und Scheinwiderstand Z des Motors?

Lösung:

$$S = \frac{P}{\cos(\varphi)};\ S = \frac{1500\ \mathrm{W}}{0{,}78} = \underline{\underline{1923\ \mathrm{VA}}};\ I = \frac{S}{U} = \frac{1923\ \mathrm{VA}}{230\ \mathrm{V}} = \underline{\underline{8{,}36\ \mathrm{A}}}$$

$$Q = S \cdot \sin\left[\arccos(0{,}78)\right] = \underline{\underline{1203\ \mathrm{var}}} \text{ oder}$$

$$Q = P \cdot \tan\left(\arccos(\varphi)\right) = \underline{\underline{1203\ \mathrm{var}}}$$

$$Z = \frac{U}{I} = \underline{\underline{27{,}5\ \Omega}}$$

5.7 Blindleistungskompensation

Im ohmsch-induktiven Scheinwiderstand wird eine dem Wirkanteil entsprechende Wirkleistung und eine dem Blindanteil entsprechende Blindleistung erzeugt. Wirkleistung $P = U \cdot I \cdot \cos(\varphi)$ und Blindleistung $Q = U \cdot I \cdot \sin(\varphi)$ sind vom Phasenwinkel φ zwischen Strom und Spannung abhängig. Die (unerwünschte) Blindleistung wird zwar im Verbraucher nicht umgesetzt (es geht also keine Energie im Verbraucher verloren), aber sie erzeugt Verlustleistung durch Erwärmung der Leitungen zwischen Kraftwerk und Verbraucher, da der Blindstrom ständig hin und her fließt. Wie im vorhergehenden Abschnitt beschrieben, können große Ströme entstehen, für die das Versorgungsnetz ausgelegt werden muss, obwohl viel kleinere Wirkströme fließen, die wirklich nutzbare Leistung transportieren. Die Zuleitungen müssen für den größeren Strom $I = S/U$ der Scheinleistung dimensioniert werden. Industriebetriebe müssen deswegen nicht nur für Wirkleistung Gebühren an den Energieversorger bezahlen, sondern auch für Blindleistung. In Industriebetrieben wird deswegen der Blindstrom bzw. die Blindleistung kompensiert. Für die Quelle erscheint eine vollständig kompensierte Last wie ein ohmscher Verbraucher (ohne Blindleistung).

Der Zuleitungsstrom kann durch eine *Blindleistungskompensation* bzw. *Blindstromkompensation* verringert werden. Dazu wird in der Nähe des ohmsch-induktiven Verbrauchers ein Kondensator angebracht. Prinzipiell kann der Kondensator in Reihe oder parallel zum Verbraucher geschaltet werden. Bei einer Reihenschaltung wäre die Klemmenspannung der Last nicht mehr die Netzspannung, sondern kleiner. Um dies zu vermeiden, wählt man die Parallelkompensation. Der Kondensator erzeugt kapazitive Blindleistung. Diese kapazitive Blindleistung kompensiert die induktive Blindleistung ganz oder teilweise. Über den Kapazitätswert des Kondensators kann die Größe der Blindleistung festgelegt werden, die das Netz noch zur Verfügung stellen muss.

Ein Verbraucher, dessen Blindleistungsaufnahme kompensiert werden soll, hat das in Abb. 86 gezeigte Ersatzschaltbild.

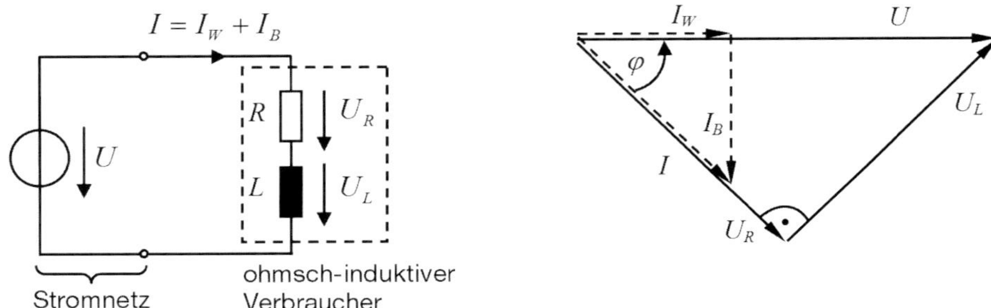

Abb. 86: Ersatzschaltbild eines ohmsch-induktiven Verbrauchers (links) und Zeigerbild der Spannungen und Ströme (rechts)

Der Gesamtstrom I besteht aus zwei Komponenten. Die eine Komponente (bedingt durch R) ist I_W, sie ist in Phase mit U und produziert Wirkleistung. Die andere Komponente (bedingt durch L) ist I_B, sie eilt I_W und damit U um $90°$ nach und produziert Blindleistung. Soll der Blindstrom I_B und damit die Blindleistungsaufnahme vollständig kompensiert (zu null gemacht) werden, so muss am Ort des Verbrauchers ein zusätzliches Schaltelement eingebaut werden, das einen Kompensationsstrom $I_K = -I_B$ aufnimmt. Der Betrag von I_K muss gleich dem Betrag von I_B sein, und I_K muss um $180°$ phasenverschoben (folglich entgegengerichtet) zu I_B sein. Somit muss I_K der Spannung U um $90°$ vorauseilen. Beim Kondensator eilt der Strom der Spannung um $90°$ voraus. Der Kompensationsstrom kann also mit einem Kondensator parallel zum Verbraucher realisiert werden. Der parallel zum Verbraucher geschaltete Kondensator wird als **Phasenschieberkondensator** bezeichnet. Der vom ohmsch-induktiven Verbraucher aufgenommene induktive Blindstrom wird durch den entgegengesetzt gerichteten kapazitiven Blindstrom ganz oder teilweise (je nach Kapazitätswert von C) kompensiert.

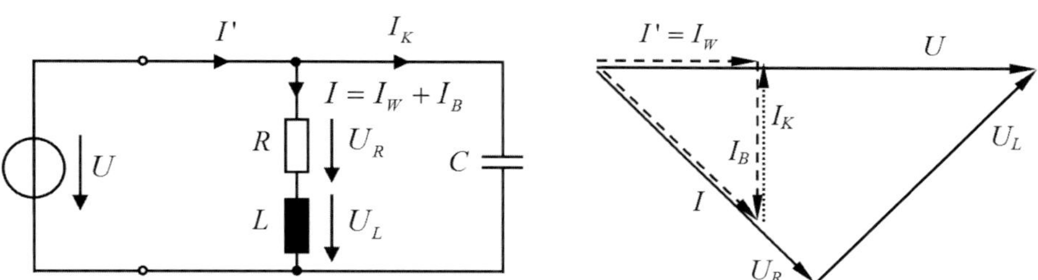

Abb. 87: Ohmsch-induktiver Verbraucher mit Phasenschieberkondensator zur Blindleistungskompensation, Schaltung (links) und Zeigerbild bei vollständiger Kompensation (rechts)

Bei einer teilweisen Blindstromkompensation wird der Phasenwinkel φ, um den der Strom durch den ohmsch-induktiven Verbraucher (Scheinwiderstand Z) der Spannung am Verbraucher nacheilt, auf φ' verkleinert. Wir betrachten Abb. 88. Die Spannung U wird als Referenz horizontal in das Zeigerbild eingetragen. Der Strom I_R durch den Widerstand R ist mit U in Phase, sein Zeiger liegt parallel zum Zeiger von U. Der Strom I_L eilt U um $90°$ nach, sein Zeiger wird senkrecht zu U nach unten eingetragen, und zwar beginnend an der Spitze des Zeigers von I_R, da I_R und I_L geometrisch zum Gesamtstrom I addiert werden müssen. Der Strom I durch den ohmsch-induktiven Verbraucher eilt der Spannung U um den Phasenwinkel φ nach.

Abb. 88: Ohmsch-induktiver Verbraucher und Zeigerbild der Ströme vor der Blindstromkompensation

Nun wird ein Kondensator zum Verbraucher parallelgeschaltet. Der Strom I_C durch den Kondensator eilt der Spannung U um 90° voraus, sein Zeiger liegt also entgegengerichtet zu dem Zeiger von I_L. Werden die Ströme I und I_C geometrisch addiert, so ergibt sich der von der Spannungsquelle gelieferte Gesamtstrom I', welcher der Spannung U nur noch um den kleineren Phasenwinkel φ' nacheilt. Durch den parallel geschalteten Kondensator nimmt der Gesamtstrom I auf I' ab. Sowohl die Spannungsquelle als auch die Leitungen zum Verbraucher werden dadurch entlastet.

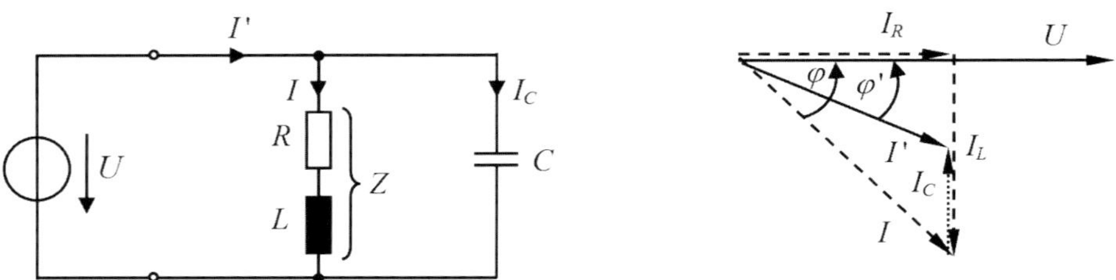

Abb. 89: Teilweise Blindstromkompensation durch einen zum Verbraucher parallel geschalteten Kondensator

Hinweis:
Üblicherweise wird in der Praxis keine vollständige Kompensation durchgeführt. Bei kleinen Winkeln φ unterscheiden sich I und $I \cdot \cos(\varphi)$ nicht wesentlich. Eine vollständige Kompensation mit $\cos(\varphi) = 1$ bringt gegenüber einer meist geforderten Kompensation mit $\cos(\varphi) = 0{,}9$ keine großen Vorteile mehr, benötigt aber deutlich größere Kapazitätswerte der Kompensationskondensatoren und bedeutet damit wirtschaftlich nicht sinnvolle höhere Kosten. Außerdem werden durch eine teilweise Kompensation Resonanzerscheinungen vermieden, die bei einer vollständigen Kompensation auftreten könnten. Auch eine zu hohe kapazitive Blindleistung im Netz (Überkompensation) nach Abschalten von Verbrauchern wird dadurch vermieden.

Die Blindleistungskompensation wird jetzt noch mit Hilfe des Leistungsdreiecks betrachtet (siehe auch Abb. 81). Bei einem ohmsch-induktiven Verbraucher setzt sich die Scheinleitung S aus Wirkleistung P und induktiver Blindleistung Q_L zusammen. Für eine vollständige Blindleistungskompensation muss die induktive Blindleistung vollständig durch eine betragsmäßig gleich große kapazitive Blindleistung Q_C kompensiert werden.

Abb. 90: Zeigerdiagramm und Leistungsdreieck ohne (links) und mit vollständiger (rechts) Kompensation

In der Regel wird ein Elektromotor über die von ihm aufgenommene Leistung P und seinen Leistungsfaktor $\cos(\varphi)$ spezifiziert. Bei vollständiger Kompensation gilt:

$$Q_C = Q_L = P \cdot \tan(\varphi) \tag{5.49}$$

Mit $Q_C = \frac{U^2}{X_C} = \omega \cdot C \cdot U^2$ kann der für eine vollständige Kompensation benötigte Kapazitätswert berechnet werden:

$$C = \frac{P \cdot \tan(\varphi)}{\omega \cdot U^2} \qquad (5.50)$$

Bei teilweiser Kompensation ergibt sich das nachfolgende Zeigerbild Abb. 91, aus dem die kompensierte Blindleistung $Q_C = \Delta Q$ und der dazu benötigte Kapazitätswert bestimmt wird.

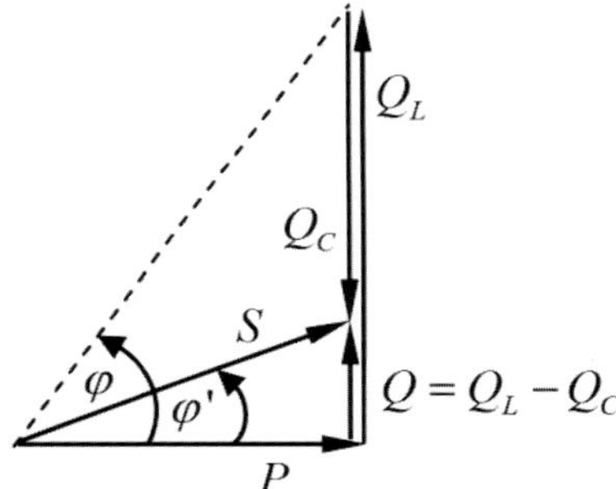

Abb. 91: Zeigerbild mit Leistungsdreieck bei teilweiser Kompensation

In Abb. 91 gelten folgende Zusammenhänge:

φ = Phasenverschiebungswinkel ohne Kompensation

φ' = Phasenverschiebungswinkel mit Kompensation

$Q_L = P \cdot \tan(\varphi)$ ist die induktive Blindleistung vor der Kompensation.

$Q = Q_L - Q_C = P \cdot \tan(\varphi')$ ist die verbleibende induktive Blindleistung nach der Kompensation.

$Q_C = \Delta Q$ ist die kompensierte Blindleistung, um die Q_L verkleinert wird.

Aus $Q_C = Q_L - P \cdot \tan(\varphi')$ folgt:

$$Q_C = \Delta Q = P \cdot \left[\tan(\varphi) - \tan(\varphi')\right] \qquad (5.51)$$

Der für die teilweise Kompensation benötigte Kapazitätswert ist:

$$C = \frac{P \cdot \left[\tan(\varphi) - \tan(\varphi')\right]}{\omega \cdot U^2} \qquad (5.52)$$

Beispiel 27

Ein Elektromotor hat eine aufgenommene Leistung von $P = 100\ \text{kW}$ und einen Leistungsfaktor von $\lambda = 0{,}8$.

a) Wie groß sind Scheinleistung S und Blindleistung Q?

b) Welchen Kapazitätswert muss ein Kondensator haben, der für eine vollständige Blindleistungskompensation bei einer Speisespannung von $400\ \text{V}$, $50\ \text{Hz}$ zum Motor parallel geschaltet wird?

Lösung:

a) $S = \dfrac{P}{\cos(\varphi)} = \dfrac{100\ \text{W}}{0{,}8} = \underline{\underline{125\ \text{kVA}}}$; $Q = S \cdot \sin\left(\arccos(0{,}8)\right) = \underline{\underline{75\ \text{kvar}}}$

b) $C = \dfrac{P \cdot \tan(\varphi)}{\omega \cdot U^2} = \dfrac{100 \cdot \tan\left(\arccos(0{,}8)\right)}{2 \cdot \pi \cdot 50 \cdot 400^2}\ \text{F} = \underline{\underline{1{,}5\ \mu\text{F}}}$

Beispiel 28

Ein Einphasen-Wechselstrommotor hat eine Nennleistung (abgegebene mechanische Leistung) von $P_N = 2{,}2\ \text{kW}$. Sein Wirkungsgrad beträgt $\eta = 0{,}88$, sein Leistungsfaktor ist $\cos(\varphi) = 0{,}81$. Der Betrieb erfolgt am Wechselstromnetz mit $U = 230\ \text{V}$, $f = 50\ \text{Hz}$.

a) Welchen Strom I nimmt der Motor auf?

b) Durch einen parallel zum Motor geschalteten Kondensator zur Blindleistungskompensation soll der Leistungsfaktor auf $\cos(\varphi') = 0{,}92$ verbessert werden. Welchen Kapazitätswert muss der Kondensator haben? Welchen Strom I' nimmt dann der Motor auf?

Lösung:

a) Die vom Motor aufgenommene elektrische Leistung ist:

$P = \dfrac{P_N}{\eta} = \dfrac{2{,}2\ \text{kW}}{0{,}88} = 2{,}5\ \text{kW}$. Der Strom I folgt aus $P = U \cdot I \cdot \cos(\varphi)$:

$$I = \frac{P}{U \cdot \cos(\varphi)} = \frac{2{,}5 \cdot 10^3\ \text{W}}{230\ \text{V} \cdot 0{,}81} = \underline{\underline{13{,}4\ \text{A}}}$$

b) $C = \dfrac{P \cdot \left[\tan(\varphi) - \tan(\varphi')\right]}{\omega \cdot U^2}$

$$C = \frac{2{,}5 \cdot 10^3\ \text{W} \cdot \left[\tan\left(\arccos(0{,}81)\right) - \tan\left(\arccos(0{,}92)\right)\right]}{2 \cdot \pi \cdot 50\ \text{s}^{-1} \cdot 230^2\ \text{V}^2} = 44{,}8 \cdot 10^{-6}\ \frac{\text{A} \cdot \text{s}}{\text{V}} = \underline{\underline{44{,}8\ \mu\text{F}}}$$

$$I' = \frac{P}{U \cdot \cos(\varphi')} = \frac{2{,}5 \cdot 10^3\ \text{W}}{230\ \text{V} \cdot 0{,}92} = \underline{\underline{11{,}8\ \text{A}}}$$

Beispiel 29

Ein ohmsch-induktiver Verbraucher wird durch die in Abb. 92 angegebene Ersatzschaltung beschrieben. Der Verbraucher entnimmt dem Wechselstromnetz mit $U = 230\ \text{V}$, $f = 50\ \text{Hz}$ die Wirkleistung $P = 2{,}0\ \text{kW}$. Der Leistungsfaktor ist $\cos(\varphi) = 0{,}5$.

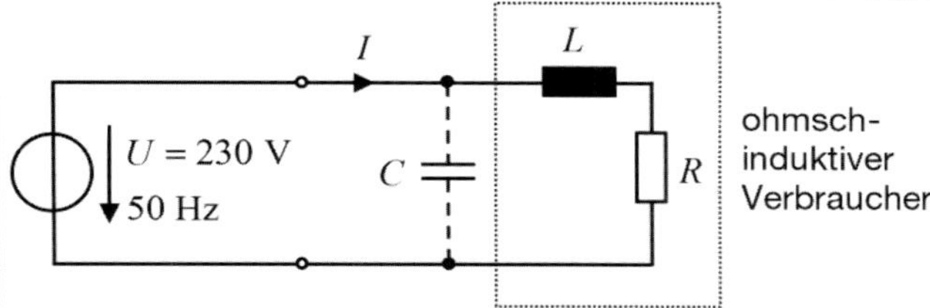

Abb. 92: Ersatzschaltung eines ohmsch-induktiven Verbrauchers

a) Wie groß sind Scheinleistung S und Blindleistung Q?

b) Wie groß ist der Strom I?

c) Berechnen Sie die Werte von R und L.

d) Durch einen parallel zum Motor geschalteten Kondensator zur Blindleistungskompensation soll der Leistungsfaktor auf $\cos(\varphi') = 0{,}92$ verbessert werden. Welchen Kapazitätswert muss der Kondensator haben? Welchen Strom I' nimmt dann der Motor auf?

Lösung:

a) $S = \dfrac{P}{\cos(\varphi)} = \dfrac{2{,}0\ \text{kW}}{0{,}5} = \underline{\underline{4000\ \text{VA}}}$

$Q = P \cdot \tan\left(\arccos(\varphi)\right) = 2000\ \text{W} \cdot \tan\left(\arccos(0{,}5)\right) = \underline{\underline{3464\ \text{var}}}$ oder

$Q = S \cdot \sin\left(\arccos(\varphi)\right) = 4000\ \text{VA} \cdot \sin\left(\arccos(0{,}5)\right) = \underline{\underline{3464\ \text{var}}}$

b) $I = \dfrac{P}{U \cdot \cos(\varphi)} = \dfrac{2000\ \text{W}}{230\ \text{V} \cdot 0{,}5} = \underline{\underline{17{,}4\ \text{A}}}$

c) Wie im Widerstandsdreieck Abb. 93 ersichtlich, addieren sich Wirkwiderstand R und induktiver Blindwiderstand $X_L = \omega L$ geometrisch zum Scheinwiderstand Z. Der Scheinwiderstand ist:

$$Z = \frac{U}{I} = \frac{230\ \text{V}}{17{,}4\ \text{A}} = 13{,}2\ \Omega$$

Der Phasenverschiebungswinkel φ ist: $\varphi = \arccos(0{,}5) = 60°$

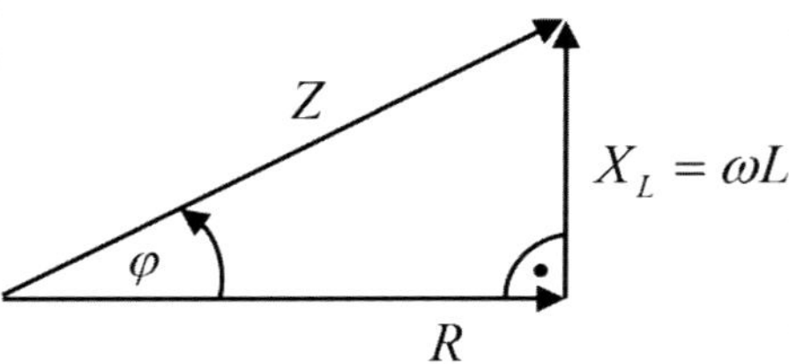

Abb. 93: Widerstandsdreieck mit Wirk- und Blindwiderstand

Die Komponenten R und $X_L = \omega L$ können mit Hilfe der Winkelbeziehungen bestimmt werden.

$$R = Z \cdot \cos(60°) = 13{,}2\ \Omega \cdot 0{,}5 = \underline{\underline{6{,}6\ \Omega}};$$

$$\omega L = Z \cdot \sin(60°) = 13{,}2\ \Omega \cdot \frac{\sqrt{3}}{2} = 11{,}4\ \Omega$$

$$L = \frac{11{,}4\ \Omega}{2 \cdot \pi \cdot 50\ \text{s}^{-1}} = \underline{\underline{36{,}3\ \text{mH}}}$$

d) $$C = \frac{P \cdot [\tan(\varphi) - \tan(\varphi')]}{\omega \cdot U^2}$$

$$C = \frac{2000\ \text{W} \cdot [\tan(\arccos(0{,}5)) - \tan(\arccos(0{,}92))]}{2 \cdot \pi \cdot 50\ \text{s}^{-1} \cdot 230^2\ \text{V}^2} = 157 \cdot 10^{-6}\ \frac{\text{A} \cdot \text{s}}{\text{V}} = \underline{\underline{157\ \mu\text{F}}}$$

$$I' = \frac{P}{U \cdot \cos(\varphi')} = \frac{2000\ \text{W}}{230\ \text{V} \cdot 0{,}92} = \underline{\underline{9{,}5\ \text{A}}}$$

Beispiel 30

Ein ohmsch-induktiver Verbraucher wird durch die in Abb. 94 angegebene Ersatzschaltung beschrieben. Der Verbraucher entnimmt dem Wechselstromnetz mit $U = 230\ \text{V}$, $f = 50\ \text{Hz}$ die Wirkleistung $P = 600\ \text{W}$. Der Leistungsfaktor ist $\cos(\varphi) = 0{,}8$.

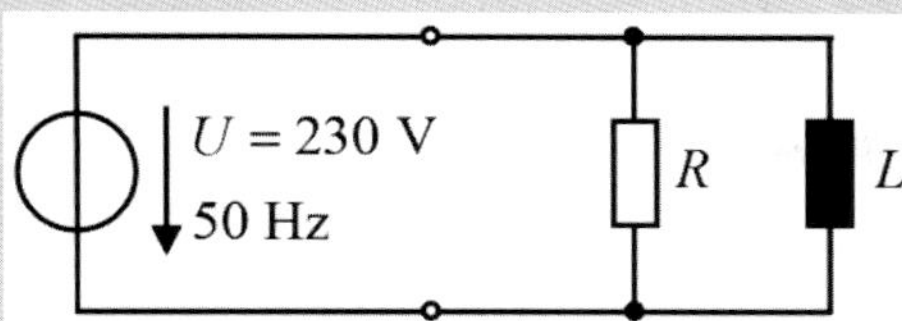

Abb. 94: Ein ohmsch-induktiver Verbraucher

a) Wie groß sind Scheinleistung S und Blindleistung Q?

b) Berechnen Sie die Werte von R und L.

Lösung:

a) $S = \dfrac{P}{\cos(\varphi)} = \dfrac{600\ \text{W}}{0{,}8} = \underline{\underline{750\ \text{VA}}}$

$$Q = S \cdot \sin(\varphi) = S \cdot \sin\left(\arccos(\varphi)\right) = 750\ \text{VA} \cdot \frac{3}{5} = \underline{\underline{450\ \text{var}}}$$

b)

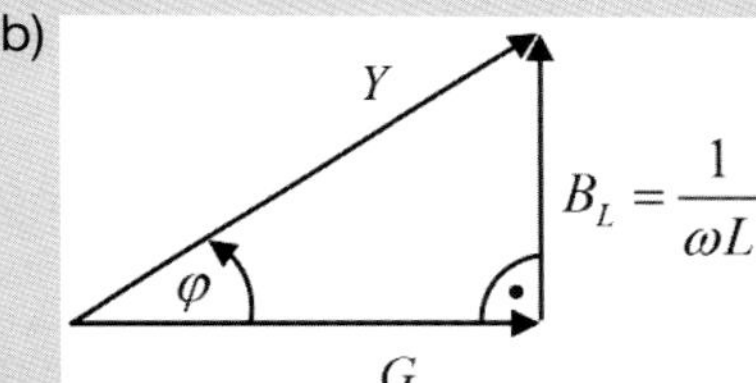

Abb. 95: Leitwertdreieck

Im Leitwertdreieck addieren sich Wirkleitwert G und induktiver Blindleitwert $B_L = \dfrac{1}{\omega L}$ geometrisch zum Scheinleitwert Y. Der Scheinleitwert ist:

$$Y = \frac{I}{U};\ I = \frac{P}{U \cdot \cos(\varphi)};\ Y = \frac{P}{U^2 \cdot \cos(\varphi)} = 1{,}42 \cdot 10^{-2}\ \frac{1}{\Omega}$$

Aus den Winkelbeziehungen folgt:

$$G = Y \cdot \cos(\varphi);\ R = \frac{1}{G} = \frac{1}{Y \cdot \cos(\varphi)} = \frac{1}{1{,}42 \cdot 10^{-2}\ \frac{1}{\Omega} \cdot 0{,}8} = \underline{\underline{88\ \Omega}}$$

$$\frac{1}{\omega L} = Y \cdot \sin(\varphi);$$

$$L = \frac{1}{\omega \cdot Y \cdot \sin(\varphi)} = \frac{1}{2\pi \cdot 50\ \text{s}^{-1} \cdot 1{,}42 \cdot 10^{-2}\ \frac{1}{\Omega} \cdot \sin\left(\arccos(0{,}8)\right)} = \underline{\underline{0{,}37\ \text{H}}}$$

5.8 Zusammenfassung

1. Im Wechselstromkreis ist die Augenblicksleistung: $p(t) = u(t) \cdot i(t)$.
2. Im Wechselstromkreis ist die Wirkleistung der arithmetische Mittelwert der Augenblicksleistung $p(t)$: $P = \overline{p(t)} = \frac{1}{T}\int_0^T u(t) \cdot i(t)\,dt$ (auf jede beliebige Kurvenform anwendbar).
3. Der arithmetische Mittelwert $P = \overline{p(t)}$ erzeugt in einem ohmschen Widerstand die gleiche joulesche Wärme wie die Gleichstromleistung $P = U \cdot I$.
4. Bei sinusförmigen Spannungen und Strömen gilt: $P = \overline{p(t)} = U \cdot I \cdot \cos(\varphi)$ mit der Phasenverschiebung $\varphi = \varphi_u - \varphi_i$.
5. Je geringer die Phasenverschiebung zwischen Strom und Spannung ist, desto größer ist die Wirkleistung.
6. Die Einheit der Wirkleistung ist (wie im Gleichstromkreis) das Watt.
7. Die Blindleistung bei einem reinen Blindwiderstand pendelt zwischen Verbraucher und Generator hin und her.
8. Die Blindleistung ist: $Q = U \cdot I \cdot \sin(\varphi)$.
9. Je größer die Phasenverschiebung ist, desto größer ist die Blindleistung.
10. Die Einheit der Blindleistung ist „var“.
11. Die Gesamtleistung im Wechselstromkreis bei einem Scheinwiderstand ist die Scheinleitung S, sie setzt sich aus Wirkleistung P und Blindleistung Q zusammen.
12. Die Scheinleistung ist: $S = U \cdot I$.
13. Die Einheit der Scheinleistung ist VA (Voltampere).
14. Zwischen den Leistungsarten sind verschiedene Umrechnungen möglich.
15. Das Leistungsdreieck veranschaulicht die Zusammenhänge zwischen den drei Leistungsarten. Wirk- und Blindleistung addieren sich geometrisch zur Scheinleistung.
16. Beim ohmschen Widerstand sind Spannung und Strom in Phase, die Wirkleistung im ohmschen Widerstand ist im Wechselstromkreis genauso wie im Gleichstromkreis: $P = U \cdot I = \frac{U^2}{R} = I^2 \cdot R$.
17. Der Leistungsfaktor ist: $\lambda = \cos(\varphi) = \frac{P}{S}$. Er gibt an, welcher Anteil der Scheinleistung dauerhaft als Wirkleistung in eine andere Energieform umgewandelt wird.

18. Ein Verbraucher mit der Wirkleistung P verursacht bei ohmsch-induktiver Last im Netz den Strom: $I = \frac{P}{U \cdot \cos(\varphi)}$.

19. Mit einer Blindleistungskompensation durch einen Kondensator parallel zu einen ohmsch-induktiven Verbraucher kann die Blindleistung ganz oder teilweise verringert werden.

20. Die kompensierte Blindleistung ist: $\Delta Q = P \cdot \left[\tan(\varphi) - \tan(\varphi') \right]$.

21. Der für eine teilweise Kompensation benötigte Kapazitätswert ist:
$C = \frac{P \cdot \left[\tan(\varphi) - \tan(\varphi') \right]}{\omega \cdot U^2}$.

6 Komplexe Berechnung linearer Netzwerke

6.1 Vorbetrachtung

Wir haben in Abschnitt 4.2.2 gesehen, dass eine gesuchte Größe in einem Wechselstromnetzwerk durch Lösen einer Differenzialgleichung berechnet werden kann. Die mathematische Abhandlung und die nötigen trigonometrischen Umformungen ergeben einen erheblichen Aufwand. Die Zusammenhänge zwischen Strömen und Spannungen in einem Zeitdiagramm darzustellen ist ebenfalls sehr aufwendig, da die Sinusverläufe punktweise durch Überlagerung der Augenblickswerte ermittelt werden müssen. Bei größeren Netzwerken ist die Darstellung der Ströme und Spannungen in einem Liniendiagramm zu unübersichtlich. Die Einführung von Zeigern für Momentanwerte von Sinusgrößen führt gegenüber der Rechnung mit Momentanwertfunktionen zwar zu wesentlichen Vereinfachungen, aber die grafischen Lösungen sind ungenau, daraus folgende Berechnungen von Betrag und Phase müssen mit Hilfe komplizierter trigonometrischer Beziehungen recht umständlich durchgeführt werden. Die rechnerische und grafische Behandlung von Wechselstromnetzen ist also im Zeitbereich möglich, aber wegen des großen Aufwandes praktisch schwer durchführbar.

Charles Steinmetz (1865 – 1923) erkannte, dass durch die Verwendung komplexer Zahlen die Berechnung elektrischer Wechselstromschaltungen auf die Berechnungsmethoden von Gleichstromschaltungen zurückgeführt werden kann. Diese Theorie der Wechselstromlehre wird bei sinusförmigen Signalen mit Vorteil eingesetzt.

Eine wesentliche Vereinfachung der Berechnung von Wechselstromnetzwerken ergibt sich, wenn man die Zeiger symbolisch als komplexe Größen in der Gauß'schen Zahlenebene auffasst und dort mathematisch behandelt. Der große Vorteil dieses Verfahrens besteht darin, dass eine komplexe Größe sowohl Betrag als auch Richtung (Winkel) in einem Ausdruck beinhaltet, beide Informationen werden in dieser Darstellung parallel und gemeinsam verarbeitet. In der komplexen Wechselstromrechnung wird statt grafischer Methoden mit Zeigern eine Zahlenrechnung mit komplexen Zahlen verwendet.

Werden sämtliche sinusförmigen Ströme und Spannungen eineindeutig (umkehrbar eindeutig) in entsprechende komplexe Zeitfunktionen abgebildet, dann können Wechselstromnetze im komplexen Bereich sowohl einfach berechnet als auch grafisch einfach behandelt werden. Die eineindeutige Abbildung ist möglich, weil bei vorgegebener Frequenz f bzw. Kreisfrequenz ω

sowohl die Sinusgröße als auch die komplexe Größe nur noch durch zwei Größen bestimmt sind:

- die Sinusgröße durch Amplitude und Nullphasenwinkel,
- die komplexe Größe durch Betrag und Argument (Winkel).

Für die rechnerische und grafische Behandlung der abgebildeten Sinusgrößen ist es notwendig, die wichtigsten Zusammenhänge der „komplexen Rechnung" zu kennen.

Falls sämtliche Spannungen und Ströme einer Schaltung sinusförmig bzw. harmonisch sein sollen, damit die komplexe Wechselstromrechnung angewandt werden kann, müssen die folgenden drei Voraussetzungen erfüllt sein (Wiederholung von Abschnitt 2.1):

1. Anregung der Schaltung ist einheitlich *sinusförmig* mit *einer festen* Frequenz

In der Schaltung befinden sich eine oder mehrere Wechselstromquellen (Spannungs- oder Stromquellen), die alle mit derselben konstanten (nicht zeitabhängigen) Frequenz schwingen. Die gleiche Frequenz der Quellspannungen und Quellströme bestimmt auch die gleiche Frequenz sämtlicher Ströme und Spannungen im Netzwerk. Die Quellen müssen dabei nicht synchron arbeiten, d. h. die Nulldurchgänge der sinusförmigen Grössen müssen nicht gleichzeitig sein.

2. Lineare Schaltung

Die Schaltung enthält nur *lineare* Komponenten (Bauelemente, Zweipole). Sind nichtlineare Elemente vorhanden, so können andere Frequenzen als die Anregungsfrequenz erzeugt werden.

Ein Beispiel ist ein passiver Zweipol mit der nichtlinearen (dynamischen) Kennlinie:

$$u(t) = a \cdot i(t) + b \cdot i(t)^3.$$

Wird die sinusförmige Stromstärke $i(t) = \hat{I} \cdot \cos(\omega t)$ mit einer idealen Stromquelle eingeprägt, so ergibt sich für den Spannungsverlauf an den Klemmen des Zweipols:

$$u(t) = a \cdot \hat{I} \cdot \cos(\omega t) + b \cdot \hat{I}^3 \cdot \left[\cos(\omega t)\right]^3 = a \cdot \hat{I} \cdot \cos(\omega t) + b \cdot \hat{I}^3 \cdot \frac{3 \cdot \cos(\omega t) + \cos(3 \cdot \omega t)}{4}$$

$$u(t) = \left(a \cdot \hat{I} + \frac{3}{4} \cdot b \cdot \hat{I}^3 \right) \cdot \cos(\omega t) + \frac{1}{4} \cdot b \cdot \hat{I}^3 \cdot \cos(3 \cdot \omega t)$$

Die nichtlineare Kennlinie erzeugt somit bei Anregung mit der Kreisfrequenz ω einen zusätzlichen Signalanteil mit einer neuen, dreimal so hohen Kreisfrequenz 3ω.

Die Fähigkeit bei sinusförmiger Anregung andere Signalfrequenzen als die Anregungsfrequenz zu erzeugen, ist eine typische Eigenschaft von nichtlinearen Komponenten einer Schaltung. In einer Schaltung, die nur aus linearen Elementen besteht, erscheinen keine anderen Frequenzen als diejenige, mit der angeregt wird.

3. Stationärer Zustand ist erreicht (Einschwingphase ist abgeklungen)

Nach dem Einschalten einer sinusförmigen Quelle stellen sich nicht sofort sinusförmige Spannungen und Ströme in der Schaltung ein. Dieser so genannte stationäre Zustand stellt sich erst nach einer bestimmten Zeit ein, wenn der *Einschwingvorgang abgeschlossen* ist. Die Dauer des Einschwingvorgangs hängt nur von der Schaltung ab und nicht von der anregenden Frequenz.

Die Analyse einer Schaltung mit der komplexen Rechnung ist also **nicht** geeignet

- bei nicht sinusförmiger Anregung
- für nichtlineare Systeme
- für nicht eingeschwungene Systeme
- bei gleichzeitiger Anregung mit unterschiedlichen Frequenzen.

Nachfolgend wird zuerst die komplexe Rechnung erläutert, anschließend werden komplexe Sinusgrößen betrachtet. Nachdem daraufhin komplexe Widerstände eingeführt wurden, kann eine im Zeitbereich gegebene Quellgröße in den Frequenzbereich transformiert werden, die Schaltung im Komplexen (z. B. ein Scheitelwert) berechnet, und, falls von Interesse, der berechnete Wert wieder als Schwingung im Zeitbereich angegeben werden.

6.2 Komplexe Rechnung

6.2.1 Begriffe und Schreibweisen der komplexen Rechnung

Wird als Koordinatenkreuz des Zeigerbildes die so genannte reelle und imaginäre Achse genommen, so lässt sich die gegenseitige Lage von gerichteten elektrischen Größen verhältnismäßig einfach bestimmen. Die Ebene dieses Achsenkreuzes heißt Gauß'sche[12] Zahlenebene. Auf der Abszisse werden die reellen Zahlen (0, 1, 2 usw.) aufgetragen. Auf der Ordinate werden die **imaginären Zahlen** ($0, j$, $2j$, usw.) aufgetragen. Imaginäre Zahlen sind ein Vielfaches der imaginären Einheit. Für die **imaginäre Einheit** wird in der Elek-

12 Carl Friedrich Gauß, deutscher Mathematiker (1777 – 1855)

trotechnik gemäß DIN 1302 der Buchstabe „j“ verwendet, um Verwechslungen mit dem Buchstaben „i“ zu vermeiden, der für den zeitabhängigen Strom verwendet wird. Aufgrund ihres mathematischen Verhaltens sind imaginäre bzw. komplexe Zahlen für Berechnungen in der Wechselstromlehre sehr gut geeignet.

Die imaginäre Einheit ist:

$$\boxed{j = \sqrt{-1}} \tag{6.1}$$

Eine **komplexe Zahl** ist die Summe aus einer reellen Zahl und einer imaginären Zahl.

Beispiel: $\underline{Z} = 2 + j \cdot 3$

Zur Unterscheidung von einer reellen Größe wird das Formelzeichen einer komplexen Größe gemäß DIN 1304-1 und DIN 5483-3 unterstrichen, z. B. ist U eine reelle Spannung, $\underline{U}$ (sprich: U komplex) ist eine komplexe Spannung (eine Spannung in komplexer Darstellung). Als Symbol einer komplexen Zahl wird also ein unterstrichener Buchstabe verwendet.

Die Größe „Z“ (**nicht unterstrichen**) ist der **Betrag** (und damit eine reelle Größe) der komplexen Zahl $\underline{Z}$. Es gilt:

$$\boxed{Z = |\underline{Z}|} \tag{6.2}$$

Ob ein Formelzeichen unterstrichen wird oder nicht, ist folglich von entscheidender Bedeutung. Dementsprechend ist eine hohe Sorgfalt beim Niederschreiben von Berechnungen in komplexer Darstellung erforderlich.

Eine komplexe Zahl $\underline{Z}$ kann in der Gauß'schen Zahlenebene durch einen Punkt grafisch dargestellt werden. Statt eines Punktes kann auch ein Ortsvektor vom Ursprung zum betreffenden Punkt gezeichnet werden, man spricht in diesem Fall von einem **komplexen Zeiger**.

Zu jeder komplexen Zahl $\underline{Z}$ gibt es eine **konjugiert komplexe Zahl** $\underline{Z}^*$. Beide unterscheiden sich nur durch das Vorzeichen des Imaginärteils.

Beispiel: Die konjugiert komplexe Zahl zu $\underline{Z} = 3 + j \cdot 5$ ist $\underline{Z}^* = 3 - j \cdot 5$ und umgekehrt.

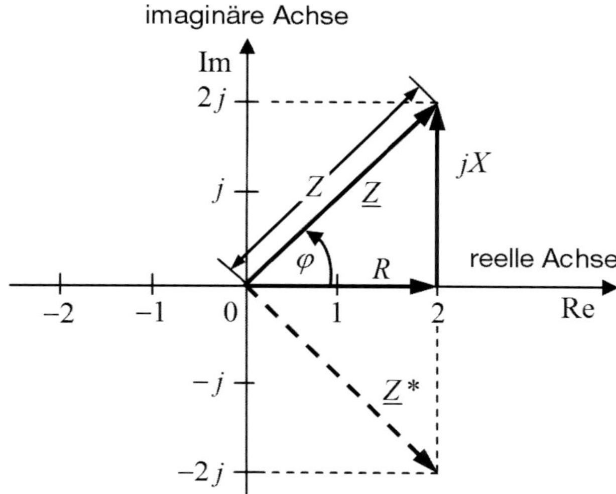

Abb. 96: Darstellung einer komplexen Zahl und der konjugiert komplexen Zahl in der Gauß'schen Zahlenebene

Eine komplexe Zahl kann in drei unterschiedlichen Formen dargestellt werden, die zwar zueinander gleichwertig sind, sich aber unterschiedlich gut für bestimmte Rechenoperationen eignen.

1. Komponentenform

Die Komponentenform eignet sich besonders gut für die Addition und Subtraktion komplexer Zahlen.

Die komplexe Zahl $\underline{Z}$ kann nach den Regeln der Addition von Zeigern als Summe von zwei Komponenten wiedergegeben werden:

$$\boxed{\underline{Z} = R + j \cdot X} \tag{6.3}$$

mit $\boldsymbol{R}$ **= Realteil** und $\boldsymbol{X}$ **= Imaginärteil** von $\underline{Z}$.

Diese Darstellung einer komplexen Zahl heißt Komponentenform oder *algebraische Form*, sie entspricht der Angabe von kartesischen Koordinaten R und X.

$\mathrm{Re}\{\underline{Z}\}$ und $\mathrm{Im}\{\underline{Z}\}$ sind abgekürzte Schreibweisen für Real- und Imaginärteil von $\underline{Z}$.

Achtung: In der Darstellung $\underline{Z} = R + j \cdot X$ ist „R" kein Widerstand, sondern der Realteil der komplexen Zahl $\underline{Z}$.

Der Betrag der komplexen Zahl (die Amplitude, die Länge des Zeigers) ist:

$$|\underline{Z}| = Z = \sqrt{R^2 + X^2} \tag{6.4}$$

Liegt die komplexe Zahl im 1. Quadranten, so ist ihr Winkel:

$$\varphi = \arctan\left(\frac{X}{R}\right) \tag{6.5}$$

Der Richtungswinkel einer komplexen Zahl hängt davon ab, in welchem Quadranten der Gauß'schen Zahlenebene die Zahl liegt.

Eine komplexe Zahl $\underline{Z} = a + j \cdot b \; (a, b \neq 0)$ liegt

im 1. Quadrant, falls $a, b > 0$
im 2. Quadrant, falls $a < 0,\; b > 0$
im 3. Quadrant, falls $a < 0,\; b < 0$
im 4. Quadrant, falls $a > 0,\; b < 0$

Je nach Quadrant ist der Winkel φ:

1. Quadrant: $$\varphi = \arctan\left(\frac{|b|}{|a|}\right) \tag{6.6}$$

2. Quadrant: $$\varphi = \pi - \arctan\left(\frac{|b|}{|a|}\right) \tag{6.7}$$

3. Quadrant: $$\varphi = \pi + \arctan\left(\frac{|b|}{|a|}\right) \tag{6.8}$$

4. Quadrant: $$\varphi = -\arctan\left(\frac{|b|}{|a|}\right) \tag{6.9}$$

Sonderfälle:

$a > 0,\; b = 0:\; \varphi = 0$

$a = 0,\; b > 0:\; \varphi = \frac{\pi}{2}$ (90°)

$a < 0,\; b = 0:\; \varphi = \pi$ (180°)

$a = 0,\; b < 0:\; \varphi = -\frac{\pi}{2}$ (–90°)

2. Trigonometrische Form

Die trigonometrische Form ist eine zweite, gleichwertige Darstellung einer komplexen Zahl. Mit ihr wird kaum gerechnet, sie wird hauptsächlich zur Umwandlung einer gegebenen Zeitfunktion (z.B. $u(t)=\hat{U}\cdot\sin(\omega t+\varphi)$) in die Komponentenform verwendet.

Mit den Angaben von Real- und Imaginärteil

$$\boxed{\mathrm{Re}\{\underline{Z}\}=Z\cdot\cos(\varphi)} \tag{6.10}$$

$$\boxed{\mathrm{Im}\{\underline{Z}\}=Z\cdot\sin(\varphi)} \tag{6.11}$$

folgt aus Gl. (6.3):

$$\boxed{\underline{Z}=Z\cdot\left[\cos(\varphi)+j\cdot\sin(\varphi)\right]} \tag{6.12}$$

3. Exponentialform

Die Exponentialform ist vorteilhaft anwendbar bei der Multiplikation und Division.

Mit dem Euler'schen[13] Satz $\cos(\varphi)+j\cdot\sin(\varphi)=e^{j\varphi}$ folgt aus Gl. (6.12) die dritte gleichwertige Darstellung einer komplexen Zahl:

$$\boxed{\underline{Z}=Z\cdot e^{j\varphi}} \tag{6.13}$$

Hierin ist $Z=|\underline{Z}|$ der Betrag der komplexen Zahl (Länge des Zeigers) und φ ist der Richtungswinkel von $\underline{Z}$.

Außer durch die Komponenten R und X kann eine komplexe Zahl also auch durch ihren Betrag und ihren Winkel festgelegt werden. Dies entspricht der Angabe von Polarkoordinaten.

6.2.2 Rechenregeln für imaginäre Zahlen

Unter Berücksichtigung der Regeln für die Potenzrechnung gilt:

$$\boxed{j^2=-1} \quad (\sqrt{-1}\cdot\sqrt{-1}=-1) \tag{6.14}$$

$$\boxed{j^3=-j} \quad (j^2\cdot j=-1\cdot j=-j=\frac{1}{j}) \tag{6.15}$$

$$\boxed{j^4=+1} \quad (j^2\cdot j^2=-1\cdot -1=+1) \tag{6.16}$$

13 Leonhard Euler (1707 – 1783), schweizer Mathematiker

Addition:

$$ja + jb = j(a+b) \tag{6.17}$$

Subtraktion:

$$ja - jb = j(a-b) \tag{6.18}$$

Multiplikation:

$$ja \cdot jb = -a \cdot b \tag{6.19}$$

Division:

$$ja : jb = a : b \tag{6.20}$$

Betrag (Länge des Zeigers):

$$|\pm ja| = a \tag{6.21}$$

6.2.3 Rechenregeln für komplexe Zahlen

Euler'sche Formel

$$\cos\varphi + j \cdot \sin\varphi = e^{j\varphi} \;\Rightarrow\; e^{j2\pi} = 1$$

6.2.3.1 Rechnen mit der Komponentenform

Die Komponentenform eignet sich gut für die Addition und Subtraktion.

Addition

$$\underline{Z}_1 + \underline{Z}_2 = (a+jb) + (c+jd) = a + c + j(b+d)$$

$$\underline{Z}_1 + \underline{Z}_1{}^* = (a+jb) + (a-jb) = 2a$$

Subtraktion

$$\underline{Z}_1 - \underline{Z}_2 = (a+jb) - (c+jd) = a - c + j(b-d)$$

$$\underline{Z}_1 - \underline{Z}_1{}^* = (a+jb) - (a-jb) = j2b$$

Die reellen und die imaginären Komponenten werden für sich addiert bzw. subtrahiert.

Multiplikation

$$\underline{Z}_1 \cdot \underline{Z}_2 = (a+jb)(c+jd) = ac + jad + jbc - bd = ac - bd + j \cdot (ad + bc)$$

$$\underline{Z}_1 \cdot \underline{Z}_1{}^* = (a+jb)(a-jb) = a^2 + b^2 = Z_1^2$$

Division

Ein Ausdruck der Form $\underline{Z} = \dfrac{a + jb}{c + jd}$ kann in eine reelle und in eine imaginäre Komponente zerlegt werden, indem der Zähler und der Nenner mit dem konjugiert komplexen Wert des Nenners multipliziert wird (konjugiert komplexe Erweiterung). Unter Berücksichtigung von $j^2 = -1$ und durch Trennen von Real- und Imaginärteil folgt:

$$\underline{Z} = \frac{a + jb}{c + jd} \cdot \frac{c - jd}{c - jd} = \frac{ac - jad + jbc + bd}{c^2 + d^2} = \underbrace{\frac{ac + bd}{c^2 + d^2}}_{\text{Realteil}} + j \cdot \underbrace{\frac{bc - ad}{c^2 + d^2}}_{\text{Imaginärteil}}$$

Wie man sieht, ist die Division in Komponentenform recht umständlich. Für eine Zahlenrechnung ist es häufig besser, Zähler und Nenner in die Exponentialform umzuwandeln und dann erst die Division durchzuführen. Einen Bruch, bei dem sowohl Zähler als auch Nenner komplex sind, sollte man trotzdem in die Komponentenform umwandeln können, falls dieser als allgemeiner algebraischer Ausdruck (ohne Zahlen) zu bestimmen ist.

Reziproker Wert (Kehrwert)

$$\frac{1}{\underline{Z}} = \frac{1}{a + jb} = \frac{1}{a + jb} \cdot \frac{a - jb}{a - jb} = \frac{a}{a^2 + b^2} - j\frac{b}{a^2 + b^2}$$

$$\frac{1}{\underline{Z}^*} = \frac{1}{a - jb} = \frac{1}{a - jb} \cdot \frac{a + jb}{a + jb} = \frac{a}{a^2 + b^2} + j\frac{b}{a^2 + b^2}$$

6.2.3.2 Rechnen mit der Exponentialform

Die Exponentialform eignet sich am besten für die Multiplikation und Division.

Multiplikation

Ist $\underline{Z}_1 = Z_1 \cdot e^{j\varphi_1}$ und $\underline{Z}_2 = Z_2 \cdot e^{j\varphi_2}$ so ist $\underline{Z}_1 \cdot \underline{Z}_2 = Z_1 \cdot Z_2 \cdot e^{j(\varphi_1 + \varphi_2)}$

Die Beträge werden multipliziert und die Richtungswinkel addiert.

Division

$$\frac{\underline{Z}_1}{\underline{Z}_2} = \frac{Z_1}{Z_2} \cdot e^{j(\varphi_1 - \varphi_2)}$$

Die Beträge werden dividiert und die Richtungswinkel subtrahiert.

Kehrwert

$$\frac{1}{\underline{Z}} = \frac{1}{Z \cdot e^{j\varphi}} = \frac{1}{Z} \cdot e^{-j\varphi}; \quad \frac{1}{\underline{Z}^*} = \frac{1}{Z \cdot e^{-j\varphi}} = \frac{1}{Z} \cdot e^{j\varphi}$$

Potenzieren

$$\underline{Z} = Z \cdot e^{j\varphi}; \quad \underline{Z}^n = Z^n \cdot e^{jn\varphi}$$

6.2.3.3 Rechnen mit der trigonometrischen Form

Multiplikation

$$\underline{Z}_1 = Z_1 \cdot \left[\cos(\varphi_1) + j \cdot \sin(\varphi_1)\right];\ \underline{Z}_2 = Z_2 \cdot \left[\cos(\varphi_2) + j \cdot \sin(\varphi_2)\right]$$

$$\underline{Z}_1 \cdot \underline{Z}_2 = Z_1 Z_2 \left[\cos(\varphi_1 + \varphi_2) + j \cdot \sin(\varphi_1 + \varphi_2)\right]$$

Division in trigonometrischer Form:

$$\frac{\underline{Z}_1}{\underline{Z}_2} = \frac{Z_1}{Z_2}\left[\cos(\varphi_1 - \varphi_2) + j \cdot \sin(\varphi_1 - \varphi_2)\right]$$

Potenzieren in trigonometrischer Form

$$\underline{Z} = Z \cdot \left[\cos(\varphi) + j \cdot \sin(\varphi)\right]$$

$$\underline{Z}^n = Z^n \cdot \left[\cos(n \cdot \varphi) + j \cdot \sin(n \cdot \varphi)\right]$$

6.2.4 Spezielle Formeln

6.2.4.1 Betrag eines Bruches aus komplexen Zahlen

Geg.: $\underline{Z} = \dfrac{\underline{Z}_1}{\underline{Z}_2}$ Ges.: Z

Ein Weg wäre, Zähler und Nenner von $\underline{Z}$ mit dem konjugiert komplexen Nenner zu multiplizieren und Real- und Imaginärteil zu trennen. Dann erst den Betrag ermitteln: $Z = |\underline{Z}| = \sqrt{\{\mathrm{Re}\}^2 + \{\mathrm{Im}\}^2}$.

Viel schneller ist:

$$|\underline{Z}| = \left|\frac{\underline{Z}_1}{\underline{Z}_2}\right| = \frac{|\underline{Z}_1|}{|\underline{Z}_2|} \tag{6.22}$$

Beträge von Zähler und Nenner können einzeln gebildet werden. Mehrere Faktoren in Zähler und Nenner sind möglich.

6.2.4.2 Winkel eines Bruches aus komplexen Zahlen

$$\angle\left(\frac{\underline{Z}_1}{\underline{Z}_2}\right) = \angle\underline{Z}_1 - \angle\underline{Z}_2 \tag{6.23}$$

Die Winkel von Zähler und Nenner werden subtrahiert.

6.2.4.3 Winkel eines Produktes von komplexen Zahlen

$$\angle(\underline{Z}_1 \cdot \underline{Z}_2) = \angle\underline{Z}_1 + \angle\underline{Z}_2 \tag{6.24}$$

Die Winkel von Zähler und Nenner werden addiert.

Beispiel 31

$\underline{Z} = 15{,}0 \cdot e^{j \cdot 35°}$ soll in die Komponentenform umgewandelt werden.

$\underline{Z} = Z \cdot [\cos(\varphi) + j \cdot \sin(\varphi)] = 15{,}0 \cdot (0{,}8192 + j \cdot 0{,}5736) = \underline{\underline{12{,}288 + j \cdot 8{,}604}}$

Beispiel 32

$\underline{Z} = 12{,}288 + j \cdot 8{,}604$ soll in die Exponentialform umgewandelt werden.

$$Z = \sqrt{12{,}288^2 + 8{,}604^2} = 15{,}0; \; \varphi = \arctan\left(\frac{8{,}604}{12{,}288}\right) = 0{,}61$$

$\underline{\underline{\underline{Z} = 15{,}0 \cdot e^{j \cdot 0{,}61}}}$ (φ in rad); $\underline{\underline{\underline{Z} = 15{,}0 \cdot e^{j \cdot 35°}}}$ (φ in Grad)

Beispiel 33

$\underline{Z}_1 = a + j \cdot b$, $\underline{Z}_2 = c + j \cdot d$; gesucht ist $\underline{Z}^* = \left(\frac{\underline{Z}_1}{\underline{Z}_2}\right)^*$. $\underline{\underline{\underline{Z}^* = \frac{\underline{Z}_1^*}{\underline{Z}_2^*} = \frac{a - j \cdot b}{c - j \cdot d}}}$

Beispiel 34

Von den folgenden komplexen Zahlen $\underline{Z} = a + jb$ sind jeweils der Betrag $|\underline{Z}| = Z$ und die Phase φ in Grad zu bestimmen. Achten Sie auf den richtigen Quadranten bei der Ermittlung von φ. Geben Sie jeweils auch die exponentielle Form (Polarform) $\underline{Z} = Z \cdot e^{j\varphi}$ der komplexen Zahlen an.

a) $Z = j$ b) $Z = -j$ c) $Z = -1$ d) $Z = 8 + 11j$ e) $Z = -6 + 2j$ f) $Z = -6 - 5j$
g) $Z = 6 - 2j$

Lösung:

a) $|\underline{Z}| = 1$; $\varphi = 90°$; $z = e^{j \cdot 90°}$

b) $|\underline{Z}| = 1$; $\varphi = 270°$ oder $\varphi = -90°$; $\underline{Z} = e^{j \cdot 270°}$ oder $\underline{Z} = e^{-j \cdot 90°}$

c) $|Z| = 1$; $\varphi = 180°$; $\underline{Z} = e^{j \cdot 180°}$

d) $|Z| = \sqrt{8^2 + 11^2} = 13{,}60$; 1. Quadrant: $\varphi = \arctan\left(\frac{11}{8}\right) = 53{,}97°$;
$\underline{Z} = 13{,}60 \cdot e^{j \cdot 53{,}97°}$

e) $|\underline{Z}| = \sqrt{6^2 + 2^2} = 6{,}33$; 2. Quadrant: $\varphi = 180° - \arctan\left(\frac{2}{6}\right) = 161{,}57°$;
$\underline{Z} = 6{,}33 \cdot e^{j \cdot 161{,}57°}$

f) $|\underline{Z}| = \sqrt{6^2 + 5^2} = 7{,}81$; 3. Quadrant: $\varphi = 180° + \arctan\left(\frac{5}{6}\right) = 219{,}81°$;
$\underline{Z} = 7{,}81 \cdot e^{j \cdot 219{,}8°}$

g) $|\underline{Z}| = \sqrt{6^2 + 2^2} = 6{,}33$; 4. Quadrant: $\varphi = -\arctan\left(\frac{2}{6}\right) = -18{,}44°$;
$\underline{Z} = 6{,}33 \cdot e^{-j \cdot 18{,}44°}$

Beispiel 35

Vereinfachen Sie die folgenden komplexen Zahlen:

a) $\underline{Z}_1 = (2+5j)+(3+8j)$ b) $\underline{Z}_2 = (3+2j)-(4-5j)$

c) $\underline{Z}_3 = (2+3j)\cdot(4-2j)$ d) $\underline{Z}_4 = \dfrac{2+4j}{3-6j}$

Lösung:

a) $\underline{Z}_1 = 2+3+5j+8j = \underline{\underline{5+13j}}$; b) $\underline{Z}_2 = 3-4+2j+5j = \underline{\underline{-1+7j}}$

c) Zur Multiplikation wird am besten die Polarform (Exponentialform) angewandt.

$2+3j = 3{,}61 \cdot e^{j \cdot 56{,}31°}$; $4-2j = 4{,}47 \cdot e^{-j \cdot 26{,}56°}$;

$\underline{Z}_3 = 3{,}61 \cdot 4{,}47 \cdot e^{j \cdot [56{,}31° + (-26{,}56°)]} = \underline{\underline{16{,}14 \cdot e^{j \cdot 29{,}75°}}}$

Bei Bedarf wird in die arithmetische Form (Komponentenform) umgewandelt.

$\underline{Z}_3 = 16{,}14 \cdot [\cos(29{,}75°) + j \cdot \sin(29{,}75°)] = \underline{\underline{14{,}01 + 8{,}01j}}$

d) Auch für die Division wird die Polarform verwendet.

$2+4j = 4{,}47 \cdot e^{j \cdot 63{,}44°}$; $3-6j = 6{,}71 \cdot e^{-j \cdot 63{,}44°}$;

$\underline{Z}_4 = \dfrac{4{,}47}{6{,}71} \cdot e^{j \cdot [63{,}4° - (-63{,}4°)]} = \underline{\underline{0{,}66 \cdot e^{j \cdot 126{,}8°}}}$

Die Umwandlung in die arithmetische Form (bei Bedarf) ergibt:

$\underline{Z}_4 = 0{,}67 \cdot [\cos(126{,}8°) + j \cdot \sin(126{,}8°)] = \underline{\underline{-0{,}40 + 0{,}54j}}$

Beispiel 36

Gegeben ist die komplexe Zahl $\underline{Z} = -2 + 3j$.

Geben Sie Betrag und Winkel φ von $\underline{Z}$ an.

Lösung:

$$|\underline{Z}| = \sqrt{(-2)^2 + 3^2} = \underline{\underline{3{,}61}}$$

Die gegebene komplexe Zahl $\underline{Z} = -2 + 3j$ liegt im 2. Quadranten.

$$\varphi = 180° - \arctan\left(\frac{3}{2}\right) = 180° - 56{,}3° = \underline{\underline{123{,}7°}}$$

Beispiel 37

Wie lauten Realteil und Imaginärteil der komplexen Zahl $\underline{Z} = 5 \cdot e^{-j \cdot 75°}$?

Lösung:

Die komplexe Zahl ist in Exponentialform gegeben. Die Komponentendarstellung lautet:

$$\underline{Z} = 5 \cdot (\cos(-75°) + j \cdot \sin(-75°));\ \underline{\underline{\mathrm{Re}\{\underline{Z}\} = 1{,}294}};\ \underline{\underline{\mathrm{Im}\{\underline{Z}\} = -4{,}83}}$$

Beispiel 38

Geben Sie von folgenden komplexen Ausdrücken die Komponentenform $a + jb$ $(a, b \in \mathbb{R})$ an.

a) $(5 + j3)(2 - j) - (3 + j)$ b) $(1 - j2)^2$ c) $\dfrac{5 - j8}{3 - j4}$ d) $\dfrac{1 - j}{1 + j}$ e) $\dfrac{1}{5 - j3} - \dfrac{1}{5 + j3}$

Lösung:

a) $(5 + j3)(2 - j) - (3 + j) = 10 - j5 + j6 + 3 - 3 - j = \underline{\underline{10}}$

b) $(1 - j2)^2 = (1 - j2)(1 - j2) = 1 - j2 - j2 - 4 = \underline{\underline{-3 - j4}}$

c) $\dfrac{5 - j8}{3 - j4} = \dfrac{(5 - j8)(3 + j4)}{(3 - j4)(3 + j4)} = \dfrac{15 + j20 - j24 + 32}{9 + j12 - j12 + 16} = \underline{\underline{\dfrac{47}{25} - j\dfrac{4}{25}}}$

d) $\dfrac{1 - j}{1 + j} = \dfrac{(1 - j)(1 - j)}{(1 + j)(1 - j)} = \dfrac{1 - j - j - 1}{2} = \underline{\underline{-j}}$

e) $\dfrac{1}{5 - j3} - \dfrac{1}{5 + j3} = \dfrac{(5 + j3) - (5 - j3)}{(5 - j3)(5 + j3)} = \dfrac{j6}{25 + 9} = \underline{\underline{j\dfrac{3}{17}}}$

Beispiel 39

Gegeben ist der komplexe Ausdruck $\frac{6}{-15+j8}\cdot 5\cdot e^{j\cdot 45°}$. Gesucht ist die Exponentialform $\underline{Z}=Z\cdot e^{j\varphi}$.

Lösung:

$$\frac{6}{-15+j8}\cdot 5\cdot e^{j\cdot 45°}=\frac{6}{\sqrt{(-15)^2+8^2}\cdot e^{j\left[180°-\arctan\left(\frac{8}{15}\right)\right]}}\cdot 5\cdot e^{j\cdot 45°}=$$

$$=\frac{30}{17\cdot e^{j\cdot 151{,}93°}}e^{j\cdot 45°}=1{,}76\cdot e^{j\cdot(45°-151{,}93°)}$$

$$\underline{\underline{\underline{Z}=1{,}76\cdot e^{-j\cdot 106{,}93°}}}$$

Beispiel 40

Gegeben ist der komplexe Ausdruck $a+jb=6\cdot e^{j\cdot 120°}\left(-4+j3+2\cdot e^{j\cdot 15°}\right)$. Gesucht sind a und b.

Lösung:

$$a+jb=6\cdot e^{j\cdot 120°}\left(-4+j3+2\cdot e^{j\cdot 15°}\right)=6\cdot e^{j\cdot 120°}\left(-4+j3+2\cdot\left(\cos(15°)+j\cdot\sin(15°)\right)\right)$$

$$a+jb=6\cdot e^{j\cdot 120°}\left(-2{,}07+j3{,}52\right)=6\cdot e^{j\cdot 120°}\sqrt{-2{,}07^2+3{,}52^2}\cdot e^{j\cdot\left(180°-\arctan\left(\frac{3{,}52}{2{,}07}\right)\right)}$$

$$a+jb=6\cdot e^{j\cdot 120°}\cdot 4{,}08\cdot e^{j\cdot 120{,}5°}=24{,}48\cdot e^{j\cdot 240{,}5°}=24{,}48\cdot\left(\cos(240{,}5°)+j\cdot\sin(240{,}5°)\right)$$

$a+jb=-12-j21{,}3$; Koeffizientenvergleich: $\underline{\underline{a=-12}}$; $\underline{\underline{b=-21{,}3}}$

6.3 Komplexe Sinusspannungen und -ströme

Je nach Wahl des Nullpunktes der Zeit kann eine harmonische Schwingung als Sinus- oder als Kosinusschwingung dargestellt werden, da gilt:

$$\cos(\omega t) = \sin(\omega t + 90°) \tag{6.25}$$

Der zeitliche Momentanwert einer sinusförmigen Wechselspannung kann also durch

$$u(t) = \hat{U} \cdot \cos(\omega t + \varphi) \text{ oder } u(t) = \hat{U} \cdot \sin(\omega t + \varphi) \tag{6.26}$$

als Liniendiagramm beschrieben werden. Der Phasenwinkel φ kann z.B. ein Winkel sein, um den die Spannung einem Strom $i(t) = \hat{I} \cdot \sin(\omega t)$ vorauseilt, der als Bezugsgröße durch den Nullpunkt des Koordinatensystems verläuft. – Eine Darstellung der Spannung in einem Zeigerdiagramm hat die gleiche Aussagekraft, da die Projektion des Drehzeigers den zeitlichen Verlauf der Momentanwerte wiedergibt (siehe Abschnitt 2.3). Die Projektion auf die Abszisse ergibt die Kosinusfunktion, die Projektion auf die Ordinate ergibt die Sinusfunktion.

Statt einen umlaufenden Zeiger im Reellen darzustellen (für eine reelle Spannung oder einen reellen Strom), legen wir jetzt den rotierenden Zeiger in die komplexe Zahlenebene. Anstelle der (reellen) Spannung $u(t) = \hat{U} \cdot \cos(\omega t + \varphi)$ bzw. $u(t) = \hat{U} \cdot \sin(\omega t + \varphi)$ definieren wir somit die **komplexe Spannung** in trigonometrischer Form:

$$\underline{u}(t) = \underbrace{\hat{U} \cdot \cos(\omega t + \varphi)}_{\mathrm{Re}\{\underline{u}(t)\}} + j \cdot \underbrace{\hat{U} \cdot \sin(\omega t + \varphi)}_{\mathrm{Im}\{\underline{u}(t)\}} \tag{6.27}$$

φ = Phasen(verschiebungs)winkel

$\underline{u}(t)$ ist eine komplexe Zeitfunktion. Diese Darstellung eines in der komplexen Ebene umlaufenden Zeigers wird als **komplexer Momentanwert** bezeichnet.

Die reale Spannung im Reellen (im Zeitbereich) und die komplexe Spannung (im Frequenzbereich) können für einen beliebigen Zeitpunkt t als Zeiger dargestellt werden. Die ursprünglichen reellen Größen sind in der komplexen Größe entweder als Real- oder als Imaginärteil enthalten, je nachdem welche Winkelfunktion im Reellen verwendet wird.

Das Abbild der reellen Spannung $u(t) = \hat{U} \cdot \cos(\omega t + \varphi)$ ist im Komplexen:

$u(t) = \mathrm{Re}\{\underline{u}(t)\}$.

Das Abbild der reellen Spannung $u(t)=\hat{U}\cdot\sin(\omega t+\varphi)$ ist im Komplexen:

$u(t)=\mathrm{Im}\{\underline{u}(t)\}$.

Im Zeigerdiagramm im Frequenzbereich (Abb. 97) sind dies die entsprechenden Abschnitte auf der reellen oder der imaginären Achse.

Der komplexe Momentanwert ist eine rein fiktive Größe, eine reine Rechengröße! Diese komplexe Größe ist nur ein mathematisches Hilfsmittel zur Berechnung und ist keine direkt messbare Größe. Die Vorschrift zur Berechnung der messbaren Größe $u(t)$ lautet:

$u(t)=\mathrm{Re}\{\underline{u}(t)\}$ oder $u(t)=\mathrm{Im}\{\underline{u}(t)\}$.

Komplexe Spannungen und Ströme existieren in der Praxis nicht, man spricht deshalb von der **symbolischen Methode**.

Wird die reelle Zeitfunktion $u(t)$ als komplexe Zeitfunktion $\underline{u}(t)$ dargestellt, so ergibt sich ein Zeiger in der komplexen Ebene mit der Länge $\hat{U}$, der mit der Winkelgeschwindigkeit $\omega=\dfrac{d\varphi}{dt}$ rotiert (ein **Drehzeiger**) und zum Zeitpunkt „t" mit der reellen Achse den Winkel $\omega t+\varphi$ einschließt. Die komplexe Zeitfunktion $\underline{u}(t)$ gibt den komplexen *Momentan*wert an.

Kurz: **Drehzeiger = komplexer Momentanwert**

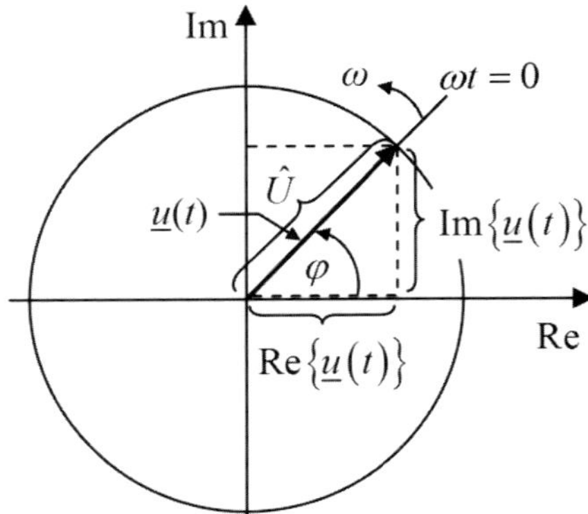

Abb. 97: Darstellung einer komplexen Zeitfunktion als Drehzeiger

Mit der Euler'schen Formel $\cos(\varphi)+j\cdot\sin(\varphi)=e^{j\varphi}$ wird die Komponentenform der Gl. (6.27) umgeschrieben in die Exponentialform:

$$\boxed{\underline{u}(t)=\hat{U}\cdot e^{j(\omega t+\varphi)}} \qquad (6.28)$$

Mit Hilfe des Potenzgesetzes $x^{a+b} = x^a \cdot x^b$ wird jetzt die Exponentialform in Faktoren zerlegt:

$$\underbrace{\underline{u}(t) = \hat{U} \cdot e^{j(\omega t + \varphi)}}_{\text{komplexer Momentanwert}} = \underbrace{\hat{U} \cdot e^{j\varphi}}_{\substack{\underline{\hat{U}} \text{ = ruhender Zeiger} \\ \text{= komplexe Amplitude}}} \cdot \underbrace{e^{j\omega t}}_{\substack{\text{rotierender Einheitszeiger} \\ \text{(Drehfaktor)}}} = \underbrace{\underline{\hat{U}} \cdot e^{j\omega t}}_{\substack{\text{Exponentialform mit} \\ \text{komplexer Amplitude}}} \tag{6.29}$$

Der Ausdruck

$$\underline{\hat{U}} = \hat{U} \cdot e^{j\varphi} \tag{6.30}$$

wird als **komplexe Amplitude** (komplexer Scheitelwert) bezeichnet. Die Zeit „t" kommt in der komplexen Amplitude nicht vor, die komplexe Amplitude ist ein **ruhender Zeiger** (Festzeiger). In $\underline{\hat{U}}$ sind die zeit*un*abhängigen Größen (die Amplitude $\hat{U}$ und der Phasenwinkel φ) der harmonischen Schwingung zusammengefasst. Die komplexe Amplitude entspricht dem bei $\omega t = 0$ ruhenden Zeiger mit dem Betrag $\hat{U}$ und dem Phasenwinkel φ. Dieser komplexe Amplitudenzeiger wird mit der Kreisfrequenz ω herumgedreht, und zwar durch den **Drehfaktor** (Zeitfaktor) $e^{j\omega t}$. Der komplexe Momentanwert wurde in einen zeitunabhängigen Faktor (die komplexe Amplitude) und in einen zeitabhängigen Faktor (den rotierenden Einheitszeiger) zerlegt. Entsprechend kann die komplexe Zeitfunktion $\underline{u}(t)$ als Produkt aus komplexer Amplitude und Drehfaktor geschrieben werden (Gl. (6.29) rechts).

Anmerkung: An der komplexen Amplitude kann man nicht mehr erkennen, ob die zugeordnete Größe eine Sinus- oder eine Kosinusfunktion ist.

Unter Berücksichtigung der Beziehung $U = \frac{\hat{U}}{\sqrt{2}}$ für eine sinusförmige Spannung erhalten wir

$$\underline{U} = \frac{\hat{U}}{\sqrt{2}} \cdot e^{j\varphi} \tag{6.31}$$

Die Größe $\underline{U}$ wird als **komplexer Effektivwert** (komplexe Effektivspannung) bezeichnet.

Anmerkung: Für die komplexe Darstellung sinusförmiger Wechselströme gilt sinngemäß das Gleiche wie für sinusförmige Wechselspannungen.

Oft sind Momentanwerte nicht von Interesse. Nur selten wird der Augenblickswert einer Spannung zu einer bestimmten Zeit nach einem festgelegten Nullpunkt zu bestimmen sein.

In einem linearen Netzwerk ist für alle Schaltelemente die gleiche Frequenz wirksam. Für die Berechnung von Amplituden oder Effektivwerten in einem Netzwerk genügt es bei sinusförmiger Erregung in der Regel, die komplexe Amplitude zu betrachten. Der Zeitfaktor $e^{j\omega t}$ ist für alle Größen gleich, er bedeutet eine Rotation des Zeigersystems. Bleibt der Zeitfaktor unberücksichtigt, so werden die Zeiger zu ruhenden Zeigern, entweder zu Scheitelwert- oder zu Effektivwertzeigern.

Meist interessieren nur die Phasenbeziehungen von komplexen Größen untereinander und deren Amplituden- oder Effektivwerte. Man rechnet dann vorzugsweise mit ruhenden Zeigern.

Für eine abgekürzte Schreibweise wird statt $j\omega$ häufig der Buchstabe „s" (oder „p") verwendet.

$$\boxed{s = j \cdot \omega} \tag{6.32}$$

Für exponentiell ansteigende ($\sigma > 0$) oder abfallende ($\sigma < 0$) Quellengrößen gilt:

$$s = \sigma + j \cdot \omega \tag{6.33}$$

Die Größe „s" wird dann als komplexer Frequenzparameter oder kurz als **komplexe Frequenz** bezeichnet.

Beispiel 41

Gegeben ist die Spannung $u(t) = \hat{U} \cdot \sin(\omega t)$. Geben Sie an:

a) den rotierenden komplexen Scheitelwertzeiger

b) den ruhenden komplexen Scheitelwertzeiger (die komplexe Amplitude)

c) den ruhenden komplexen Effektivwertzeiger.

Lösung:

a) Der Phasenwinkel der Spannung ist null.

$$\underline{u}(t) = \hat{U} \cdot e^{j(\omega t + 0)} = \hat{U} \cdot e^{j\omega t} \cdot e^{j0} = \underline{\underline{\hat{U} \cdot e^{j\omega t}}}$$

b) Die komplexe Amplitude ist gleich der reellen Amplitude: $\underline{\underline{\hat{\underline{U}} = \hat{U}}}$

c) $\underline{\underline{\underline{U} = \frac{\hat{U}}{\sqrt{2}}}}$

Wie in Abschnitt 2.6 erwähnt, hat ein rotierender Effektivwertzeiger keinen Sinn.

Beispiel 42

Gegeben ist die Spannung $u(t) = \hat{U} \cdot \sin(\omega t + \varphi_u)$.

Geben Sie den Ausdruck für den komplexen Momentanwert an

a) in trigonometrischer Form

b) in Exponentialform

c) als Produkt aus komplexer Amplitude und Drehfaktor.

Lösung:

a) $\underline{u}(t) = \hat{U} \cdot \cos(\omega t + \varphi_u) + j \cdot \hat{U} \cdot \sin(\omega t + \varphi_u)$

b) $\underline{u}(t) = \hat{U} \cdot e^{j(\omega t + \varphi_u)}$

c) $\underline{u}(t) = \underline{\hat{U}} \cdot e^{j\omega t}$ mit $\underline{\hat{U}} = \hat{U} \cdot e^{j\varphi_u} = \sqrt{2} \cdot U \cdot e^{j\varphi_u}$

Beispiel 43

Gegeben ist die Spannung $u(t) = \hat{U} \cdot \sin\left(\omega t + \frac{\pi}{2}\right)$. Geben Sie den Ausdruck für die komplexe Amplitude an.

Lösung:

$\underline{\hat{U}} = \hat{U} \cdot e^{j\frac{\pi}{2}}$

Beispiel 44

Gegeben ist der komplexe Momentanwert $\underline{u}(t) = \hat{U} \cdot e^{j\omega t}$. In der trigonometrischen Form entspricht dies $\underline{u}(t) = \hat{U} \cdot \cos(\omega t) + j \cdot \hat{U} \cdot \sin(\omega t)$.

Die reelle Spannung ist

entweder $u(t) = \text{Re}\{\underline{u}(t)\} = \hat{U} \cdot \cos(\omega t)$ *oder* $u(t) = \text{Im}\{\underline{u}(t)\} = \hat{U} \cdot \sin(\omega t)$.

Ist nur die komplexe Amplitude gegeben, so wird sie vor der Transformation in den Zeitbereich mit

$e^{j\omega t} = \cos(\omega t) + j \cdot \sin(\omega t)$ multipliziert.

Ist die komplexe Amplitude $\underline{\hat{U}} = \hat{U} \cdot e^{j\varphi}$, so folgt:

$\underline{u}(t) = \hat{U} \cdot e^{j\varphi} \cdot e^{j\omega t} = \hat{U} \cdot e^{j(\omega t + \varphi)} = \hat{U} \cdot \cos(\omega t + \varphi) + j \cdot \hat{U} \cdot \sin(\omega t + \varphi)$

Aus der komplexen Amplitude (und somit auch aus dem komplexen Effektivwertzeiger) kann man also nicht mehr erkennen, ob die zugeordnete reelle

Schwingung eine Sinus- oder Cosinus-Funktion ist (Darstellung als Real- oder Imaginärteil).

Entweder ist $u(t) = \mathrm{Re}\{\underline{u}(t)\}$ oder es ist $u(t) = \mathrm{Im}\{\underline{u}(t)\}$.

Beispiel 45

Gegeben ist die Spannung $u(t) = \hat{U} \cdot \sin(\omega t)$ mit $f = 50\ \mathrm{Hz}$, $\hat{U} = 10\ \mathrm{V}$. Der ruhende komplexe Effektivwertzeiger von $u(t)$ ist $\underline{U} = U \cdot e^{j\varphi_u}$. Wie groß sind U und φ_u?

Lösung:

$$U = \frac{\hat{U}}{\sqrt{2}} = \frac{10\ \mathrm{V}}{\sqrt{2}} = \underline{\underline{7{,}07\ \mathrm{V}}};\ \underline{\underline{\varphi_u = 0}}$$

Beispiel 46

Gegeben sind die komplexe Effektivspannung $\underline{U} = 5\ \mathrm{V} \cdot \mathrm{e}^{j20°}$ und der komplexe Effektivstrom $\underline{I} = 3\ \mathrm{A} \cdot e^{-j60°}$. Geben Sie jeweils die zugehörigen Zeitfunktionen und die Nullphasenwinkel an.

Lösung:

$$u(t) = 5\ \mathrm{V} \cdot \sqrt{2} \cdot \sin(\omega t + 20°);\ \varphi_u = 20°$$

$$i(t) = 3\ \mathrm{A} \cdot \sqrt{2} \cdot \sin(\omega t - 60°);\ \varphi_i = -60°$$

Beispiel 47

$\underline{U} = 21{,}2\ \mathrm{V} \cdot \mathrm{e}^{j0}$ ist ein komplexer Effektivwertzeiger bei einer Frequenz von $f = 10\ \mathrm{kHz}$. Gesucht ist ein zum Spannungszeiger $\underline{U}$ passendes Zeitverhalten $u(t)$. Welchen Wert hat $u(t)$ bei $t = 40\ \mu\mathrm{s}$?

Lösung:

$$\hat{U} = \sqrt{2} \cdot 21{,}2\ \mathrm{V} = 30\ \mathrm{V};\ \omega = 2 \cdot \pi \cdot 10^4\ \mathrm{s}^{-1} = 6{,}28 \cdot 10^4\ \mathrm{s}^{-1}$$

Entweder:

$$\underline{\underline{u(t) = \hat{U} \cdot \sin(\omega t)}}$$

$u(t = 40\ \mu\mathrm{s}) = 30\ \mathrm{V} \cdot \sin(6{,}28 \cdot 10^4\ \mathrm{s}^{-1} \cdot 40 \cdot 10^{-6}\ \mathrm{s}) = \underline{\underline{17{,}7\ \mathrm{V}}}$ (Taschenrechner auf „RAD"!)

Oder:

$$\underline{\underline{u(t) = \hat{U} \cdot \cos(\omega t)}}$$

$$u(t = 40\ \mu s) = 30\ \text{V} \cdot \cos\left(6{,}28 \cdot 10^4\ \text{s}^{-1} \cdot 40 \cdot 10^{-6}\ \text{s}\right) = \underline{\underline{-24{,}3\ \text{V}}}$$

Beispiel 48

An einem Verbraucher liegt die Spannung $u(t) = \hat{U} \cdot \sin(\omega t)$, durch ihn fließt ein gegenüber der Spannung um $\varphi = -30°$ phasenverschobener Strom mit dem Effektivwert $I = 2\ \text{A}$.

a) Geben Sie den komplexen Effektivwert $\underline{I}$ des Stromes in der Komponentenform an.

b) Geben Sie den komplexen Scheitelwert $\underline{\hat{I}}$ des Stromes in der Exponentialform an.

c) Wie lautet der Ausdruck für den komplexen Momentanwert in der Exponentialform?

Lösung:

a) $\underline{I} = I \cdot e^{j\varphi} = 2\ \text{A} \cdot e^{-j30°} = 2\ \text{A} \cdot \left[\cos(30°) - j \cdot \sin(30°)\right] = \underline{\underline{(1{,}73 - j)\ \text{A}}}$

b) $\hat{I} = \sqrt{2} \cdot I = 2{,}83\ \text{A};\ \underline{\underline{\underline{\hat{I}} = 2{,}83\ \text{A} \cdot e^{-j30°}}}$

c) $\underline{i}(t) = \hat{I} \cdot e^{j(\omega t + \varphi)} = \underline{\underline{2{,}83\ \text{A} \cdot e^{j(\omega t - 30°)}}}$

6.4 Vorgehen bei der Berechnung eines Netzwerkes mit sinusförmiger Erregung

1. Transformation der Zeitfunktionen der erregenden Spannungs- oder Stromquellen in den komplexen Bereich. Statt zeitabhängiger Ausdrücke für Quellspannungen und -ströme liegen dann komplexe Spannungen und Ströme vor.
2. Unter Verwendung komplexer Widerstände erfolgt die Berechnung der gesuchten Netzwerkgrößen (meist Effektivwert und Phasenwinkel) im Frequenzbereich mit Mitteln, wie sie auch bei einem Gleichstromnetzwerk zur Verfügung stehen. Sämtliche Vorgehensweisen und Berechnungsverfahren der Gleichstromtechnik können angewandt werden. In der Praxis wird die Berechnung meist mit der komplexen Amplitude durchgeführt. – Die Darstellung in der komplexen Zahlenebene wird auch als Darstellung im Frequenzbereich bezeichnet. Man spricht von einer *Analyse im Frequenzbereich*. Der Zeitbereich wird als *Originalbereich* und der Frequenzbereich als *Bildbereich* bezeichnet.
3. Die ermittelte Größe kann in den Zeitbereich zurücktransformiert werden, falls ihr zeitlicher Verlauf als harmonische Funktion interessiert (dies wird selten der Fall sein). Die Amplitude und der Phasenwinkel ergeben sich aus der Berechnung im Komplexen, die Frequenz stimmt mit der Frequenz der anregenden Quelle überein.

Im Frequenzbereich können nur stationäre Größen nach dem Abklingen der Einschwingvorgänge berechnet werden. Ein Einschwingvorgang wird nicht im Komplexen, sondern durch Lösen der zugehörigen Differentialgleichung berechnet.

Die Transformation in den Frequenzbereich und die Berechnung des Netzwerkes ist nicht möglich, wenn in den einzelnen Netzwerkzweigen nichtlineare Bauelemente wie z. B. VDR-Widerstände (spannungsabhängige Widerstände), Thermistoren (temperaturabhängige Widerstände) oder nichtlineare Induktivitäten enthalten sind. In diesen Fällen muss das dann nichtlineare Differenzialgleichungssytem im Zeitbereich gelöst werden. Für nichtlineare Differenzialgleichungssysteme bieten sich numerische Lösungsverfahren an, da geschlossene Lösungen nur selten existieren.

Beispiel 49

Gegeben sind zwei Spannungen mit gleicher Frequenz:

$u_1(t) = 8\ \text{V} \cdot \cos(\omega t)$ und $u_2(t) = 4\ \text{V} \cdot \cos(\omega t + 60°)$.

a) Geben Sie den komplexen Momentanwert der beiden Spannungen in der Exponentialform an.

b) Geben Sie die komplexen Amplituden der beiden Spannungen an.

c) Berechnen Sie die komplexe Amplitude $\underline{\hat{U}}$ und den Nullphasenwinkel φ_u der Spannung $u(t) = u_1(t) + u_2(t)$. Skizzieren Sie die Addition der Spannungen in einem Zeigerbild.

d) Berechnen Sie die reelle Amplitude $\hat{U}$ und geben Sie die relle Spannung $u(t)$ an.

Lösung:

a) $\underline{u}_1(t) = 8\ \text{V} \cdot e^{j\omega t}$; $\underline{u}_2(t) = 4\ \text{V} \cdot e^{j(\omega t + 60°)}$

b) $\underline{\hat{U}}_1 = 8\ \text{V}$;

$$\underline{\hat{U}}_2 = 4\ \text{V} \cdot e^{j(\omega t + 60°)} = 4\ \text{V} \cdot \left[\cos(60°) + j \cdot \sin(60°)\right] = 4\ \text{V}\left(\frac{1}{2} + j \cdot \frac{\sqrt{3}}{2}\right) = \underline{\underline{(2 + j \cdot 3{,}4641)\ \text{V}}}$$

c) $\underline{\hat{U}} = \underline{\hat{U}}_1 + \underline{\hat{U}}_2 = 8\ \text{V} + 2\ \text{V} + j \cdot 3{,}4641\ \text{V} = \underline{\underline{10\ \text{V} + j \cdot 3{,}4641\ \text{V}}}$;

$$\varphi_u = \arctan\left(\frac{3{,}4641}{10}\right) = \underline{\underline{19{,}1°}}$$

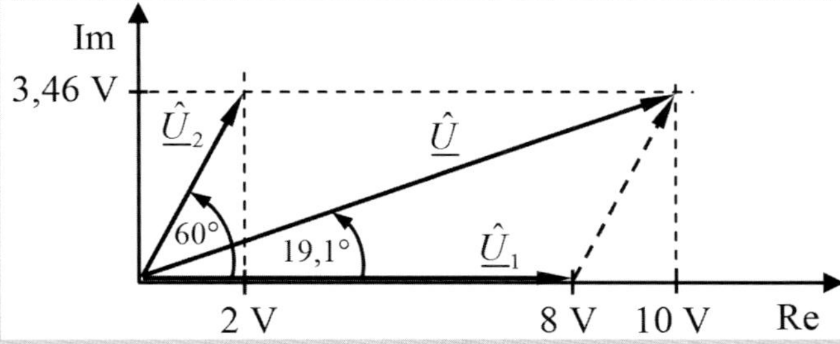

Abb. 98: Addition der komplexen Spannungen

d) $\hat{U} = \left|\underline{\hat{U}}\right| = \sqrt{(10\ \text{V})^2 + (3{,}4641\ \text{V})^2} = \underline{\underline{10{,}583\ \text{V}}}$;

$$u(t) = 10{,}583\ \text{V} \cdot \cos(\omega t + 19{,}1°)$$

Wir sehen, dass eine Transformation der Zeitfunktionen in den Frequenzbereich, eine anschließende Addition der komplexen Größen und eine Rücktransformation des Ergebnisses in den Zeitbereich wesentlich einfacher ist als die algebraische Addition der Momentanwerte, siehe auch Abschnitt 2.7.2.

6.5 Komplexe Widerstände

6.5.1 Komplexes ohmsches Gesetz

Für einen ohmschen Widerstand gilt bei Gleichstrom das ohmsche Gesetz:

$$R = \frac{U}{I} \tag{6.34}$$

Die komplexen Effektivwerte von Wechselspannung und -strom sind:

$$\underline{U} = U \cdot e^{j\varphi_u} \tag{6.35}$$

$$\underline{I} = I \cdot e^{j\varphi_i} \tag{6.36}$$

Wird analog zur Definition des ohmschen Widerstandes R in einem Gleichstromkreis die komplexe Spannung $\underline{U}$ an einem beliebigen Zweipol durch den komplexen Strom $\underline{I}$ dividiert, so erhält man eine komplexe Größe $\underline{Z}$.

$$\boxed{\underline{Z} = \frac{\underline{U}}{\underline{I}} = \frac{U \cdot e^{j\varphi_u}}{I \cdot e^{j\varphi_i}} = Z \cdot e^{j(\varphi_u - \varphi_i)} = Z \cdot e^{j\varphi} = Z \cdot \cos(\varphi) + j \cdot Z \cdot \sin(\varphi) = R + j \cdot X} \tag{6.37}$$

Die Größe $\underline{Z}$ wird als *komplexer Widerstand* oder **Impedanz** des Zweipols bezeichnet. Die Definition des komplexen Widerstandes entspricht der des Gleichstromwiderstandes, allerdings sind nun alle miteinander verknüpften Größen komplex.

$\underline{Z}$ wird auch als *Widerstandsoperator* bezeichnet, da der komplexe Widerstand zwar eine sehr nützlich Rechengröße im Frequenzbereich ist, aber keine unmittelbare physikalische Bedeutung hat. Dagegen ist der Widerstand R ein Element, in dem ein irreversibler Umsatz elektrischer Energie in Wärmeenergie stattfindet, definiert als Quotient U/I bei Gleichstrom bzw. $u(t)/i(t)$ bei beliebigen Zeitfunktionen.

Der lineare Zusammenhang

$$\boxed{\underline{U} = \underline{Z} \cdot \underline{I}} \quad \text{bzw.} \quad \boxed{\underline{Z} = \frac{\underline{U}}{\underline{I}}} \tag{6.38}$$

wird als **komplexes ohmsches Gesetz** (ohmsches Gesetz in komplexer Form) bezeichnet. Gl. (6.38) kann als verallgemeinertes ohmsches Gesetz an einem beliebigen (linearen und passiven) Zweipol aufgefasst werden.

Für komplexe Momentanwerte gilt:

$$\boxed{\underline{Z} = \frac{\underline{u}(t)}{\underline{i}(t)}} \tag{6.39}$$

6.5.2 Komplexer Widerstand und komplexer Leitwert

Die Impedanz $\underline{Z}$ ist im Gegensatz zu Spannung und Strom stets eine zeitunabhängige Größe. Die Absolutwerte der Nullhasenwinkel φ_u und φ_i in Gl. (6.37) müssen nicht bekannt sein, wichtig ist der Phasenwinkel zwischen Spannung und Strom $\varphi = \varphi_{ui} = \varphi_u - \varphi_i$.

Wie jede komplexe Größe lässt sich der komplexe Wechselstromwiderstand zwischen zwei beliebigen Punkten eines Netzwerkes in drei unterschiedlichen, zueinander gleichwertigen Formen darstellen.

Darstellungsarten der Impedanz

1. Komponentenform: $\boxed{\underline{Z} = R + j \cdot X}$ $\quad [R] = [X] = \Omega$ (6.40)

R ist der Wirkwiderstand (*Resistanz*), X ist der Blindwiderstand (*Reaktanz*)

2. Trigonometrische Form: $\boxed{\underline{Z} = |\underline{Z}| \cdot [\cos(\varphi) + j \cdot \sin(\varphi)]}$ (6.41)

3. Exponentialform: $\boxed{\underline{Z} = |\underline{Z}| \cdot e^{j\varphi}}$ (6.42)

Der Betrag der Impedanz $Z = |\underline{Z}|$ wird als **Scheinwiderstand** bezeichnet, er ergibt sich aus der geometrischen Addition von reeller und imaginärer Komponente:

$$\boxed{Z = |\underline{Z}| = \frac{U}{I} = \sqrt{R^2 + X^2}} \quad [Z] = \Omega \tag{6.43}$$

Aus den Darstellungsarten 1. und 2. erhält man durch Komponentenvergleich:

$$\boxed{R = Z \cdot \cos(\varphi)} \tag{6.44}$$

$$\boxed{X = Z \cdot \sin(\varphi)} \tag{6.45}$$

Der Phasenwinkel der Impedanz ist:

$$\boxed{\varphi = \angle(U, I) = \arctan\left(\frac{X}{R}\right)} \tag{6.46}$$

Ein komplexer Widerstand hat also einen Betrag in Ohm und einen Phasenwinkel in rad oder Winkelgrad. Der Phasenwinkel der Impedanz entspricht nach Gl. (6.37) dem Phasenwinkel zwischen Spannung und Strom:

$$\varphi = \varphi_Z = \varphi_{ui} = \varphi_u - \varphi_i \tag{6.47}$$

Der Phasenwinkel des komplexen Widerstandes entspricht nach Vorzeichen und Betrag der Phasenverschiebung zwischen Spannung und Strom am Widerstand!

Soll extra daraufhingewiesen werden, dass es sich um den Winkel einer Impedanz handelt, so kann man statt φ auch φ_Z schreiben.

Wie im reellen Bereich ist der komplexe Leitwert der Kehrwert des komplexen Widerstandes, er wird als *Admittanz* $\underline{Y}$ bezeichnet. Genauso wie $\underline{Z}$ ist auch $\underline{Y}$ eine zeitunabhängige Größe, beides sind ruhende Zeiger.

Darstellungsarten der Admittanz

1. Komponentenform: $\underline{Y} = \dfrac{1}{\underline{Z}} = G + j \cdot B \quad [G] = [B] = 1/\Omega$ (6.48)

G ist der Wirkleitwert (*Konduktanz*), B ist der Blindleitwert (*Suszeptanz*).

2. Trigonometrische Form: $\underline{Y} = Y \cdot \left[\cos(\varphi) + j \cdot \sin(\varphi)\right]$ (6.49)

3. Exponentialform: $\underline{Y} = \dfrac{I \cdot e^{j\varphi_i}}{U \cdot e^{j\varphi_u}} = Y \cdot e^{j(\varphi_i - \varphi_u)} = Y \cdot e^{j\varphi_y} = Y \cdot e^{-j\varphi}$ (6.50)

Der Phasenwinkel der Admittanz ist der negative Phasenwinkel der Impedanz:

$$\varphi_y = \varphi_i - \varphi_u = \varphi_{iu} = -\varphi \tag{6.51}$$

Der Betrag der Admittanz wird *Scheinleitwert* genannt:

$$Y = |\underline{Y}| = \frac{I}{U} = \sqrt{G^2 + B^2} \qquad [Y] = 1/\Omega \tag{6.52}$$

Durch Komponentenvergleich erhält man:

$$G = Y \cdot \cos(\varphi_y) \tag{6.53}$$

$$B = Y \cdot \sin(\varphi_y) \tag{6.54}$$

Der Phasenwinkel der Admittanz ist:

$$\varphi_y = \arctan\left(\frac{B}{G}\right) \tag{6.55}$$

Man beachte:

$$\varphi = \arctan\left(-\frac{B}{G}\right) = -\arctan\left(\frac{B}{G}\right) \tag{6.56}$$

Einsetzen von $\underline{Z} = R + jX$ in $\underline{Y} = \frac{1}{\underline{Z}}$ ergibt:

$$\underline{Y} = \frac{1}{R + jX} \tag{6.57}$$

Erweiterung mit dem konjugiert Komplexen des Nenners:

$$\underline{Y} = \frac{R}{R^2 + X^2} - j \cdot \frac{X}{R^2 + X^2} \tag{6.58}$$

Umrechnung der Widerstands- in die Leitwertform:

$$G = \frac{R}{R^2 + X^2} \tag{6.59}$$

$$B = -\frac{X}{R^2 + X^2} \tag{6.60}$$

Der Wirkleitwert G ist somit *nicht* das Reziproke des Wirkwiderstandes R, auch die Beträge von B und X sind nicht reziprok.

Entsprechend ergibt sich für R und X:

$$R + jX = \frac{1}{G + jB} = \frac{G}{G^2 + B^2} - j \cdot \frac{B}{G^2 + B^2} \tag{6.61}$$

Umrechnung der Leitwert- in die Widerstandsform:

$$R = \frac{G}{G^2 + B^2} \tag{6.62}$$

$$X = -\frac{B}{G^2 + B^2} \tag{6.63}$$

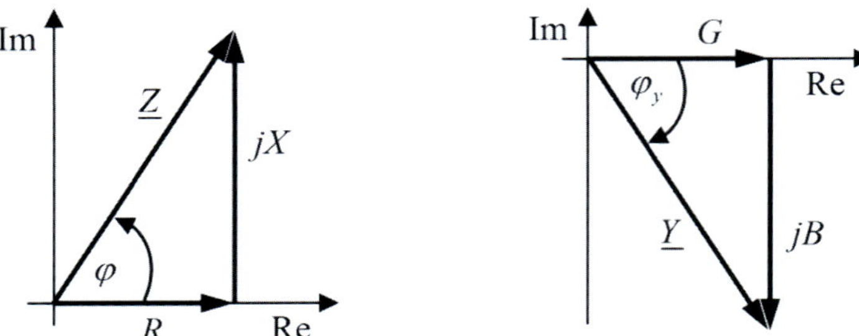

Abb. 99: Zeigerbild der Impedanz (links) und der Admittanz (rechts)

6.5.3 Komplexer Widerstand eines ohmschen Widerstandes

Entsprechend Abschnitt 3.1 fließt durch einen idealen ohmschen Widerstand an einer sinusförmigen Wechselspannungsquelle $u(t) = \hat{U} \cdot \sin(\omega t + \varphi_u)$ der Strom $i(t) = \hat{I} \cdot \sin(\omega t + \varphi_i)$. Es gilt die Bauteilgleichung:

$$R = \frac{u(t)}{i(t)} \tag{6.64}$$

Spannung und Strom werden in den Frequenzbereich transformiert.

$$\underline{u}(t) = \hat{U} \cdot e^{j\varphi_u} \cdot e^{j\omega t} \tag{6.65}$$

$$\underline{i}(t) = \hat{I} \cdot e^{j\varphi_i} \cdot e^{j\omega t} \tag{6.66}$$

Beim ohmschen Widerstand gibt es keine Phasenverschiebung zwischen Spannung und Strom, es ist $\varphi_u = \varphi_i$. Somit sind Spannung und Strom im Frequenzbereich:

$$\underline{u}(t) = \hat{U} \cdot e^{j\varphi_i} \cdot e^{j\omega t} \tag{6.67}$$

$$\underline{i}(t) = \hat{I} \cdot e^{j\varphi_i} \cdot e^{j\omega t} \tag{6.68}$$

Setzen wir statt der Zeitfunktionen die zugehörigen komplexen Größen in Gl. (6.64) ein, so erhalten wir:

$$R = \frac{\underline{u}(t)}{\underline{i}(t)} = \underline{Z}_R = \frac{\hat{U} \cdot e^{j\varphi_i} \cdot e^{j\omega t}}{\hat{I} \cdot e^{j\varphi_i} \cdot e^{j\omega t}} = \frac{\hat{U}}{\hat{I}} = \frac{U \cdot \sqrt{2}}{I \cdot \sqrt{2}} = \frac{U}{I} \tag{6.69}$$

Der komplexe Widerstand $\underline{Z}_R = R + j \cdot X_R$ eines ohmschen Widerstandes ist rein reell, er besteht nur aus dem Realteil, dem Wirkwiderstand R.

$$\boxed{\underline{Z}_R = R} \tag{6.70}$$

Der Blindwiderstand ist $X_R = 0$.

Der Scheinwiderstand ist:

$$\left|\underline{Z}_R\right| = Z_R = R \tag{6.71}$$

Der Phasenwinkel des komplexen ohmschen Widerstandes ist:

$$\varphi_R = 0 \tag{6.72}$$

Der Wirkwiderstand R hat somit die gleichen physikalischen Eigenschaften wie der Gleichstromwiderstand.

Der komplexe Leitwert eines ohmschen Widerstandes ist ebenfalls rein reell:

$$\underline{Y}_R = \frac{1}{\underline{Z}_R} = \frac{1}{R} = G \tag{6.73}$$

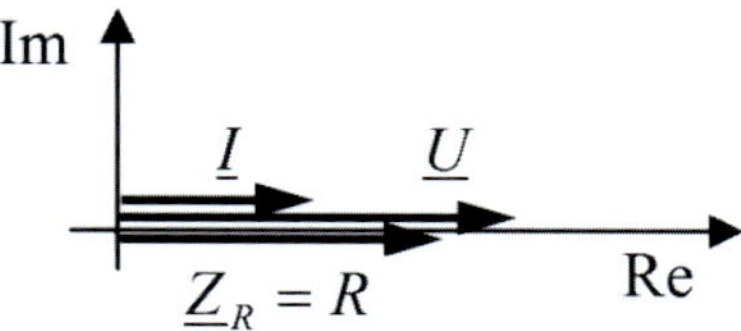

Abb. 100: Zeigerbild des komplexen ohmschen Widerstandes

6.5.4 Komplexer Widerstand einer Induktivität

In Abschnitt 3.2 wurde der induktive Blindwiderstand einer Induktivität im Zeitbereich hergeleitet. Um im Frequenzbereich mit dem komplexen Widerstand einer Induktivität rechnen zu können, wird dieser jetzt im komplexen Bereich hergeleitet.

Der komplexe Momentanwert des Stromes durch eine Spule ist:

$$\underline{i}_L(t) = \hat{I} \cdot e^{j(\omega t + \varphi_i)} = \hat{I} \cdot e^{j\varphi_i} \cdot e^{j\omega t} \tag{6.74}$$

Die erste Ableitung des Stromes nach der Zeit ist:

$$\frac{d\underline{i}_L(t)}{dt} = \hat{I} \cdot e^{j\varphi_i} \cdot j\omega \cdot e^{j\omega t} \tag{6.75}$$

Es gilt die Bauteilgleichung für die Spule (Induktionsgesetz):

$$\underline{u}_L(t) = L \cdot \frac{d\underline{i}_L(t)}{dt} \tag{6.76}$$

Gl. (6.75) in Gl. (6.76) eingesetzt ergibt:

$$\underline{u}_L(t) = j\omega L \cdot \hat{I} \cdot e^{j(\omega t+\varphi_i)} \tag{6.77}$$

Eingesetzt in das komplexe ohmsche Gesetz:

$$\underline{Z}_L = \frac{\underline{u}_L(t)}{\underline{i}_L(t)} = \frac{j\omega L \cdot \hat{I} \cdot e^{j(\omega t+\varphi_i)}}{\hat{I} \cdot e^{j(\omega t+\varphi_i)}} \tag{6.78}$$

Nach Kürzen ist somit der komplexe Widerstand einer Spule:

$$\boxed{\underline{Z}_L = j\omega L} \tag{6.79}$$

Der komplexe Widerstand $\underline{Z}_L = R + j \cdot X_L$ einer Induktivität ist rein imaginär, er besteht nur aus dem Imaginärteil, dem Blindwiderstand X_L. Der Wirkwiderstand ist $R = 0$.

Als Betrag des komplexen induktiven Widerstandes ergibt sich der induktive Blindwiderstand:

$$\boxed{|\underline{Z}_L| = Z_L = X_L = \omega L} \quad [X_L] = \Omega \tag{6.80}$$

Dies ist natürlich das gleiche Ergebnis wie bei der Herleitung im Zeitbereich, siehe Gl. (3.24).

Der Phasenwinkel des komplexen induktiven Widerstandes ist:

$$\boxed{\varphi_L = \frac{\pi}{2}} \tag{6.81}$$

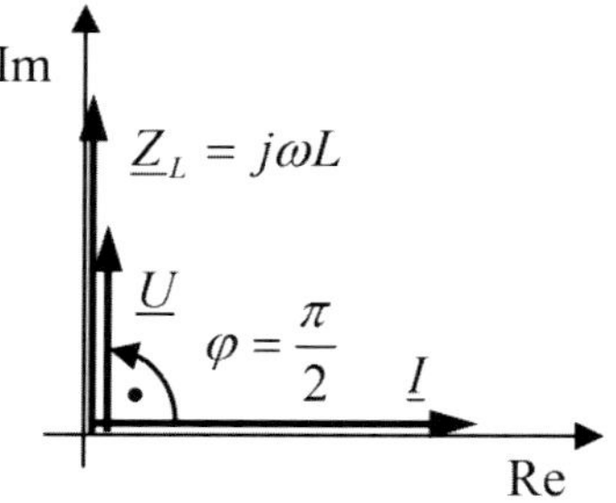

Abb. 101: Zeigerbild mit Spannungszeiger, Stromzeiger und komplexem induktiven Widerstand

Der komplexe Leitwert einer Induktivität ist, wie ihr komplexer Widerstand, rein imaginär:

$$\underline{Y}_L = \frac{1}{\underline{Z}_L} = \frac{1}{j\omega L} = -j\frac{1}{\omega L} \tag{6.82}$$

6.5.5 Komplexer Widerstand einer Kapazität

In Abschnitt 3.3 wurde der kapazitive Blindwiderstand einer Kapazität im Zeitbereich hergeleitet. Hier erfolgt die Herleitung des komplexen Widerstandes einer Kapazität im Frequenzbereich.

Der komplexe Momentanwert der Spannung an einer Kapazität ist:

$$\underline{u}_C(t) = \hat{U} \cdot e^{j(\omega t + \varphi_u)} = \hat{U} \cdot e^{j\varphi_u} \cdot e^{j\omega t} \tag{6.83}$$

$$\frac{d\underline{u}_C(t)}{dt} = \hat{U} \cdot e^{j\varphi_u} \cdot j\omega \cdot e^{j\omega t} \tag{6.84}$$

Es gilt die Bauteilgleichung für die Kapazität:

$$\underline{i}_C(t) = C \cdot \frac{d\underline{u}_C(t)}{dt} \tag{6.85}$$

$$\underline{i}_C(t) = j\omega C \cdot \hat{U} \cdot e^{j(\omega t + \varphi_u)} \tag{6.86}$$

$$\underline{Z}_C = \frac{\underline{u}_C(t)}{\underline{i}_C(t)} = \frac{\hat{U} \cdot e^{j(\omega t + \varphi_u)}}{j\omega C \cdot \hat{U} \cdot e^{j(\omega t + \varphi_u)}} \tag{6.87}$$

Wie beim komplexen induktiven Widerstand folgt durch Kürzen der komplexe Widerstand eines Kondensators:

$$\underline{Z}_C = \frac{1}{j\omega C} = -j\frac{1}{\omega C} \tag{6.88}$$

Der komplexe Widerstand $\underline{Z}_C = R + j \cdot X_C$ einer Induktivität ist rein imaginär, er besteht nur aus dem Imaginärteil, dem Blindwiderstand X_C. Der Wirkwiderstand ist $R = 0$.

Als Betrag des komplexen kapazitiven Widerstandes ergibt sich der kapazitive Blindwiderstand:

$$|\underline{Z}_C| = Z_C = X_C = \frac{1}{\omega C} \qquad [X_C] = \Omega \tag{6.89}$$

Natürlich ist dieses Ergebnis gleich mit der Herleitung im Zeitbereich, siehe Gl. (3.38).

Der Phasenwinkel des komplexen kapazitiven Widerstandes ist:

$$\varphi_C = -\frac{\pi}{2} \tag{6.90}$$

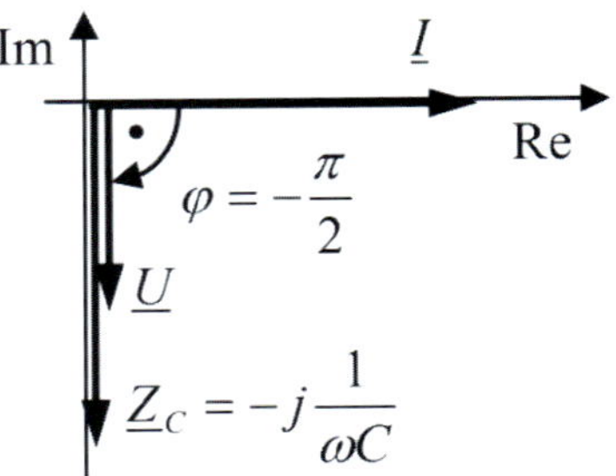

Abb. 102: Zeigerbild mit Spannungszeiger, Stromzeiger und komplexem kapazitiven Widerstand

Der komplexe Leitwert einer Kapazität ist, wie ihr komplexer Widerstand, rein imaginär:

$$\underline{Y}_C = \frac{1}{\underline{Z}_C} = j\omega C \tag{6.91}$$

Tabelle 2: Impedanzen und Admittanzen von Widerstand, Induktivität und Kapazität

Bauelement	R	L	C
Zeitbereich	$u(t) = R \cdot i(t)$	$u(t) = L \cdot \frac{di(t)}{dt}$	$i(t) = C \cdot \frac{du(t)}{dt}$
Effektivwerte	$U = R \cdot I$	$U = \omega L \cdot I$	$I = \omega C \cdot U$
Frequenzbereich	$\underline{U} = R \cdot \underline{I}$	$\underline{U} = j\omega L \cdot \underline{I}$	$\underline{I} = j\omega C \cdot \underline{U}$
Impedanz $\underline{Z} = R + j \cdot X = Z \cdot e^{j\varphi}$	$\underline{Z}_R = R$ nur Wirkanteil	$\underline{Z}_L = j \cdot X_L = j\omega L$ nur Blindanteil	$\underline{Z}_C = j \cdot X_C = -j \cdot \frac{1}{\omega C} = \frac{1}{j\omega C}$ nur Blindanteil
Wirkwiderstand $R = \mathrm{Re}\{\underline{Z}\}$	R	0	0

Bauelement	***R***	***L***	***C***
Blindwiderstand $X = \mathrm{Im}\{\underline{Z}\}$	$X_R = 0$	$X_L = \omega L$	$X_C = -\frac{1}{\omega C}$
Scheinwiderstand $\lvert\underline{Z}\rvert = Z$	$Z_R = R$	$Z_L = \omega L$	$Z_C = \frac{1}{\omega C}$
Phasenwinkel $\varphi = \varphi_{ui}$	0	$\frac{\pi}{2}\ (90^\circ)$	$-\frac{\pi}{2}\ (-90^\circ)$
Admittanz $\underline{Y} = G + j \cdot B = Y \cdot e^{-j\varphi}$	$\underline{Y}_R = \frac{1}{R}$	$\underline{Y}_L = \frac{1}{j\omega L} = -j\frac{1}{\omega L}$	$\underline{Y}_C = j\omega C$
Wirkleitwert $G = \mathrm{Re}\{\underline{Y}\}$	$G_R = \frac{1}{R}$	0	0
Blindleitwert $B = \mathrm{Im}\{\underline{Y}\}$	$B_R = 0$	$B_L = -\frac{1}{\omega L}$	$B_C = \omega C$
Scheinleitwert $\lvert\underline{Y}\rvert = Y$	$Y_R = \frac{1}{R}$	$Y_L = \frac{1}{\omega L}$	$Y_C = \omega C$
Phasenwinkel $\varphi_y = \varphi_i - \varphi_u = \varphi_{iu} = -\varphi$	0	$-\frac{\pi}{2}\ (-90^\circ)$	$\frac{\pi}{2}\ (90^\circ)$
Zeigerbild	Im, $\underline{I}$, $\underline{U}$, $\underline{Z}_R = R$, Re	Im, $\underline{Z}_L = j\omega L$, $\underline{U}$, $\varphi = \frac{\pi}{2}$, $\underline{I}$, Re	Im, $\underline{I}$, Re, $\varphi = -\frac{\pi}{2}$, $\underline{U}$, $\underline{Z}_C = -j\frac{1}{\omega C}$

6.6 Komplexe Wechselstromleistung

Die komplexe Darstellung von Strom, Spannung und Widerständen ist besonders vorteilhaft, deshalb wollen wir sie auch auf Leistungsgrößen übertragen, um eine Leistungsberechnung aus den komplexen Größen $\underline{U}$, $\underline{I}$ und $\underline{Z}$ zu ermöglichen. Wir gehen dazu von dem geometrischen Zusammenhang der Leistungsarten aus, der in Abb. 81 schon gezeigt wurde und in der folgenden Abb. 103 links nochmals gezeichnet ist. Die Wirkleistung P und die Blindleistung Q addieren sich geometrisch zur Scheinleistung S. Dabei befindet sich zwischen P und Q ein rechter Winkel. Wir definieren jetzt die komplexe Leistung $\underline{S}$, ihr Betrag ist gleich der Scheinleistung S und sie enthält die Wirkleistung P als Realteil und die Blindleistung Q als Imaginärteil.

$$\boxed{\underline{S} = P + j \cdot Q} \tag{6.92}$$

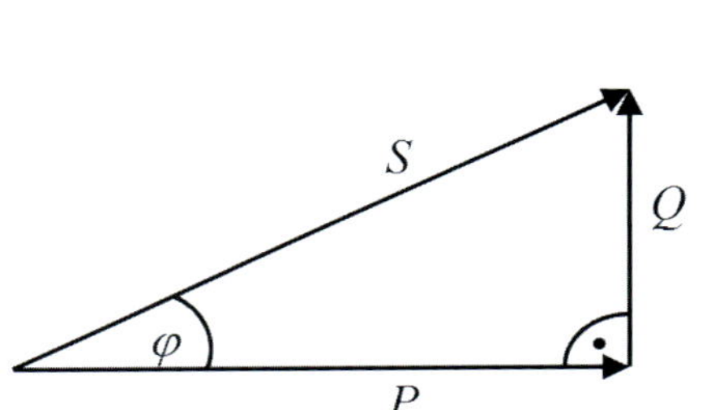

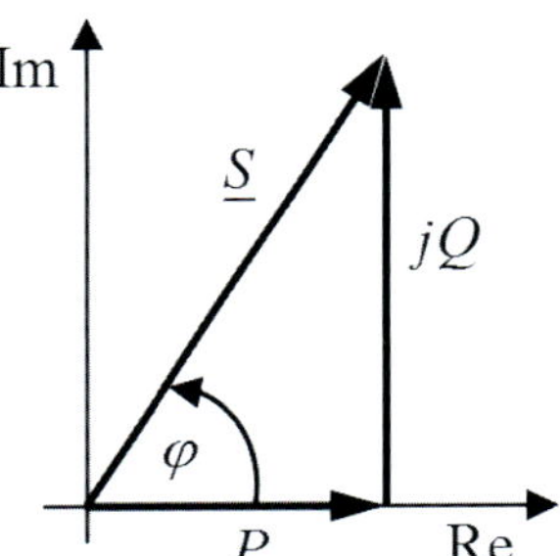

Abb. 103: Geometrischer Zusammenhang der Leistungsarten (links) und Zeigerdiagramm der komplexen Leistung (rechts)

Mit Gl. (5.28) $P = U \cdot I \cdot \cos(\varphi)$ und Gl. (5.29) $Q = U \cdot I \cdot \sin(\varphi)$ aus Abschnitt 5.1.3 wird die komplexe Leistung umgeformt:

$$\begin{aligned} \underline{S} &= U \cdot I \cdot \cos(\varphi) + j \cdot (U \cdot I \cdot \sin(\varphi)) \\ &= U \cdot I \cdot (\cos(\varphi) + j \cdot \sin(\varphi)) \\ &= U \cdot I \cdot e^{j\varphi} \\ &= U \cdot I \cdot e^{j(\varphi_u - \varphi_i)} \end{aligned} \tag{6.93}$$

$$\underline{S} = U \cdot e^{j\varphi_u} \cdot I \cdot e^{-j\varphi_i} \tag{6.94}$$

Mit $\underline{U} = U \cdot e^{j\varphi_u}$ und $\underline{I}^* = I \cdot e^{-j\varphi_i}$ folgt für die komplexe Leistung:

$$\boxed{\underline{S} = \underline{U} \cdot \underline{I}^* = U \cdot I \cdot e^{j\varphi}} \tag{6.95}$$

Mit Gleichung (6.95) können wir die komplexe Leistung aus der komplexen Spannung und dem komplexen Strom (konjugiert komplex genommen) berechnen. Aus der komplexen Leistung können die Wirkleistung durch Realteilbildung, die Blindleistung durch Imaginärteilbildung und die Scheinleistung durch Betragsbildung einfach ermittelt werden. Wir erhalten:

$$\boxed{P = \mathrm{Re}\{\underline{S}\} = U \cdot I \cdot \cos(\varphi)} \tag{6.96}$$

$$\boxed{Q = \mathrm{Im}\{\underline{S}\} = U \cdot I \cdot \sin(\varphi)} \tag{6.97}$$

$$\boxed{S = |\underline{S}| = U \cdot I} \tag{6.98}$$

Wie die Impedanz $\underline{Z}$ und die Admittanz $\underline{Y}$ ist auch die komplexe Leistung $\underline{S}$ eine zeitunabhängige Größe, ein ruhender Zeiger.

Der in Gl. (6.95) auftretende Winkel φ ist identisch mit dem Winkel $\varphi = \varphi_{ui} = \varphi_u - \varphi_i$ im Zeitbereich und identisch mit dem Winkel der Impedanz $\underline{Z} = Z \cdot e^{j\varphi}$.

Da $\underline{I} \cdot \underline{I}^* = I^2$ ist, erhalten wir mit dem komplexen ohmschen Gesetz $\underline{U} = \underline{Z} \cdot \underline{I}$ in $\underline{S} = \underline{U} \cdot \underline{I}^*$ eingesetzt:

$$\boxed{\underline{S} = \underline{Z} \cdot I^2} \tag{6.99}$$

Mit $\underline{I} = \underline{Y} \cdot \underline{U}$ bzw. $\underline{I}^* = \underline{Y}^* \cdot \underline{U}^*$ in $\underline{S} = \underline{U} \cdot \underline{I}^*$ eingesetzt folgt:

$$\boxed{\underline{S} = \underline{Y}^* \cdot U^2} \tag{6.100}$$

Mit der Impedanz $\underline{Z} = R + j \cdot X$ und folgt aus (6.99):

$$\underline{S} = R \cdot I^2 + j \cdot X \cdot I^2 \tag{6.101}$$

$$S = Z \cdot I^2 = \sqrt{R^2 + X^2} \cdot I^2 \tag{6.102}$$

Mit der Admittanz $\underline{Y} = G + j \cdot B$ folgt aus (6.100):

$$\underline{S} = G \cdot U^2 - j \cdot B \cdot U^2 \tag{6.103}$$

$$S = Y^* \cdot U^2 = \sqrt{G^2 + B^2} \cdot U^2 \tag{6.104}$$

Die **Wirkleistung** ist:

$$\boxed{P = \mathrm{Re}\{\underline{S}\} = I^2 \cdot R = U^2 \cdot G = S \cdot \cos(\varphi) = U \cdot I \cdot \cos(\varphi)} \tag{6.105}$$

Die **Blindleistung** ist:

$$Q = \mathrm{Im}\{\underline{S}\} = I^2 \cdot X = -U^2 \cdot B = S \cdot \sin(\varphi) = U \cdot I \cdot \sin(\varphi) \qquad (6.106)$$

Die Wirkleistung ist $P > 0$ für $R > 0$ bzw. $G > 0$. Für $\varphi = 0$ bzw. $X = B = 0$ liegt ausschließlich Wirkleistung vor, die Last ist rein ohmisch.

Die Blindleistung ist $Q > 0$ für $X > 0$ bzw. $B < 0$ bzw. $\varphi > 0$, die Last ist induktiv.

Die Blindleistung ist $Q < 0$ für $X < 0$ bzw. $B > 0$ bzw. $\varphi < 0$, die Last ist kapazitiv.

Sind $P \neq 0$ und $Q \neq 0$, so ist die Scheinleistung $S \neq 0$, die Last ist entweder

- ohmsch-induktiv $Q > 0$, $\varphi > 0$ oder
- ohmsch-kapazitiv $Q < 0$, $\varphi < 0$.

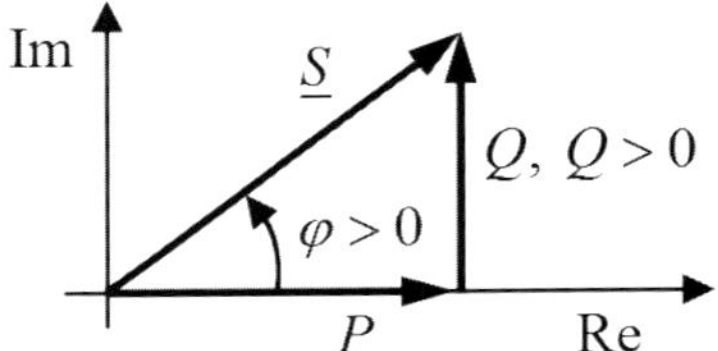

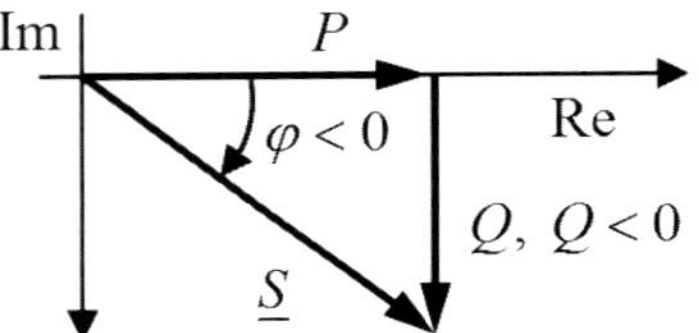

Abb. 104: Zeigerdiagramm der komplexen Leistung bei ohmsch-induktivem (links) und ohmsch-kapazitivem (rechts) Verbraucher

Leistungsfaktor $\cos(\varphi) = P/S$ und *Blindfaktor* $\sin(\varphi) = Q/S$ sind genauso definiert wie im Zeitbereich.

Beispiel 50

Gegeben sind die Größen $\underline{U} = (80 + j \cdot 60)$ V und $\underline{I} = (32 + j \cdot 124)$ A. Gesucht sind die Scheinleistung S, die Wirkleistung P, die Blindleistung Q und der Leistungsfaktor $\cos(\varphi)$.

Lösung:

$\underline{S} = \underline{U} \cdot \underline{I}^*$;

$\underline{S} = (80 + j \cdot 60)\ \mathrm{V} \cdot (32 - j \cdot 124)\ \mathrm{A} = (80 \cdot 32 + 60 \cdot 124 - j \cdot 80 \cdot 124 + j \cdot 60 \cdot 32)\ \mathrm{VA}$;

$\underline{\underline{\underline{S} = (10^4 - j \cdot 8 \cdot 10^3)\ \mathrm{VA}}}$; $S = \sqrt{(10^4)^2 + (8 \cdot 10^3)^2}$; $\underline{\underline{S = 12806\ \mathrm{VA}}}$

$P = \mathrm{Re}\{\underline{S}\}$; $\underline{\underline{P = 10^4\ \mathrm{W}}}$; $Q = \mathrm{Im}\{\underline{S}\}$; $\underline{\underline{Q = -8 \cdot 10^3\ \mathrm{var}}}$; $\cos(\varphi) = \dfrac{P}{S} = \underline{\underline{0{,}78}}$

Beispiel 51

Die Reihenschaltung eines ohmschen Widerstandes $R = 1\ \text{k}\Omega$ und einer Induktivität $L = 0{,}5\ \text{H}$ liegt an der Netzspannung $U = 230\ \text{V}$, $f = 50\ \text{Hz}$. Wie groß sind Wirkleistung P, Blindleistung Q und Scheinleistung S?

Lösung:

Die Impedanz des Zweipols ist:

$$\underline{Z} = R + j\omega L = (1000 + j \cdot 2\pi \cdot 0{,}5)\ \Omega = (1000 + j \cdot 157{,}08)\ \Omega = 1012{,}26\ \Omega \cdot e^{j \cdot 0{,}156}$$

Der Strom ist:

$$I = \frac{U}{Z} = \frac{230\ \text{V}}{1012{,}26 \cdot e^{j \cdot 0{,}156}}\ \text{A} = 0{,}227\ \text{A} \cdot e^{-j \cdot 0{,}156}$$

Die komplexe Leistung ist:

$$\underline{S} = \underline{U} \cdot \underline{I}^* = 230\ \text{V} \cdot 0{,}227\ \text{A} \cdot e^{j \cdot 0{,}156} = 52{,}21\ \text{VA} \cdot e^{j \cdot 0{,}156} = (51{,}58 + j \cdot 8{,}11)\ \text{VA} = P + j \cdot Q$$

$$P = \text{Re}\{\underline{S}\} = I^2 \cdot R = \underline{\underline{51{,}6\ \text{W}}};\ Q = \text{Im}\{\underline{S}\} = \underline{\underline{8{,}1\ \text{var}}};\ \underline{\underline{S = 52{,}2\ \text{VA}}}$$

Beispiel 52

Die Reihenschaltung eines ohmschen Widerstandes $R = 6{,}6\ \Omega$ und einer Induktivität $L = 36{,}6\ \text{mH}$ liegt an der Netzspannung $U = 230\ \text{V}$, $f = 50\ \text{Hz}$. Berechnen Sie den komplexen Widerstand $\underline{Z}$ der Reihenschaltung, die komplexe Leistung $\underline{S}$ und deren Betrag (die Scheinleistung) S, die Wirkleistung P und die Blindleistung Q. Durch einen zur ohmsch-induktiven Last parallel geschalteten Kondensator soll der Leistungsfaktor auf einen Wert von $\cos(\varphi') = 0{,}92$ eingestellt werden. Berechnen Sie die Kompensationskapazität C allgemein in Abhängigkeit von ω, R, L und φ' und als Zahlenwert.

Lösung:

$$\underline{Z} = R + j \cdot \omega L = 6{,}6\ \Omega + j \cdot 11{,}4\ \Omega = \underline{\underline{13{,}2\ \Omega \cdot e^{j59{,}9^\circ}}}$$

$$\underline{U} = 230\ \text{V};\ \underline{I} = \frac{\underline{U}}{\underline{Z}} = \frac{230\ \text{V}}{13{,}2\ \Omega \cdot e^{j59{,}9^\circ}} = 17{,}4\ \text{A} \cdot e^{-j59{,}9^\circ};\ \underline{S} = \underline{U} \cdot \underline{I}^*;$$

$$\underline{S} = 230\ \text{V} \cdot 17{,}4\ \text{A} \cdot e^{j59{,}9^\circ} = \underline{\underline{2007\ \text{W} + j \cdot 3462\ \text{var}}}$$

$$S = \sqrt{2007^2 + 3462^2}\ \text{VA} = \underline{\underline{4001{,}7\ \text{VA}}}\ \text{oder}\ S = U \cdot I = 230\ \text{V} \cdot 17{,}4\ \text{A} = \underline{\underline{4002\ \text{VA}}}$$

$$P = \text{Re}\{\underline{S}\} = \underline{\underline{2007\ \text{W}}};\ Q = \text{Im}\{\underline{S}\} = \underline{\underline{3462\ \text{var}}}$$

Vergleichen Sie die Werte mit denen von Beispiel 29, bis auf Abweichungen durch Rundungen stimmen die Werte überein.

Nun wird der komplexe Widerstand der Reihenschaltung mit parallel geschaltetem Kompensationskondensator berechnet.

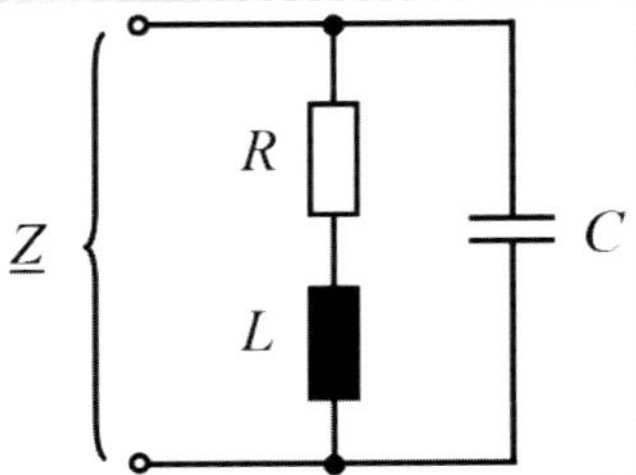

Abb. 105: Realer induktiver Verbraucher (z. B. Elektromotor) mit parallel geschaltetem Kompensationskondensator. Der Widerstand kann der Wicklungswiderstand der Induktivität sein.

$$\underline{Z} = \frac{\frac{1}{j\omega C}\cdot(R+j\omega L)}{\frac{1}{j\omega C}+R+j\omega L} = \frac{R+j\omega L}{1+j\omega RC-\omega^2 LC} = \frac{(R+j\omega L)(1-\omega^2 LC-j\omega RC)}{(1-\omega^2 LC+j\omega RC)(1-\omega^2 LC-j\omega RC)}$$

Nach Ausmultiplizieren und Kürzen erhalten wir:

$$\underline{Z} = \frac{R+j\cdot(\omega L-\omega R^2 C-\omega^3 L^2 C)}{1-2\omega^2 LC+\omega^2 R^2 C^2+\omega^4 L^2 C^2}$$

Für den Phasenwinkel von $\underline{Z}$ gilt (der Nenner von Real- und Imaginärteil kürzt sich weg):

$$\tan(\varphi) = \frac{\omega L-\omega R^2 C-\omega^3 L^2 C}{R}$$

Nach C aufgelöst:

$$\boxed{C = \frac{\omega L - R\cdot\tan(\varphi)}{\omega R^2+\omega^3 L^2}} \qquad (6.107)$$

Gl. (6.107) ist eine allgemein gültige Berechnungsformel für die Kompensation eines realen induktiven Verbrauchers durch einen parallelgeschalteten Kondensator.

Für den geforderten Wert des Leistungsfaktors von $\cos(\varphi') = 0{,}92$ ist der Winkel $23{,}1°$. Dieser Winkel und die anderen gegebenen Zahlenwerte werden in Gl. (6.107) eingesetzt.

$$C = \frac{2\pi\cdot 50\cdot 36{,}3\cdot 10^{-3}-6{,}6\cdot\tan(23{,}1°)}{2\pi\cdot 50\cdot 6{,}6^2+(2\pi\cdot 50)^3\cdot(36{,}3\cdot 10^{-3})^2}\ \text{F}\,;\ \underline{\underline{C = 157\ \mu\text{F}}}$$

Auch dieser Wert stimmt mit dem in Beispiel 29 ermittelten Wert des Kondensators überein.

6.6.1 Leistungsanpassung bei Wechselstrom

Im Gleichstromfall ist die Leistungsabgabe einer realen Spannungsquelle mit der Quellenspannung U_q und dem Innenwiderstand R_i an einen angeschlossenen Lastwiderstand R_L maximal[14] für:

$$\boxed{R_L = R_i} \tag{6.108}$$

Die an den Lastwiderstand abgegebene Wirkleistung ist:

$$\boxed{P_{L\max} = \frac{U_q^2}{4 \cdot R_i}} \tag{6.109}$$

Im Wechselstromfall werden der ohmsche Innenwiderstand R_i durch den komplexen Innenwiderstand $\underline{Z}_i$ und der ohmsche Lastwiderstand R_L durch den komplexen Lastwiderstand $\underline{Z}_L$ ersetzt.

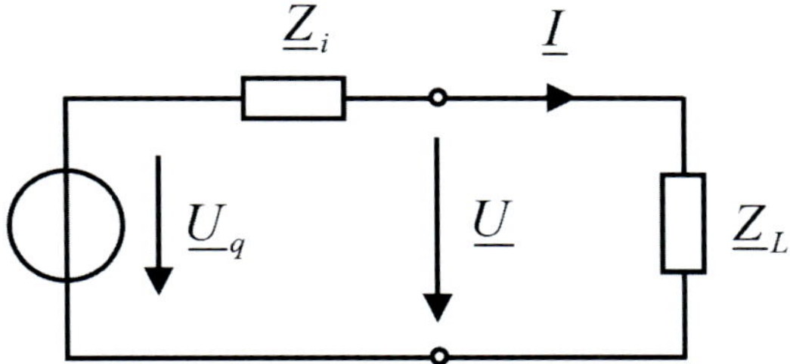

Abb. 106: Komplexe Last an einem Generator mit komplexem Innenwiderstand

$$\underline{Z}_i = R_i + j \cdot X_i \tag{6.110}$$

$$\underline{Z}_L = R_L + j \cdot X_L \tag{6.111}$$

Der Effektivwert der Quellenspannung des Generators ist

$$U_q = |\underline{U}_q| \tag{6.112}$$

Die an die Last abgegebene Leistung ist:

$$\underline{S} = \underline{U} \cdot \underline{I}^* \tag{6.113}$$

$$\underline{I} = \frac{\underline{U}_q}{(R_i + R_L) + j \cdot (X_i + X_L)} \tag{6.114}$$

14 Siehe Abschnitt 2.7, Elektrotechnik für Studierende: Band 2 – Gleichstrom, Christiani-Verlag

$$\underline{I}^* = \frac{\underline{U}_q^*}{(R_i + R_L) - j \cdot (X_i + X_L)} \tag{6.115}$$

$$\underline{U} = (R_L + j \cdot X_L) \cdot \underline{I} = \underline{U}_q \cdot \frac{R_L + j \cdot X_L}{(R_i + R_L) + j \cdot (X_i + X_L)} \tag{6.116}$$

$$\underline{S} = \underline{U} \cdot \underline{I}^* = \underline{U}_q \cdot \frac{R_L + j \cdot X_L}{(R_i + R_L) + j \cdot (X_i + X_L)} \cdot \frac{\underline{U}_q^*}{(R_i + R_L) - j \cdot (X_i + X_L)} \tag{6.117}$$

Mit $\underline{U}_q \cdot \underline{U}_q^* = U_q^2$ folgt:

$$\underline{S} = U_q^2 \cdot \frac{R_L + j \cdot X_L}{(R_i + R_L)^2 + (X_i + X_L)^2} \tag{6.118}$$

$$\boxed{\underline{S} = U_q^2 \cdot \frac{R_L}{(R_i + R_L)^2 + (X_i + X_L)^2} + j \cdot U_q^2 \cdot \frac{X_L}{(R_i + R_L)^2 + (X_i + X_L)^2}} \tag{6.119}$$

Für die Wirkleistung erhalten wir:

$$\boxed{P = \mathrm{Re}\{\underline{S}\} = U_q^2 \cdot \frac{R_L}{(R_i + R_L)^2 + (X_i + X_L)^2}} \tag{6.120}$$

Die Blindleistung ist:

$$\boxed{Q = \mathrm{Im}\{\underline{S}\} = U_q^2 \cdot \frac{X_L}{(R_i + R_L)^2 + (X_i + X_L)^2}} \tag{6.121}$$

6.6.1.1 Wirkleistungsanpassung

Bei gegebenem, *konstanten* Innenwiderstand $\underline{Z}_i$ eines vorgegebenen Generators soll der Lastwiderstand $\underline{Z}_L$ so gewählt werden, dass die in ihm umgesetzte Wirkleistung maximal wird. Dies ist der Fall, wenn die Ableitung der Wirkleistung sowohl nach dem Realteil R_L als auch nach dem Imaginärteil X_L der Lastimpedanz null ist. Es sind also die beiden Ableitungen dP/dR_L und dP/dX_L zu untersuchen.

Mit der Quotientenregel folgt:

$$\frac{dP}{dR_L} = U_q^2 \cdot \frac{(R_i + R_L)^2 + (X_i + X_L)^2 - 2R_L \cdot (R_L + R_i)}{\left[(R_i + R_L)^2 + (X_i + X_L)^2\right]^2} = 0 \tag{6.122}$$

dP/dR_L ist null für:

$$R_L^2 = R_i^2 + (X_i + X_L)^2 \tag{6.123}$$

Mit der Reziprokregel $(1/v)' = -(v'/v^2)$ folgt:

$$\frac{dP}{dX_L} = U_q^2 \cdot \frac{-2 \cdot R_L \cdot (X_i + X_L)}{\left[(R_i + R_L)^2 + (X_i + X_L)^2\right]^2} \tag{6.124}$$

dP/dX_L ist null für:

$$\boxed{X_L = -X_i} \tag{6.125}$$

Wird dieses Ergebnis in Gl. (6.123) eingesetzt, so folgt:

$$\boxed{R_L = R_i} \tag{6.126}$$

Somit wird der komplexe Lastwiderstand $\underline{Z}_L = R_L + j \cdot X_L$ zu $\underline{Z}_L = R_i - j \cdot X_i$ bzw.

$$\boxed{\underline{Z}_L = \underline{Z}_i^*} \tag{6.127}$$

Das Maximum der Wirkleistung tritt im komplexen Lastwiderstand auf, wenn:

- der ohmsche Widerstand der Last gleich dem ohmschen Innenwiderstand der Quelle ist
  und
- der Blindwiderstand der Last gleich dem negativen Blindwiderstand der Quelle ist.

Für eine Wirkleistungsanpassung muss die Verbraucherimpedanz gleich der konjugiert komplexen Impedanz der Quelle sein.

Im Fall der Wirkleistungsanpassung wird zugleich die Blindleistung kompensiert, siehe Gl. (6.125).

Zur Maximierung der Wirkleistung im Verbraucher müssen die Imaginärteile von Quellen- und Verbraucherimpedanz betragsgleich sein und umgekehrtes Vorzeichen haben. Die Forderung nach umgekehrtem Vorzeichen bedeutet, dass ein Imaginärteil induktiv, der andere kapazitiv sein muss. Die Forderung nach Betragsgleichheit bedeutet, dass $\omega L = 1/\omega C$ gelten muss. Dies ist aber die von Schwingkreisen bekannte Resonanzbedingung. Eine Schaltung mit Wirkleistungsanpassung befindet sich also in Resonanz.

Bei Wechselspannung ist eine Wirkleistungsanpassung nur für eine ganz bestimmte Frequenz möglich, nicht aber für einen ganzen Frequenzbereich.

Die an den Lastwiderstand abgegebene maximale Wirkleistung ist mit dem Ergebnis für Gleichstrombetrieb identisch:

$$\boxed{P_{L\max} = \frac{U_q^2}{4 \cdot R_L}} \quad (R_L = R_i) \tag{6.128}$$

6.6.1.2 Scheinleistungsanpassung

Da sich die Blindwiderstände mit der Frequenz ändern, ist eine Wirkleistungsanpassung nur für eine bestimmte Frequenz erreichbar. Um eine Leistungsanpassung in einem großen Frequenzbereich zu realisieren, dies wird z. B. in der Nachrichtentechnik gefordert, wählt man eine Scheinleistungsanpassung. Mit der gleichen Vorgehensweise wie unter Abschnitt 6.6.1.1 ergibt sich: Die maximal mögliche Scheinleistung wird übertragen, wenn der komplexe Lastwiderstand gleich dem Innenwiderstand der Quelle ist.

$$\boxed{\underline{Z}_L = \underline{Z}_i} \text{ oder } R_L = R_i,\ X_L = X_i \tag{6.129}$$

Ist außerdem $R_L \gg X_L$, so unterscheidet sich das Scheinleistungsmaximum nur wenig vom Wirkleistungsmaximum, ist aber frequenzunabhängig.

Eine Anwendung der Scheinleistungsanpassung in der Nachrichtentechnik ist der Abschluss einer Leitung mit dem Wellenwiderstand, um die Reflexion einer Welle am Leitungsende zu vermeiden.

6.6.1.3 Leistungsanpassung bei ohmschem Lastwiderstand

Bei gegebenem, *konstanten* Innenwiderstand $\underline{Z}_i$ eines vorgegebenen Generators soll der ohmsche Lastwiderstand R_L so gewählt werden, dass die in ihm umgesetzte Wirkleistung maximal wird.

Der Innenwiderstand der Spannungsquelle ist wieder $\underline{Z}_i = R_i + j \cdot X_i$. Somit ist der Strom durch den Lastwiderstand R_L:

$$I = \frac{U_q}{\sqrt{X_i^2 + (R_i + R_L)^2}} \tag{6.130}$$

Die Spannung am Lastwiderstand ist:

$$U_L = I \cdot R_L = U_q \cdot \frac{R_L}{\sqrt{X_i^2 + (R_i + R_L)^2}} \tag{6.131}$$

Es folgt die in R_L umgesetzte Wirkleistung:

$$P = I \cdot U_L = U_q^2 \cdot \frac{R_L}{X_i^2 + (R_i + R_L)^2} \tag{6.132}$$

$$\frac{dP}{dR_L} = U_q^2 \cdot \frac{X_i^2 + (R_i + R_L)^2 - R_L \cdot 2 \cdot (R_i + R_L)}{\left[X_i^2 + (R_i + R_L)^2\right]^2} \quad (6.133)$$

dP/dR_L ist null für:

$$X_i^2 + R_i^2 + 2 \cdot R_i \cdot R_L + R_L^2 - 2 \cdot R_i \cdot R_L - 2 \cdot R_L^2 = 0 \quad (6.134)$$

$$X_i^2 + R_i^2 = R_L^2 \quad (6.135)$$

$$\boxed{R_L = \sqrt{R_i^2 + X_i^2}} \quad (6.136)$$

Das Maximum der Wirkleistung tritt im ohmschen Lastwiderstand auf, wenn dieser gleich ist dem Betrag des komplexen Innenwiderstandes der Spannungsquelle.

Beispiel 53

Der Innenwiderstand einer Spannungsquelle mit der Quellenspannung U_q besteht aus der Reihenschaltung eines ohmschen Widerstandes $R_i = 5\ \text{k}\Omega$ und einer Induktivität $L_i = 0{,}5\ \text{H}$. Die Lastimpedanz $\underline{Z}_L = R_L + j \cdot X_L$ soll so bestimmt werden, dass bei der Frequenz $f = 1\ \text{kHz}$ eine Wirkleistungsanpassung erfolgt. Geben Sie die Ersatzschaltung für die Lastimpedanz an.

Lösung:

Es ist $\underline{Z}_i = (5000 + j \cdot 0{,}5 \cdot 2 \cdot \pi \cdot 1000)\ \Omega = (5000 + j \cdot 3142)\ \Omega$

Es muss gelten: $\underline{Z}_L = \underline{Z}_i^*$. $\underline{Z}_L = (5000 - j \cdot 3142)\ \Omega$

Diese Lastimpedanz kann durch eine Reihenschaltung eines Widerstandes und eines Kondensators realisiert werden.

$\underline{Z}_L = (5000 - j \cdot 3142)\ \Omega = R_L - j \cdot \frac{1}{\omega C_L}$; $\underline{\underline{R_L = 5\ \text{k}\Omega}}$; $3142\ \Omega = \frac{1}{\omega \cdot C_L}$;

$\underline{\underline{C_L = 50{,}7\ \text{nF}}}$

6.7 Zusammenfassung

1. Die Berechnung von Wechselstromnetzwerken wird durch die Verwendung komplexer Zahlen wesentlich vereinfacht. Durch die komplexe Rechnung lassen sich Zeigerdiagramme mathematisch beschreiben.
2. Die imaginäre Einheit ist $j = \sqrt{-1}$.
3. Eine komplexe Zahl $\underline{Z} = R + jX$ hat einen Realteil R und einen Imaginärteil X, sie ist die Summe aus einer reellen Zahl und einer imaginären Zahl und kann durch einen Zeiger in der Gauß'schen Ebene dargestellt werden. Komplexe Größen werden unterstrichen.
4. Eine komplexe Zahl kann in drei gleichwertigen Formen dargestellt werden: Komponentenform, trigonometrische Form und Exponentialform.
5. Für komplexe Zahlen gibt es relativ einfache Rechenregeln. Das Arbeiten mit komplexen Zahlen verlangt aber einige Übung.
6. Es gibt Drehzeiger und ruhende Zeiger (Festzeiger). Festzeiger reichen für Netzwerkberechnungen im Komplexen aus, falls Momentanwerte nicht von Interesse sind.
7. Eine sinusförmige Wechselspannung wird im Zeitbereich durch $u(t) = \hat{U} \cdot \sin(\omega t + \varphi)$ beschrieben, als komplexe Zeitfunktion durch $\underline{u}(t) = \hat{U} \cdot e^{j(\omega t + \varphi)}$ (ein Drehzeiger). φ ist der Phasenverschiebungswinkel zwischen Spannung und Strom).
8. Der Ausdruck $\underline{\hat{U}} = \hat{U} \cdot e^{j\varphi}$ ist die komplexe Amplitude (ein Festzeiger).
9. Die Größe $\underline{U} = \frac{\hat{U}}{\sqrt{2}} \cdot e^{j\varphi}$ wird als komplexer Effektivwert bezeichnet (ein Festzeiger).
10. Ein komplexer Widerstand $\underline{Z} = R + jX$ eines Zweipols wird Impedanz genannt. R ist der Wirkwiderstand (Resistanz), X ist der Blindwiderstand (Reaktanz).
11. Der komplexe Leitwert $\underline{Y} = \frac{1}{\underline{Z}} = G + j \cdot B$ wird Admittanz genannt. G ist der Wirkleitwert (Konduktanz), B ist der Blindleitwert (Suszeptanz).
12. Der Phasenwinkel des komplexen Widerstandes entspricht nach Vorzeichen und Betrag der Phasenverschiebung zwischen Spannung und Strom am komplexen Widerstand.
13. Der Betrag der Impedanz $Z = |\underline{Z}|$ wird als Scheinwiderstand bezeichnet, der Betrag der Admittanz $Y = |\underline{Y}|$ wird Scheinleitwert genannt.
14. Der komplexe Widerstand einer Spule ist $\underline{Z}_L = j\omega L$.

15. Der komplexe Widerstand einer Kapazität ist $\underline{Z}_C = \frac{1}{j\omega C}$.
16. Die komplexe Leistung ist $\underline{S} = \underline{U} \cdot \underline{I}^* = U \cdot I \cdot e^{j\varphi}$.
17. Die Wirkleistung ist $P = \mathrm{Re}\{\underline{S}\} = I^2 \cdot R = U^2 \cdot G = S \cdot \cos(\varphi) = U \cdot I \cdot \cos(\varphi)$.
18. Die Blindleistung ist $Q = \mathrm{Im}\{\underline{S}\} = I^2 \cdot X = -U^2 \cdot B = S \cdot \sin(\varphi) = U \cdot I \cdot \sin(\varphi)$.
19. Für eine Wirkleistungsanpassung muss die Verbraucherimpedanz gleich der konjugiert komplexen Impedanz der Quelle sein.

7 Umwandlung von Netzwerken

7.1 Ersatzschaltungen

Falls bei einer Zweipol-Schaltung nur das Verhalten an den beiden Klemmen und nicht die Wirkungsweise im Inneren dieses Schaltungsteils interessiert, so kann es vorteilhaft sein, diese Schaltung durch eine andere Schaltung (Ersatzschaltung, Ersatznetzwerk) zu ersetzen. Die Ersatzschaltung kann eine (evtl. sehr stark) vereinfachte Darstellung der ursprünglichen Schaltung sein. Komplizierte Schaltungen können dadurch übersichtlicher und durchschaubarer werden, sie sind möglicherweise leichter zu berechnen. Die Ersatzschaltung besteht meist aus anderen Bauelementen, die anders verschaltet sind als bei der Originalschaltung. Im Allgemeinen sucht man die einfachste Ersatzschaltung.

Definition der Ersatzschaltung:

Eine Ersatzschaltung besitzt an den Anschlussklemmen die gleiche Funktionalität (das gleiche Strom-Spannungs-Verhalten) wie die Originalschaltung.

Anmerkung zu elektronischen Schaltungen:

Für lineare Netzwerke werden lineare Ersatzschaltungen verwendet. Bei passiven Bauelementen (R, L, C) ist dies für viele Einsatzbereiche hinreichend erfüllt. Für eine netzwerkgerechte Beschreibung steuerbarer Elemente und Funktionseinheiten wie Transistoren, Verstärker, analoge Schaltkreise usw. wird hingegen die Existenz eines geeigneten Arbeitspunktes (festgelegt durch die Gleichstromversorgung), die Einhaltung entsprechender Aussteuerungsbedingungen sowie Stabilität vorausgesetzt. Diese so genannten aktiven Elemente können dann mit Hilfe von gesteuerten Quellen und passiven Bauelementen (vorzugsweise R und C) beschrieben werden. Das Signalverhalten eines Verstärkers wird oft durch eine *Zweitor*-Ersatzschaltung beschrieben, welche das Klemmenverhalten der Anordnung erfasst, während die konkrete innere Schaltung durch Parameterwerte bestimmt wird.

Beispiel 54

Zerlegung eines komplexen Widerstandes

Jeder komplexe Widerstand $\underline{Z}$ kann in eine Reihenschaltung eines Wirkwiderstandes R und eines Blindwiderstandes X zerlegt werden. Jeder komplexe Leitwert $\underline{Y}$ kann in eine Parallelschaltung eines Wirkleitwertes G und eines Blindleitwertes B zerlegt werden.

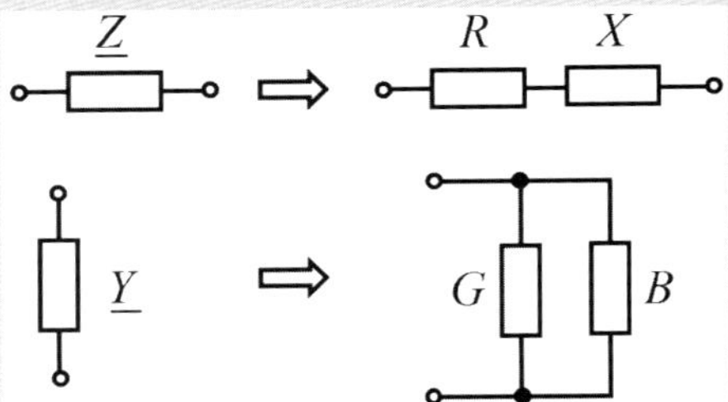

Abb. 107: Ersatzschaltungen durch Zerlegung eines komplexen Widerstandes und eines komplexen Leitwertes

Beispiel 55

Ersatzschaltung in Reihe geschalteter komplexer Widerstände

In Reihe geschaltete komplexe Widerstände können durch die Ersatzschaltung eines einzigen komplexen Widerstandes dargestellt werden.

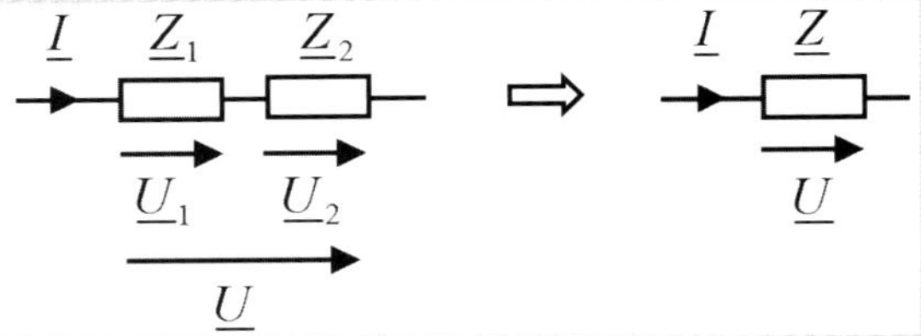

Abb. 108: Ersatzschaltung für in Reihe geschaltete komplexe Widerstände

$$\underline{U} = \underline{U}_1 + \underline{U}_2 = \underline{Z}_1 \cdot \underline{I} + \underline{Z}_2 \cdot \underline{I} = \underline{Z} \cdot \underline{I} \tag{7.1}$$

$$\underline{Z} = \underline{Z}_1 + \underline{Z}_2 \tag{7.2}$$

Beispiel 56

Ersatzschaltung parallel geschalteter komplexer Widerstände

Parallel geschaltete komplexe Widerstände können durch die Ersatzschaltung eines einzigen komplexen Widerstandes dargestellt werden.

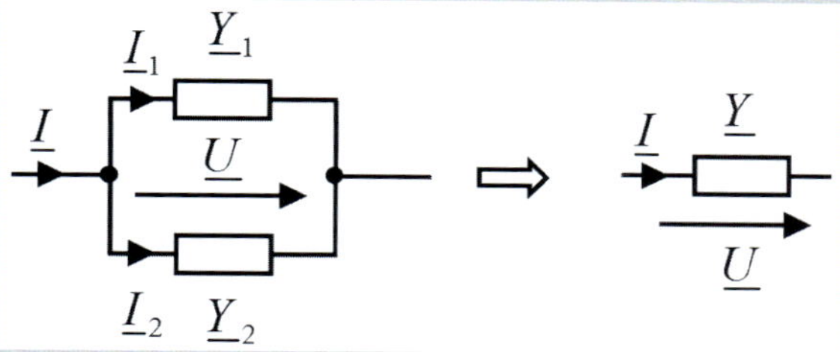

Abb. 109: Ersatzschaltung für parallel geschaltete komplexe Leitwerte

$$\underline{I} = \underline{I}_1 + \underline{I}_2 = \underline{Y}_1 \cdot \underline{U} + \underline{Y}_2 \cdot \underline{U} = \underline{Y} \cdot \underline{U} \tag{7.3}$$

$$\underline{Y} = \underline{Y}_1 + \underline{Y}_2 \tag{7.4}$$

7.2 Äquivalente Schaltungen

Netzwerke, welche trotz verschiedenen Aufbaus gleiches elektrisches Verhalten aufweisen, werden als äquivalent bezeichnet. **Bedingte Äquivalenz** liegt vor, wenn die Äquivalenz nur für eine Frequenz oder ein Frequenzintervall gilt, ansonsten spricht man von **unbedingter Äquivalenz**.

7.2.1 Äquivalenz bei Zweipolen

Zwei unterschiedlich aufgebaute Zweipole sind äquivalent, wenn ihre komplexen Widerstände gleich sind. Solche Zweipole verhalten sich an ihren Klemmen nach außen hin gleich.

7.2.1.1 Bedingte Äquivalenz

Bei einem allgemeinen Wechselstromzweipol, der aus ohmschen Widerständen, Induktivitäten und Kapazitäten aufgebaut ist, stellt sich an den Klemmen ein Verhalten ein, das entweder ohmsch-induktiv oder ohmsch-kapazitiv ist. Die Spannung $\underline{U}(j\omega)$ und der Strom $\underline{I}(j\omega)$ stehen zueinander in einer festen Betrags- und Phasenbeziehung. Da die Phasenverschiebung zwischen Spannung und Strom nach Gl. (6.46) dem Winkel φ_Z des komplexen Widerstandes des Zweipols entspricht, ist der Phasenverschiebungswinkel aus dem Winkel der Impedanz ersichtlich. Das Verhalten des Zweipols ist für $\varphi_Z > 0$ ohmsch-induktiv und für $\varphi_Z < 0$ ohmsch-kapazitiv. Diese Zusammenhänge ermöglichen (analog der Zusammenfassung ohmscher Widerstände im Gleichstromkreis) das Umrechnen ganzer Netzwerke in Ersatzzweipole, die bezogen auf die Klemmen das gleiche Strom-Spannungs-Verhalten haben. Es ist allerdings zu beachten, dass der jeweilige Ersatzzweipol nur für **eine feste** Kreisfrequenz ω gültig ist.

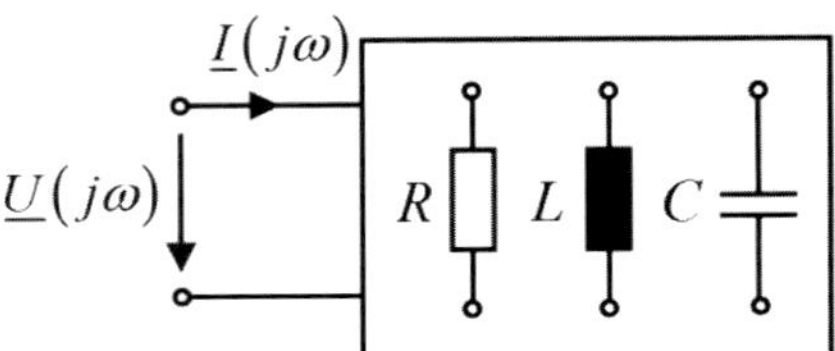

Abb. 110: Allgemeiner Wechselstromzweipol

Reihen- und Parallelersatzschaltung

Als Ersatzzweipol mit bedingter Äquivalenz kann eine Reihenersatzschaltung oder eine Parallelersatzschaltung ermittelt werden.

Dazu wird zuerst die Impedanz $\underline{Z}(j\omega)$ des gegebenen Zweipols in der Komponentenform berechnet.

$$\underline{Z}(j\omega) = R + j \cdot X \tag{7.5}$$

Reihenersatzschaltung

Die ermittelte Impedanz Gl. (7.5) des Zweipols wird unmittelbar zur Bestimmung der Reihenersatzschaltung verwendet.

$$\underline{Z}_R(j\omega) = R_R + j \cdot X_R \tag{7.6}$$

Der Reihenersatz-Wirkwiderstand ist durch den frequenzabhängigen Realteil der Impedanz gegeben:

$$R_R = \mathrm{Re}\{\underline{Z}_R(j\omega)\} \tag{7.7}$$

Der Reihenersatz-Blindwiderstand ist durch den frequenzabhängigen Imaginärteil der Impedanz gegeben:

$$X_R = \mathrm{Im}\{\underline{Z}_R(j\omega)\} \tag{7.8}$$

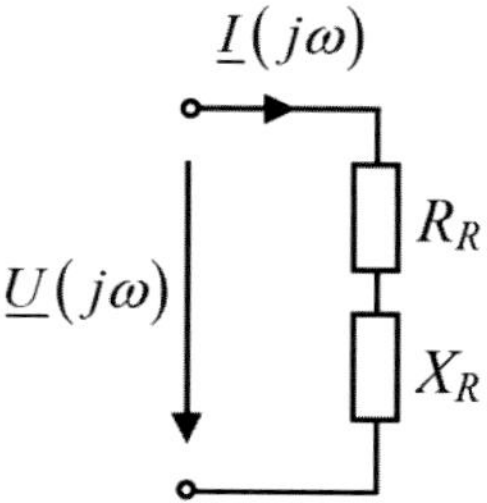

Abb. 111: Reihenersatzschaltung mit Aufteilung des Reihen-Esatzwiderstandes in Wirk- und Blindanteil

Nun muss eine Fallunterscheidung für induktives und kapazitives Verhalten getroffen werden.

$X_R > 0$: Es liegt **induktives Verhalten** vor. Die Ersatzinduktivität ist:

$$L_R = \frac{X_R}{\omega} \tag{7.9}$$

$X_R < 0$: Es liegt **kapazitives Verhalten** vor. Die Ersatzkapazität ist:

$$C_R = \frac{1}{X_R \cdot \omega} \tag{7.10}$$

Die Ersatzgrößen (7.9) und (7.10) sind nur für *eine* Kreisfrequenz ω gültig.

Parallelersatzschaltung

Wie in Beispiel 54 gezeigt, kann jeder komplexe Leitwert $\underline{Y}$ durch eine Parallelschaltung eines Wirkleitwertes G und eines Blindleitwertes B dargestellt werden.

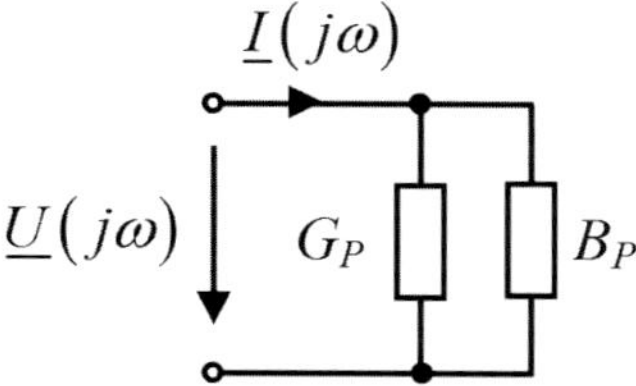

Abb. 112: Parallelersatzschaltung mit Aufteilung des Parallel-Ersatzwiderstandes in Wirk- und Blindanteil

Wir erhalten $\underline{Y}_P(j\omega)$ als Kehrwert der errechneten Impedanz $\underline{Z}(j\omega)$ des gegebenen Zweipols:

$$\underline{Y}_P(j\omega) = \frac{1}{\underline{Z}(j\omega)} = G_P + j \cdot B_P \tag{7.11}$$

Der Parallelersatz-Wirkleitwert ist durch den frequenzabhängigen Realteil der Admittanz gegeben:

$$G_P = \text{Re}\{\underline{Y}_P(j\omega)\} \tag{7.12}$$

Der Parallelersatz-Wirkwiderstand ist somit:

$$R_P = \frac{1}{G_P} \tag{7.13}$$

Der Parallelersatz-Blindleitwert ist durch den frequenzabhängigen Imaginärteil der Admittanz gegeben:

$$B_P = \text{Im}\{\underline{Y}_P(j\omega)\} \tag{7.14}$$

Auch hier ist eine Fallunterscheidung bezüglich induktivem oder kapazitivem Verhalten nötig.

$B_P < 0$: Es liegt **induktives Verhalten** vor. Die parallele Ersatzinduktivität ist:

$$L_P = \frac{1}{B_P \cdot \omega} \tag{7.15}$$

$B_P > 0$: Es liegt **kapazitives Verhalten** vor. Die parallele Ersatzkapazität ist:

$$C_P = \frac{B_P}{\omega} \tag{7.16}$$

Die Ersatzgrößen (7.15) und (7.16) sind wie bei der Reihenersatzschaltung nur für *eine* Kreisfrequenz ω gültig.

Beispiel 57

Für das in Abb. 113 gegebene Netzwerk soll die Reihen- und die Parallelersatzschaltung bestimmt werden. Gegeben sind folgende Werte: $R = 1\ \Omega$, $L = 1\ \text{mH}$, $C = 1\ \text{mF}$, $\omega = 10^3\ \text{s}^{-1}$.

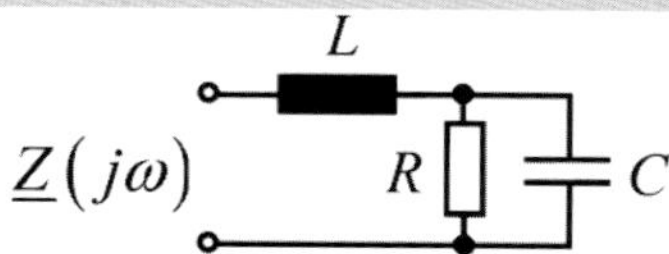

Abb. 113: Gesucht sind die äquivalente Reihen- und Parallelersatzschaltung

Lösung:

Zuerst wird die Impedanz $\underline{Z}(j\omega)$ des gegebenen Zweipols in der Komponentenform berechnet.

$$\underline{Z}(j\omega) = j\omega L + \frac{R \cdot \frac{1}{j\omega C}}{R + \frac{1}{j\omega C}} = j\omega L + \frac{R}{1 + j\omega RC};\ \underline{Z}(j\omega) = \left(\frac{1}{2} + j \cdot \frac{1}{2}\right)\Omega$$

$$\underline{\underline{R_R = \frac{1}{2}\ \Omega}};\ X_R = \frac{1}{2}\ \Omega;\ X_R > 0;\ L_R = \frac{X_R}{\omega};\ \underline{\underline{L_R = 0{,}5\ \text{mH}}}$$

$$\underline{Y}_P(j\omega) = \frac{1}{\underline{Z}(j\omega)} = G_P + j \cdot B_P = (1{,}0 - j \cdot 1{,}0)\ \text{S};\ G_P = 1{,}0\ \text{S};\ \underline{\underline{R_P = 1{,}0\ \Omega}}$$

$$B_P < 0;\ L_P = \frac{1}{B_P \cdot \omega};\ \underline{\underline{L_P = 1\ \text{mH}}}$$

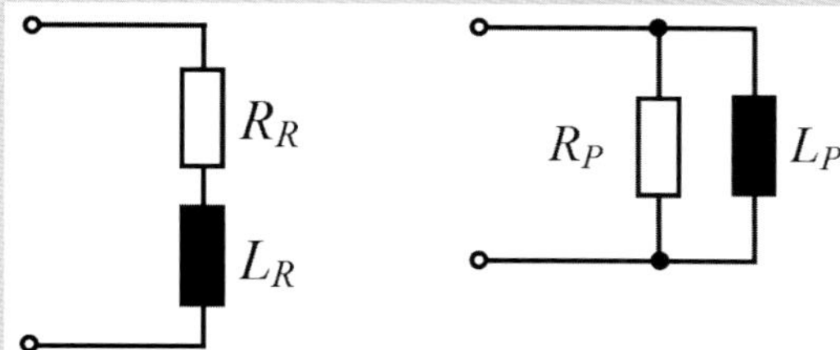

Abb. 114: Reihenersatzschaltung (links) und Parallelersatzschaltung (rechts) der Schaltung nach Abb. 113

Beispiel 58

Eine Reihenschaltung eines ohmschen Widerstandes $R_R = 20\ \Omega$ und einer Induktivität $L_R = 0{,}1\ \mathrm{H}$ soll in eine bei der Frequenz $f = 1\ \mathrm{kHz}$ äquivalente Parallelschaltung umgewandelt werden.

Lösung:

$$\underline{Z}(j\omega) = R_R + j\omega L_R = \left(20 + j\cdot 2\pi \cdot 10^3 \cdot 0{,}1\right)\ \Omega = \left(20 + j\cdot 200\cdot\pi\right)\ \Omega$$

$$\underline{Y}_P(j\omega) = \frac{1}{\underline{Z}(j\omega)} = G_P + j\cdot B_P = \left(5{,}1\cdot 10^{-5} - 1{,}6\cdot 10^{-3}\right)\ \mathrm{S};$$

$$R_P = \frac{1}{G_P} = \frac{1}{5{,}1\cdot 10^{-5}\ \mathrm{S}};\ \underline{\underline{R_P = 19{,}6\ \mathrm{k\Omega}}}$$

$$B_P < 0;\ L_P = \frac{1}{B_P\cdot\omega};\ \underline{\underline{L_P = 0{,}1\ \mathrm{H}}}$$

Beispiel 59

Eine Parallelschaltung eines ohmschen Widerstandes $R_P = 10\ \mathrm{k\Omega}$ und eines Kondensators $C_P = 100\ \mathrm{nF}$ soll in eine bei der Frequenz $f = 100\ \mathrm{Hz}$ äquivalente Reihenschaltung umgewandelt werden.

Lösung:

$$\underline{Z}(j\omega) = \frac{R_P\cdot\frac{1}{j\omega C_P}}{R_P + \frac{1}{j\omega C_P}} = \frac{R_P}{1 + j\omega R_P C_P};\ \underline{Z}(j\omega) = \left(7{,}2\cdot 10^3 - 4{,}5\cdot 10^3\right)\ \Omega$$

$$R_R = \mathrm{Re}\left\{\underline{Z}_R(j\omega)\right\};\ \underline{\underline{R_R = 7{,}2\ \mathrm{k\Omega}}};\ X_R < 0;\ C_R = \frac{1}{X_R\cdot\omega};\ \underline{\underline{C_R = 353{,}6\ \mathrm{nF}}}$$

7.2.1.2 Unbedingte Äquivalenz

Als Beispiel werden die beiden Schaltungen in Abb. 115 betrachtet. Es wird die Abkürzung $s = j\omega$ verwendet.

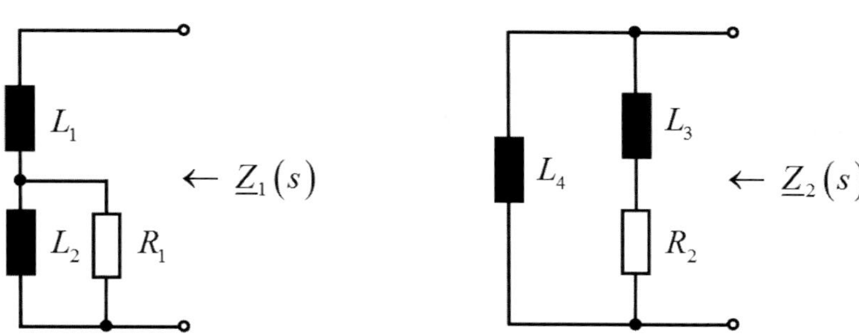

Abb. 115: Zur Bestimmung der Bauteile für unbedingte Äquivalenz von Zweipolen

Die Bauelemente des rechten Zweipols sollen in Abhängigkeit der Bauelemente des linken Zweipols so bestimmt werden, dass unbedingte Äquivalenz beider Zweipole vorliegt. Hierzu werden zunächst $\underline{Z}_1(s)$ und $\underline{Z}_2(s)$ bestimmt. Ist bei den gegebenen Schaltungen überhaupt Äquivalenz möglich, so müssen beide Scheinwiderstände in eine Form gebracht werden können, die für einen direkten Koeffizientenvergleich geeignet ist. Aus dem Koeffizientenvergleich erhält man drei Bestimmungsgleichungen und aus ihnen die Bauelemente.

$$\underline{Z}_1(s) = sL_1 + \frac{sL_2 \cdot R_1}{sL_2 + R_1} = \frac{sL_1(sL_2 + R_1) + sL_2R_1}{sL_2 + R_1} = s\frac{sL_1L_2 + L_1R_1 + L_2R_1}{sL_2 + R_1} \quad (7.17)$$

$$\underline{Z}_1(s) = s\frac{s\left\{\frac{L_1L_2}{R_1}\right\} + (L_1 + L_2)}{s\left[\frac{L_2}{R_1}\right] + 1} \quad (7.18)$$

$$\underline{Z}_2(s) = \frac{sL_4(sL_3 + R_2)}{sL_4 + sL_3 + R_2} = s\frac{s\left\{\frac{L_3L_4}{R_2}\right\} + (L_4)}{s\left[\frac{L_3 + L_4}{R_2}\right] + 1} \quad (7.19)$$

Jetzt werden die Inhalte der runden, eckigen und geschweiften Klammern verglichen. Für $\underline{Z}_1(s) = \underline{Z}_2(s)$ muss sein:

$$\boxed{L_4 = L_1 + L_2} \quad (7.20)$$

Weiterhin:

$$\frac{L_1L_2}{R_1} = \frac{L_3L_4}{R_2} \Rightarrow R_2 = \frac{R_1L_3(L_1 + L_2)}{L_1L_2} \quad (7.21)$$

Außerdem:

$$\frac{L_2}{R_1} = \frac{L_3 + L_4}{R_2} \Rightarrow R_2 = \frac{R_1\left(L_3 + L_4\right)}{L_2} \tag{7.22}$$

Gleichsetzen von (7.22) und (7.21):

$$\frac{R_1\left(L_3 + L_1 + L_2\right)}{L_2} = \frac{R_1 L_3\left(L_1 + L_2\right)}{L_1 L_2} \tag{7.23}$$

$$L_1 L_2 L_3 R_1 + L_1 L_2 R_1\left(L_1 + L_2\right) = L_2 L_3 R_1\left(L_1 + L_2\right) \tag{7.24}$$

$$L_1 L_3 + L_1\left(L_1 + L_2\right) = L_3\left(L_1 + L_2\right) \tag{7.25}$$

$$\boxed{L_3 = \frac{L_1}{L_2}\left(L_1 + L_2\right)} \tag{7.26}$$

Mit L_3 folgt aus (7.21):

$$R_2 = R_1 \frac{\frac{L_1}{L_2}\left(L_1 + L_2\right)\left(L_1 + L_2\right)}{L_1 L_2} \tag{7.27}$$

$$\boxed{R_2 = R_1\left(\frac{L_1 + L_2}{L_2}\right)^2} \tag{7.28}$$

7.2.2 Äquivalenz bei Vierpolen

Elektrische Schaltungen mit mehreren (mehr als zwei) Anschlussklemmen sind zueinander äquivalent, wenn eine Schaltung durch eine andere Schaltungsstruktur ersetzt werden kann, ohne dass sich das Strom-Spannungs-Verhalten an den Anschlussklemmen ändert.

Bezogen auf elektrische Zweitore (Vierpole) bedeutet Äquivalenz gleiches Verhalten an den äußeren Klemmen, trotz unterschiedlichen Aufbaus.

Zwei Zweitor-Netzwerke A und B heißen äquivalent, wenn zu jeder am Netzwerk A zulässigen Spannungs-Strom-Verteilung $u_1(t)$, $i_1(t)$, $u_2(t)$, $i_2(t)$ eine ebensolche auch am Netzwerk B existiert und umgekehrt. Abgeschwächte Äquivalenz liegt dann vor, wenn nur zwei oder drei der vier elektrischen Größen vorgeschrieben werden.

Stern- und Dreieckschaltung können z. B. äquivalente Schaltungen sein. Aus der Bedingung der Äquivalenz folgt, dass die Widerstände zwischen den Punkten 1 und 2, 2 und 3 sowie 1 und 3 für Stern- und Dreieckschaltung jeweils gleich sein müssen. Bekanntlich lassen sich die Widerstände der Sternschaltung durch eine Umrechnung mit den Widerständen der Dreieckschaltung ausdrücken und umgekehrt.

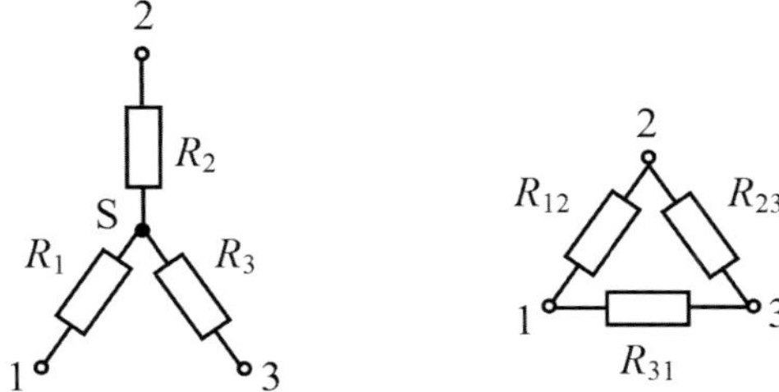

Abb. 116: Sternschaltung (links) und Dreieckschaltung (rechts)

Elektrische Übertragungsglieder mit gleichen Übertragungseigenschaften (mit gleicher Übertragungsfunktion) können ebenfalls äquivalente Schaltungen (äquivalente Vierpole) sein. Durch die Kenntnis äquivalenter Schaltungen können gezielt elektronische Bauelemente durch andere ersetzt werden. Zum Beispiel können große und teure Induktivitäten durch kleine und billige Kondensatoren substituiert werden.

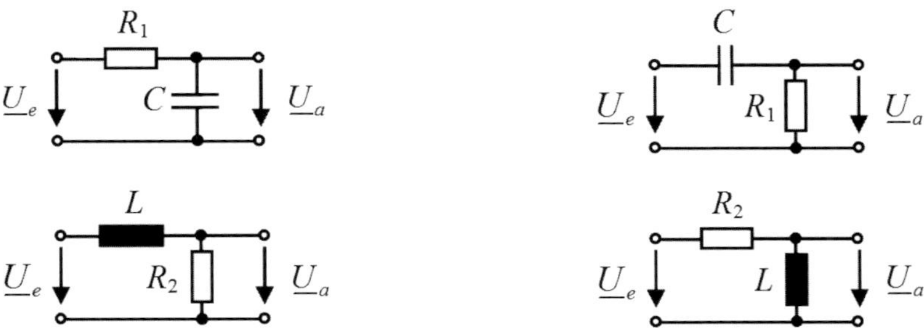

Abb. 117: Filterschaltungen als Beispiele äquivalenter Vierpole, Tiefpassschaltungen (links) und Hochpassschaltungen (rechts)

7.3 Duale Schaltungen

Allgemeines zu dualen Schaltungen

Es kommt in der Elektronik vor, dass sich zwei verschiedene Sachverhalte durch den gleichen mathematischen Formalismus beschreiben lassen. Durch Vertauschen der Bezeichnungen in den Formeln können die Objektsachverhalte direkt auf das duale Objekt übertragen werden. Durch die Beachtung von Dualitätsbeziehungen können Netzwerkberechnungen manchmal vereinfacht werden. In der Praxis ist von Bedeutung, dass ein bestimmtes frequenzabhängiges Übertragungsverhalten einer gegebenen Schaltung evtl. durch eine duale Schaltung mit weniger Spulen realisiert werden kann, da die duale Schaltung den gleichen Frequenzgang hat. Allerdings gibt es nicht zu jedem Netzwerk ein duales Netzwerk.

Anmerkung: Mit **Frequenzgang** wird die Abhängigkeit einer elektrischen Größe (z. B. Spannung, Strom, Betrag der Impedanz, Phase) von der Frequenz bezeichnet. Ein **Amplitudengang** zeigt eine Amplitude und ein **Phasengang** eine Phasenverschiebung als Funktion der Frequenz.

Ein Netzwerk ist zu einem zweiten Netzwerk **dual** oder *widerstandsreziprok*, wenn das erste Netzwerk hinsichtlich des Stromes bis auf einen konstanten Faktor die gleichen Eigenschaften hat wie das zweite für die Spannung, bzw. wenn das erste bis auf einen konstanten Faktor die gleichen Eigenschaften für die Spannung hat wie das zweite für den Strom. Dualität bedeutet, dass zwischen zwei Schaltungen eine Analogie vorliegt.

Die Zweipolgleichungen von Kapazität und Induktivität unterscheiden sich nur darin, dass die Plätze von Strom und Spannung vertauscht sind: $\underline{I} = j\omega C \cdot \underline{U}$ und $\underline{U} = j\omega L \cdot \underline{I}$. Die beiden Grundzweipole sind deshalb duale Zweipole. Für den ohmschen Widerstand und den zugehörigen Leitwert gilt das Gleiche: $\underline{U} = R \cdot \underline{I}$ und $\underline{I} = G \cdot \underline{U}$. Die ideale Spannungsquelle und die ideale Stromquelle entsprechen einander ebenfalls dual.

Insbesondere für Zweipole gilt: Zwei Zweipole sind zueinander dual, wenn der komplexe Widerstand $\underline{Z}_1$ des einen Zweipols proportional dem komplexen Leitwert $\underline{Y}_2$ des anderen Zweipols ist.

$$\underline{Z}_1 = R_0^2 \cdot \frac{1}{\underline{Z}_2} = R_0^2 \cdot \underline{Y}_2 \qquad \left[R_0^2\right] = \Omega^2 \tag{7.29}$$

Die Proportionalitätskonstante R_0^2 ist das Quadrat eines beliebig vorgebbaren, reellen Widerstandswertes, sie hat die Einheit des Quadrats eines ohmschen Widerstandes und wird als **Dualitätskonstante** bezeichnet. Duale Zweipole können durch die Dualitätskonstante miteinander verknüpft werden.

Beispiele für duale Zweipole sind Ersatzspannungs- und Ersatzstromquelle, Reihen- und Parallelschwingkreis.

Zwei Vierpole A und B heißen dual, wenn zu jeder am Netzwerk A zulässigen Spannungs-Strom-Verteilung

$$u_{1,\mathrm{A}}(t),\ i_{1,\mathrm{A}}(t),\ u_{2,\mathrm{A}}(t),\ i_{2,\mathrm{A}}(t)$$

am Netzwerk B eine zulässige Spannungs-Strom-Verteilung

$$u_{1,\mathrm{B}}(t) = k \cdot i_{1,\mathrm{A}}(t),\ i_{1,\mathrm{B}}(t) = \frac{1}{k} \cdot u_{1,\mathrm{A}}(t),\ u_{2,\mathrm{B}}(t) = k \cdot i_{2,\mathrm{A}}(t),\ i_{2,\mathrm{B}}(t) = \frac{1}{k} \cdot u_{2,\mathrm{A}}(t)$$

existiert und umgekehrt ($k = \text{konstant}$).

Bei dualen Netzwerken entsprechen sich:

Widerstand	$\leftrightarrow$ Leitwert
Induktivität	$\leftrightarrow$ Kapazität
Spannung	$\leftrightarrow$ Strom
Reihenschaltung	$\leftrightarrow$ Parallelschaltung
Masche	$\leftrightarrow$ Knoten
Baumzweig	$\leftrightarrow$ Verbindungszweig
Leerlauf ($R = \infty$)	$\leftrightarrow$ Kurzschluss ($R = 0$)
ideale Spannungsquelle	$\leftrightarrow$ ideale Stromquelle

Sucht man zu einer gegebenen Schaltung die zugehörige duale Schaltung, so ist für jeden Zweipol das duale Gegenstück bereitzustellen. Außerdem muss jede Masche in einen Knoten, und umgekehrt jeder Knoten in eine Masche, verwandelt werden. Durch zwei in Serie liegende Elemente in der gegebenen Schaltung fließt der gleiche Strom. In der dualen Schaltung muss an den beiden dualen Gegenstücken die gleiche Spannung liegen, deshalb müssen sie parallel geschaltet sein.

Regeln für die Umwandlung einer gegebenen Schaltung in eine zugehörige duale Schaltung:

1. Ersetze jede Parallelschaltung durch eine Reihenschaltung und umgekehrt.
2. Ersetze jede ideale Spannungsquelle U_q durch eine ideale Stromquelle $I_{qD} = \frac{U_q}{R_0}$.
3. Ersetze jede ideale Stromquelle I_q durch eine ideale Spannungsquelle $U_{qD} = R_0 \cdot I_q$.
4. Ersetze jeden Widerstand R durch den Leitwert $G_D = \frac{R}{R_0^2}$ (durch den Widerstand $R_D = \frac{R_0^2}{R}$).
5. Ersetze jeden Leitwert G durch den Widerstand $R_D = R_0^2 \cdot G$.
6. Ersetze jede Induktivität L durch die Kapazität $C_D = \frac{L}{R_0^2}$.
7. Ersetze jede Kapazität C durch die Induktivität $L_D = R_0^2 \cdot C$.

Zur Bestimmung der dualen Schaltung zu einem gegebenen Stromlaufplan empfiehlt sich die Anwendung einer grafischen Hilfskonstruktion.

Um eine übersichtliche Struktur des vorliegenden Netzwerkes zu erhalten, kann der Graph der Schaltung gezeichnet werden. In jede Masche wird ein Knoten in den Graph oder den Stromlaufplan eingetragen. Auch außerhalb des Graphen wird ein Knoten festgelegt, zweckmäßigerweise als Kurzschlussring. Die Knoten werden dann durch Hilfslinien verbunden, die durch die umzuwandelnden Schaltelemente verlaufen und die Lage der dualen Schaltelemente andeuten. Durch die Verbindungen der eingetragenen Knoten wird ja jeder Zweig des gegebenen Netzwerkes durch genau eine Knotenverbindungslinie (Zweig) des dualen Netzwerkes geschnitten. Jedem so gewonnenen Zweig des dualen Netzwerkes wird das duale Netzwerkelement zugeordnet, das im Ausgangsnetzwerk geschnitten wird.

Man beachte: In diesem Zusammenhang wird eine Reihen- oder Parallelschaltung als Schaltelement bezeichnet!

Anmerkung: Das Verfahren beschränkt sich auf planare Netzwerke und schließt magnetische Kopplungen aus.

Die folgende Abbildung soll die Vorgehensweise veranschaulichen.

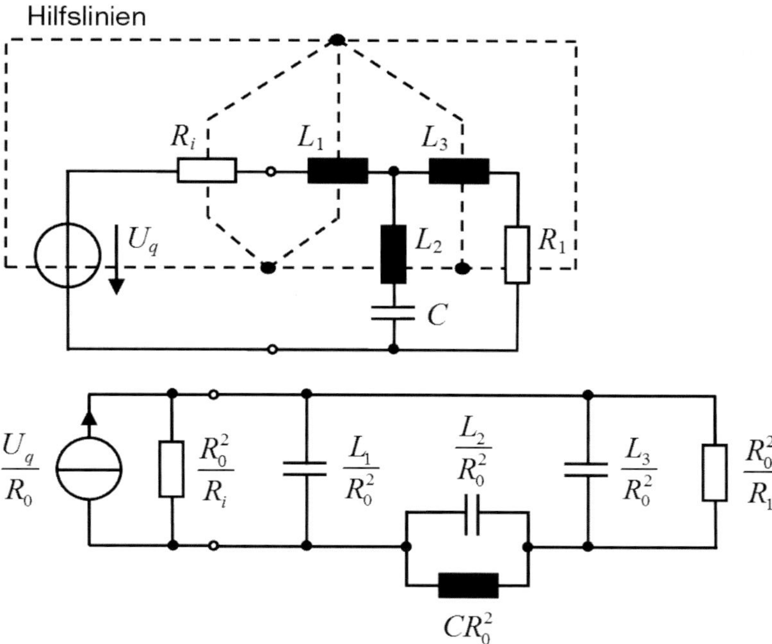

Abb. 118: Gegebene Schaltung (oben) und duale Schaltung (unten)

Noch einmal zu den Vorteilen der Dualität: Falls für zwei verschiedene physikalische Vorgänge der gleiche Formelzusammenhang gilt, dann können durch Vertauschung der Begriffe Zusammenhänge von dem einen Vorgang auf den anderen Vorgang übertragen werden. Werden Gleichungen grundlegender Netzwerke gegenübergestellt, so zeigt sich, dass viele Berechnungen das gleiche strukturelle Schema aufweisen. Die Gleichungen und deshalb auch ihre Lösungen haben die gleiche mathematische Form und lassen sich durch Vertauschen der Größen ineinander überführen. Die Analyse von zwei dualen Netzwerken führt zu formal identischen Gleichungen, wenn zueinander duale Größen ausgetauscht werden. Erkennt man die Dualität zweier Netzwerke und kennt die Lösung der Analyse eines Netzwerkes, so kennt man auch die Lösung der Analyse des dualen Netzwerkes. Die Dualität zweier Netzwerke lässt sich somit vorteilhaft nutzen zur Übertragung der Ergebnisse einer Netzwerkberechnung auf ein duales Netzwerk. Netzwerkaufgaben können vereinfacht werden. In der Filtertechnik können Schaltungen mit Induktivitäten durch solche mit Kapazitäten ersetzt werden.

7.4 Reziprozität (Umkehrbarkeit)

Ein System heißt umkehrbar, falls Ursache und Wirkung ohne Änderung der äußeren Bedingungen ihre Orte vertauschen können und (bei gleichbleibender Ursache) die Wirkung dieselbe bleibt.

Dies ist der **Umkehrungssatz** (Reziprozitätstheorem). Die Reziprozität sagt bei einem elektrischen Netzwerk aus, dass es in beiden Richtungen betreibbar ist.

Zu beachten ist, dass bei einem umkehrbaren elektrischen Netzwerk nach dem Verlegen der Ursache (z. B. einer Spannungsquelle) die Spannungen und Ströme innerhalb des Netzwerkes völlig andere Werte haben. Der Umkehrungssatz bezieht sich nur auf die beiden betrachteten Variablen des Eingangs- und Ausgangssignals.

Damit bei Vertauschung von Ursache und Wirkung keine Änderung der äußeren Bedingungen erfolgt, ist beim Verlegen von idealen Spannungs- oder Stromquellen an den Ort der Wirkung Folgendes zu beachten.

Eine ideale Spannungsquelle hat den Innenwiderstand null. Wird sie an den Ort der Wirkung verlegt, so muss die dort betrachtete Variable ein Strom sein. Vor der Verlegung muss zwischen einem Ausgangs-Klemmenpaar ein Kurzschluss sein, der nach der Verlegung beseitigt wird. Das ursprüngliche Eingangs-Klemmenpaar, an dem die Spannungsquelle angeschlossen war, muss kurzgeschlossen werden, um dort wieder den Strom zu betrachten. Eine ideale Spannungsquelle muss unter Kurzschlussbedingungen verlegt werden.

Eine ideale Stromquelle hat den Innenwiderstand unendlich. Die betrachtete Ausgangsvariable muss eine Spannung sein. Eine ideale Stromquelle muss unter Leerlaufbedingungen verlegt werden.

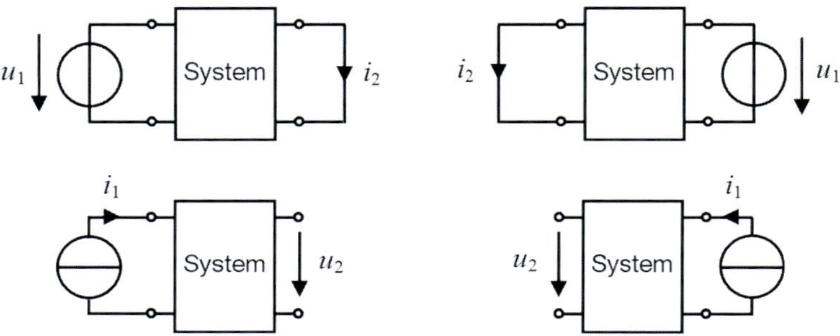

Abb. 119: Zu gleichbleibenden äußeren Bedingungen beim Verlegen einer idealen Spannungs- oder Stromquelle (Umkehrbarkeit)

Die Reziprozität wird wie folgt definiert.

Gegeben sind zwei zulässige Spannungs-Strom-Verteilungen an einem Zweitor:

$u_{1,\mathrm{A}}(t),\ i_{1,\mathrm{A}}(t),\ u_{2,\mathrm{A}}(t),\ i_{2,\mathrm{A}}(t),\ u_{1,B}(t),\ i_{1,B}(t),\ u_{2,B}(t),\ i_{2,B}(t).$

Das Zweitor heißt reziprok, wenn einerseits aus $u_{1,A} \equiv u_{2,B}$ und $u_{2,A} \equiv 0,\ u_{1,B} \equiv 0$ folgt, dass

$i_{2,A} \equiv i_{2,B}$ ist und andererseits aus $i_{1,A} \equiv i_{2,B}$ und $i_{2,A} \equiv 0,\ i_{2,B} \equiv 0$ folgt, dass $u_{2,A} \equiv u_{1,B}$ ist.

Im ersteren Fall müssen bei gleicher Spannungserregung an den Toren die Kurzschlussströme, im zweiten Fall die Leerlaufspannungen gleich sein.

Ein Netzwerk, das diese Bedingungen für lediglich eine zulässige Erregung verletzt, heißt nichtreziprok. Fast alle aktiven Netzwerke und Netzwerke mit gesteuerten Quellen sind nichtreziprok.

7.5 Zusammenfassung

1. Eine Ersatzschaltung ist oft eine vereinfachte Darstellung der ursprünglichen Schaltung bei gleicher Funktionalität.
2. Netzwerke, welche trotz verschiedenen Aufbaus gleiches elektrisches Verhalten aufweisen, werden als äquivalent bezeichnet.
3. Bei äquivalenten Schaltungen unterscheidet man zwischen bedingter und unbedingter Äquivalenz.
4. Bedingte Äquivalenz liegt vor, wenn die Äquivalenz nur für eine Frequenz oder ein Frequenzintervall gilt, ansonsten spricht man von unbedingter Äquivalenz.
5. Zwei unterschiedlich aufgebaute Zweipole sind äquivalent, wenn ihre komplexen Widerstände gleich sind.
6. Für einen allgemeinen Wechselstromzweipol kann als Ersatzzweipol mit bedingter Äquivalenz eine Reihenersatzschaltung oder eine Parallelersatzschaltung ermittelt werden.
7. Durch die Kenntnis äquivalenter Schaltungen können gezielt elektronische Bauelemente durch andere ersetzt werden.
8. Elektrische Zweitore (Vierpole) sind äquivalent, wenn sie gleiches Verhalten an den äußeren Klemmen aufweisen, obwohl sie unterschiedlich aufgebaut sind.
9. Dualität bedeutet, dass zwischen zwei Schaltungen eine Analogie vorliegt.

10. Die Dualität zweier Netzwerke lässt sich vorteilhaft nutzen, um die Ergebnisse einer Netzwerkberechnung auf ein duales Netzwerk zu übertragen.
11. Ein System heißt umkehrbar, falls Ursache und Wirkung ohne Änderung der äußeren Bedingungen ihre Orte vertauschen können und (bei gleichbleibender Ursache) die Wirkung dieselbe bleibt.
12. Die Reziprozität sagt bei einem elektrischen Netzwerk aus, dass es in beiden Richtungen betreibbar ist.

8 Einfache Wechselstromschaltungen im Komplexen

8.1 RL-Reihenschaltung

Wir betrachten erneut die bereits in Abschnitt 4.2 besprochene Reihenschaltung von Wirkwiderstand und Spule an einer sinusförmigen Spannungsquelle. Die Spannungsquelle ist im Zeitbereich durch $u(t) = U \cdot \sqrt{2} \cdot \sin(\omega t)$ gegeben. Die Analyse der Schaltung erfolgt jetzt im Frequenzbereich.

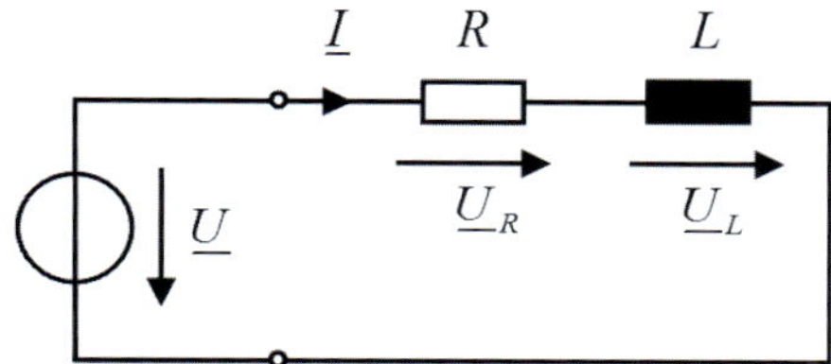

Abb. 120: RL-Reihenschaltung an Sinusspannung (vgl. Abb. 53)

Der komplexe Effektivwert der Spannungsquelle ist:

$$\underline{U} = U \tag{8.1}$$

Der komplexe Widerstand der Induktivität ist:

$$\underline{Z}_L = j\omega L \tag{8.2}$$

Der komplexe Widerstand der Reihenschaltung von R und L ist:

$$\underline{Z} = R + \underline{Z}_L = R + j\omega L \tag{8.3}$$

Der Scheinwiderstand (der Betrag des komplexen Widerstandes) ist:

$$Z = |\underline{Z}| = \sqrt{\left(\mathrm{Re}(\underline{Z})\right)^2 + \left(\mathrm{Im}(\underline{Z})\right)^2} = \sqrt{R^2 + (\omega L)^2} \tag{8.4}$$

Der komplexe Strom (Effektivwert) berechnet sich zu:

$$\underline{I} = \frac{\underline{U}}{\underline{Z}} = \frac{\underline{U}}{R + j \cdot \omega L} \tag{8.5}$$

Der Betrag des Stromes ist:

$$\boxed{I = \frac{U}{Z} = |\underline{I}| = \frac{|\underline{U}|}{|\underline{Z}|} = \frac{U}{\sqrt{R^2 + (\omega L)^2}}} \tag{8.6}$$

Die komplexen Teilspannungen sind:

$$\underline{U}_R = R \cdot \underline{I} = \underline{U} \cdot \frac{R}{R + j\omega L} \tag{8.7}$$

$$\underline{U}_L = j\omega L \cdot \underline{I} = \underline{U} \cdot \frac{j\omega L}{R + j\omega L} \tag{8.8}$$

Aus den Gleichungen (8.7) und (8.8) erkennt man jeweils die Spannungsteilerformel für die beiden Teilspannungen.

Die Beträge der Teilspannungen (Effektivwerte) sind:

$$U_R = U \cdot \frac{R}{\sqrt{R^2 + (\omega L)^2}} \tag{8.9}$$

$$U_L = U \cdot \frac{\omega L}{\sqrt{R^2 + (\omega L)^2}} \tag{8.10}$$

Nun interessiert noch die Phasenverschiebung φ zwischen Gesamtspannung U und Gesamtstrom I. Eine Möglichkeit ist, den Phasenverschiebungswinkel direkt aus dem Winkel des komplexen Widerstandes zu bestimmen, siehe Gl. (6.46). Hier werden absichtlich alle möglichen Schreibweisen aufgeführt.

$$\varphi = \varphi_Z = \angle(U, I) = \angle \underline{Z} = \arctan\left(\frac{\mathrm{Im}\{\underline{Z}\}}{\mathrm{Re}\{\underline{Z}\}}\right) = \arctan\left(\frac{\omega L}{R}\right) \tag{8.11}$$

Eine zweite Möglichkeit ist, den Phasenverschiebungswinkel aus den Nullphasenwinkeln von Spannung und Strom mit Hilfe des Winkels des komplexen Widerstandes zu berechnen.

Auf das komplexe ohmsche Gesetz $\underline{I} = \frac{\underline{U}}{\underline{Z}}$ lässt sich die Beziehung zwischen den Winkeln der Größen übertragen (sozusagen eine „Transformation in den Winkelbereich"):

$$\angle \underline{I} = \frac{\angle \underline{U}}{\angle \underline{Z}} = \angle \underline{U} - \angle \underline{Z} \tag{8.12}$$

Man beachte hierzu Gl. (6.23).

Die Spannung ist gegeben durch $u(t) = U \cdot \sqrt{2} \cdot \sin(\omega t)$, ihr Nullphasenwinkel ist also null:

$$\angle \underline{U} = \varphi_u = 0 \tag{8.13}$$

Der Nullphasenwinkel des Stromes ist somit:

$$\angle \underline{I} = \varphi_i = \frac{\angle \underline{U}}{\angle \underline{Z}} = \angle \underline{U} - \angle \underline{Z} = 0 - \arctan\left(\frac{\omega L}{R}\right) = -\arctan\left(\frac{\omega L}{R}\right) \tag{8.14}$$

Der Phasenverschiebungswinkel zwischen Spannung und Strom ist definiert als

$$\varphi = \varphi_{ui} = \varphi_u - \varphi_i \tag{8.15}$$

Somit ist:

$$\boxed{\varphi = 0 - \left(-\arctan\left(\frac{\omega L}{R}\right)\right) = \arctan\left(\frac{\omega L}{R}\right)} \tag{8.16}$$

Es ist $\varphi > 0$, es liegt induktives Verhalten vor. Die Spannung eilt dem Strom voraus. Für $u(t) = U \cdot \sqrt{2} \cdot \sin(\omega t)$ ist der zeitliche Verlauf des Stromes gegeben durch:

$$\boxed{i(t) = I \cdot \sqrt{2} \cdot \sin(\omega t + \varphi_i) = \frac{U \cdot \sqrt{2} \cdot \sin\left(\omega t - \arctan\left(\frac{\omega L}{R}\right)\right)}{\sqrt{R^2 + (\omega L)^2}}} \tag{8.17}$$

Die Sinuskurve der Spannung verläuft durch den Ursprung. Die Sinuskurve des Stromes hat einen negativen Nullphasenwinkel und ist auf der Zeitachse gegenüber der Spannungskurve aus dem Ursprung nach rechts verschoben.

Eine zweite Darstellungsmöglichkeit wäre, die Stromkurve als Referenz mit dem Nullphasenwinkel $\varphi_i = 0$ durch den Ursprung verlaufen zu lassen. Die Spannungskurve hat dann den positiven Nullphasenwinkel $\varphi_u = \arctan(\omega L/R)$ und ist gegenüber der Stromkurve nach links verschoben.

Die gegebenen Verhältnisse können in komplexen Zeigerdiagrammen dargestellt werden.

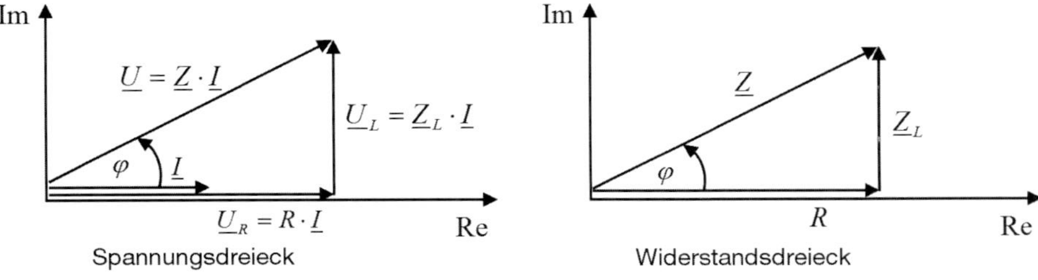

Abb. 121: Zeigerdiagramm der komplexen Spannungen (links) und der komplexen Widerstände (rechts) bei der Reihenschaltung von Wirkwiderstand und Induktivität

Wie man im Spannungsdreieck sieht, addieren sich die Teilspannungen geometrisch zur Gesamtspannung. Teilt man im Spannungsdreieck alle Spannungen durch den Strom, so erhält man das Widerstandsdreieck. Spannungsdreieck und Widerstandsdreieck sind sich ähnlich, ihre Winkel stimmen überein.

Beispiel 60

Die Reihenschaltung aus einem ohmschen Widerstand und einer Induktivität liegt an einer sinusförmigen Wechselspannung. Die Spannungsquelle wird beschrieben durch $u(t) = 42\ \text{V} \cdot \sin(\omega t)$, $\omega = 2\pi \cdot 50\ \text{s}^{-1}$. Gegeben sind die Werte $R = 80\ \Omega$, $L = 240\ \text{mH}$.

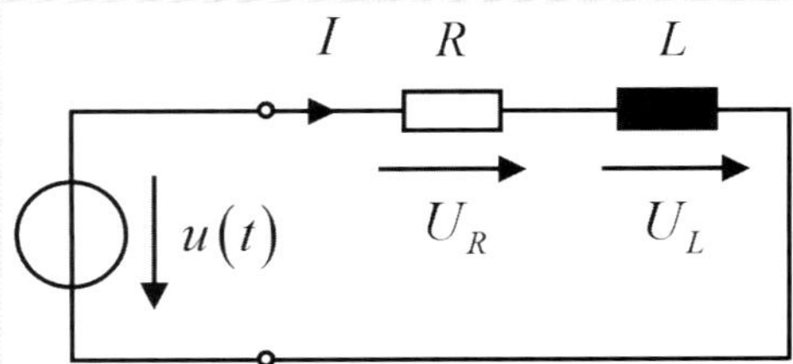

Abb. 122: Reihenschaltung eines Wirkwiderstandes mit einer Induktivität an einer Sinusspannung

a) Wie groß ist der induktive Blindwiderstand X_L?

b) Wie groß ist der Scheinwiderstand Z der RL-Reihenschaltung?

c) Welchen Wert hat der Strom I?

d) Wie groß ist der Phasenwinkel φ zwischen Spannung und Strom?

e) Berechnen Sie die Teilspannungen U_R und U_L.

f) Geben Sie einen analytischen Ausdruck für die Zeitfunktion $i(t)$ des Stromes an, allgemein und mit Zahlenwerten.

Lösung:

a) $X_L = \omega L = 2\pi \cdot 50 \cdot 0{,}24\ \Omega = \underline{\underline{75{,}4\ \Omega}}$

b) Man weiß (z. B. aus einer Formelsammlung): Wirk- und Blindwiderstand addieren sich geometrisch zum Scheinwiderstand.

$$Z = \sqrt{R^2 + X_L^2} = \sqrt{80^2 + 75{,}4^2}\ \Omega = \underline{\underline{109{,}9\ \Omega}}$$

Rechnung im Komplexen:

$$\underline{Z} = R + j\omega L = (80 + j2\pi \cdot 50 \cdot 0{,}24)\ \Omega = (80 + j \cdot 75{,}4)\ \Omega$$

$$Z = |\underline{Z}| = \sqrt{R^2 + (\omega L)^2} = \sqrt{80^2 + 75{,}4^2}\ \Omega = \underline{\underline{109{,}9\ \Omega}}$$

c) Der Strom I ist ein Effektivwert.

$$I=\frac{\hat{U}/\sqrt{2}}{Z}=\frac{42\text{ V}/\sqrt{2}}{109{,}9\ \Omega}=\frac{29{,}7\text{ V}}{109{,}9\ \Omega}=\underline{\underline{270\text{ mA}}}$$

Die Berechnung erfolgt jetzt im Komplexen.

$\underline{U}=\frac{42\text{ V}}{\sqrt{2}}\cdot e^{j\cdot 0}=29{,}7\text{ V}$. Dies ist ein ruhender Effektivwertzeiger.

$$U=|\underline{U}|=29{,}7\text{ V}$$

Der komplexe Widerstand der RL-Reihenschaltung ist

$$\underline{Z}=R+j\omega L=(80+j2\pi\cdot 50\cdot 0{,}24)\ \Omega.$$

Der Scheinwiderstand ist $Z=|\underline{Z}|=\sqrt{(80)^2+(2\pi\cdot 50\cdot 0{,}24)^2}\ \Omega=109{,}9\ \Omega.$

Mit $\underline{I}=\frac{\underline{U}}{\underline{Z}}$ folgt: $|\underline{I}|=\frac{|\underline{U}|}{|\underline{Z}|}=I=\frac{U}{Z}=\frac{29{,}7\text{ V}}{109{,}9\ \Omega}=\underline{\underline{270\text{ mA}}}$

Es sollte hier nicht gefolgert werden, dass die Berechnung im Frequenzbereich länger oder umständlicher ist als im reellen Bereich. Im reellen Bereich setzen wir das Wissen der geometrischen Addition der Widerstände voraus. Außerdem wird im komplexen Bereich ziemlich umständlich jede Kleinigkeit (zum Teil doppelt) hingeschrieben, um den Rechenweg ausführlich zu erläutern.

d) Wir setzen zunächst das Wissen voraus (z. B. aus einer Formelsammlung), dass sich der Phasenwinkel φ aus dem Verhältnis von Blind- zu Wirkanteil berechnet.

$$\varphi=\arctan\left(\frac{X_L}{R}\right)=\underline{\underline{43{,}3^\circ}}$$

Jetzt erfolgt die Berechnung wieder im Komplexen. Der Winkel von $\underline{Z}=R+j\omega L$ gibt den Winkel φ zwischen U und I (bzw. $\underline{U}$ und $\underline{I}$) an.

$$\varphi=\angle\underline{Z}=\arctan\left(\frac{\text{Im}\{\underline{Z}\}}{\text{Re}\{\underline{Z}\}}\right)=\arctan\left(\frac{\omega L}{R}\right)=\arctan\left(\frac{2\pi\cdot 50\cdot 0{,}24}{80}\right)=\underline{\underline{43{,}3^\circ}}$$

Es ist $\varphi>0$, die Spannung eilt dem Strom voraus, induktives Verhalten.

e) Effektivwerte: $U_R=R\cdot I=\underline{\underline{21{,}6\text{ V}}}$; $U_L=\omega L\cdot I=\underline{\underline{20{,}4\text{ V}}}$

f) Allgemein: $\underline{\underline{i(t)=I\cdot\sqrt{2}\cdot\sin(\omega t+\varphi_i)}}$

Der Nullphasenwinkel der Spannung ist null: $\varphi_u=\angle\underline{U}=0$. Der Nullphasenwinkel des Stromes ist:

$$\varphi_i = \angle \underline{I} = \frac{\angle \underline{U}}{\angle \underline{Z}} = \angle \underline{U} - \angle \underline{Z} = 0 - 43{,}3° = -43{,}3°$$

Mit Zahlenwerten: $\underline{\underline{i(t) = \sqrt{2} \cdot 270\ \text{mA} \cdot \sin(\omega t - 43{,}3°)}}$

Der Nullphasenwinkel des Stromes ist negativ. Der Strom eilt der Spannung nach, er ist im Liniendiagramm nach rechts verschoben. Es liegt induktives Verhalten vor. (*Anmerkung*: Welches sollte sonst vorliegen? Es ist keine Kapazität vorhanden.)

Wie man sieht, hätte man den Phasenwinkel φ auch aus den Nullphasenwinkeln von U und I berechnen können:

$$\angle(\underline{U}, \underline{I}) = \angle \underline{Z} = \varphi = \varphi_u - \varphi_i = 0 - (-43{,}3°) = \underline{\underline{43{,}3°}}$$

8.2 RC-Reihenschaltung

In Abschnitt 4.3 wurde bereits die Reihenschaltung eines ohmschen Widerstandes mit einem Kondensator betrachtet. Wir analysieren die Schaltung noch einmal, jetzt allerdings mit komplexer Rechnung.

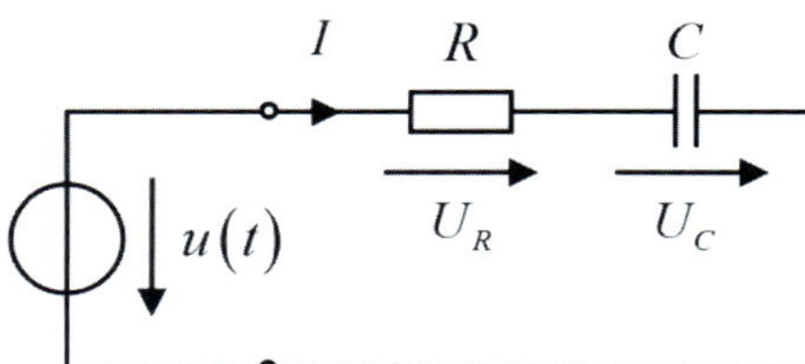

Abb. 123: RC-Reihenschaltung an Sinusspannung

Die Spannungsquelle ist im Zeitbereich wieder durch $u(t) = U \cdot \sqrt{2} \cdot \sin(\omega t)$ gegeben.

Der komplexe Widerstand der Kapazität ist:

$$\underline{Z}_C = \frac{1}{j\omega C} = -j \cdot \frac{1}{\omega C} \tag{8.18}$$

Der komplexe Widerstand der Reihenschaltung von R und C ist:

$$\underline{Z} = R + \frac{1}{j\omega C} = R - j \cdot \frac{1}{\omega C} \tag{8.19}$$

Der Betrag des komplexen Widerstandes ist:

$$Z=\sqrt{R^2+\left(\frac{1}{\omega C}\right)^2} \tag{8.20}$$

Somit ist der Betrag (Effektivwert) des Stromes:

$$I=\frac{U}{Z}=\frac{U}{\sqrt{R^2+\left(\frac{1}{\omega C}\right)^2}} \tag{8.21}$$

Die komplexen Teilspannungen sind:

$$\underline{U}_R=R\cdot\underline{I}=\underline{U}\cdot\frac{R}{R+\frac{1}{j\omega C}} \tag{8.22}$$

$$\underline{U}_C=\frac{1}{j\omega C}\cdot\underline{I}=\underline{U}\cdot\frac{\frac{1}{j\omega C}}{R+\frac{1}{j\omega C}}=\underline{U}\cdot\frac{1}{1+j\omega RC} \tag{8.23}$$

Die Beträge der Teilspannungen (Effektivwerte) sind:

$$U_R=R\cdot I=U\cdot\frac{R}{\sqrt{R^2+\left(\frac{1}{\omega C}\right)^2}} \tag{8.24}$$

$$U_C=\frac{1}{\omega C}\cdot I=U\cdot\frac{1}{\omega C\cdot\sqrt{R^2+\left(\frac{1}{\omega C}\right)^2}}=U\cdot\frac{1}{\sqrt{(\omega RC)^2+1}} \tag{8.25}$$

Die Phasenverschiebung φ zwischen Gesamtspannung U und Gesamtstrom I entspricht dem Winkel des komplexen Widerstandes. Mit $\arctan(-x)=-\arctan(x)$ folgt:

$$\varphi=\angle\underline{Z}=\arctan\left(\frac{-\frac{1}{\omega C}}{R}\right)=-\arctan\left(\frac{1}{\omega RC}\right) \tag{8.26}$$

Es ist $\varphi < 0$, es liegt kapazitives Verhalten vor. Der Strom eilt der Spannung voraus.

Der Nullphasenwinkel des Stromes ist:

$$\varphi_i = \angle \underline{U} - \angle \underline{Z} = 0 - \left(-\arctan\left(\frac{1}{\omega RC} \right) \right) = \arctan\left(\frac{1}{\omega RC} \right) \tag{8.27}$$

Es ist $\varphi_i > 0$, im Liniendiagramm ist der Strom aus dem Ursprung nach links verschoben.

Für $u(t) = U \cdot \sqrt{2} \cdot \sin(\omega t)$ mit $\varphi_u = 0$ ist der zeitliche Verlauf des Stromes gegeben durch:

$$i(t) = I \cdot \sqrt{2} \cdot \sin(\omega t + \varphi_i) = \frac{U \cdot \sqrt{2} \cdot \sin\left(\omega t + \arctan\left(\frac{1}{\omega RC} \right) \right)}{\sqrt{R^2 + \left(\frac{1}{\omega C} \right)^2}} \tag{8.28}$$

Die gegebenen Verhältnisse werden wieder in komplexen Zeigerdiagrammen dargestellt.

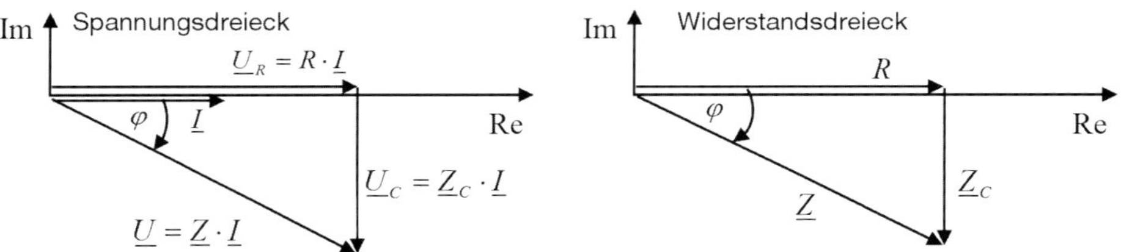

Abb. 124: Zeigerdiagramm der komplexen Spannungen (links) und der komplexen Widerstände (rechts) bei der Reihenschaltung von Wirkwiderstand und Kondensator

Beispiel 61

Die Reihenschaltung aus einem ohmschen Widerstand und einer Kapazität liegt an der Netzwechselspannung. Die Spannungsquelle wird beschrieben durch $u(t) = 230\ \mathrm{V} \cdot \sqrt{2} \cdot \sin(\omega t)$, $f = 50\ \mathrm{Hz}$. Gegeben sind die Werte $R = 4\ \mathrm{k\Omega}$, $C = 0{,}22\ \mu\mathrm{F}$.

a) Wie groß ist der Strom I im Stromkreis?

b) Berechnen Sie die Teilspannungen U_R und U_C.

c) Wie groß ist der Phasenwinkel φ zwischen Spannung und Strom?

d) Geben Sie einen analytischen Ausdruck für die Zeitfunktion $i(t)$ des Stromes an.

Lösung:

a) Der komplexe Widerstand der Reihenschaltung ist $\underline{Z} = R + \frac{1}{j\omega C}$.

Der Betrag des komplexen Widerstandes ist $Z = \sqrt{R^2 + \left(\frac{1}{\omega C}\right)^2} = 15011\ \Omega$.

Der Betrag (Effektivwert) des Stromes ist somit:

$$I = \frac{U}{Z} = \frac{U}{\sqrt{R^2 + \left(\frac{1}{\omega C}\right)^2}} = \frac{230\ \text{V}}{15011\ \Omega} = \underline{\underline{15{,}3\ \text{mA}}}$$

b) $U_R = R \cdot I = 4000\ \Omega \cdot 0{,}0153\ \text{A} = \underline{\underline{61{,}2\ \text{V}}}$

$$U_C = \frac{1}{\omega C} \cdot I = \frac{1}{2\pi \cdot 50 \cdot 0{,}22 \cdot 10^{-6}} \cdot 0{,}0153\ \text{V} = \underline{\underline{221{,}4\ \text{V}}}$$

c) $\varphi = \arctan\left(\frac{-\frac{1}{\omega C}}{R}\right) = -\arctan\left(\frac{1}{\omega RC}\right) = -\arctan\left(\frac{1}{2\pi \cdot 50 \cdot 4 \cdot 10^3 \cdot 0{,}22 \cdot 10^{-6}}\right) = \underline{\underline{-74{,}5^\circ}}$

Es ist $\varphi < 0$, die Spannung eilt dem Strom hinterher, kapazitives Verhalten.

d) Der Nullphasenwinkel des Stromes ist:

$$\varphi_i = \angle \underline{I} = \frac{\angle \underline{U}}{\angle \underline{Z}} = \angle \underline{U} - \angle \underline{Z} = 0 - (-74{,}5^\circ) = 74{,}5^\circ$$

$$\underline{\underline{i(t) = \sqrt{2} \cdot 15{,}3\ \text{mA} \cdot \sin(\omega t + 74{,}5^\circ)}}$$

Die Spannung verläuft im Liniendiagramm durch den Ursprung, der Strom (mit positivem Nullphasenwinkel) ist nach links verschoben und eilt der Spannung voraus.

Anmerkung: Ein häufiger Fehler in Prüfungen ist, dass in dem Ausdruck für $i(t)$ der Faktor $\sqrt{2}$ vergessen wird.

8.3 RL-Parallelschaltung

Diese Schaltungsstruktur wurde bereits in Abschnitt 4.5 behandelt und wird jetzt noch einmal mit der komplexen Rechnung betrachtet.

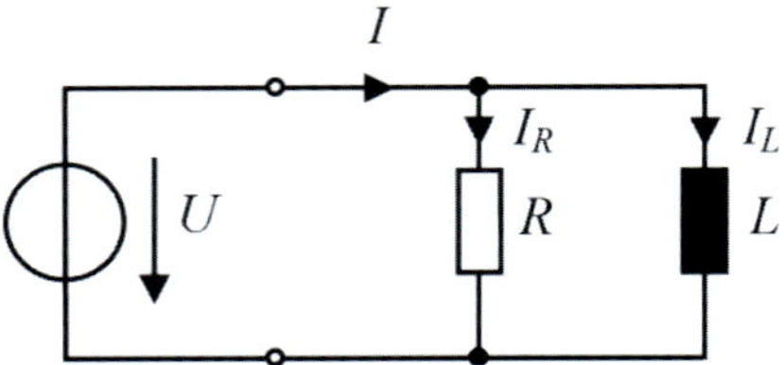

Abb. 125: Parallelschaltung von Wirkwiderstand und Spule

Der komplexe Widerstand der Parallelschaltung ist:

$$\underline{Z} = \frac{R \cdot j\omega L}{R + j\omega L} = \frac{j\omega RL}{R + j\omega L} \tag{8.29}$$

Der Betrag des komplexen Widerstandes ist:

$$Z = \frac{\omega RL}{\sqrt{R^2 + (\omega L)^2}} \tag{8.30}$$

Man beachte hierzu Gl. (6.22).

Der Betrag (Effektivwert) des Gesamtstromes ist:

$$\boxed{I = \frac{U}{Z} = U \cdot \frac{\sqrt{R^2 + (\omega L)^2}}{\omega RL}} \tag{8.31}$$

Durch R fließt der Teilstrom I_R, er ist mit U in Phase.

$$\boxed{I_R = \frac{U}{R}} \tag{8.32}$$

Durch L fließt der Teilstrom I_L, er eilt U um $90°$ nach.

$$\boxed{\underline{I}_L = \frac{U}{j\omega L} = -j \cdot \frac{U}{\omega L}} \tag{8.33}$$

Die geometrische Addition der Teilströme ergibt den Gesamtstrom:

$$I = \sqrt{I_R^2 + I_L^2} \tag{8.34}$$

Die Phasenverschiebung φ zwischen Gesamtspannung U und Gesamtstrom I wird bestimmt.

Nach Gl. (8.29) ist:

$$\underline{Z} = \frac{j\omega RL}{R + j\omega L} = \frac{\underline{Z}_1}{\underline{Z}_2} \tag{8.35}$$

Es ist $\angle\underline{Z} = \angle\underline{Z}_1 - \angle\underline{Z}_2$.

$$\angle\underline{Z}_1 = \arctan\left(\frac{\omega RL}{0}\right) = \arctan(\infty) = \frac{\pi}{2} \tag{8.36}$$

$$\angle\underline{Z}_2 = \arctan\left(\frac{\omega L}{R}\right) \tag{8.37}$$

$$\angle\underline{Z} = \angle\underline{Z}_1 - \angle\underline{Z}_2 = \frac{\pi}{2} - \arctan\left(\frac{\omega L}{R}\right) \tag{8.38}$$

Mit $\frac{\pi}{2} - \arctan\left(\frac{1}{x}\right) = \arctan(x)$ folgt:

$$\varphi = \angle\underline{Z} = \arctan\left(\frac{R}{\omega L}\right) \tag{8.39}$$

Es ist $\varphi > 0$, es liegt induktives Verhalten vor. Die Spannung eilt dem Strom voraus.

8.4 RC-Parallelschaltung

Diese Schaltungsstruktur wurde bereits in Abschnitt 4.6 behandelt und wird jetzt noch einmal mit der komplexen Rechnung betrachtet.

Der komplexe Widerstand der Parallelschaltung ist:

$$\underline{Z} = \frac{R \cdot \frac{1}{j\omega C}}{R + \frac{1}{j\omega C}} = \frac{R}{1 + j\omega RC} \tag{8.40}$$

$$Z = \frac{R}{\sqrt{1 + (\omega RC)^2}} \tag{8.41}$$

Der Betrag (Effektivwert) des Gesamtstromes ist:

$$\boxed{I = \frac{U}{Z} = U \cdot \frac{\sqrt{1 + (\omega RC)^2}}{R}} \tag{8.42}$$

Durch R fließt der Teilstrom I_R, er ist mit U in Phase.

$$I_R = \frac{U}{R} \tag{8.43}$$

Durch den Kondensator fließt der Teilstrom I_C, er eilt U um $90°$ voraus.

$$\underline{I}_C = \frac{U}{\frac{1}{j\omega C}} = U \cdot j\omega C \tag{8.44}$$

Die geometrische Addition der Teilströme ergibt den Gesamtstrom:

$$I = \sqrt{I_R^2 + I_C^2} \tag{8.45}$$

Die Phasenverschiebung φ zwischen Gesamtspannung U und Gesamtstrom I wird bestimmt.

Aus Gl. (8.40) folgt:

$$\varphi = \angle \underline{Z} = 0 - \arctan\left(\frac{\omega RC}{1}\right) = -\arctan(\omega RC) \tag{8.46}$$

Es ist $\varphi < 0$, es liegt kapazitives Verhalten vor. Der Strom eilt der Spannung voraus.

9 Analyse allgemeiner Wechselstromnetze, Beispiele

Für die Analyse verzweigter Wechselstromnetze ist die Verwendung der komplexen Wechselstromrechnung unbedingt erforderlich. Nur so wird das Lösen von Differenzial- bzw. Integral-Gleichungssystemen vermieden. Alle Betrachtungen beziehen sich aber auf den eingeschwungenen Zustand der Netzwerke.

Sämtliche Methoden zur Berechnung von Gleichstromnetzwerken wie Maschenanalyse, Knotenanalyse, Satz von der Ersatzspannungsquelle und Überlagerungssatz können auch zur Berechnung von Wechselstromnetzen angewendet werden.

Die genannten Analysemethoden wurden in Band zwei dieser Buchreihe – Gleichstromtechnik – ausführlich behandelt. Ihre Anwendung bei der Analyse von Wechselstromnetzen wird hier anhand einiger Beispiele geübt.

Beispiel 62

Gegeben ist die Schaltung nach Abb. 126.

Die Spannungsquelle wird beschrieben durch

$u(t) = 14{,}142\ \mathrm{V} \cdot \sin\left(2 \cdot \pi \cdot 500\ \mathrm{s}^{-1}\right).$

Die Werte der Bauelemente sind $R = 30\ \Omega$, $C_1 = 1\ \mu\mathrm{F}$, $C_2 = 2{,}2\ \mu\mathrm{F}$.

a) Welchen Wert hat der Strom I?

b) Eine erste Analyse ergibt eine Phasenverschiebung φ zwischen U und I von $\varphi = 98°$. Kann dieses Ergebnis richtig sein? Begründung?

c) Berechnen Sie die Phasenverschiebung φ zwischen U und I.

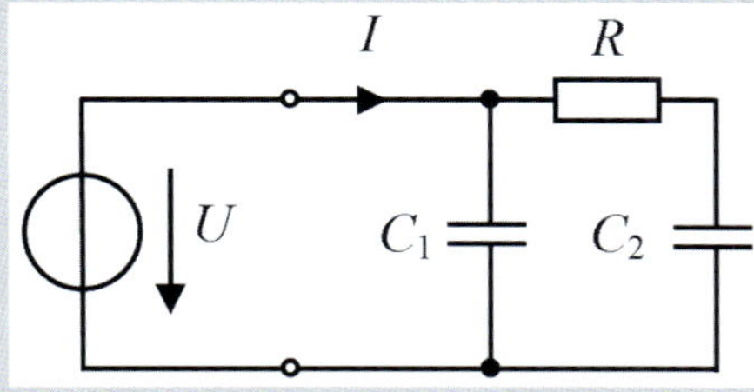

Abb. 126: Beispiel eines Wechselstromnetzwerkes

Lösung:

a) Der Widerstand der Schaltung an den beiden Klemmen ist:

$$\underline{Z}(j\omega)=\frac{\frac{1}{j\omega C_1}\cdot\left(R+\frac{1}{j\omega C_2}\right)}{\frac{1}{j\omega C_1}+R+\frac{1}{j\omega C_2}}=\frac{\frac{R}{j\omega C_1}-\frac{1}{\omega^2 C_1 C_2}}{R+\frac{C_2+C_1}{j\omega C_1 C_2}}=\frac{\frac{\omega R C_2-j}{j\omega^2 C_1 C_2}}{\frac{j\omega R C_1 C_2+C_1+C_2}{j\omega C_1 C_2}}=$$

$$=\frac{(\omega R C_2-j)\cdot j\cdot\omega\cdot C_1\cdot C_2}{j\cdot\omega^2\cdot C_1\cdot C_2\cdot(C_1+C_2+j\omega R C_1 C_2)}=\frac{\omega R C_2-j}{\omega\cdot(C_1+C_2)+j\omega^2 R C_1 C_2}$$

Der Betrag des Widerstandes ist mit eingesetzten Zahlenwerten:

$$|\underline{Z}(j\omega)|=\frac{\sqrt{(1000\cdot\pi\cdot 30\cdot 2{,}2\cdot 10^{-6})^2+1}}{\sqrt{(1000\cdot\pi\cdot(1\cdot 10^{-6}+2{,}2\cdot 10^{-6}))^2+((1000\cdot\pi)^2\cdot 30\cdot 1\cdot 10^{-6}\cdot 2{,}2\cdot 10^{-6})^2}}\ \Omega$$

$$|\underline{Z}(j\omega)|=\frac{1{,}02127}{1{,}00742\cdot 10^{-2}}\ \Omega=101{,}4\ \Omega$$

Somit ist der Effektivwert I des Stromes: $I=\frac{14{,}142\ \text{V}}{\sqrt{2}\cdot 101{,}4\ \Omega}$; $\underline{\underline{I=98{,}6\ \text{mA}}}$

b) Eine positive Phasenverschiebung von $\varphi=98°$ kann nicht stimmen. $\varphi>0$ bedeutet, dass der Strom der Spannung vorauseilt, also induktives Verhalten. Das gegebene Netzwerk enthält aber nur Kondensatoren und keine Induktivität.

c) $\varphi=\angle\underline{Z}=-\arctan\left(\frac{1}{\omega R C_2}\right)-\arctan\left(\frac{\omega^2 R C_1 C_2}{\omega\cdot(C_1+C_2)}\right)$

$$\varphi=-\arctan\left(\frac{1}{\omega R C_2}\right)-\arctan\left(\frac{\omega R C_1 C_2}{C_1+C_2}\right)$$

$\varphi=-78{,}3°-3{,}7°$; $\underline{\underline{\varphi=-82°}}$

Beispiel 63

Gegeben ist das Netzwerk nach Abb. 127.

Die Spannungsquelle ist $u(t) = \hat{U} \cdot \sin(\omega t)$ mit $\hat{U} = 2\ \mathrm{V}$, $f = 1\ \mathrm{kHz}$.

a) Bestimmen Sie die Amplitude des Stromes $i(t)$ mit komplexer Rechnung.

b) Wie groß ist die Phasenverschiebung φ zwischen $u(t)$ und $i(t)$?

c) Geben Sie einen analytischen Ausdruck für $i(t)$ an. Zeigt die Schaltung an ihren Klemmen kapazitives oder induktives Verhalten? Begründung?

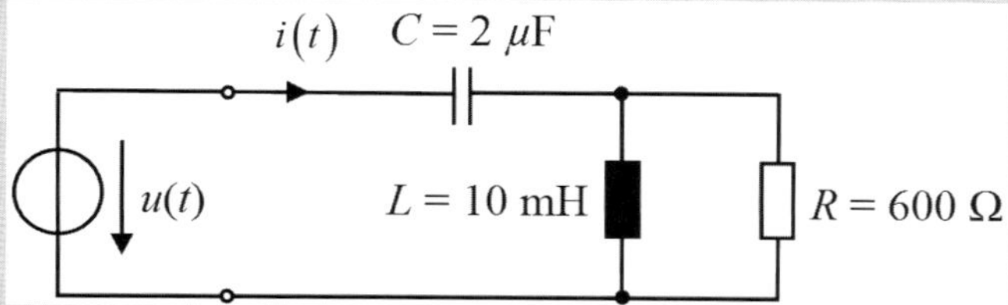

Abb. 127: RLC-Netzwerk

Lösung:

a) $$\underline{Z} = \frac{1}{j\omega C} + \frac{j\omega L \cdot R}{j\omega L + R} = \frac{-\omega^2 RLC + R + j\omega L}{-\omega^2 LC + j\omega RC};$$

$$|\underline{Z}| = \frac{\sqrt{\left(R - \omega^2 RLC\right)^2 + \omega^2 L^2}}{\sqrt{\omega^4 L^2 C^2 + \omega^2 R^2 C^2}}$$

$$Z = \frac{141}{7{,}58}\ \Omega = 18{,}6\ \Omega;\ \hat{I} = \frac{\hat{U}}{|\underline{Z}|} = \frac{2\ \mathrm{V}}{18{,}6\ \Omega} = \underline{\underline{107{,}5\ \mathrm{mA}}}$$

b) $$\underline{Z} = \frac{126{,}26\ \Omega + j \cdot 62{,}83\ \Omega}{-0{,}79 + j \cdot 7{,}54};\ \varphi = \angle \underline{Z} = 26{,}46° - (180° - 84{,}02°);$$

$$\underline{\underline{\varphi = -69{,}52°}}$$

c) $$\angle \underline{I} = \frac{\angle \underline{U}}{\angle \underline{Z}} = \angle \underline{U} - \angle \underline{Z} = 0° - (-69{,}52°) = 69{,}52° = \varphi_i$$

$$i(t) = \hat{I} \cdot \sin(\omega t + \varphi_i);\ \underline{\underline{i(t) = 107{,}5\ \mathrm{mA} \cdot \sin(\omega t + 69{,}52°)}}$$

Es ist $\varphi < 0$, die Schaltung zeigt kapazitives Verhalten. Oder: Der Nullphasenwinkel von $i(t)$ ist positiv, der von $u(t)$ ist null. $i(t)$ eilt $u(t)$ um 69,52° voraus, dies entspricht kapazitivem Verhalten.

Beispiel 64

Gegeben ist das Netzwerk nach Abb. 128.

Die Spannungsquelle ist $u(t) = \hat{U} \cdot \sin(\omega t + \varphi_u)$ mit $\hat{U} = 24$ V, $f = 50$ Hz, $\varphi_u = 15°$.

Berechnen Sie $i(t)$ mit komplexer Rechnung. Liegt induktives oder kapazitives Verhalten vor?

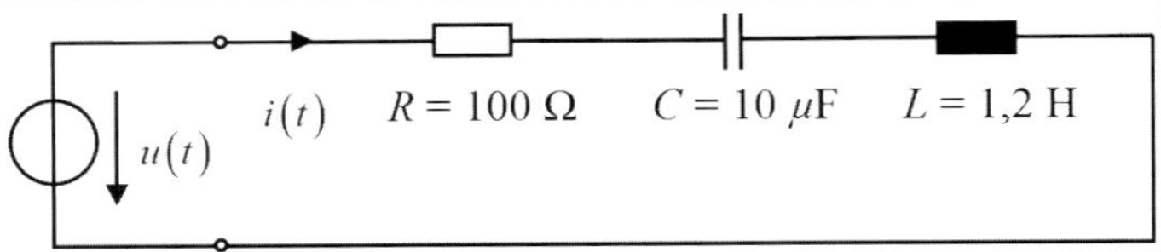

Abb. 128: Ein weiteres RLC-Netzwerk (ein Reihenschwingkreis)

Lösung:

Die Spannung $u(t) = \hat{U} \cdot \sin(\omega t + \varphi_u)$ ist im Komplexen als Drehzeiger (Scheitelwertzeiger): $\underline{u}(t) = \hat{U} \cdot e^{j(\omega \cdot t + \varphi_u)}$. Falls Momentanwerte nicht interessieren, reicht es aus, mit dem ruhenden Scheitelwertzeiger der komplexen Amplitude zu arbeiten: $\underline{\hat{U}} = 24 \text{ V} \cdot \text{e}^{j \cdot 15°}$.

Der komplexe Widerstand der Reihenschaltung ist:

$$\underline{Z} = R + \frac{1}{j\omega C} + j\omega L = (100 - j \cdot 318{,}3 + j \cdot 377)\ \Omega = (100 + j \cdot 58{,}7)\ \Omega$$

Umwandlung in die Exponentialform (wegen leichterer Division):

$$\underline{Z} = \sqrt{100^2 + 58{,}7^2}\ \Omega \cdot e^{j \cdot \arctan \frac{58{,}7}{100}} = 116\ \Omega \cdot e^{j \cdot 30{,}4°};$$

$$\underline{\hat{I}} = \frac{\underline{\hat{U}}}{\underline{Z}} = \frac{24 \text{ V} \cdot e^{j \cdot 15°}}{116\ \Omega \cdot e^{j \cdot 30{,}4°}} = 0{,}2 \text{ A} \cdot e^{-j \cdot 15{,}4°}$$

$$\hat{I} = 0{,}2 \text{ A};\ \varphi_i = -15{,}4°$$

Darstellung des Stromes im Zeitbereich: $\underline{\underline{i(t) = 0{,}2 \text{ A} \cdot \sin(\omega t - 15{,}4°)}}$

$$\varphi_i = -15{,}4°;\ \varphi_u = 15{,}0°;\ \varphi = \varphi_u - \varphi_i = 15{,}0° - (-15{,}4°) = 30{,}4°$$

Der Wert von $\varphi = 30{,}4°$ ist auch direkt aus dem Winkel von $\underline{Z}$ ersichtlich.

$\varphi > 0$: Induktives Verhalten.

Beispiel 65

Gegeben ist die Schaltung nach Abb. 129.

Die Spannungsquelle ist $u(t) = 25\text{ V} \cdot \sin\left(1000\text{ s}^{-1} \cdot t\right)$.

Folgende Werte sind gegeben: $R = 1000\ \Omega$, $L = 0{,}1\text{ H}$, $C = 10\text{ nF}$.

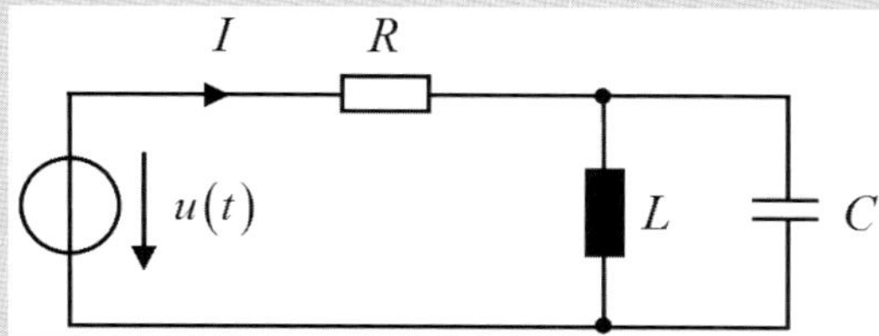

Abb. 129: Zu analysierende RLC-Schaltung

a) Wie groß ist die Impedanz $\underline{Z}_{LC}$ der Parallelschaltung von L und C?

b) Berechnen Sie den Gesamtstrom I.

c) Welchen Nullphasenwinkel φ_i hat der Strom I?

d) Wie lautet die Zeitfunktion $i(t)$? Zeigt das an der Spannungsquelle liegende Netzwerk insgesamt induktives oder kapazitives Verhalten?

Lösung:

a) $$\underline{Z}_{LC} = \frac{j\omega L \cdot \dfrac{1}{j\omega C}}{j\omega L + \dfrac{1}{j\omega C}} = \frac{j\omega L}{-\omega^2 LC + 1};$$

$$\underline{Z}_{LC} = j \cdot \frac{1000\text{ s}^{-1} \cdot 0{,}1\text{ H}}{-\left(1000\text{ s}^{-1}\right)^2 \cdot 0{,}1\text{ H} \cdot 10^{-8}\text{ F} + 1}; \quad \underline{\underline{\underline{Z}_{LC} = j \cdot 100{,}1\ \Omega}}$$

Die Parallelschaltung von zwei Blindwiderständen L und C ergibt wieder einen reinen Blindwiderstand, der komplexe Widerstand hat keinen Realteil.

b) Der gesamte Widerstand der an der Spannungsquelle liegenden Schaltung ist:

$$\underline{Z}_{ges} = R + \underline{Z}_{LC} = 1000\ \Omega + j \cdot 100{,}1\ \Omega; \quad \underline{I} = \frac{\underline{U}}{\underline{Z}_{ges}} = \frac{25/\sqrt{2}\text{ V}}{(1000 + j \cdot 100{,}1)\ \Omega}$$

$$I = \frac{U}{Z_{ges}} = \frac{17{,}68}{\sqrt{1000^2 + 100{,}1^2}}\text{ A} = \underline{\underline{17{,}6\text{ mA}}}$$

c) $$\varphi_i = \angle I = \frac{\angle \underline{U}}{\angle \underline{Z}_{ges}} = \angle U - \angle \underline{Z}_{ges} = 0 - \angle \underline{Z}_{ges};$$

$$\varphi_i = -\arctan\left(\frac{100{,}1}{1000}\right) = \underline{\underline{-5{,}7^\circ}}$$

d) $i(t) = \sqrt{2} \cdot 17{,}6 \text{ mA} \cdot \sin\left(1000 \text{ s}^{-1} \cdot t - 5{,}7^\circ\right)$

$\underline{Z}_{ges}$ liegt mit positivem Real- und Imaginärteil im 1. Quadranten der komplexen Ebene, der Winkel des Gesamtwiderstandes ist also positiv. $\varphi > 0$: Induktives Verhalten, der Strom eilt der Spannung nach.

Beispiel 66

In der Schaltung nach Abb. 130 fließt ein Wechselstrom $I = 2{,}25$ A, 50 Hz.

Gegeben sind die Werte $R_1 = 86\ \Omega$, $R_2 = 180\ \Omega$, $C = 16\ \mu\text{F}$.

a) Berechnen Sie die Gesamtspannung $\underline{U}$ allgemein in Komponentenform $\underline{U} = (a + jb)$ V, geben Sie also Realteil a und Imaginärteil b in allgemeiner Form an. Bestimmen Sie dann den Zahlenwert von $\underline{U}$.

b) Wie groß ist der Betrag des Teilstromes $\underline{I}_2$?

c) Wie groß ist die Phasenverschiebung φ der Spannung $\underline{U}$ gegenüber dem Strom I?

d) Wie groß ist die in R_2 umgesetzte Wirkleistung P?

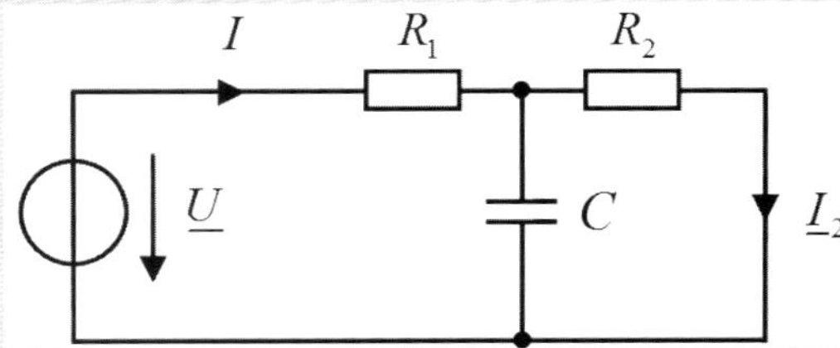

Abb. 130: RC-Netzwerk

Lösung:

a) $$\underline{Z} = R_1 + \frac{R_2 \cdot \frac{1}{j\omega C}}{R_2 + \frac{1}{j\omega C}} = R_1 + \frac{R_2}{1 + j\omega R_2 C} = \frac{R_1 + R_2 + j\omega R_1 R_2 C}{1 + j\omega R_2 C}$$

Konjugiert komplex erweitern:

$$\underline{Z} = \frac{(R_1 + R_2 + j\omega R_1 R_2 C)\cdot(1 - j\omega R_2 C)}{1 + (\omega R_2 C)^2} = \frac{R_1 + R_2 + \cancel{j\omega R_1 R_2 C} - \cancel{j\omega R_1 R_2 C} - j\omega R_2^2 C + \omega^2 R_1 R_2^2 C^2}{1 + (\omega R_2 C)^2}$$

$$\underline{Z} = \frac{R_1 + R_2 + \omega^2 R_1 R_2^2 C^2}{1 + (\omega R_2 C)^2} - j \cdot \frac{\omega R_2^2 C}{1 + (\omega R_2 C)^2}; \quad \underline{U} = I \cdot \underline{Z};$$

$$a = I \cdot \frac{R_1 + R_2 + \omega^2 R_1 R_2^2 C^2}{1 + (\omega R_2 C)^2} \text{ V};$$

$$b = -I \cdot \frac{\omega R_2^2 C}{1 + (\omega R_2 C)^2} \text{ V}; \quad \underline{U} = (416{,}2 - j \cdot 201{,}5) \text{ V}$$

b) Stromteilerregel: $\underline{I}_2 = I \cdot \dfrac{\frac{1}{j\omega C}}{R_2 + \frac{1}{j\omega C}} = I \cdot \dfrac{1}{1 + j\omega R_2 C}$;

$$I_2 = I \cdot \frac{1}{\sqrt{1 + (\omega R_2 C)^2}}; \quad I_2 = 1{,}67 \text{ A}$$

c) $\varphi = \arctan\left(\dfrac{-201{,}5}{416{,}2}\right)$; $\varphi = -25{,}8°$; Der Strom eilt der Spannung voraus.

Es liegt kapazitives Verhalten vor.

d) $P = I_2^2 \cdot R_2 = 502 \text{ W}$

Beispiel 67

Die in Abb. 131 abgebildete Wechselstromschaltung wird von einer idealen Wechselstromquelle mit $\underline{I} = 0{,}1 \text{ mA} \cdot e^{j0°}$ gespeist.

Gegeben sind die Werte $\omega = 10^7 \text{ s}^{-1}$, $R_1 = R_2 = 10 \text{ k}\Omega$ und $C_1 = C_2 = 10 \text{ pF}$.

a) Geben Sie den allgemeinen Ausdruck für die Impedanz $\underline{Z}$ bezogen auf die Klemmen A-B an. Berechnen Sie zahlenmäßig Betrag und Phase von $\underline{Z}$.

b) Berechnen Sie die komplexen Ströme $\underline{I}_1$, $\underline{I}_2$ und $\underline{I}_3$ zahlenmäßig nach Betrag und Phase.

c) Berechnen Sie die Teilspannungen $\underline{U}_{R1}$, $\underline{U}_{R2}$ und $\underline{U}_{C2}$ sowie die Gesamtspannung $\underline{U}$ zahlenmäßig nach Betrag und Phase.

d) Skizzieren Sie mit den in b) und c) ermittelten Zeigern ein gemeinsames Zeigerdiagramm.

e) Berechnen Sie die in der Schaltung umgesetzte Wirk-, Blind- und Scheinleistung.

f) Die Blindleistung soll vollständig kompensiert werden, ohne die Betriebsbedingungen der Schaltung zu verändern. Geben Sie an, welches Bauelement hierzu geeignet ist, wie es verschaltet werden muss und welcher Wert benötigt wird.

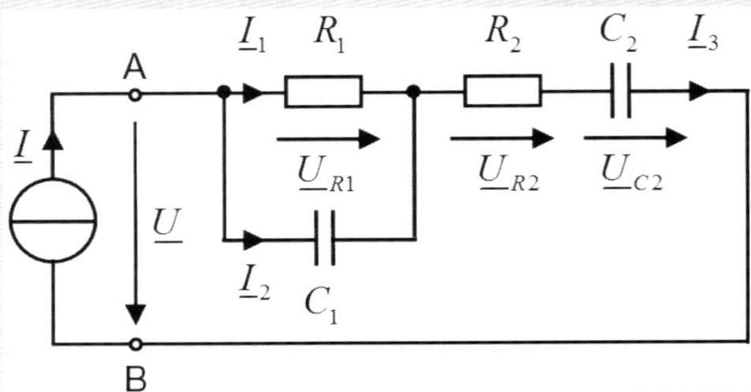

Abb. 131: Wechselstromschaltung

Lösung:

a) $$\underline{Z} = \frac{R_1 \cdot \frac{1}{j\omega C_1}}{R_1 + \frac{1}{j\omega C_1}} + R_2 + \frac{1}{j\omega C_2} = \frac{R_1}{1 + j\omega R_1 C_1} + \frac{1 + j\omega R_2 C_2}{j\omega C_2}$$

$$\underline{Z} = \frac{j\omega R_1 C_2 + (1 + j\omega R_2 C_2) \cdot (1 + j\omega R_1 C_1)}{j\omega C_2 \cdot (1 + j\omega R_1 C_1)}$$

$$\underline{Z} = \frac{j\omega R_1 C_2 + 1 + j\omega R_1 C_1 + j\omega R_2 C_2 - \omega^2 R_1 R_2 C_1 C_2}{-\omega^2 R_1 C_1 C_2 + j\omega C_2}$$

$$\underline{Z} = \frac{1 - \omega^2 R_1 R_2 C_1 C_2 + j \cdot (\omega R_1 C_1 + \omega R_1 C_2 + \omega R_2 C_2)}{-\omega^2 R_1 C_1 C_2 + j\omega C_2}$$

Entsprechend $R_1 = R_2 = R$ und $C_1 = C_2 = C$ kann man zusammenfassen:

$\underline{Z} = \frac{1 - \omega^2 R^2 C^2 + j \cdot 3\omega RC}{-\omega^2 RC^2 + j\omega C}$; Mit $\omega RC = 1$ entsprechend der Angabe folgt:

$$\underline{Z} = \frac{j \cdot 3}{-10^{-4} + j \cdot 10^{-4}}\ \Omega = \frac{j \cdot 3 \cdot (-10^{-4} - j \cdot 10^{-4})}{(10^{-4})^2 + (10^{-4})^2}\ \Omega = \frac{3 \cdot 10^{-4} - j \cdot 3 \cdot 10^{-4}}{2 \cdot 10^{-8}}\ \Omega$$

$\underline{Z} = (1{,}5 \cdot 10^4 - j \cdot 1{,}5 \cdot 10^4)\ \Omega$ oder $\underline{Z} = (15 - j \cdot 15)\ \text{k}\Omega$ oder $\underline{Z} = 21{,}2\ \text{k}\Omega \cdot e^{-j45°}$

b) Stromteilerregel: $\underline{I}_1 = \underline{I} \cdot \dfrac{\dfrac{1}{j\omega C_1}}{R_1 + \dfrac{1}{j\omega C_1}} = \underline{I} \cdot \dfrac{1}{1 + j\omega R_1 C_1}$

$$\underline{I}_1 = 0{,}1\ \text{mA} \cdot \frac{1}{1+j} = (0{,}05 - j \cdot 0{,}05)\ \text{mA};\ \underline{I}_1 = 0{,}0707\ \text{mA} \cdot \text{e}^{-j45°}$$

$$\underline{I}_2 = \underline{I} \cdot \frac{R_1}{R_1 + \dfrac{1}{j\omega C_1}} = \frac{j\omega R_1 C_1}{1 + j\omega R_1 C_1};$$

$$\underline{I}_2 = 0{,}1\ \text{mA} \cdot \frac{j}{1+j} = 0{,}1\ \text{mA} \cdot \frac{j \cdot (1-j)}{(1+j)\cdot(1-j)} = (0{,}05 + j \cdot 0{,}05)\ \text{mA}$$

$$\underline{I}_2 = 0{,}0707\ \text{mA} \cdot e^{+j45°}$$

$$\underline{I}_3 = \underline{I} = 0{,}1\ \text{mA} \cdot e^{j0°}$$

c) $\underline{U}_{R1} = R_1 \cdot \underline{I}_1 = 10^4\ \Omega \cdot 0{,}0707\ \text{mA} \cdot \text{e}^{-j45°};\ \underline{U}_{R1} = 0{,}707\ \text{V} \cdot e^{-j45°}$

$$\underline{U}_{R2} = R_2 \cdot \underline{I} = 10^4\ \Omega \cdot 0{,}1\ \text{mA} \cdot e^{j0°};\ \underline{U}_{R2} = 1\ \text{V} \cdot e^{j0°}$$

$$\underline{U}_{C2} = \frac{1}{j\omega C_2} \cdot \underline{I} = \frac{0{,}1\ \text{mA} \cdot e^{j0°}}{j \cdot 10^{-4}\ 1/\Omega};\ \underline{U}_{C2} = 1\ \text{V} \cdot e^{-j90°}$$

$$\underline{U} = \underline{Z} \cdot \underline{I} = 21{,}2\ \text{k}\Omega \cdot e^{-j45°} \cdot 0{,}1\ \text{mA} \cdot e^{j0°};\ \underline{U} = 2{,}12\ \text{V} \cdot e^{-j45°}$$

d) Reelle und imaginäre Achse werden nicht gezeichnet.

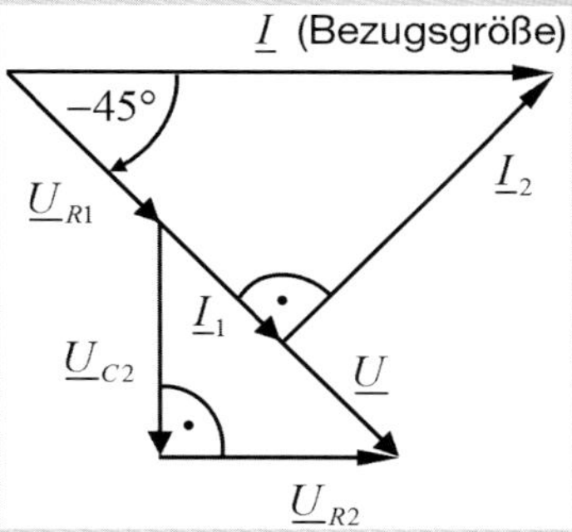

Abb. 132: Gemeinsames Zeigerdiagramm der Spannungen und Ströme

e) Nach a) ist $\underline{Z} = (15 - j \cdot 15)\ \text{k}\Omega = (R + jX)\ \text{k}\Omega$.

Die komplexe Scheinleistung ist $\underline{S} = R \cdot I^2 + j \cdot X \cdot I^2 = P + j \cdot Q$ (siehe Gl. (6.101)).

$$P = 15\ \text{k}\Omega \cdot \left(10^{-4}\ \text{A}\right)^2 = 150 \cdot 10^{-6}\ \text{W} = \underline{\underline{150\ \mu\text{W}}}$$

$$Q = 15\ \text{k}\Omega \cdot \left(10^{-4}\ \text{A}\right)^2 = 150 \cdot 10^{-6}\ \text{var} = \underline{\underline{150\ \mu\text{var}}}$$

$$S = U \cdot I = 2{,}12\ \text{V} \cdot 10^{-4}\ \text{A} = \underline{\underline{212\ \mu\text{VA}}}$$

f) Der Strom $\underline{I}$ eilt der Spannung $\underline{U}$ voraus, das Netzwerk ist kapazitiv. Eine Blindleistungskompensation ist mit einer Induktivität möglich. Damit die Betriebsbedingungen der Schaltung erhalten bleiben, muss die Induktivität in Reihe zum Gesamtnetzwerk geschaltet werden. Die Konstantstromquelle hält auch nach dem Einbringen der Induktivität in den Stromkreis den Strom auf dem konstanten Wert, der vorher vorlag. Bei einem Parallelschalten der Induktivität zum Netzwerk würde sich der Strom verzweigen und durch das Netzwerk ein kleinerer Strom fließen.

Entsprechend der Impedanz $\underline{Z} = \left(15 - j \cdot 15\right)\ \text{k}\Omega$ muss $-j \cdot 15\ \text{k}\Omega$ kompensiert werden.

$$j\omega L = j \cdot 15\ \text{k}\Omega;\ L = \frac{15\ \text{k}\Omega}{\omega} = \frac{15 \cdot 10^3\ \Omega}{10^7\ \text{s}^1} = \underline{\underline{1{,}5\ \text{mH}}}$$

Beispiel 68

Bestimmen Sie die Quellenspannung $\underline{U}_q$ und den Innenwiderstand $\underline{Z}_i$ der Ersatzspannungsquelle[15] bezüglich der Klemmen A – B der in Abb. 133 gezeigten Schaltung. Ermitteln Sie den Strom $\underline{I}_{L2}$ und dessen Betrag I_{L2}, die Spannung $\underline{U}_{L2}$ und deren Betrag U_{L2}. Gegeben sind folgende Werte:

$\underline{U} = 10\ \text{V},\ \omega = 10^4\ \text{s}^{-1},\ R_1 = 15\ \Omega,\ R_2 = 47\ \Omega,\ L_1 = 1{,}0\ \text{mH},\ L_2 = 3{,}3\ \text{mH}.$

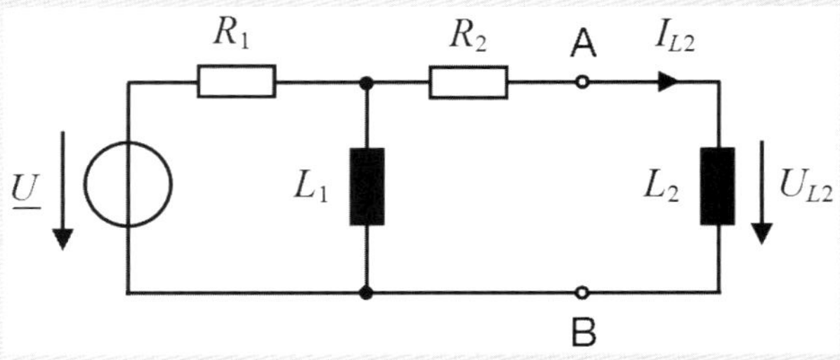

Abb. 133: Analyse mit der Ersatzspannungsquelle

15 Siehe Beispiel 60, Elektrotechnik für Studierende: Band 2 – Gleichstrom, Christiani-Verlag

Lösung:

Der Innenwiderstand wird bei Leerlauf an den Klemmen A – B bestimmt.

$$\underline{Z}_i = R_2 + \left(R_1 \parallel L_1\right) = R_2 + \frac{R_1 \cdot j\omega L_1}{R_1 + j\omega L_1} = \underline{\underline{\left(51{,}62 + j \cdot 6{,}92\right)\ \Omega}}$$

Die Leerlaufspannung an den Klemmen A – B ist (Spannungsteiler):

$$\underline{U}_q = \underline{U} \cdot \frac{j\omega L_1}{R_1 + j\omega L_1} = 10\ \text{V} \cdot \left(0{,}308 + j \cdot 0{,}462\right) = \underline{\underline{\left(3{,}08 + j \cdot 4{,}62\right)\ \text{V}}}$$

$$\underline{I}_{L2} = \frac{\underline{U}_q}{\underline{Z}_i + j\omega L_2} = \frac{\left(3{,}08 + j \cdot 4{,}62\right)\ \text{V}}{\left(51{,}62 + j \cdot 6{,}92\right)\ \Omega + j \cdot 33\ \Omega} = \frac{5{,}55\ \text{V} \cdot e^{j56{,}3^\circ}}{65{,}26\ \Omega \cdot e^{j37{,}7^\circ}} = \underline{\underline{0{,}085\ \text{A} \cdot e^{j18{,}6^\circ}}};$$

$$\underline{\underline{I_{L2} = 85\ \text{mA}}}$$

$$\underline{U}_{L2} = j\omega L_2 \cdot \underline{I}_{L2} = j \cdot 33\ \Omega \cdot \underline{I}_{L2} = 33\ \Omega \cdot e^{j90^\circ} \cdot 0{,}085\ \text{A} \cdot e^{j18{,}6^\circ} = \underline{\underline{2{,}81\ \text{V} \cdot e^{j108{,}6^\circ}}};$$

$$\underline{\underline{U_{L2} = 2{,}81\ \text{V}}}$$

Beispiel 69

In Abb. 134 ist die gleiche Schaltung gegeben wie in Abb. 133.

Bestimmen Sie mit einer Maschenanalyse die Spannung $\underline{U}_{L2}$ zunächst in allgemeiner Form in Abhängigkeit von $\underline{U}$, R_1, R_2, L_1 und L_2 und dann als Zahlenwert in Polarform. Welchen Wert hat $\underline{I}_2$?

Gegeben sind wieder die Größen wie in Beispiel 68:

$\underline{U} = 10\ \text{V}$, $\omega = 10^4\ \text{s}^{-1}$, $R_1 = 15\ \Omega$, $R_2 = 47\ \Omega$, $L_1 = 1{,}0\ \text{mH}$, $L_2 = 3{,}3\ \text{mH}$.

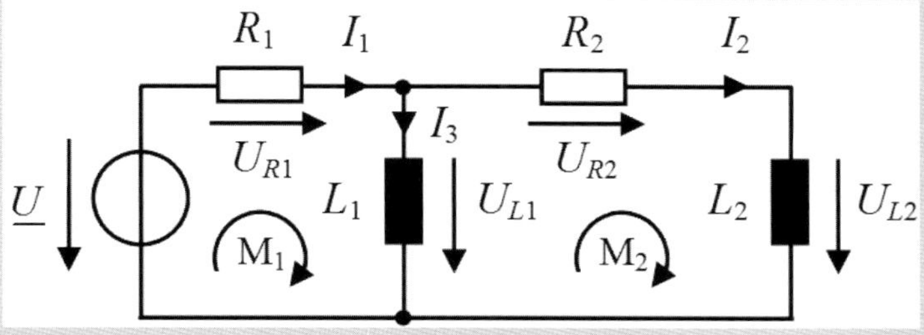

Abb. 134: Maschenanalyse einer Wechselstromschaltung

Lösung:

Die Umlaufpfeile der Maschen sind im Schaltplan bereits angegeben. Es werden die Maschengleichungen aufgestellt.

$$\mathrm{M}_1\text{: } R_1 \cdot \underline{I}_1 + j\omega L_1 \cdot \underline{I}_3 - \underline{U} = 0$$

$$\mathrm{M}_2\text{: } -j\omega L_1 \cdot \underline{I}_3 + R_2 \cdot \underline{I}_2 + j\omega L_2 \cdot \underline{I}_2 = 0$$

Der Strom $\underline{I}_3$ im Zweig des Baumes wird durch die Ströme $\underline{I}_1$ und $\underline{I}_2$ in den Verbindungszweigen ausgedrückt und in die Maschengleichungen eingesetzt.

$$\underline{I}_3 = \underline{I}_1 - \underline{I}_2$$

$$\mathrm{M}_1\text{: } R_1 \cdot \underline{I}_1 + j\omega L_1 \cdot \left(\underline{I}_1 - \underline{I}_2\right) - \underline{U} = 0$$

$$\mathrm{M}_2\text{: } -j\omega L_1 \cdot \left(\underline{I}_1 - \underline{I}_2\right) + R_2 \cdot \underline{I}_2 + j\omega L_2 \cdot \underline{I}_2 = 0$$

Umstellen und Ordnen nach den Strömen:

$$\mathrm{M}_1\text{: } \left(R_1 + j\omega L_1\right) \cdot \underline{I}_1 - j\omega L_1 \cdot \underline{I}_2 - \underline{U} = 0$$

$$\mathrm{M}_2\text{: } -j\omega L_1 \cdot \underline{I}_1 + \left(R_2 + j\omega L_1 + j\omega L_2\right) \cdot \underline{I}_2 = 0$$

Lösen des Gleichungssystems mit den zwei Unbekannten $\underline{I}_1$ und $\underline{I}_2$.

Auflösen von M_1 nach $\underline{I}_1$: $\underline{I}_1 = \dfrac{j\omega L_1 \cdot \underline{I}_2 + \underline{U}}{R_1 + j\omega L_1}$

Mit $\underline{I}_2 = \dfrac{\underline{U}_{L2}}{j\omega L_2}$ folgt: $\underline{I}_1 = \dfrac{\dfrac{L_1}{L_2} \cdot \underline{U}_{L2} + \underline{U}}{R_1 + j\omega L_1}$

Einsetzen von $\underline{I}_1$ und $\underline{I}_2$ in M_2:

$$\mathrm{M}_2\text{: } -j\omega L_1 \cdot \frac{\dfrac{L_1}{L_2} \cdot \underline{U}_{L2} + \underline{U}}{R_1 + j\omega L_1} + \left(R_2 + j\omega L_1 + j\omega L_2\right) \cdot \frac{\underline{U}_{L2}}{j\omega L_2} = 0$$

$$\frac{-j\omega L_1^2 \cdot \underline{U}_{L2} - j\omega L_1 L_2 \cdot \underline{U}}{L_2 \cdot \left(R_1 + j\omega L_1\right)} + \underline{U}_{L2} \cdot \frac{R_2 + j\omega L_1 + j\omega L_2}{j\omega L_2} = 0$$

$$\underline{U}_{L2} \cdot \frac{-j\omega L_1^2}{L_2 \cdot \left(R_1 + j\omega L_1\right)} - \underline{U} \cdot \frac{j\omega L_1 \cancel{L_2}}{\cancel{L_2} \cdot \left(R_1 + j\omega L_1\right)} + \underline{U}_{L2} \cdot \frac{R_2 + j\omega L_1 + j\omega L_2}{j\omega L_2} = 0$$

$$\underline{U}_{L2} \cdot \left(\frac{R_2 + j\omega L_1 + j\omega L_2}{j\omega L_2} - \frac{j\omega L_1^2}{L_2 \cdot \left(R_1 + j\omega L_1\right)}\right) = \underline{U} \cdot \frac{j\omega L_1}{R_1 + j\omega L_1}$$

$$\underline{U}_{L2} \cdot \frac{\left(R_2 + j\omega L_1 + j\omega L_2\right) \cdot L_2 \cdot \left(R_1 + j\omega L_1\right) - j\omega L_1^2 \cdot j\omega L_2}{j\omega L_2 \cdot L_2 \cdot \left(R_1 + j\omega L_1\right)} = \underline{U} \cdot \frac{j\omega L_1}{R_1 + j\omega L_1}$$

$$\underline{U}_{L2} = \underline{U} \cdot \frac{j\omega L_1 \cdot j\omega L_2 \cdot L_2 \cdot \cancel{(R_1 + j\omega L_1)}}{\cancel{(R_1 + j\omega L_1)} \cdot \left[(R_2 + j\omega L_1 + j\omega L_2) \cdot L_2 \cdot (R_1 + j\omega L_1) - j\omega L_1^2 \cdot j\omega L_2\right]}$$

$$\underline{U}_{L2} = \underline{U} \cdot \frac{-\omega^2 L_1 L_2^2}{\left(R_2 L_2 + j\omega L_1 L_2 + j\omega L_2^2\right) \cdot (R_1 + j\omega L_1) + \omega^2 L_1^2 L_2}$$

$$\underline{U}_{L2} = \underline{U} \cdot \frac{-\omega^2 L_1 L_2^2}{R_1 R_2 L_2 + j\omega R_1 L_1 L_2 + j\omega R_1 L_2^2 + j\omega R_2 L_1 L_2 \cancel{-\omega^2 L_1^2 L_2} - \omega^2 L_1 L_2^2 \cancel{+\omega^2 L_1^2 L_2}}$$

$$\underline{U}_{L2} = \underline{U} \cdot \frac{-\omega^2 L_1 L_2^2}{R_1 R_2 L_2 - \omega^2 L_1 L_2^2 + j\omega \cdot \left(R_1 L_1 L_2 + R_1 L_2^2 + R_2 L_1 L_2\right)}$$

Einsetzen der Zahlenwerte ergibt:

$$\underline{U}_{L2} = 10 \cdot \frac{-1{,}089}{1{,}2375 + j \cdot 3{,}6795}\ \text{V} = \left(-0{,}894 + j \cdot 2{,}659\right)\ \text{V};$$

$$\underline{U}_{L2} = 2{,}81\ \text{V} \cdot \text{e}^{j \cdot (180° - 71{,}4°)} = \underline{\underline{2{,}81\ \text{V} \cdot \text{e}^{j108{,}6°}}}$$

$\underline{U}_{L2}$ eilt der Eingangsspannung $\underline{U}$ um 108,6° voraus.

$$\underline{I}_2 = \frac{\underline{U}_{L2}}{j\omega L_2} = \frac{2{,}81 \cdot e^{j108{,}6°}\ \text{V}}{j \cdot 33\ \Omega} = 0{,}085\ \text{A} \cdot e^{j108{,}6°} \cdot e^{-j90°} = \underline{\underline{0{,}085\ \text{A} \cdot e^{j18{,}6°}}}$$

$\underline{I}_2$ eilt der Eingangsspannung $\underline{U}$ um 18,6° voraus.

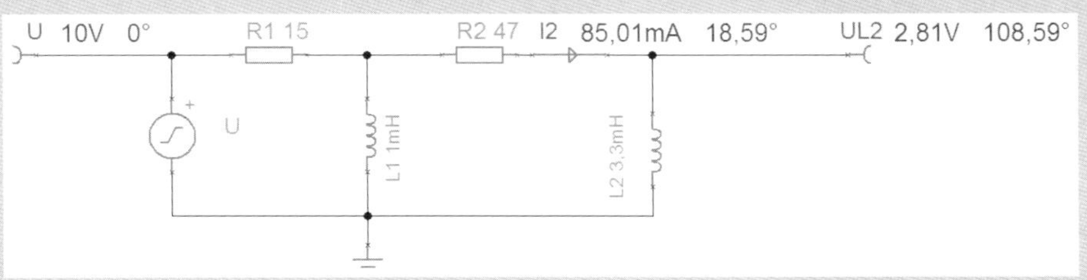

Abb. 135: Simulation des Netzwerkes von Abb. 134 mit einem PC-Programm. Die Ergebnisse für Betrag und Phase von $\underline{I}_2$ und $\underline{U}_{L2}$ sind direkt ablesbar.

Beispiel 70

Die in Abb. 136 gezeigte Schaltung ist mit dem Superpositionsprinzip zu berechnen.

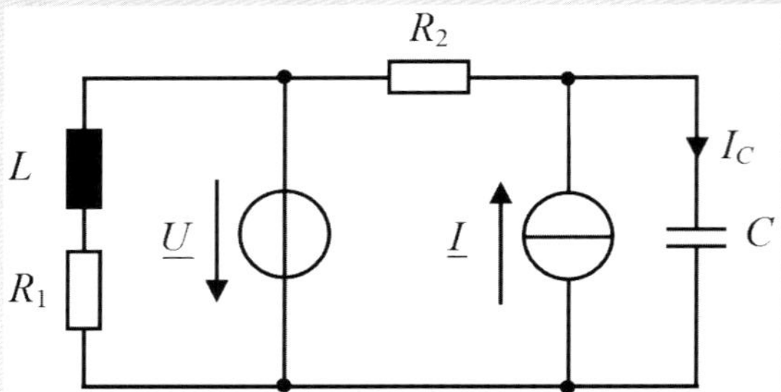

Abb. 136: Wechselstromschaltung zur Berechnung mit dem Überlagerungssatz

Gegeben sind folgende Werte:

$\underline{U} = 5\ \text{V} \cdot e^{j20°}$, $\underline{I} = 2\ \text{A} \cdot e^{-j60°}$, $f = 50\ \text{Hz}$, $R_1 = R_2 = 10\ \Omega$, $L = 50\ \text{mH}$, $C = 100\ \mu\text{F}$

a) Geben Sie die Zeitfunktionen der komplexen Effektivwerte $\underline{U}$ und $\underline{I}$ an.

b) Berechnen Sie den Strom $\underline{I}_C$ mit dem Überlagerungssatz nach Betrag und Phase.

Lösung:

a) Die Zeitfunktionen der komplexen (ruhenden) Effektivwertzeiger sind:

$$u(t) = 5\ \text{V} \cdot \sqrt{2} \cdot \sin(\omega t + 20°);\ i(t) = 2\ \text{A} \cdot \sqrt{2} \cdot \sin(\omega t - 60°)$$

b) Zuerst wird der Anteil der Spannungsquelle an $\underline{I}_C$ berechnet. Die Stromquelle wird hierzu aus dem Netzwerk entfernt. Spannungsteiler mit R_2 und C:

$$\underline{U}_{C1} = \underline{U} \cdot \frac{\frac{1}{j\omega C}}{R_2 + \frac{1}{j\omega C}} = \underline{U} \cdot \frac{1}{1 + j\omega R_2 C}$$

$$\underline{U}_{C1} = 5\ \text{V} \cdot e^{j20°} \cdot (0{,}91 - j \cdot 0{,}286)\ \text{V} = 5\ \text{V} \cdot e^{j20°} \cdot 0{,}95 \cdot e^{-j17{,}45°} = 4{,}75\ \text{V} \cdot e^{j2{,}55°}$$

$$\underline{I}_{C1} = \frac{\underline{U}_{C1}}{\frac{1}{j\omega C}} = \underline{U}_{C1} \cdot j\omega C = 4{,}75\ \text{V} \cdot e^{j2{,}55°} \cdot 2 \cdot \pi \cdot 50 \cdot 10^{-4}\ \frac{1}{\Omega} \cdot e^{j90°} = 0{,}149\ \text{A} \cdot e^{j92{,}55°}$$

Komponentenform (für die spätere Addition der Anteile):

$$\underline{I}_{C1} = \left(-6{,}6 \cdot 10^{-3} + j \cdot 148{,}8 \cdot 10^{-3}\right)\ \text{A}$$

Jetzt wird der Anteil der Stromquelle an $\underline{I}_C$ berechnet. Die Spannungsquelle wird hierzu kurzgeschlossen. Die Reihenschaltung aus R_1 und L ist dadurch kurzgeschlossen, R_2 liegt parallel zum Kondensator. Es wird die Stromteilerregel angewandt.

$$\underline{I}_{C2} = \underline{I} \cdot \frac{R_2}{R_2 + \frac{1}{j\omega C}} = \underline{I} \cdot \frac{j\omega R_2 C}{1 + j\omega R_2 C}\,;\ \underline{I}_{C2} = \underline{I} \cdot \frac{\omega R_2 C}{\sqrt{1 + (\omega R_2 C)^2}} \cdot e^{j(90° - \arctan(\omega R_2 C))}$$

$$\underline{I}_{C2} = 2\ \text{A} \cdot e^{-j60°} \cdot 0{,}3 \cdot e^{j(90° - 17{,}44°)} = 0{,}6\ \text{A} \cdot e^{j12{,}56°} = \left(585{,}6 \cdot 10^{-3} + j \cdot 130{,}5 \cdot 10^{-3}\right)\ \text{A}$$

$$\underline{I}_C = \underline{I}_{C1} + \underline{I}_{C2} = (0{,}579 + j \cdot 0{,}279)\ \text{A}\,;\ \underline{\underline{\underline{I}_C = 0{,}643\ \text{A} \cdot e^{j25{,}7°}}}$$

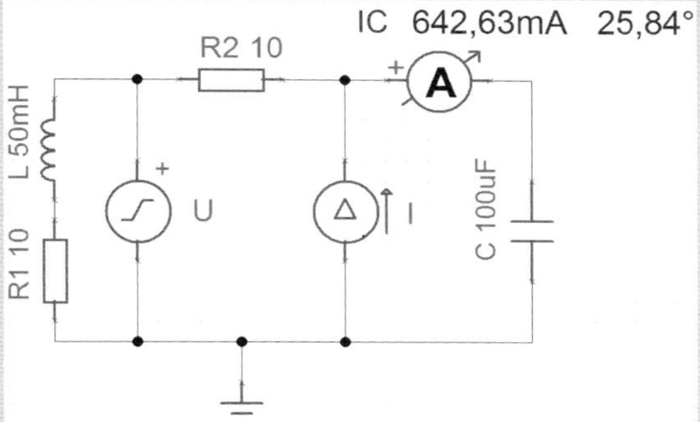

Abb. 137: Simulation des Netzwerkes von Abb. 136

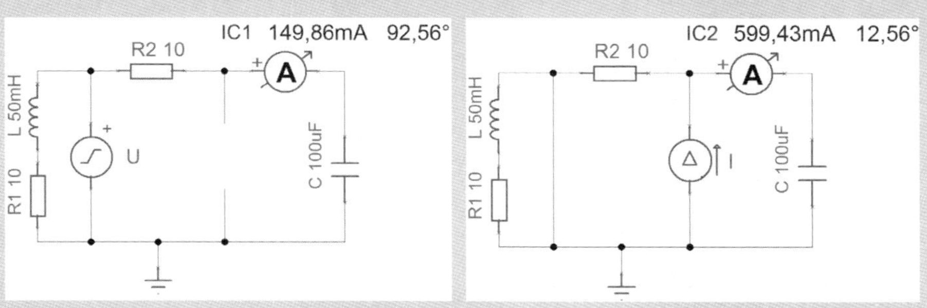

Abb. 138: Schaltpläne für die Simulation zur Berechnung des Anteiles der Spannungsquelle (links) und des Anteiles der Stromquelle (rechts)

Beispiel 71

Bei dem in Abb. 139 dargestellten Netzwerk soll der Strom $\underline{I}_1$ mit Hilfe des Überlagerungssatzes berechnet werden. Gegeben sind folgende Werte:

$\underline{U}_{q1} = 12{,}0\text{ V}$, $\underline{U}_{q2} = 6{,}0\text{ V}$, $f = 100\text{ Hz}$, $R = 3{,}3\ \Omega$, $L = 1\text{ mH}$, $C = 100\ \mu\text{F}$

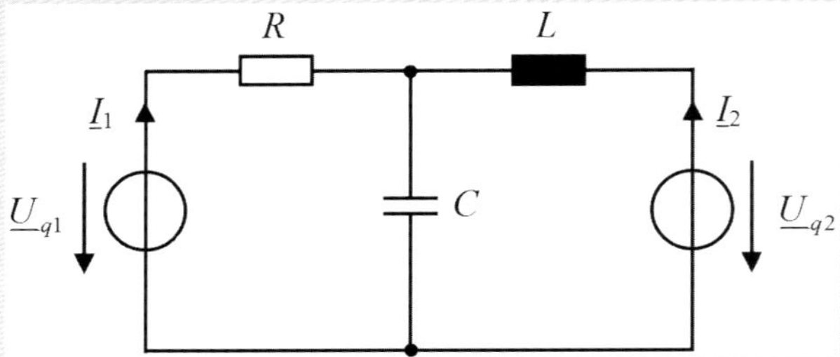

Abb. 139: Berechnung eines Stromes in einem Wechselstromnetzwerk mit dem Überlagerungssatz

Lösung:

Zunächst wird berechnet, welchen Anteil am Strom $\underline{I}_1$ die Spannungsquelle $\underline{U}_{q1}$ hervorruft. $\underline{U}_{q2}$ wird durch einen Kurzschluss ersetzt. Die an $\underline{U}_{q1}$ liegende Schaltung hat dann die Impedanz:

$$\underline{Z}_1 = R + \frac{j\omega L \cdot \dfrac{1}{j\omega C}}{j\omega L + \dfrac{1}{j\omega C}} = R + \frac{j\omega L}{1 - \omega^2 LC};\ \underline{Z}_1 = (3{,}300 + j \cdot 0{,}654)\ \Omega$$

$$\underline{I}_{11} = \frac{\underline{U}_{q1}}{\underline{Z}_1} = \frac{12\text{ V}}{(3{,}300 + j \cdot 0{,}654)\ \Omega} = (3{,}499 - j \cdot 0{,}693)\text{ A} = 3{,}567\text{ A} \cdot e^{-j11{,}2^\circ}$$

Jetzt wird $\underline{U}_{q1}$ durch einen Kurzschluss ersetzt. Die an $\underline{U}_{q2}$ liegende Schaltung hat die Impedanz:

$$\underline{Z}_2 = j\omega L + \frac{R \cdot \dfrac{1}{j\omega C}}{R + \dfrac{1}{j\omega C}} = j\omega L + \frac{R}{1 + j\omega RC};\ \underline{Z}_2 = (3{,}164 - j \cdot 0{,}0277)\ \Omega$$

$$\underline{I}_2 = \frac{\underline{U}_{q2}}{\underline{Z}_2} = \frac{6\text{ V}}{(3{,}164 - j \cdot 0{,}0277)\ \Omega} = (1{,}896 + j \cdot 0{,}0166)\text{ A} = 1{,}896\text{ A} \cdot e^{j0{,}5^\circ}$$

$$\underline{I}_{12} = -\underline{I}_2 \cdot \frac{\dfrac{1}{j\omega C}}{R + \dfrac{1}{j\omega C}} = -\underline{I}_2 \cdot \frac{1}{1 + j\omega RC};$$ man beachte das negative Vorzeichen.

$$\underline{I}_{12} = (-1{,}82 + j \cdot 0{,}361)\ \text{A}$$

$$\underline{I}_1 = \underline{I}_{11} + \underline{I}_{12} = (3{,}499 - j \cdot 0{,}693)\ \text{A} + (-1{,}82 + j \cdot 0{,}361)\ \text{A}$$

$$\underline{\underline{\underline{I}_1 = (1{,}68 - j \cdot 0{,}33)\ \text{A} = 1{,}71\ \text{A} \cdot \text{e}^{-j11{,}1°}}}}$$

10 Wechselstromkreise in Abhängigkeit der Frequenz

Bei Wechselstromwiderständen hatten wir ihre Frequenzabhängigkeit, also ihr Verhalten bei unterschiedlichen Frequenzen betrachtet. In linearen Wechselstromnetzwerken dagegen wurden die unbekannten Größen bei *einer* festen Frequenz der erregenden sinusförmigen Eingangsgrößen (Quellen) bestimmt, vorzugsweise mit Hilfe der komplexen Rechnung. Ab jetzt soll die Form der Erregung zwar ebenfalls sinusförmig sein, ihre *Frequenz* wird aber als *variabel* angenommen, und zwar in dem Bereich $0 \leq f < \infty$. Gleichgrößen werden als Sonderfall von Wechselgrößen mit der Frequenz $f = 0$ in diese Betrachtungen mit einbezogen.

10.1 Ersatzschaltungen für passive lineare Bauelemente

In diesem Abschnitt wird nur kurz auf die Technologie von elektronischen Bauelementen eingegangen. Zur Beschreibung von Herstellung, Aufbau, Eigenschaften und Funktionsweise dieser Komponenten gibt es entsprechende Literatur. Hier sollen die Unterschiede zwischen idealen und realen Bauelementen aufgezeigt werden, die beim Aufbau einer elektrischen bzw. elektronischen Schaltung berücksichtigt werden müssen. Dabei erfolgt eine Beschränkung auf ohmsche Widerstände, Spulen und Kondensatoren.

In Schaltplänen elektrischer Schaltungen werden für die Bauteile Symbole benutzt, welche nicht reale, sondern ideale Bauelemente darstellen. Das Symbol für einen ohmschen Widerstand drückt aus, dass zwischen zwei Schaltungspunkten ein reiner Wirkwiderstand liegt. Der Strich als Symbol einer elektrischen Verbindung gibt an, dass zwei Schaltungspunkte mit unendlich kleinem Widerstand miteinander verbunden sind, z. B. durch einen unendlich gut leitenden Draht.

Bei den bisherigen Betrachtungen wurden die Grundzweipole R, L und C als ideal angesehen, d. h. der Wirkwiderstand R enthält keine Blindkomponenten und die Blindwiderstände X_L und X_C enthalten keine Wirkanteile. Für reale Bauelemente treffen diese Annahmen jedoch nicht zu, es treten stets Wirk- und Blindanteile gemeinsam auf. Hinzu kommt noch eine Abhängigkeit dieser Komponenten von der Frequenz. Ohmsche Widerstände, Spulen und Kondensatoren können als ideale Bauelemente nicht verwirklicht werden. Eine Spule hat z. B. außer ihrer Induktivität stets auch einen ohmschen Widerstand, der durch den Widerstand des Drahtes gebildet wird. Zusätzlich bestehen zwischen den Windungen der Spule Kapazitäten, da Drahtoberflächen parallel nebeneinander liegen. Bei gewickelten Drahtwiderständen bilden die Kapazitäten zwischen den Drahtwindungen eine Kapazität, welche dem idealen ohmschen Widerstand parallel liegt.

Diejenigen unerwünschten Größen, die ein reales Bauteil neben seiner erwünschten Haupteigenschaft besitzt, werden als **parasitäre** Größen bezeichnet. Ein ohmscher Widerstand hat parasitäre Kapazitäten und Induktivitäten. Eine Spule hat außer ihrer Haupteigenschaft der Induktivität auch einen parasitären ohmschen Widerstand und parasitäre Windungskapazitäten. Ein Kondensator hat wegen des nicht unendlich hohen Widerstandes des Dielektrikums einen parasitären Wirkwiderstand parallel zur idealen Kapazität liegen.

Häufig (besonders bei hohen Frequenzen) müssen parasitäre Größen von Bauteilen elektrischer Schaltungen berücksichtigt werden. Erfolgt dies nicht, so können reale Eigenschaften und Messungen aufgebauter Schaltungen erheblich von deren theoretischen Eigenschaften und Berechnungen abweichen.

Die Berücksichtigung parasitärer Größen bei realen Bauelementen erfolgt durch elektrische Schaltungen, die als **Ersatzschaltungen** bezeichnet werden. Diese Ersatzschaltungen sind in solcher Weise aus idealen Bauelementen zusammengesetzt, dass die Eigenschaften des betrachteten realen Bauteils über den gesamten Frequenzbereich, in dem das Bauelement eingesetzt wird, genügend genau beachtet werden. Im Folgenden werden die wichtigsten Eigenschaften realer Bauelemente behandelt und ihre Wechselstromersatzschaltungen besprochen.

10.1.1 Widerstand mit Eigenkapazität und Eigeninduktivität

Das Bauelement Widerstand ist die technische Realisierung der physikalischen Größe Wirkwiderstand (ohmscher Widerstand).

Einige Aufbaumöglichkeiten für Widerstände sind:

- Drahtwiderstand (gewendelter Widerstandsdraht auf einem Porzellankörper)
- Massewiderstand mit zylindrischem Körper aus einer schlecht leitenden Masse

- Schichtwiderstand aus einer leitfähigen, auf einem zylindrischen Körper aufgebrachten dünnen Schicht (z. B. Metallfilm-Widerstand)
- SMD-Widerstände (Surface Mounted Devices), Kleinstbauteile, die auf die Oberfläche einer Leiterplatte gelötet werden.

Bei allen Bauformen ist mit dem Stromfluss durch einen Widerstand auch ein magnetisches Feld verbunden. Die Folge ist, dass der reale Widerstand nicht nur Wärme erzeugt, sondern auch magnetische Energie speichert. Da auch eine Spannung zwischen den beiden Anschlussdrähten auftritt, entsteht ein elektrisches Feld im Widerstand, das elektrische Energie speichert. Eine einfache Ersatzschaltung eines Widerstandes besteht daher aus der Reihenschaltung des idealen Widerstandes (Gleichstromwiderstand R) mit der parasitären Induktivität L und der dazu parallel geschalteten parasitären Kapazität C.

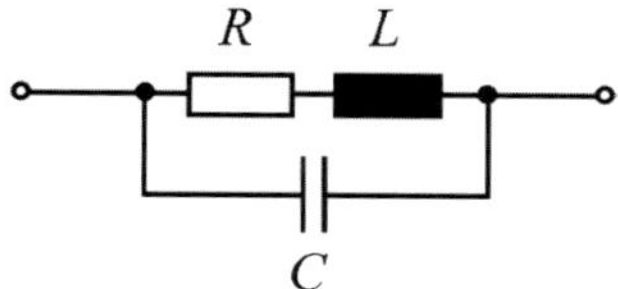

Abb. 140: Ersatzschaltung eines Widerstandes mit Eigeninduktivität und Eigenkapazität

Wird ein Draht mit hohem spezifischen Widerstand auf einen Keramikzylinder aufgewickelt, so erhält man einen Drahtwiderstand. Zwischen den einzelnen Drahtwindungen bestehen (unerwünschte) parasitäre Kapazitäten und Induktivitäten. Diese wirken zwischen den verschiedensten Stellen des Widerstandes und können zusammengefasst werden.

Jeder ohmsche Widerstand enthält parasitäre Kapazitäten und Induktivitäten. Die Größen der Eigeninduktivität und der Eigenkapazität sind von der technischen Ausführung (Aufbau und Material) des jeweiligen Widerstandes abhängig. Gewickelte Drahtwiderstände haben besonders hohe Eigeninduktivitäten und sind daher bei hohen Frequenzen ungeeignet. Die Eigeninduktivität liegt in der Größenordnung von nH, die Eigenkapazität liegt im pF-Bereich.

Die Impedanz der Ersatzschaltung nach Abb. 140 ist frequenzabhängig:

$$\underline{Z} = \frac{R + j\omega L}{1 - \omega^2 LC + j\omega RC} \tag{10.1}$$

Je nach Widerstandswert können für einen technischen Widerstand vereinfachte Ersatzschaltbilder verwendet werden. Eine Parallelschaltung aus R und C wird für HF-Widerstände, Massewiderstände und ungewendelte Schichtwiderstände bei großen Ohmwerten (ca. $R > 1\ \text{k}\Omega$) verwendet. Der Wert von C ist $< 2\ \text{pF}$, typ. $0{,}3\ \text{pF}$. Eine Reihenschaltung aus R und L wird für Drahtwiderstände ohne spezielle Wicklung und für gewendelte Schichtwiderstände bei kleinen Ohmwerten (ca. $R < 100\ \Omega$) benutzt. L liegt in der Größenordnung einiger nH oder $\mu\mathrm{H}$.

Bei SMD-Widerständen nimmt der Betrag der Impedanz mit steigender Frequenz ab, wenn der Widerstandswert größer als ca. 200 bis 300 Ohm ist. Es überwiegt das kapazitive Verhalten, der Widerstandswert wird mit wachsender Frequenz kleiner. Unterhalb der genannten Widerstandswerte überwiegt das induktive Verhalten, der Widerstandswert wird mit wachsender Frequenz zunächst größer und erst oberhalb einer Resonanzfrequenz (meist $> 20\ \mathrm{GHz}$) wird er wieder kleiner. Die Werte der Eigeninduktivität liegen im nH-Bereich, die der Eigenkapazität im fF-Bereich.

Skin-Effekt

Es wird noch darauf hingewiesen, dass bei einem Widerstand, der einen Wechselstrom sehr hoher Frequenz führt, eine Widerstandserhöhung aufgrund von Induktionsvorgängen im Inneren des Leiters auftritt. Der ohmsche Widerstand eines elektrischen Leiters nimmt bei hochfrequenten Strömen gegenüber seinem Gleichstromwiderstand mit steigender Frequenz zu. Der Strom fließt nur noch in einer sehr dünnen Schicht der Leiteroberfläche. Es bildet sich der **Skin-Effekt** aus, der besagt, dass die Stromdichte am Leiterrand größer als im Zentrum des Leiters ist, wo eine Stromverdrängung stattfindet. Die Stromdichte nimmt nach einer e-Funktion von außen nach innen ab. Der Abstand vom äußeren Radius zu dem Radius, bei dem die Stromdichte auf $1/e = 0{,}368$ oder auf ca. 37 % abgesunken ist, wird als **Eindringtiefe** δ bezeichnet (oder als *äquivalente Leitschichtdicke*). Sie ist vom spezifischen Widerstand und der Permeabilitätszahl des Leitermaterials sowie der Frequenz abhängig. Für rechteckige und runde Leiter gilt:

$$\boxed{\delta = \sqrt{\frac{2 \cdot \rho}{\omega \cdot \mu_0 \cdot \mu_r}}} \tag{10.2}$$

δ = Eindringtiefe in m, ω = Kreisfrequenz in $\frac{1}{\mathrm{s}}$, ρ = spezifischer Widerstand in $\frac{\Omega \cdot \mathrm{mm}^2}{\mathrm{m}}$, $\mu_0 = 4\pi \cdot 10^{-7}\ \frac{\mathrm{V \cdot s}}{\mathrm{A \cdot m}}$ = magnetische Feldkonstante, μ_r = Permeabilitätszahl des Leitermaterials, z. B. Kupfer, Aluminium: $\mu_r = 1$, Eisen: $\mu_r = 5000 \ldots 250\,000$

Da sich die Eindringtiefe umgekehrt proportional zur Wurzel aus der Frequenz verhält, steigt der Wechselstromwiderstand (und damit der Verlust) proportional zu $\sqrt{f}$.

Der Skin-Effekt tritt hauptsächlich bei Drahtwiderständen und bei Massewiderständen auf, bei Schichtwiderständen kann er vernachlässigt werden.

Rauschen

Das **Widerstandsrauschen** (thermisches Rauschen) verursacht stochastische Schwankungen einer Spannung bzw. eines Stromes durch die ungeordnete Wärmebewegung der Ladungsträger. Thermisches Rauschen ist proportional zur Temperaur und unabhängig von einem Gleichstromfluss. Betrachtet man einen Widerstand in einer Schaltung als Rauschspannungsquelle, so lässt er sich ersetzt denken durch einen rauschfreien Widerstand gleicher Größe mit einer in Serie dazu liegenden Spannungsquelle, die eine Rauschspannung der Größe $u_{R,eff}$ abgibt.

$$u_{R,eff} = \sqrt{\overline{u^2_{(t)}}} = \sqrt{4 \cdot k \cdot T \cdot \Delta f \cdot R} \qquad (10.3)$$

$k = 1{,}38 \cdot 10^{-23}\ \frac{\mathrm{J}}{\mathrm{K}}$ = Boltzmannkonstante, T = Temperatur in Kelvin, Δf = betrachtetes Frequenzintervall in Hz, R = nomineller Widerstandswert in Ohm

Die im Widerstand erzeugte Rauschleistung ist:

$$P_R = 4 \cdot k \cdot T \cdot \Delta f \qquad (10.4)$$

Für eine störungsarme Übertragung muss die Signalspannung deutlich (ca. 20-mal) größer als die Rauschspannung sein. Günstige Rauscheigenschaften haben CrNi-Metallschichtwiderstände.

10.1.2 Ersatzschaltung der Spule

Die Spule ist ein Bauelement, mit dem der Grundzweipol der Induktivität L realisiert wird.

Bauformen von Spulen können sein:

- Luftspulen

Bei dieser Bauform sind die parasitären Effekte am kleinsten. Die Verluste der Luftspule sind vorwiegend so genannte Kupferverluste durch den ohmschen Widerstand des Spulendrahtes (Wicklungsverluste). Luftspulen werden fast ausschließlich für kleine Induktivitätswerte eingesetzt.

- Eisenkernspulen

Sie enthalten meist einen Kern aus Eisen oder Ferritmaterial zur Erhöhung der erzielbaren Induktivität. Es treten neben den Kupferverlusten zusätzlich Eisenverluste im Kernmaterial auf. Eisenkernspulen neigen zu Nichtlinearitäten bei normaler oder großer Aussteuerung. Bei der Realisierung großer Induktivitätswerte können auch deutliche parasitäre Kapazitäten entstehen. Der Einsatz erfolgt oft als Speicher magnetischer Energie in Schaltnetzteilen, die Spule wird dann als *Drossel* bezeichnet.

Die bei Spulen verwendeten Frequenzen sind meistens nicht so hoch, dass die Windungskapazitäten für das elektrische Verhalten der Spule berücksichtigt werden müssen. Somit ergibt sich eine einfache Ersatzschaltung einer realen Spule für niedrige und mittlere Frequenzen. Die reale Spule wird häufig durch eine Ersatz-Reihenschaltung eines ohmschen Widerstandes R_S (Wicklungswiderstand) und einer idealen Spule mit der Induktivität L dargestellt. Diese Ersatzschaltung berücksichtigt die Stromwärmeverluste durch den ohmschen Widerstand des Spulendrahtes und bei Spulen mit magnetischem Kern zusätzlich die Kernverluste. Der Phasenwinkel φ der realen Spule weicht infolge des vorhandenen Wirkwiderstandes von 90° ab, der Strom eilt der Spannung um weniger als 90° nach.

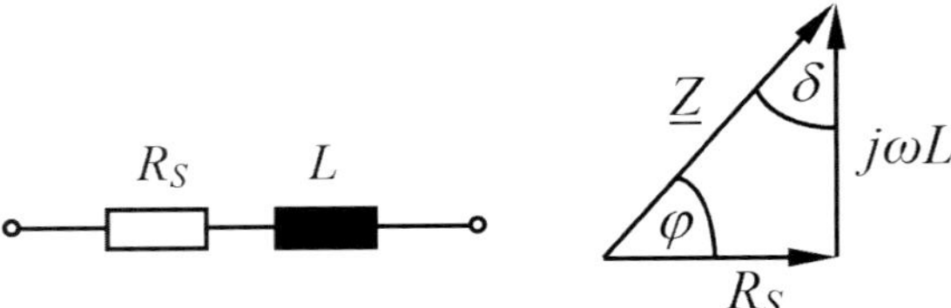

Abb. 141: Einfaches Ersatzschaltbild einer realen Spule und zugehöriges Widerstandsdreieck

Güte

Verlust entsteht, wenn elektrische Energie in Wärme umgeformt wird. Verluste in Spulen treten auf durch den ohmschen Widerstand der Wicklung, durch den Skin-Effekt, durch die Hysterese (Ummagnetisierungsverluste) und durch Wirbelströme im Kern.

Der Drahtwiderstand und der dadurch bedingte Verlust P_{VS} steigt wegen des Skin-Effektes proportional zur Wurzel aus der Frequenz an. Die Hystereseverluste P_{VH} sind proportional zur Frequenz, während die Wirbelstromverluste P_{VW} proportional zum Quadrat der Frequenz verlaufen.

$$P_{VS} \sim \sqrt{f} \tag{10.5}$$

$$P_{VH} \sim f \tag{10.6}$$

$$P_{VW} \sim f^2 \tag{10.7}$$

Die Güte einer Spule ist umso größer, je kleiner der ohmsche Wicklungswiderstand ist und je kleiner die Verluste im Kern sind. Die **Güte** Q wird bei einer Messfrequenz angegeben und ist:

$$Q = \frac{\omega \cdot L}{R_S} = \frac{1}{\tan(\delta)} = \frac{1}{d} \qquad (10.8)$$

Der **Verlustfaktor** $d = \tan(\delta)$ ist der Kehrwert der Güte Q.

Der Winkel $\delta = 90° - \varphi$ wird als **Verlustwinkel** bezeichnet. In der Praxis wird eine Spule durch ihren Verlustfaktor bzw. durch ihre Güte charakterisiert.

Anmerkung:

Allgemein ist der Verlustfaktor zur Beschreibung der Verluste in einem Zweipol definiert als

$$\tan(\delta) = \frac{\text{im Zweipol verbrauchte Wirkleistung}}{\text{vom Zweipol aufgenommene Blindleistung}} = \frac{\text{Wirkanteil des Scheinwiderstandes}}{\text{Blindanteil des Scheinwiderstandes}} \qquad (10.9)$$

In Ergänzung zum Skin-Effekt sei der **Proximity-Effekt** erwähnt. Der Proximity-Effekt beruht auf der Wechselwirkung des Stromes mit den elektromagnetischen Feldern benachbarter Leiter. Insbesondere dann, wenn benachbarte Leiter entgegengesetzt gerichtete Ströme aufweisen, wie es zwischen den einzelnen Windungen aufeinander gewickelter Drahtlagen bei Spulen vorkommen kann, sorgt der Proximity-Effekt für eine verminderte effektive Querschnittsfläche des Leiters. Der Stromfluss findet dann hauptsächlich in einem Bereich der Leiter statt, die direkt benachbart sind. Auch dies führt zu einer, obwohl geringen, Steigerung des elektrischen Widerstandes.

Eigenkapazität der Spule

Bei einer stromdurchflossenen Spule bestehen Spannungen zwischen benachbarten Windungen und daher auch elektrische Felder in der Umgebung der Wicklung. Die Feldlinien verlaufen vorzugsweise zwischen benachbarten Windungen, aber auch zwischen entfernteren Windungen und zwischen der Wicklung und dem Eisenkern bzw. der anderen Umgebung.

Bei Spulen mit größerer Blindleistung muss diese Feldstärke annähernd bekannt sein, um durch ausreichende Leiterabstände und isolierendes Dielektrikum die Spannungsfestigkeit der Spule zu gewährleisten. Diese Felder enthalten eine elektrische Feldenergie, die kapazitive Wirkungen verursacht. Zwischen den Spulendrähten und auch gegen die Umgebung entstehen zahlreiche Kapazitäten, deren Leitwerte mit wachsender Frequenz zunehmen und ein kompliziertes Verhalten der Spule ergeben.

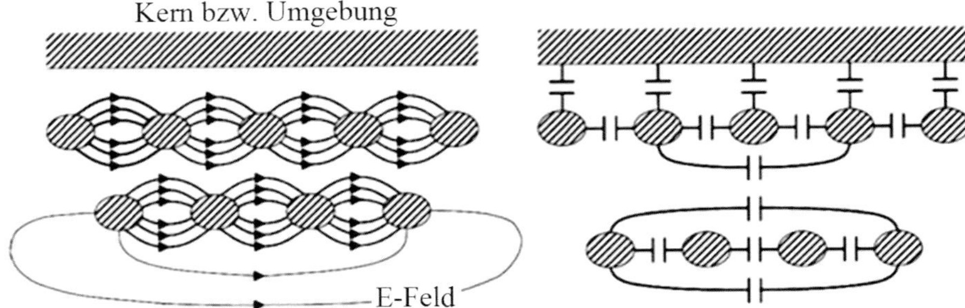

Abb. 142: Querschnitt durch eine Zylinderspule; elektrische Felder zwischen den Windungen und den Anschlüssen (links) und verteilte, parasitäre Kapazitäten (rechts)

Für niedrigere Frequenzen kann man diese kapazitiven Wirkungen näherungsweise durch eine einzige Parallelkapazität C_P (Eigenkapazität der Spule) beschreiben.

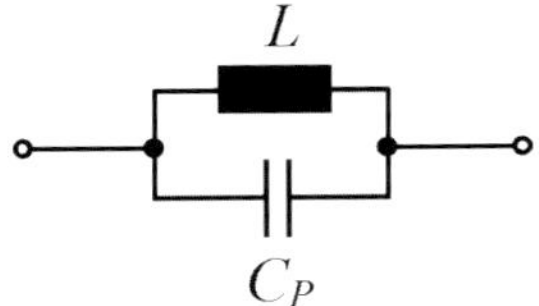

Abb. 143: Eigenkapazität einer Spule

Die Parallelschaltung von L und C_P stellt einen Parallelschwingkreis ohne Verluste dar. Die Eigenfrequenz ist:

$$f_0 = \frac{1}{2\pi\sqrt{LC_P}} \tag{10.10}$$

Bis zu der Eigenfrequenz verhält sich die Spule als Induktivität. Oberhalb der Eigenfrequenz verhält sich die Spule kapazitiv.

Bezüglich der Frequenz liegt die Brauchbarkeitsgrenze von Spulen bei ca. 10 % der Eigenfrequenz. Nur für Frequenzen $f < 0{,}1 \cdot f_0$ wirkt eine Spule wie eine reine Induktivität L mit einem frequenzproportionalen Blindwiderstand ωL .

Bei sehr kleinen Induktivitätsbauformen (SMD-Bauelemente für sehr hohe Frequenzen) kann bereits die Parallelkapazität der Landeflächen (Lötflächen) auf der Leiterplatte störend sein.

Um möglichst geringe Spulenkapazitäten zu erhalten, sollte die Wicklung einlagig erfolgen. Sind mehrere getrennte Wicklungen erforderlich, sollten diese möglichst in getrennten Kammern nebeneinander ausgeführt werden.

10.1.3 Ersatzschaltung des Kondensators

Der technische Kondensator realisiert den Grundzweipol der Kapazität C. Nur ein idealer Kondensator kann als reiner Blindwiderstand betrachtet werden. Reale, technische Kondensatoren weisen induktive Eigenschaften und ohmsche Verluste auf, die von den jeweiligen Bauformen und Betriebsbedingungen abhängig sind.

In einem Stromkreis bestehend aus einem idealen Kondensator und einer sinusförmigen Wechselspannungsquelle pendelt Energie, entsprechend einer Blindleistung $Q_C = U^2 \omega C$, zwischen Quelle und Kondensator hin und her. Wird ein Dielektrikum zwischen die Kondensatorplatten gebracht, so treten Polarisationserscheinungen auf. Diese sind immer mit Massenverschiebungen und damit mit Massenträgheitskräften oder in polaren Medien mit Reibungskräften verbunden. Damit muss für jede Polarisation Arbeit aufgewendet werden, die als Energie von der Spannungsquelle geliefert werden muss. Das Dielektrikum erwärmt sich. Da dem Dielektrikum Energie zugeführt werden muss, wird außer der Blindleistung Q_C auch noch eine Wirkleistung P von der Quelle an den Kondensator abgegeben. Die Wirkleistung ist temperatur- und frequenzabhängig. Ein zusätzlicher, wenn auch meist sehr kleiner Wirkleistungsanteil entsteht noch durch eine mehr oder weniger geringe Restleitfähigkeit des Dielektrikums. Der Isolationswiderstand ist jedoch im Allgemeinen so groß, daß er vernachlässigt werden kann. Ebenso kann in der Regel der sehr kleine Zuleitungswiderstand vernachlässigt werden. Ist bei Betrieb mit Wechselspannung die Frequenz nicht sehr hoch, so kann auch die Eigeninduktivität des Kondensators vernachlässigt werden.

Zur Beschreibung der im Dielektrikum auftretenden Verluste wird ein **Verlustfaktor** $d = \tan(\delta)$ eingeführt.

$$d = \tan(\delta) = \frac{P}{Q_C} = \frac{1}{\omega RC} = \frac{G}{\omega C} = \frac{1}{Q} \qquad (10.11)$$

Der Verlustfaktor gibt das Verhältnis von Wirkleistung P zu Blindleistung Q_C an und stellt einen Materialkennwert dar. Dabei ist wegen der Frequenzabhängigkeit der Wirkleistung auch der im Ersatzschaltbild eingeführte Widerstand R frequenzabhängig. Im Allgemeinen ist auch d frequenzabhängig. Q wird als **Güte** des Kondensators bezeichnet. Wie bei der Spule wird der Winkel $\delta = 90° - \varphi$ **Verlustwinkel** genannt. Als einfache Ersatzschaltung des realen Kondensators ergibt sich ein Wirkwiderstand (Verlustwiderstand) parallel zum idealen Kondensator.

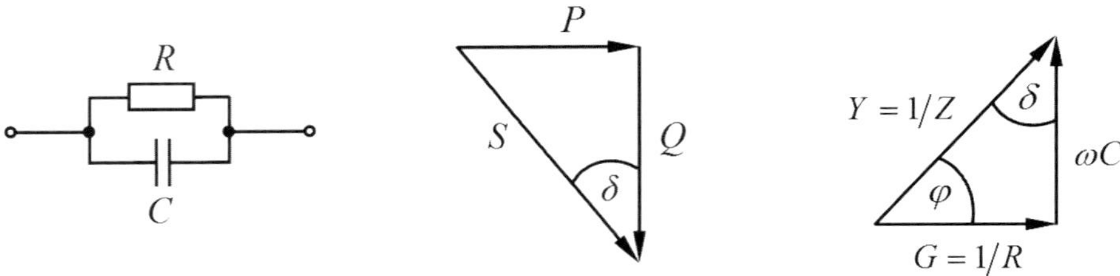

Abb. 144: Ersatzschaltung eines Kondensators mit Verlustwiderstand und zugehörige Zeigerdiagramme von Leistung und Leitwert

Der Phasenwinkel φ des realen Kondensators weicht infolge des vorhandenen Wirkwiderstandes von 90° ab, der Strom eilt also der Spannung um weniger als 90° voraus.

In den Datenblättern der Hersteller von Kondensatoren wird die Abhängigkeit des Verlustfaktors von der Frequenz angegeben. Materialien mit einem hohen $\tan(\delta)$-Wert sind für Hochfrequenzanwendungen ungeeignet, da hier die Scheinleistung und damit auch die Wirkleistung einen hohen Wert erreichen würden.

Ein genaueres und universelles Ersatzschaltbild eines realen Kondensators zeigt die folgende Abbildung.

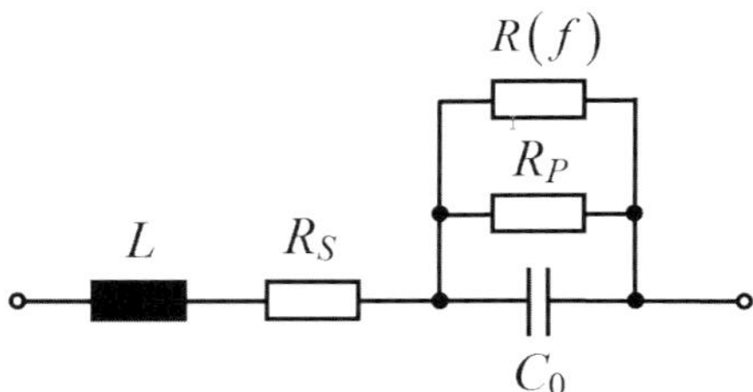

Abb. 145: Universelles Ersatzschaltbild für einen realen Kondensator

Die Verluste setzen sich aus mehreren Anteilen zusammen.

Ein Dielektrikum besitzt einen endlichen Isolationswiderstand. Er macht sich bei Gleichspannung durch einen Leckstrom bemerkbar und wird im Kondensator-Ersatzschaltbild durch einen parallel zum idealen Kondensator C_0 liegenden Widerstand R_P oder Leitwert $G_P = 1/R_P$ dargestellt.

Die Widerstände der Zuleitungen und Kontaktierungen werden im Ersatzschaltbild durch einen Serienwiderstand R_S symbolisiert. R_S entsteht durch die Verbindungsstrukturen eines Kondensators und vor allem durch die begrenzte Leitfähigkeit der Elektrolyte in Elkos. Fließt ein Strom durch den

Kondensator, so entsteht an R_S eine Verlustleistung, die den Kondensator erwärmt.

R_S wird auch als R_{ESR} oder **ESR** (**E**quivalent **S**eries **R**esistance) bezeichnet. Seine Größe ist gleich dem tiefsten Wert in der Kurve des Scheinwiderstandes (siehe Abb. 147). Die Impedanz eines Kondensators, welcher durch die Reihenschaltung von L, ESR und C_0 dargestellt wird, verhält sich bei tiefen Frequenzen kapazitiv, bei der Eigenfrequenz ($X_C = X_L$) ohmsch und bei hohen Frequenzen induktiv.

Der ESR ist temperaturabhängig, er nimmt mit sinkender Temperatur zu.

Der ESR-Wert, vor allem von Elektrolyt-Kondensatoren, muss bei der Entwicklung einer Schaltung sehr kritisch betrachtet werden. Bei Spannungswandlern z. B. trägt ein geringer ESR zu einem guten Wirkungsgrad bei. Werden Kondensatoren in Verbindung mit integrierten Linear-Spannungsreglern verwendet, so kann ein zu hoher ESR zu einem Schwingen der Schaltung führen, und dies evtl. abhängig von der Umgebungstemperatur, da der ESR mit sinkender Temperatur stark zunimmt.

Im Allgemeinen bedeutet ein kleiner ESR-Wert eine hohe Qualität des Kondensators und ergibt eine bessere Effektivität als Filterelement. Der ESR ist auch entscheidend für die Welligkeit und das Verhalten bezüglich elektromagnetischer Verträglichkeit in getakteten Stromversorgungen.

Je nach betrachtetem Frequenzbereich überwiegt der Parallelwiderstand R_P oder der Serienwiderstand R_S. Werden in Abb. 145 nur R_P und C_0 betrachtet, so gilt für deren Parallelschaltung der Verlustfaktor:

$$\tan(\delta_P) = \frac{G_P}{\omega C_0} \tag{10.12}$$

Für die Reihenschaltung von R_S und C_0 erhält man dagegen den Verlustfaktor:

$$\tan(\delta_S) = R_S \cdot \omega \cdot C_0 \tag{10.13}$$

Der Verlustfaktor $\tan(\delta_P)$ sinkt mit steigender Frequenz, während der Verlustfaktor $\tan(\delta_S)$ mit steigender Frequenz zunimmt.

Parallelwiderstände verschlechtern den Kondensator vor allem bei niedrigen Frequenzen. Serielle Widerstände werden bei hohen Frequenzen wirksam.

Der aus dem universellen Ersatzschaltbild resultierende Verlustfaktor zeigt eine ausgeprägte Frequenzabhängigkeit und weist bei einem bestimmten Frequenzwert ein Minimum auf, wie die folgende Abbildung zeigt.

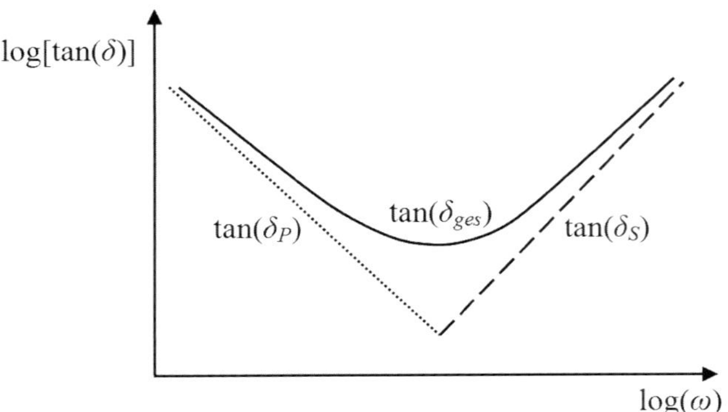

Abb. 146: Frequenzverlauf des Verlustfaktors eines Kondensators

Die dielektrischen Verluste entstehen durch dielektrische Absorption bei Wechselspannung. Manche Kunststoffe zeigen im Wechselfeld eine Dipoldrehung, die als Verlustanteil wirksam ist. Im Ersatzschaltbild werden die dielektrischen Verlust durch einen zusätzlichen, frequenzabhängigen Parallelwiderstand $R(f)$ symbolisiert.

Die Zuleitungsdrähte und die teilweise gewickelten Beläge des Kondensators zeigen induktives Verhalten. Im Ersatzschaltbild des Kondensators ist deshalb noch eine Induktivität L zu berücksichtigen, sie wird auch als **ESL** (**E**quivalent **S**eries **L**) bezeichnet.

Diese Induktivität macht sich erst bei höheren Frequenzen störend bemerkbar. Ein Elektrolytkondensator hat eine relativ hohe Induktivität, deshalb wird bei Bedarf ein Folienkondensator parallel geschaltet. Kondensatoren in SMD-Bauweise haben dagegen eine äußerst kleine Induktivität, sie sind bis in den GHz-Bereich anwendbar.

Die Induktivität führt im Kondensator zu unerwünschten Resonanzerscheinungen, die je nach Aufbau unterschiedlich stark ausgeprägt sind.

Oberhalb der Resonanzfrequenz wirkt ein Kondensator wie eine Spule.

Beispiel 72

Hat ein Kondensator eine Kapazität von $C_0 = 100\ \mathrm{nF}$ und eine Eigeninduktivität von $L = 10\ \mathrm{nH}$, so beträgt die Eigenfrequenz entsprechend $f_0 = \dfrac{1}{2\pi\sqrt{LC}}$ ca. 5 MHz.

Für Koppelkondensatoren ist ein Betrieb oberhalb der Eigenfrequenz zulässig, solange ihre Impedanz nicht zu hochohmig ist.

Beim Einsatz als Abblockkondensatoren ist zu beachten, dass größere Kapazitätswerte gleichzeitig tiefere Eigenresonanzfrequenzen bedeuten. Oberhalb der Eigenresonanz steigt der Scheinwiderstand jedoch wieder an und die Abblockwirkung nimmt ab. Kleine Kapazitätswerte (z. B. 100 pF) zeigen daher bei hohen Frequenzen oft niederohmigeres Verhalten als große Kondensatoren (z. B. 1 nF). Breitbandige Abblockungen können durch Parallelschalten von mehreren Kondensatoren mit unterschiedlichen Kapazitätswerten realisiert werden.

Die genannten Verluste verursachen eine Verlustleistung P_W.

$$P_W = \omega \cdot C \cdot U^2 \cdot \tan(\delta) \tag{10.14}$$

P_W wird in Wärme umgesetzt und führt zu einer thermischen Belastung des Kondensators. Bei einer zu hohen Wärmebelastung erfolgt je nach Aufbau des Kondensators der Wärmedurchschlag.

Kurve des Scheinwiderstandes

Der Scheinwiderstand Z ist der Betrag der vektoriellen Summe von Ersatzserienwiderstand R_S und Serienkapazität C_0 in der Ersatzschaltung unter Berücksichtigung einer Serieninduktivität L. Der Scheinwiderstand berechnet sich wie beim Reihenschwingkreis nach folgender Formel:

$$Z = \sqrt{\left(\omega L - \frac{1}{\omega C_0}\right)^2 + R_S^2} \tag{10.15}$$

Der Scheinwiderstand ist frequenz- und temperaturabhängig. Bei der Resonanzfrequenz erreicht Z ein Minimum (den ESR-Wert), bei höheren Frequenzen steigt Z wieder an.

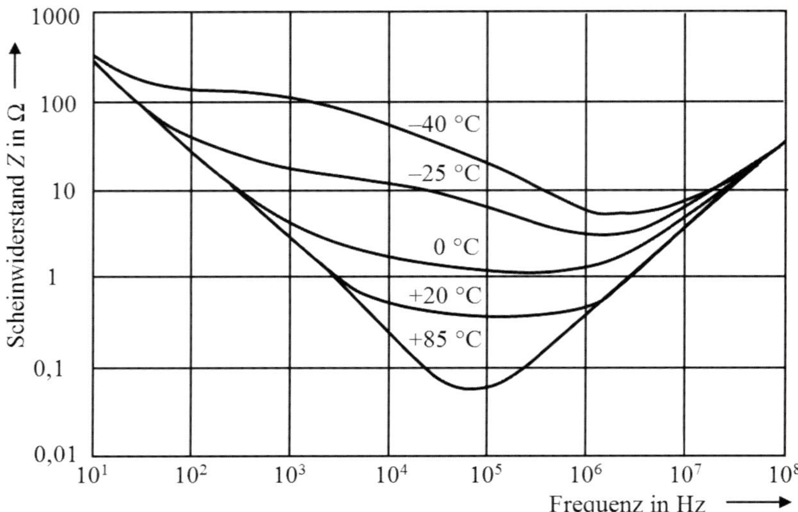

Abb. 147: Scheinwiderstand (Beispiel) eines Kondensators in Abhängigkeit von der Frequenz und der Temperatur. Man beachte die starke Zunahme des ESR bei tiefen Temperaturen.

Beispiel 73

Nach Herstellerangaben lässt sich das Wechselstromverhalten eines realen Kondensators durch eine Ersatz-Reihenschaltung aus $C = 1{,}5\ \mu\text{F}$, $L = 10\ \mu\text{H}$ und $R = 20\ \Omega$ erfassen. In welchem Frequenzbereich weicht die Phasenverschiebung zwischen Spannung und Strom um weniger als $10°$ von der des idealen Kondensators ab?

Lösung:

Die Impedanz der Ersatzschaltung ist

$$\underline{Z} = R + j\omega L + \frac{1}{j\omega C} = R + j\left(\omega L - \frac{1}{\omega C}\right)$$

Der Phasenwinkel von $\underline{Z}$ entspricht der Phasenverschiebung zwischen Strom und Spannung:

$$\varphi = \angle(U,\, I) = \arctan\left(\frac{X}{R}\right);\ \varphi = \arctan\left(\frac{\omega L - \dfrac{1}{\omega C}}{R}\right) = -80°\,;$$

$$\frac{\omega^2 LC - 1}{\omega RC} = \tan(-80°)$$

$\omega^2 \cdot LC - \omega \cdot RC \cdot \tan(-80°) - 1 = 0;$

$$\omega_{1,2} = \frac{RC \cdot \tan(-80°) \pm \sqrt{R^2C^2 \cdot (\tan(-80°))^2 + 4LC}}{2LC}$$

$\omega_1 = 5874{,}5 \text{ s}^1;\ \omega_2 = -1{,}13 \cdot 10^7 \text{ s}^{-1}$

Physikalisch sinnvoll ist nur die positive Frequenz. $f_1 = \frac{\omega_1}{2\pi};\ \underline{\underline{f_1 = 935 \text{ Hz}}}$

Beispiel 74

Gegeben ist die Ersatzschaltung einer Spule nach Abb. 148. An den Klemmen der Spule werden folgende Werte gemessen:

Bei Gleichstrom: $U = U_G = 10 \text{ V},\ I = I_G = 5 \text{ A}$

Bei Wechselstrom mit $f = 50 \text{ Hz}$: $U = U_W = 10 \text{ V};\ I = I_W = 2{,}69 \text{ A}$ (Effektivwerte)

Zu berechnen sind die Größen L, R und die Impedanz $\underline{Z}$ der Spule.

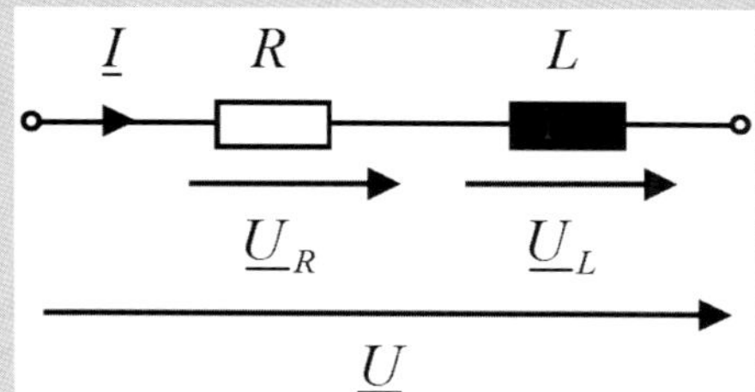

Abb. 148: Ersatzschaltbild einer Luftspule

Lösung:

Bei Gleichstrom ist der Wirkwiderstand: $R = \frac{U_G}{I_G} = \frac{10 \text{ V}}{5 \text{ A}} = \underline{\underline{2\ \Omega}}$

Bei Wechselstrom ist der Scheinwiderstand: $Z_L = \frac{10 \text{ V}}{2{,}69 \text{ A}} = 3{,}72\ \Omega$

Damit ist der Blindwiderstand: $X_L = \sqrt{Z_L^2 - R^2} = 3{,}14\ \Omega$

Für die Induktivität folgt: $L = \frac{X_L}{2 \cdot \pi \cdot f};\ \underline{\underline{L = 10 \text{ mH}}}$

$\underline{Z} = R + j\omega L;\ \underline{\underline{\underline{Z} = 2\ \Omega + j \cdot \pi}};\ \underline{\underline{\underline{Z} = 3{,}7\ \Omega \cdot e^{j \cdot 57{,}5°}}}$

Beispiel 75

Ein realer technischer Widerstand lässt sich durch die Ersatzschaltung nach Abb. 140 beschreiben. Die Werte der parasitären Größen sind $C = 2\ \mathrm{pF}$, $L = 2\ \mathrm{nH}$.

a) Berechnen Sie allgemein die Gesamtimpedanz des Widerstandes in der Form

$\underline{Z} = R \cdot \dfrac{a + jb}{c + jd}$. Hinweis: Setzen Sie näherungsweise $\omega^2 LC \approx 0$.

b) Für welchen Widerstandswert $R = R_0$ ist die Frequenzabhängigkeit von $\underline{Z}$ am geringsten?

Lösung:

a) Nach Gl. (10.1) ist:

$$\underline{Z} = \frac{R + j\omega L}{1 - \omega^2 LC + j\omega RC} = R \cdot \frac{1 + j\omega \frac{L}{R}}{1 - \omega^2 LC + j\omega RC} \approx R \cdot \underline{\underline{\frac{1 + j\omega \frac{L}{R}}{1 + j\omega RC}}}$$

b) Es ist $\underline{Z} = R$ und damit $\underline{Z}$ konstant (frequenzunabhängig) für $\dfrac{L}{R_0} = R_0 C$.

$$R_0^2 C = L\ ;\ R_0 = \sqrt{\frac{L}{C}}\ ;\ \underline{\underline{R_0 = 31{,}6\ \Omega}}$$

Beispiel 76

Ein Kupferdraht der Länge $l = 314\ \mathrm{mm}$ hat einen Durchmesser von $d = 50\ \mu\mathrm{m}$. Der spezifische Widerstand von Kupfer ist $\rho_{Cu,20} = 0{,}01786\ \dfrac{\Omega \cdot \mathrm{mm}^2}{\mathrm{m}}$. Die Umgebungstemperatur beträgt $20\ °\mathrm{C}$. Wie groß ist der ohmsche Widerstand des Drahtes unter Berücksichtigung des Skineffekts bei der Frequenz $f = 150\ \mathrm{MHz}$? Es ist $\mu_0 = 4\pi \cdot 10^{-7}\ \dfrac{\mathrm{V} \cdot \mathrm{s}}{\mathrm{A} \cdot \mathrm{m}}$, $\mu_r = 1$ für Kupfer.

Lösung:

Bei Gleichstrom wird der ohmsche Widerstand eines Drahtes berechnet nach der Formel:

$R = \rho \cdot \dfrac{l}{A}$; ρ = spezifischer Widerstand, l = Drahtlänge, A = Querschnittsfläche des Drahtes

Im Hochfrequenzbereich verringert sich die wirksame Querschnittsfläche des Drahtes, die Stromdichte nimmt von der Drahtoberfläche nach innen exponentiell ab. Der exponentielle Verlauf der Stromdichte kann annähernd als linear angesehen werden, wenn die Eindringtiefe

$$\delta = \sqrt{\frac{2 \cdot \rho}{\omega \cdot \mu_0 \cdot \mu_r}}$$

klein ist gegenüber dem Radius des Leiters. Es wird dann angenommen, dass die Stromdichte über die Fläche des verbleibenden, dünnen Kreisringes konstant verteilt ist.

$$\delta = \sqrt{\frac{2 \cdot 0{,}01786 \,\dfrac{\Omega \cdot \text{mm}^2}{\text{m}}}{2 \cdot \pi \cdot 150 \cdot 10^6 \text{ s}^{-1} \cdot 4\pi \cdot 10^{-7} \,\dfrac{\text{V} \cdot \text{s}}{\text{A} \cdot \text{m}} \cdot 1}}; \quad \delta = 5{,}5 \,\mu\text{m}$$

Die Eindringtiefe beträgt nur ca. 9 % vom Leiterradius, die Stromdichte wird von der Drahtoberfläche bis zur Eindringtiefe als ungefähr gleich verteilt angesehen.

Die Fläche des stromführenden Kreisringes ist:

$$A_{HF} = \pi \cdot \left[\left(\frac{d}{2}\right)^2 - \left(\frac{d}{2} - \delta\right)^2\right] = 7{,}69 \cdot 10^{-10} \text{ m}^2$$

$$R_{HF} = \rho \cdot \frac{l}{A_{HF}} = 0{,}01786 \,\frac{\Omega \cdot \text{mm}^2}{\text{m}} \cdot \frac{0{,}314 \text{ m}}{7{,}69 \cdot 10^{-4} \text{ mm}^2}; \quad \underline{\underline{R_{HF} = 7{,}29 \,\Omega}}$$

10.1.4 Zusammenfassung

1. Ideale Bauelemente können nicht realisiert werden. Reale Bauelemente besitzen neben ihrer Haupteigenschaft (z. B. Widerstands-, Induktivitäts-, Kapazitätswert) zusätzlich unerwünschte parasitäre Größen.

2. Reale Bauelemente werden durch Ersatzschaltungen, die aus idealen Bauelementen zusammengesetzt sind, beschrieben.

3. Ein ohmscher Widerstand hat parasitäre Induktivitäten und Kapazitäten (Eigeninduktivität und Eigenkapazität).

4. Eine einfache Ersatzschaltung eines Widerstandes besteht aus der Reihenschaltung des idealen Widerstandes (Gleichstromwiderstand R) mit der parasitären Induktivität L und der zur Reihenschaltung parallel geschalteten parasitären Kapazität C.

5. Durch den Skin-Effekt erhöht sich mit steigender Frequenz der ohmsche Widerstand eines Leiters. Der Skin-Effekt wird vor allem bei Spulen, aber auch bei Widerständen wirksam.

6. Um bei Übertragungssystemen in der Nachrichtentechnik eine ungestörte Signalübermittlung zu gewährleisten, muss der Signal-Rausch-Abstand groß genug sein. Das Nutzsignal muss wesentlich größer als das Rauschsignal sein.
7. Eine Ersatzschaltung einer Spule ist im einfachsten Fall eine Reihenschaltung eines ohmschen Widerstandes der Wicklung mit einer idealen Induktivität.
8. Verluste entstehen in Spulen durch den ohmschen Widerstand der Wicklung, durch den Skin-Effekt, durch die Hysterese (Ummagnetisierungsverluste) eines Kerns und durch Wirbelströme im Kern.
9. Bei höheren Frequenzen muss auch die Eigenkapazität einer Spule beachtet werden.
10. Eine einfache Ersatzschaltung des realen Kondensators ist ein Wirkwiderstand (Verlustwiderstand) parallel zum idealen Kondensator.
11. Die im Dielektrikum des Kondensators auftretenden Verluste beschreibt der Verlustfaktor $d = \tan(\delta)$.
12. Der ESR-Wert eines Kondensators ist eine wichtige Größe und muss in elektronischen Schaltungen beachtet werden.
13. Der ESR-Wert nimmt mit sinkender Temperatur zu.

10.2 Schwingkreise, Grundlagen

Schwingungen sind periodische Zustandsänderungen. Ein schwingungsfähiges System heisst **Oszillator**.

Ein Schwingkreis (auch Resonanzkreis genannt) ist definiert als technische Anordnung mit zwei Energiespeichern unterschiedlicher Art, zwischen denen fortwährend Energie ausgetauscht werden kann.

Die Schwingung einer schwingfähigen Anordnung, ob elektrisch, mechanisch oder nach anderen Wirkungsprinzipien, basiert immer darauf, dass Energie zwischen zwei Energieformen hin- und hergewandelt wird. Ein mechanisches Beispiel ist ein Feder-Masse-System (Pendel), bei dem ein Energieaustausch zwischen Masse und Feder stattfindet, und laufend Energie zwischen potenzieller und kinetischer Energie umgewandelt wird. Im elektrischen Fall sind es die in einem Kondensator gespeicherte elektrische und in einer Spule gespeicherte magnetische Feldenergie, zwischen denen die Energie des Systems ständig hin- und herpendelt, es findet dauernd ein Energieaustausch zwischen Kondensator und Spule statt.

Der *verlustfreie (ideale) Schwingkreis* führt *ungedämpfte* Schwingungen aus, d. h., in einem Feder-Masse-System wird die Reibung vernachlässigt, in einem elektrischen Schwingkreis wird der ohmsche Widerstand als null angenommen. Die Schwingungsbreite (Spitze-Spitze-Wert, Differenz zwischen Maximum und Minimum der Augenblickswerte einer Periode) bleibt konstant (natürlich nur theoretisch, irgend eine Dämpfung z. B. in Form von Reibung oder eines elektrischen Widerstandes ist immer vorhanden).

Der *verlustbehaftete (reale) Schwingkreis* führt *gedämpfte* Schwingungen aus, d. h., in einem Feder-Masse-System wird die Reibung und beim elektrischen Schwingkreis der ohmsche Widerstand berücksichtigt. Die Schwingungsbreite nimmt wegen der Verluste mit der Zeit ab.

Ein schwingungsfähiges System, das einmal ausgelenkt und dann ohne weitere Energiezufuhr sich selbst überlassen wird, führt freie Schwingungen aus. Eine *freie Schwingung* erfolgt durch eine einmalige Anregung, z. B. durch einen geladenen Kondensator.

Eine *erzwungene Schwingung* wird von außen erzwungen, z. B. durch eine Spannungsquelle.

Bei den elektrischen Schwingkreisen gibt es zwei Standardfälle. Beim **Reihenschwingkreis** sind R, L und C allesamt in Reihe, beim **Parallelschwingkreis** parallel geschaltet. Im Folgenden werden zunächst freie Schwingungen beim Schwingkreis ohne und mit Verlusten sowie der Einschwingvorgang beim verlustbehafteten Reihenschwingkreis mit äußerer Erregung (erzwungene Schwingung) betrachtet. Dann werden der Frequenzgang der Widerstände, Spannungen und Ströme beider Arten von Schwingkreisen im Komplexen berechnet. Es wird also die Abhängigkeit dieser Größen von der sich ändernden Frequenz der am Schwingkreis anliegenden Quelle untersucht.

Es sei erwähnt, dass Reihenschwingkreis und Parallelschwingkreis duale Schaltungen sind. Beide Schwingkreisarten werden ausführlich behandelt.

10.2.1 LC-Reihenschwingkreis ohne Verluste

10.2.1.1 Freie Schwingungen

Freie Schwingungen treten bei realisierbaren Schwingkreisen infolge unvermeidbarer Verluste nur instationär auf. Die Schwingung klingt mit der Zeit ab, man sagt, sie verläuft gedämpft. In diesem Abschnitt werden ungedämpfte freie Schwingungen nur zur anschaulichen Erläuterung der in Schwingkreisen ablaufenden Umspeicherung von Energie behandelt.

Ein idealer Kondensator ist auf eine Gleichspannung mit dem Wert U_0 aufgeladen. Im elektrischen Feld des Kondensators ist Energie gespeichert. Zum Zeitpunkt $t = 0$ wird der Kondensator an eine ideale Spule geschaltet (Abb. 149).

Durch den eintretenden Entladevorgang des Kondensators kommt ein Stromfluss zustande. Die an der Spule auftretende Selbstinduktionsspannung $u_L(t)$ ist nach der Regel von Lenz der Kondensatorspannung entgegengerichtet und hat den gleichen Betrag. Daher kann sich der Strom durch die Induktivität nicht sprunghaft ändern, er steigt langsam an. Die Spannung am Kondensator kann sich ebenfalls nicht sprunghaft ändern und nimmt langsam ab. Die Spule nimmt durch den zunehmenden Strom immer mehr Energie in ihrem Magnetfeld auf, die der Kondensator abgibt. Es erfolgt ein Energieaustausch. Ist der Kondensator vollständig energielos ($u_C(t) = 0$ V), so ist die gesamte Energie des vorher geladenen Kondensators im Magnetfeld der Spule gespeichert, die Energie in der Spule weist ein Maximum auf. Da der Kondensator entladen ist, bricht das aufgebaute Magnetfeld zusammen. Die daraus folgende Selbstinduktionsspannung sorgt für einen weiterfließenden Strom in gleicher Richtung, der den Kondensator mit umgekehrter Polarität auflädt. Die in der Spule gespeicherte Energie wird wieder auf den Kondensator übertragen, bis der Strom null wird. Dann ist die Energie erneut vollständig im Kondensator gespeichert. Dieser Energieaustausch wiederholt sich ständig, durch das Hin- und Herpendeln der in Spule und Kondensator gespeicherten Energie entsteht eine sinusförmige Schwingung. Da die Anordnung aus idealen Bauelementen besteht, geht keine Energie verloren, die Schwingungsbreite der freien (ungedämpften) Schwingung bleibt unverändert.

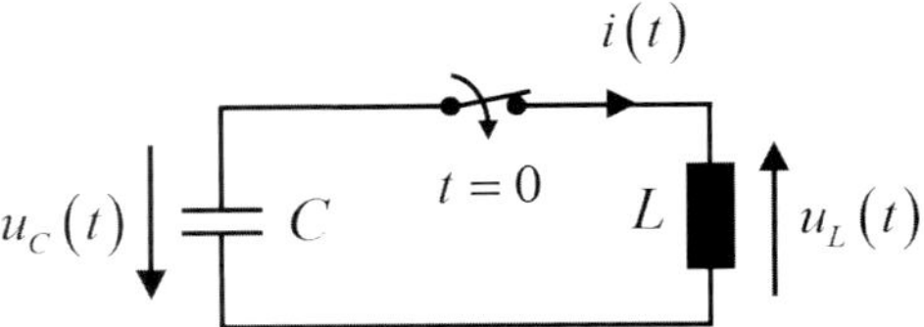

Abb. 149: Zur Entstehung einer freien Schwingung

Um zu zeigen, dass mehrere Lösungsansätze zum Ziel führen können, wird der Vorgang der freien Schwingung auf drei unterschiedliche Arten mathematisch untersucht.

Erste Art der Herleitung

Eine Maschengleichung ergibt:

$$u_L(t) + u_C(t) = 0 \tag{10.16}$$

oder

$$L \cdot \frac{di(t)}{dt} + u_C(t) = 0 \tag{10.17}$$

Mit $\frac{du_C(t)}{dt} = \frac{i(t)}{C}$ (10.18)

folgt aus Gl. (10.17) nach beidseitiger Division durch L und Ableiten nach t:

$$\boxed{\frac{d^2 i(t)}{dt^2} + \frac{1}{LC} \cdot i(t) = 0} \qquad (10.19)$$

Diese gewöhnliche homogene Differenzialgleichung 2. Ordnung (Schwingungsgleichung) beschreibt den ungedämpften harmonischen Oszillator.

Statt $\frac{1}{LC}$ verwenden wir ω_0^2.

$$\frac{d^2 i(t)}{dt^2} + \omega_0^2 \cdot i(t) = 0 \qquad (10.20)$$

Lösungen sind:

$i_1(t) = k_1 \cdot \cos(\omega_0 t)$ und $i_2(t) = k_2 \cdot \sin(\omega_0 t)$

Dies kann durch zweimaliges Differenzieren gezeigt werden.

$$\frac{d^2 i_1(t)}{dt^2} = -\omega_0^2 \cdot k_1 \cdot \cos(\omega_0 t) = -\omega_0^2 \cdot i_1(t); \quad \frac{d^2 i_2(t)}{dt^2} = -\omega_0^2 \cdot k_2 \cdot \sin(\omega_0 t) = -\omega_0^2 \cdot i_2(t)$$

Einsetzen in Gl. (10.20) ergibt:

$$-\omega_0^2 \cdot i_{1,2}(t) + \frac{1}{LC} \cdot i_{1,2}(t) = 0 \qquad (10.21)$$

Somit folgt:

$$\boxed{\omega_0^2 = \frac{1}{LC}} \text{ bzw. } \boxed{\omega_0 = \frac{1}{\sqrt{LC}}} \text{ bzw. } \boxed{f_0 = \frac{1}{2\pi \cdot \sqrt{LC}}} \qquad (10.22)$$

Dies ist die Thomson[16]-Gleichung zur Berechnung der **Eigenkreisfrequenz** ω_0 (**Kennkreisfrequenz**) der **freien, ungedämpften Schwingung**.[17]

Die **Eigenfrequenz** f_0 des ungedämpften Schwingers ist eine nur von den Systemparametern des Oszillators abhängige Konstante.

Die Eigenfrequenz der Schwingung hängt von den Werten der Bauelemente L und C ab.

16 W. Thomson (1824 – 1907), engl. Physiker, im Adelsstand Lord Kelvin

17 Häufig wird die Eigenkreisfrequenz als Resonanzfrequenz bezeichnet. Hier wird der Begriff Resonanzfrequenz nur bei externer Erregung des Schwingers (erzwungene Schwingung) verwendet.

Die allgemeine Lösung der Differenzialgleichung ist:

$$i(t) = k_1 \cdot \cos(\omega_0 t) + k_2 \cdot \sin(\omega_0 t) \tag{10.23}$$

Die Konstanten k_1 und k_2 sind mit Hilfe von zwei Anfangsbedingungen zu bestimmen.

Der Anfangszustand der Schaltung nach Abb. 149 ist durch die folgenden zwei Werte festgelegt:

1. Die Kondensatorspannung hat zum Zeitpunkt $t = 0$ einen bekannten Wert U_0:

$$u_C(0) = U_0 \tag{10.24}$$

2. Zum Zeitpunkt $t = 0$ fließt kein Strom durch die Spule:

$$i(0) = 0 \tag{10.25}$$

Die erste Ableitung von $i(t)$ nach der Zeit ist:

$$\frac{di(t)}{dt} = -k_1 \cdot \omega_0 \cdot \sin(\omega_0 t) + k_2 \cdot \omega_0 \cdot \cos(\omega_0 t) \tag{10.26}$$

Für den Zeitpunkt $t = 0$ ist die Ableitung:

$$\left.\frac{di(t)}{dt}\right|_{t=0} = -k_1 \cdot \omega_0 \cdot \sin(0) + k_2 \cdot \omega_0 \cdot \cos(0) = k_2 \cdot \omega_0 \tag{10.27}$$

Entsprechend Gl. (10.17) ist:

$$L \cdot \frac{di(t)}{dt} = -u_C(t) \tag{10.28}$$

Für den Zeitpunkt $t = 0$ gilt:

$$L \cdot \left.\frac{di(t)}{dt}\right|_{t=0} = -U_0 \tag{10.29}$$

Daraus folgt:

$$L \cdot k_2 \cdot \omega_0 = -U_0 \tag{10.30}$$

$$k_2 = \frac{-U_0}{\omega_0 L} \tag{10.31}$$

Einsetzen von $\omega_0 = \frac{1}{\sqrt{LC}}$ ergibt:

$$k_2 = -U_0 \cdot \sqrt{\frac{C}{L}} \tag{10.32}$$

Die endgültigen Lösungen für die Schwingungen von Strom und Spannung in Abb. 149 sind:

$$\boxed{i(t) = -U_0 \cdot \sqrt{\frac{C}{L}} \cdot \sin(\omega_0 t)} \tag{10.33}$$

$$\boxed{u_C(t) = -L \cdot \frac{di(t)}{dt} = U_0 \cdot \cos(\omega_0 t)} \tag{10.34}$$

Aus (10.16) folgt:

$$u_L(t) = -u_C(t) \tag{10.35}$$

$$\boxed{u_L(t) = -U_0 \cdot \cos(\omega_0 t)} \tag{10.36}$$

Zweite Art der Herleitung

Der integrale Zusammenhang zwischen Spannung und Strom beim Kondensator ist:

$$u_C(t) = \frac{1}{C} \cdot \int i(t)\,dt \tag{10.37}$$

Die Spannung an der Spule ist:

$$u_L(t) = L \cdot \frac{di(t)}{dt} \tag{10.38}$$

Mit den angegebenen Zählpfeilen ergibt eine Maschengleichung:

$$u_C(t) + u_L(t) = 0 \tag{10.39}$$

Somit ist:

$$\frac{1}{C} \cdot \int i(t)\,dt + L \cdot \frac{di(t)}{dt} = 0 \tag{10.40}$$

Division durch L und Differenzieren ergibt:

$$\frac{1}{LC} \cdot i(t) + \frac{d^2 i(t)}{dt^2} = 0 \tag{10.41}$$

Man erhält die Differenzialgleichung:

$$\boxed{\frac{d^2 i(t)}{dt^2} + \frac{1}{LC} \cdot i(t) = 0} \tag{10.42}$$

Lösungsansatz:

$$i(t) = \hat{I} \cdot \sin(\omega_0 t) \tag{10.43}$$

$$\frac{d^2 i(t)}{dt^2} = -\hat{I} \cdot \omega_0^2 \cdot \sin(\omega_0 t) \tag{10.44}$$

$$-\hat{I} \cdot \omega_0^2 \cdot \sin(\omega_0 t) + \frac{1}{LC} \cdot \hat{I} \cdot \sin(\omega_0 t) = 0 \tag{10.45}$$

Nach Kürzen und Umstellen folgt:

$$\omega_0^2 = \frac{1}{LC} \tag{10.46}$$

$$\boxed{\omega_0 = \frac{1}{\sqrt{LC}}} \text{ bzw. } \boxed{f_0 = \frac{1}{2\pi \cdot \sqrt{LC}}} \tag{10.47}$$

Mit der Anfangsbedingung $i(0) = 0$ und mit $\frac{di(t)}{dt} = \hat{I} \cdot \omega_0 \cdot \cos(\omega_0 t)$ gilt:

$$u_L(0) = L \cdot \left.\frac{di(t)}{dt}\right|_{t=0} = L \cdot \hat{I} \cdot \omega_0 \cdot 1 = -u_C(0) = -U_0 \tag{10.48}$$

Es folgt:

$$\hat{I} = \frac{-U_0}{\omega_0 L} = -U_0 \cdot \sqrt{\frac{C}{L}} \tag{10.49}$$

Der Strom ist somit:

$$\boxed{i(t) = -U_0 \cdot \sqrt{\frac{C}{L}} \cdot \sin(\omega_0 t)} \tag{10.50}$$

$$\boxed{u_L(t) = L \cdot \frac{di(t)}{dt} = -U_0 \cdot \cos(\omega_0 t)} \tag{10.51}$$

$$\boxed{u_C(t) = -u_L(t) = U_0 \cdot \cos(\omega_0 t)} \tag{10.52}$$

Dritte Art der Herleitung

Es gilt wieder die Maschengleichung:

$$u_C(t) + u_L(t) = 0 \tag{10.53}$$

Aus $Q = C \cdot U_C$ bzw. $U_C = \frac{Q}{C}$ im Gleichstromfall wird im Wechselstromfall:

$$u_C(t) = \frac{q(t)}{C} \tag{10.54}$$

Die Spannung an der Spule ist:

$$u_L(t) = L \cdot \frac{di(t)}{dt} \tag{10.55}$$

Somit ist:

$$\frac{q(t)}{C} + L \cdot \frac{di(t)}{dt} = 0 \tag{10.56}$$

Mit $i(t) = \frac{dq(t)}{dt}$ und $\frac{di(t)}{dt} = \frac{d^2q(t)}{dt^2}$ folgt die Differenzialgleichung der freien ungedämpften elektromagnetischen Schwingung:

$$\boxed{\frac{d^2q(t)}{dt^2} + \frac{1}{LC} \cdot q(t) = 0} \tag{10.57}$$

Eine Lösung dieser Differenzialgleichung ist:

$$q(t) = Q_0 \cdot \sin(\omega_0 t + \varphi_0) \tag{10.58}$$

Daraus folgt:

$$\frac{d^2q(t)}{dt^2} = -Q_0 \cdot \omega_0^2 \cdot \sin(\omega_0 t + \varphi_0) \tag{10.59}$$

Einsetzen in die Differenzialgleichung ergibt:

$$-Q_0 \cdot \omega_0^2 \cdot \sin(\omega_0 t + \varphi_0) + \frac{1}{LC} \cdot Q_0 \cdot \sin(\omega_0 t + \varphi_0) = 0 \tag{10.60}$$

$$Q_0 \cdot \sin(\omega_0 t + \varphi_0) \cdot \left(\frac{1}{LC} - \omega_0^2 \right) = 0 \tag{10.61}$$

Diese Gleichung muss für jeden Zeitpunkt erfüllt sein. Da t nicht immer null ist, muss die Klammer null sein und es folgt:

$$\boxed{\omega_0 = \frac{1}{\sqrt{LC}}} \tag{10.62}$$

Für die Ladung gilt: $q(t) = Q_0 \cdot \sin(\omega_0 t + \varphi_0)$.

Zum Zeitpunkt $t = 0$ ist die Anfangsbedingung für die Ladung:

$$q(0) = Q_0 \cdot \sin(\varphi_0) \tag{10.63}$$

Die im Kondensator gespeicherte Ladung ist bei $t = 0$ maximal:

$$q(0) = Q_0 \tag{10.64}$$

Somit folgt:

$$\sin(\varphi_0) = 1 \text{ oder} \tag{10.65}$$

$$\varphi_0 = \frac{\pi}{2} \tag{10.66}$$

Insgesamt ergibt sich für die Ladung:

$$q(t) = Q_0 \cdot \sin\left(\omega_0 t + \frac{\pi}{2}\right) \text{ oder} \tag{10.67}$$

$$q(t) = Q_0 \cdot \cos(\omega_0 t) \tag{10.68}$$

Für den Strom folgt:

$$i(t) = \frac{dq(t)}{dt} = -Q_0 \cdot \omega_0 \cdot \sin(\omega_0 t) \tag{10.69}$$

$$Q_0 = U_C(0) \cdot C = U_0 \cdot C \tag{10.70}$$

$$U_0 \cdot C \cdot \omega_0 = \frac{U_0 \cdot C}{\sqrt{LC}} = U_0 \cdot \sqrt{\frac{C}{L}} \tag{10.71}$$

$$\boxed{i(t) = -U_0 \cdot \sqrt{\frac{C}{L}} \cdot \sin(\omega_0 t)} \tag{10.72}$$

$$\boxed{u_L(t) = L \cdot \frac{di(t)}{dt} = -U_0 \cdot \cos(\omega_0 t)} \tag{10.73}$$

$$\boxed{u_C(t) = -u_L(t) = U_0 \cdot \cos(\omega_0 t)} \tag{10.74}$$

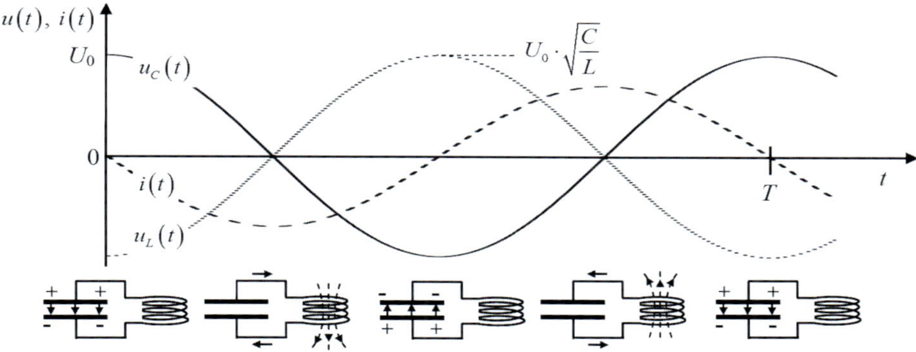

Abb. 150: Verlauf der Spannungen und des Stromes nach dem Anschalten des geladenen Kondensators an die Spule

10.2.1.2 Energiespeicherung beim verlustfreien LC-Reihenschwingkreis

Die im Kondensator gespeicherte Energie ist:

$$E_C(t) = \frac{1}{2} \cdot C \cdot \left[u_C(t)\right]^2 = \frac{1}{2} \cdot C \cdot U_0^2 \cdot \cos^2(\omega_0 t) \tag{10.75}$$

Die in der Spule gespeicherte Energie ist:

$$E_L(t) = \frac{1}{2} \cdot L \cdot \left[i(t)\right]^2 = \frac{1}{2} \cdot L \cdot U_0^2 \cdot \frac{C}{L} \cdot \sin^2(\omega_0 t) = \frac{1}{2} \cdot C \cdot U_0^2 \cdot \sin^2(\omega_0 t) \tag{10.76}$$

$$\boxed{E_C(t) + E_L(t) = \frac{1}{2} \cdot C \cdot U_0^2 = \text{konst.}} \quad \left(\sin^2(x) + \cos^2(x) = 1\right) \tag{10.77}$$

Den Verlauf der beiden Energien zeigt die nächste Abbildung. Die Summe der elektrischen und der magnetischen Energie ist in jedem Augenblick gleich groß. Die elektromagnetische Energie pendelt mit der Frequenz $2\omega_0$ zwischen L und C hin und her. Beim Maximum von $E_L(t)$ ist $E_C(t)$ minimal und umgekehrt. Diese periodische Umwandlung von elektrischer und magnetischer Feldenergie kennzeichnet eine elektromagnetische Schwingung. Der Energieaustausch ohne weitere äußere Energiezufuhr wird (wie bei äußerer Erregung mit der Resonanzfrequenz) als **Resonanz** bezeichnet.

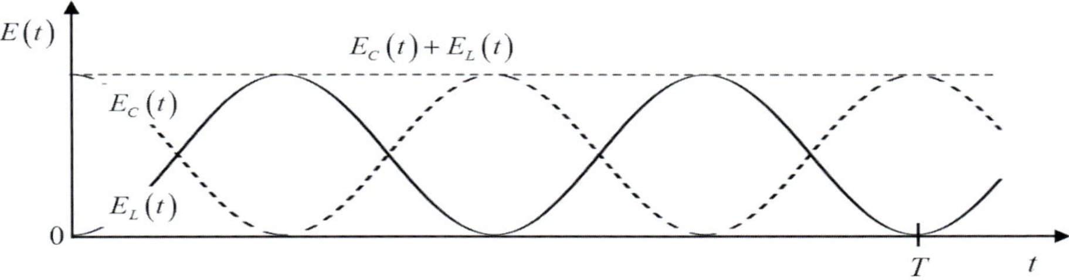

Abb. 151: Verlauf der in Kondensator und Spule gespeicherten Energie

Da durch das Anschalten des geladenen Kondensators an die Spule der Kondensator parallel zur Spule geschaltet wird, handelt es sich bei der so entstehenden Schaltung um einen Parallelschwingkreis. Nur in diesem geschlossenen Stromkreis kann ein Strom fließen und sich eine Schwingung ausbilden. Bei einem Reihenschwingkreis wird erst durch das Anschließen einer Spannungsquelle ein Stromkreis geschlossen. Dann handelt es sich aber nicht mehr um eine freie, sondern um eine erzwungene Schwingung.

10.2.1.3 Impedanz des verlustfreien LC-Reihenschwingkreises

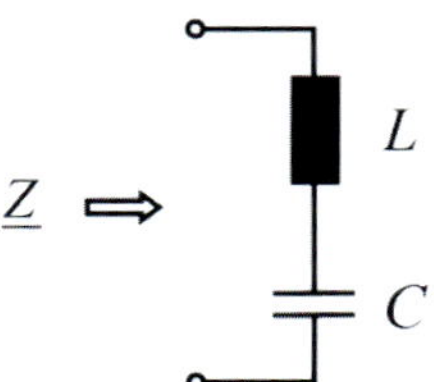

Abb. 152: Verlustfreier Reihenschwingkreis aus idealer Spule und idealem Kondensator.

Nun wird die Impedanz des idealen Reihenschwingkreises in Abhängigkeit von der Frequenz untersucht.

$$\underline{Z} = j\left(\omega L - \frac{1}{\omega C}\right) \tag{10.78}$$

Die Impedanz ist rein imaginär. Sie ist null, wenn der Imaginärteil null ist:

$$\underline{Z} = 0 \text{ für } \omega L = \frac{1}{\omega C} \tag{10.79}$$

Dies ist bei äußerer Erregung des Schwingkreises der Resonanzfall mit der Eigenkreisfrequenz ω_0 und der Eigenfrequenz f_0.

$$\boxed{\omega_0 = \frac{1}{\sqrt{LC}}} \tag{10.80}$$

$$\boxed{f_0 = \frac{1}{2\pi\sqrt{LC}}} \tag{10.81}$$

Eine Umformung der Impedanz ergibt:

$$\underline{Z} = j\left(\omega L - \frac{1}{\omega C}\right) = j\left(\frac{\omega_0}{\omega_0}\cdot\omega L - \frac{\omega_0}{\omega_0}\cdot\frac{1}{\omega C}\right) = j\omega_0 L\left(\frac{\omega}{\omega_0} - \frac{\omega_0}{\omega}\cdot\frac{1}{\omega_0^2 LC}\right) \tag{10.82}$$

Mit $\omega_0^2 LC = 1$ folgt:

$$\underline{Z} = j\omega_0 L\left(\frac{\omega}{\omega_0} - \frac{\omega_0}{\omega}\right) = j \cdot \sqrt{\frac{L}{C}} \cdot \left(\frac{\omega}{\omega_0} - \frac{\omega_0}{\omega}\right) = j \cdot \sqrt{\frac{L}{C}} \cdot \left(\frac{f}{f_0} - \frac{f_0}{f}\right) \qquad (10.83)$$

Der Ausdruck $\sqrt{L/C}$ hat die Einheit Ohm und wird als **Kennwiderstand** Z_K bezeichnet.

$$Z_K = \sqrt{\frac{L}{C}} = \omega_0 L = \frac{1}{\omega_0 C} \qquad (10.84)$$

Für Frequenzen unterhalb der Eigenfrequenz ist die Impedanz des idealen Reihenschwingkreises negativ imaginär. Der Schwingkreis zeigt kapazitives Verhalten, sein Phasenwinkel (Winkel zwischen Strom und Spannung) beträgt $-90°$. Für Frequenzen oberhalb der Eigenfrequenz ist die Impedanz positiv imaginär, der Schwingkreis zeigt induktives Verhalten, sein Phasenwinkel beträgt $+90°$. Bei der Eigenfrequenz springt der Phasenwinkel von $-90°$ auf $+90°$.

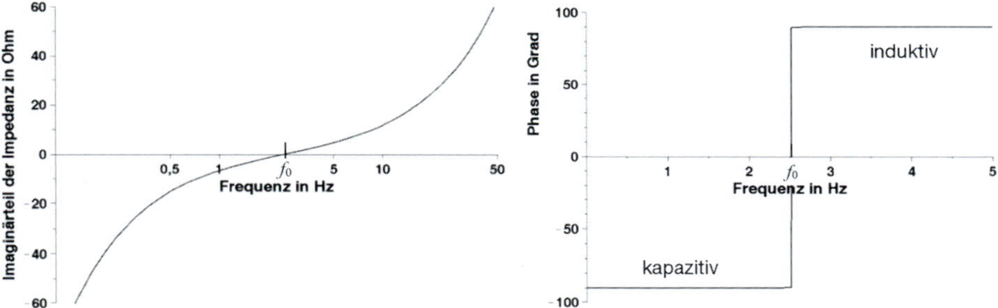

Abb. 153: Idealer LC-Reihenschwingkreis, Verlauf des Imaginärteils der Impedanz (links) und des Phasenwinkels (rechts) in Abhängigkeit der Frequenz (Beispiel mit $L = 1$ H, $C = 0{,}02$ F)

10.2.1.4 Erzwungene Schwingungen, Frequenzgang

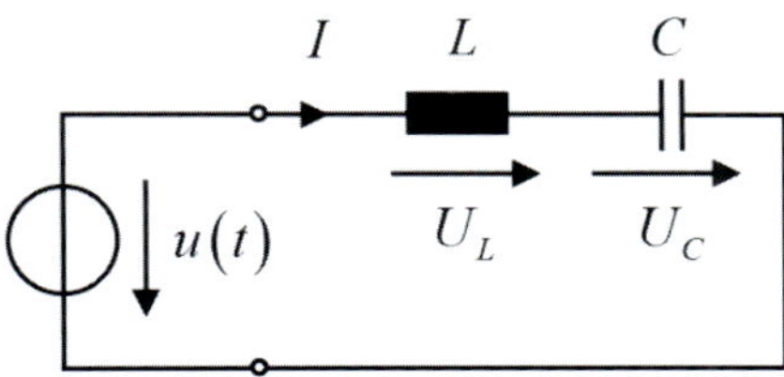

Abb. 154: Verlustfreier Reihenschwingkreis mit Spannungsquelle

Legt man an einen verlustfreien LC-Reihenschwingkreis eine Wechselspannung, so wird er zu erzwungenen elektromagnetischen Schwingungen angeregt. Der Schwingkreis wird sozusagen „gezwungen“, mit einer anderen Frequenz als seiner Eigenfrequenz zu schwingen. Eine solche Schwingung, die durch äußere Einwirkung hervorgerufen wird, heißt *erzwungene Schwingung*.

Der Kondensator des Schwingkreises wird durch die anliegende Wechselspannung abwechselnd aufgeladen, entladen und mit umgekehrter Polarität wieder aufgeladen. Ist der Kondensator vollständig aufgeladen, so liegt ein Maximum der in ihm gespeicherten elektrischen Energie E_C vor. Ist er vollständig entladen, so ist die gespeicherte Energie minimal. Ebenso periodisch ändert sich das Magnetfeld der Spule und die im Magnetfeld gespeicherte Energie E_L.

Der Strom I eilt der Spannung U_L an der Spule um $90°$ nach und der Spannung U_C am Kondensator um $90°$ voraus. Dies bedeutet: Ist die im Magnetfeld der Spule gespeicherte Energie maximal, so ist die im Kondensator gespeicherte Energie minimal und umgekehrt.

Die Verläufe der Spannungen, des Stromes und der gespeicherten Energien sind so, wie sie im vorhergehenden Abschnitt „10.2.1.1 Freie Schwingungen" (Abb. 150 und Abb. 151) bereits beschrieben wurden.

Jetzt werden die Impedanz und der Strom als Funktion der Frequenz der angelegten Spannungsquelle näher untersucht.

Die Impedanz der Reihenschaltung aus Spule und Kondensator ist nach Gl. (10.78):

$$\underline{Z} = j\left(\omega L - \frac{1}{\omega C}\right) \tag{10.85}$$

Der Betrag der Impedanz ist:

$$Z = \left|\omega L - \frac{1}{\omega C}\right| \tag{10.86}$$

Dieser Blindwiderstand stellt die Differenz einer Geraden $X_L(\omega) = L \cdot \omega$ und einer Hyperbel $X_C(\omega) = \frac{1}{C} \cdot \frac{1}{\omega}$ dar. Der Betrag des Stromes ist: $I = \frac{U}{Z}$.

Mit $L = 1\ \mathrm{H}$, $C = 1\ \mathrm{F}$ und $U = 1\ \mathrm{V}$ ergibt sich der nachfolgend gezeigte Verlauf der Größen Z, X_L, X_C und $I(\omega)$ in Abhängigkeit der Frequenz.

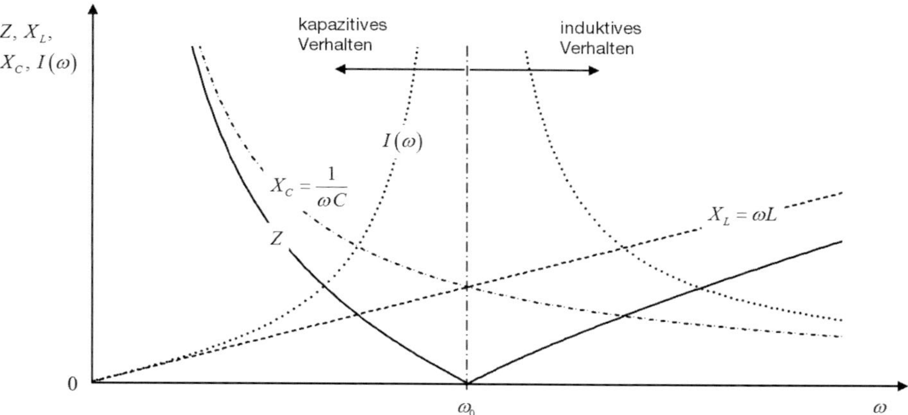

Abb. 155: Frequenzgang der Widerstände und des Stromes beim verlustfreien Reihenschwingkreis

Der Verlauf von Z in Abb. 155 setzt sich aus den beiden Blindwiderständen X_C und X_L zusammen. Bei Gleichspannung ($f = 0$) sperrt der Kondensator und Z ist unendlich groß. Mit steigender Frequenz nimmt X_C ab und X_L zu. Bis zur Eigenkreisfrequenz ω_0 überwiegt X_C als Anteil am Gesamtwiderstand ($|X_C| > |X_L|$), der Kreis verhält sich *kapazitiv*, der Strom eilt der Spannung voraus. Bei der Eigenfrequenz schneiden sich die Kurven von X_C und X_L, die beiden Widerstände sind gleich groß und heben sich auf, der Gesamtwiderstand Z ist null Ohm. Der Strom würde somit unendlich groß werden.

$$\omega_0 L = \frac{1}{\omega_0 C} \tag{10.87}$$

Daraus folgt die bereits bekannte Formel für die Eigenkreisfrequenz $\omega_0 = 1/\sqrt{LC}$.

Steigt die Frequenz weiter, so überwiegt X_L als Anteil am Gesamtwiderstand. Die Schaltung wirkt ab f_0 mit zunehmender Frequenz wie ein *induktiver* Widerstand, der Strom eilt der Spannung nach. Für $f \to \infty$ gilt $Z \to \infty$.

Der Zustand der Resonanz kann natürlich nicht nur durch Veränderung der Frequenz, sondern auch durch eine Änderung der Werte von L oder C erreicht werden.

10.2.2 LC-Reihenschwingkreis mit Verlusten, Einschwingvorgang

10.2.2.1 Lineare Differenzialgleichung 2. Ordnung

Gezeigt wird, wie eine gewöhnliche lineare Differenzialgleichung 2. Ordnung mit konstanten Koeffizienten im Zeitbereich gelöst werden kann.[18] Anschließend wird eine solche Differenzialgleichung (Schwingungsgleichung) gelöst, die den gedämpften harmonischen Oszillator bei freien und erzwungenen Schwingungen beschreibt.

Gegeben ist folgende *in*homogene DGL:

$$\boxed{\ddot{y}(t) + a \cdot \dot{y}(t) + b \cdot y(t) = f(t)} \tag{10.88}$$

Anmerkung: $\ddot{y}$, $\dot{y}$ und y müssen linear auftreten. Gemischte Produkte wie $\ddot{y} \cdot \dot{y}$, $\ddot{y} \cdot y$, $\dot{y} \cdot y$ sind nicht erlaubt.

Die zugehörige *homogene* DGL ist:

$$\boxed{\ddot{y}(t) + a \cdot \dot{y}(t) + b \cdot y(t) = 0} \tag{10.89}$$

Ermitteln der allgemeinen Lösung der homogenen DGL

Zuerst wird die allgemeine Lösung der homogenen DGL mit einem Exponentialansatz gesucht.

Ansatz: $y_h(t) = e^{\lambda t}$; somit: $\dot{y}_h(t) = \lambda \cdot e^{\lambda t}$ und $\ddot{y}_h(t) = \lambda^2 \cdot e^{\lambda t}$

Durch Einsetzen von y_h mit den zugehörigen Ableitungen in die DGL (10.89) erhält man die **charakteristische Gleichung**:

$$\lambda^2 \cdot e^{\lambda t} + a \cdot \lambda \cdot e^{\lambda t} + b \cdot e^{\lambda t} = 0 \tag{10.90}$$

$$\boxed{\lambda^2 + a \cdot \lambda + b = 0} \tag{10.91}$$

Die Lösung dieser quadratischen Gleichung ist:

$$\lambda_{1,2} = \frac{-a \pm \sqrt{a^2 - 4b}}{2} \tag{10.92}$$

Die Diskriminante $D = a^2 - 4b$ entscheidet über die Art der Lösung, sie kann kleiner, gleich oder größer null sein. Somit sind drei Fälle zu unterscheiden.

18 Allgemeines zu Differenzialgleichungen und Lösen von Differenzialgleichungen 1. Ordnung: Elektrotechnik für Studierende: Band 2 – Gleichstrom, Christiani-Verlag

1. Fall: $\boxed{D<0}$

Für λ gibt es zwei konjugiert komplexe Lösungen $\lambda_{1,2}=\dfrac{-a\pm j\cdot\sqrt{4b-a^2}}{2}$.

Mit den Abkürzungen $\beta=-\dfrac{a}{2}$ und $\omega=\sqrt{\dfrac{4b-a^2}{4}}>0$ kann man die Lösungsfunktionen

$y_{h1}(t)=e^{\lambda_1 t}$ und $y_{h2}(t)=e^{\lambda_2 t}$ in folgender Form schreiben:

$y_{h1}(t)=e^{(\beta+j\omega)t}$ und $y_{h2}(t)=e^{(\beta-j\omega)t}$.

Mit den Parametern B_1 und B_2 lautet die allgemeine Lösung:

$$y_h(t)=B_1\cdot e^{(\beta+j\omega)\,t}+B_2\cdot e^{(\beta-j\omega)\,t}=e^{\beta t}\left(B_1\cdot e^{j\omega t}+B_2\cdot e^{-j\omega t}\right)$$

Mit der Eulerschen Formel $\cos(x)\pm j\cdot\sin(x)=e^{\pm j\,x}$ kann weiter umgeformt werden.

$$y_h(t)=e^{\beta t}\left[B_1\cdot\cos(\omega t)+B_1\cdot j\cdot\sin(\omega t)+B_2\cdot\cos(\omega t)-B_2\cdot j\cdot\sin(\omega t)\right]$$

$$y_h(t)=e^{\beta t}\left[(B_1+B_2)\cdot\cos(\omega t)+j\cdot(B_1-B_2)\cdot\sin(\omega t)\right]$$

Mit $A_1=B_1+B_2$ und $A_2=B_1-B_2$ folgt:

$$y_h(t)=e^{\beta t}\left[A_1\cdot\cos(\omega t)+j\cdot A_2\cdot\sin(\omega t)\right]$$

Nun wird folgender Satz angewandt: Ist $y(t)=u(t)+j\cdot v(t)$ eine komplexwertige Lösung der linearen homogenen DGL, so sind Realteil $u(t)$ und Imaginärteil $v(t)$ auch reelle Lösungen dieser DGL.

Mit diesem Satz kann die Lösung der DGL mit reeller Basis dargestellt werden.

$$\boxed{y_h(t)=e^{\beta t}\left(k_1\cdot\sin(\omega t)+k_2\cdot\cos(\omega t)\right)}\text{ mit }\beta=-\frac{a}{2},\quad \omega=\sqrt{\frac{4b-a^2}{4}}>0,\ (k_1,\ k_2\in\mathbb{R})\qquad(10.93)$$

Beweis des obigen Satzes:

$$y(t)=u(t)+j\cdot v(t);\ \dot{y}(t)=\dot{u}(t)+j\cdot\dot{v}(t);\ \ddot{y}(t)=\ddot{u}(t)+j\cdot\ddot{v}(t)$$

In homogene DGL $\ddot{y}(t)+a\cdot\dot{y}(t)+b\cdot y(t)=0$ einsetzen.

$$\ddot{u}(t)+j\cdot\ddot{v}(t)+a\cdot\dot{u}(t)+a\cdot j\cdot\dot{v}(t)+b\cdot u(t)+b\cdot j\cdot v(t)=0$$

$\left[\ddot{u}(t)+a\cdot\dot{u}(t)+b\cdot u(t)\right]+j\cdot\left[\ddot{v}(t)+a\cdot\dot{v}(t)+b\cdot v(t)\right]=0$ Damit diese Gleichung gültig ist, müssen Real- und Imaginärteil gleichzeitig null sein.

Es ist $\ddot{u}(t)+a\cdot\dot{u}(t)+b\cdot u(t)=0$ und gleichzeitig $\ddot{v}(t)+a\cdot\dot{v}(t)+b\cdot v(t)=0$.

Somit sind $u(t)$ und $v(t)$ Lösungen der DGL.

2. Fall: $\boxed{D = 0}$

Für λ gibt es genau eine reelle Lösung: $\lambda = \lambda_1 = \lambda_2 = -\frac{a}{2}$.

Die Lösungsfunktion ist jetzt:

$$y_h(t) = y_{h1}(t) = y_{h2}(t) = e^{-\frac{a}{2}t} \tag{10.94}$$

Die allgemeine Lösung enthält wieder zwei Parameter k_1 und k_2. Durch Variation der Konstanten kann die allgemeine Lösung gewonnen werden. Bei diesem Verfahren wird die Konstante „1" vor $e^{-\frac{a}{2}t}$ in Gl. (10.94) durch eine Funktion von t ersetzt: $y_h(t) = F(t) \cdot e^{-\frac{a}{2}t}$.

Zur vereinfachten Schreibweise werden die Indizes und die Kennzeichnung der expliziten Zeitabhängigkeit jetzt weggelassen und $\lambda = -\frac{a}{2}$ gesetzt.

$$y = F \cdot e^{\lambda t} \tag{10.95}$$

Zur Erinnerung an die Produktregel: $y = u(x) \cdot v(x)$; $y' = u'(x) \cdot v(x) + u(x) \cdot v'(x)$

Differenzieren von Gl. (10.95) nach der Produktregel:

$$\dot{y} = \dot{F} \cdot e^{\lambda t} + F \cdot \lambda \cdot e^{\lambda t} = e^{\lambda t}\left(\dot{F} + F \cdot \lambda\right)$$

$$\ddot{y} = \lambda \cdot e^{\lambda t}\left(\dot{F} + F \cdot \lambda\right) + e^{\lambda t}\left(\ddot{F} + \dot{F} \cdot \lambda\right) = e^{\lambda t}\left(\ddot{F} + 2 \cdot \lambda \cdot \dot{F} + \lambda^2 \cdot F\right)$$

Einsetzen von $\ddot{y}$ und $\dot{y}$ in die homogene DGL (10.89):

$$e^{\lambda t}\left(\ddot{F} + 2 \cdot \lambda \cdot \dot{F} + \lambda^2 \cdot F\right) + a \cdot e^{\lambda t}\left(\dot{F} + F \cdot \lambda\right) + b \cdot F \cdot e^{\lambda t} = 0$$

$$\ddot{F} + \dot{F}\left(a + 2 \cdot \lambda\right) + F\left(b + a \cdot \lambda + \lambda^2\right) = 0$$

Einsetzen von $\lambda = -\frac{a}{2} \Rightarrow \ddot{F} + \dot{F}(a - a) + F\left(b - \frac{a^2}{2} + \frac{a^2}{4}\right) = 0;\ \ddot{F} + F\frac{a^2 - 4b}{4} = 0$

Da die Diskriminante $D = a^2 - 4b = 0$ ist, bleibt nur $\ddot{F} = 0$ übrig.

Zweimal integrieren ergibt die zwei Parameter k_1 und k_2. $\dot{F}(t) = k_1$,

$$F(t) = \int k_1 \cdot dt = k_1 \cdot t + k_2$$

Die allgemeine Lösung der homogenen DGL heißt somit:

$$\boxed{y_h(t) = (k_1 \cdot t + k_2)e^{-\frac{a}{2}t} \quad (k_1,\ k_2 \in \mathbb{R})} \tag{10.96}$$

3. Fall: $\boxed{D > 0}$

Für λ gibt es zwei verschiedene reelle Lösungen, λ_1 und λ_2.

Die Lösungsfunktionen sind damit: $y_{h1}(t) = e^{\lambda_1 t}$ und $y_{h2}(t) = e^{\lambda_2 t}$.

Die Lösungen $y_{h1}(t)$ und $y_{h2}(t)$ sind partikuläre Lösungen der homogenen DGL. Die allgemeine Lösung enthält zwei Parameter k_1 und k_2.

Aus der Eigenschaft der Linearität (Verstärkungseigenschaft) folgt: Ist $y_{h1}(t)$ eine Lösung der DGL, so ist auch $k_1 \cdot y_{h1}(t)$ eine Lösung dieser DGL.

Ebenfalls aus der Eigenschaft der Linearität (Superposition) folgt: Sind $y_{h1}(t)$ und $y_{h2}(t)$ Lösungen der DGL, so ist auch die Linearkombination $y_h(t) = k_1 \cdot y_{h1}(t) + k_2 \cdot y_{h2}(t)$ eine Lösung dieser DGL.

Die allgemeine Lösung der homogenen DGL ist somit:

$$\boxed{y_h(t) = k_1 \cdot e^{\lambda_1 t} + k_2 \cdot e^{\lambda_2 t} \quad (k_1,\ k_2 \in \mathbb{R})} \tag{10.97}$$

Ermitteln der partikulären Lösung der inhomogenen DGL

Je nach Störfunktion $f(t)$ sind zum Aufsuchen einer partikulären Lösung der inhomogenen DGL die folgenden Ansätze nach Tabelle 3 zu empfehlen.

Tabelle 3: Lösungsansätze für die spezielle Lösung der linearen inhomogenen DGL 2. Ordnung je nach Störfunktion

Störfunktion $f(t)$	**Lösungsansatz $y_P(t)$**
Polynomfunktion vom Grad n: $f(t) = P_n(t)$	$y_P(t) = Q_n(t)$ für $b \neq 0$ $y_P(t) = t \cdot Q_n(t)$ für $a \neq 0,\ b = 0$ $y_P(t) = t^2 \cdot Q_n(t)$ für $a = b = 0$ mit $Q_n(t)$ = Polynom vom Grad n
Sinusfunktion: $f(t) = \sin(\theta t)$ oder Cosinusfunktion: $f(t) = \cos(\theta t)$	$j\theta$ ist *keine* Lösung der charakteristischen Gleichung: $y_P(t) = K_1 \cdot \sin(\theta t) + K_2 \cdot \cos(\theta t)$ **oder** $y_P(t) = K \cdot \sin(\theta t + \varphi)$ $j\theta$ *ist* eine Lösung der charakteristischen Gleichung: $y_P(t) = t \cdot [K_1 \cdot \sin(\theta t) + K_2 \cdot \cos(\theta t)]$

Störfunktion $f(t)$	**Lösungsansatz** $y_P(t)$
Exponentialfunktion: $f(t) = e^{ct}$	c ist *keine* Lösung der charakteristischen Gleichung: $y_P(t) = K \cdot e^{ct}$ c ist eine *einfache* Lösung der charakteristischen Gleichung: $y_P(t) = K \cdot t \cdot e^{ct}$ c ist eine *doppelte* Lösung der charakteristischen Gleichung: $y_P(t) = K \cdot t^2 \cdot e^{ct}$

10.2.2.2 Freie Schwingungen

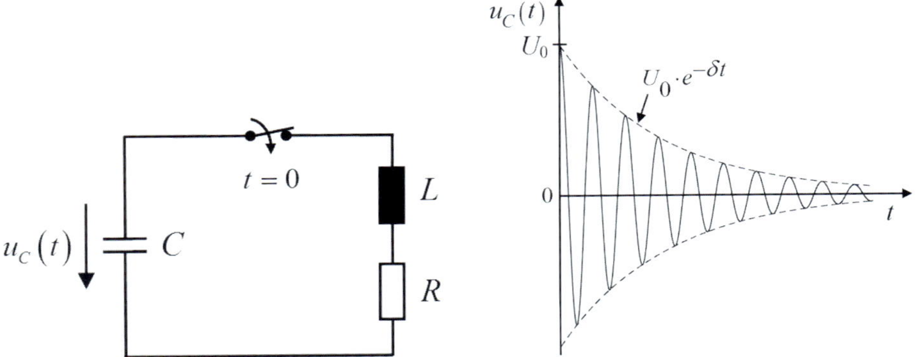

Abb. 156: Realer Reihenschwingkreis (links) und reale freie Schwingung (rechts)

Wird einem schwingungsfähigen System während der Schwingung Energie entzogen, so verringert sich die Amplitude im Lauf der Zeit. Dieser Energieverlust kann in der Mechanik z. B. durch Reibung, bei elektromagnetischen Schwingungen durch ohmsche Verluste oder Ummagnetisierungsverluste verursacht werden.

Betrachtet wird ein realer Schwingkreis ohne äußere Erregung nach Abb. 156, der aus den Elementen R, L und C besteht. Der Kondensator ist auf die Spannung U_0 aufgeladen, der Schalter wird zum Zeitpunkt $t = 0$ geschlossen. – Eine Spule besitzt immer einen ohmschen Wicklungswiderstand. Ein Kondensator besitzt einen endlichen Isolationswiderstand. In Abb. 156 sind diese Widerstände durch einen Reihenwiderstand berücksichtigt. Durch den Widerstand wird Energie in Wärme umgesetzt, die entstehende freie Schwingung verläuft daher gedämpft. Die Schwingungsbreite (die Amplitude der Schwingung) nimmt von $u_C(0) = U_0$ ausgehend (Anfangsspannung des geladenen Kondensators) mit der Zeit nach einer e-Funktion ab.

Die gesuchte Größe sei in Abb. 156 der Strom $i(t)$.

Ein Maschenumlauf ergibt:

$$u_L(t)+u_R(t)+u_C(t)=0 \tag{10.98}$$

Für die Spannung an L gilt:

$$u_L(t)=L\cdot\frac{di(t)}{dt} \tag{10.99}$$

Für die Spannung an R gilt:

$$u_R(t)=R\cdot i(t) \tag{10.100}$$

Für die Spannung an C gilt:

$$u_C(t)=\frac{1}{C}\int_0^t i(t)\,dt+U_C(0) \tag{10.101}$$

Durch Einsetzen von $u_L(t)$, $u_R(t)$ und $u_C(t)$ in die Maschengleichung (10.98) folgt:

$$L\cdot\frac{di(t)}{dt}+R\cdot i(t)+\frac{1}{C}\int_0^t i(t)\,dt+U_C(0)=0 \tag{10.102}$$

Division der Gleichung durch L, Differenzieren und Umordnen nach fallendem Grad der Ableitung auf der linken Seite der Gleichung ergibt für den gesuchten Strom $i(t)$:

$$\frac{d^2i(t)}{dt^2}+\frac{R}{L}\cdot\frac{di(t)}{dt}+\frac{1}{LC}\cdot i(t)=0 \tag{10.103}$$

Gegenüber der DGL der ungedämpften Schwingung (Gl. (10.19)) kommt hier ein Term mit der ersten Ableitung vor.

Mit den Abkürzungen $\delta=\frac{R}{2L}$ und $\omega_0=\frac{1}{\sqrt{LC}}$ folgt:

$$\frac{d^2i(t)}{dt^2}+2\delta\cdot\frac{di(t)}{dt}+\omega_0^2\cdot i(t)=0 \tag{10.104}$$

ω_0 ist die Eigenkreisfrequenz und δ ist der **Dämpfungskoeffizient** (Dämpfungskonstante, Abklingkonstante) des Systems.

Diese Schwingungsgleichung ist eine homogene lineare DGL 2. Ordnung mit konstanten Koeffizienten. Durch Lösen der DGL unter Berücksichtigung von zwei Anfangsbedingungen erhält man die gesuchte Ausgangsgröße $i(t)$.

Ist die gesuchte Größe die Spannung am Kondensator $u_C(t)$, so lautet der Ansatz:

$$\frac{d^2u_C(t)}{dt^2}+\frac{R}{L}\cdot\frac{du_C(t)}{dt}+\frac{1}{LC}u_C(t)=0 \qquad (10.105)$$

Durch Lösen der DGL wird $u_C(t)$ bestimmt.

Beispiel 77

Reihenschwingkreis mit Verlusten ohne äußere Erregung

Gesucht ist die Spannung $u_C(t)$ am Kondensator nach Abb. 156.

Die explizite Kennzeichnung der Zeitabhängigkeit in Gl. (10.105) wird zur Vereinfachung weggelassen:

$$\ddot{u}+\frac{R}{L}\dot{u}+\frac{1}{LC}u=0$$

Mit den Abkürzungen $\boxed{\delta=\frac{R}{2L}}$ und $\boxed{\omega_0^2=\frac{1}{LC}}$ folgt:

$$\ddot{u}+2\cdot\delta\cdot\dot{u}+\omega_0^2\cdot u=0$$

Da keine äußere Erregung vorhanden ist genügt es, nur die homogene DGL zu betrachten.

Es wird angenommen, dass der Kondensator am Anfang des Betrachtungszeitraumes, also zum Zeitpunkt $t=0$, auf den Wert U_0 aufgeladen ist. Es wird nur das „Eigenverhalten" des Schwingkreises betrachtet (ohne äußere Erregung).

Die charakteristische Gleichung ist: $\lambda^2+2\cdot\delta\cdot\lambda+\omega_0^2=0$.

δ ist die Dämpfung(skonstante), ω_0 ist die **Eigenkreisfrequenz des ungedämpften Schwingers**.

Hier kann man das **Schema** erkennen, nach dem die **charakteristische Gleichung** ohne Einsetzen des Exponentialansatzes in die DGL sofort niedergeschrieben werden kann. **Die Koeffizienten bleiben stehen, der Grad der Ableitung ergibt die Potenz von λ.**

Die Eigenwerte als Lösungen der charakteristischen Gleichung sind: $\lambda_{1,2}=-\delta\pm\sqrt{\delta^2-\omega_0^2}$. Die Diskriminante ist $D=\delta^2-\omega_0^2$. Durch D kleiner, gleich oder größer null ergeben sich drei Fälle.

1. Fall: Bei schwacher Dämpfung $\delta<\omega_0$ (Diskriminante $D<0$) gibt es für λ zwei konjugiert komplexe Lösungen. Dies ist der **Schwingfall**.

2. Fall: Für $\delta = \omega_0$ $(D = 0)$ gibt es für λ genau eine reelle Lösung. Es ist der **aperiodische Grenzfall**.

3. Fall: Bei starker Dämpfung $\delta > \omega_0$ $(D > 0)$ sind λ_1 und λ_2 zwei verschiedene reelle Lösungen. Es liegt der **Kriechfall** vor.

1. Fall: $\delta < \omega_0$ ($D < 0$, schwache Dämpfung, Schwingfall)

Die allgemeine Lösung der homogenen DGL ist nach Gl. (10.93):

$$u_{Ch}(t) = e^{\beta t}\left(k_1 \cdot \sin(\omega t) + k_2 \cdot \cos(\omega t)\right) \text{ mit } \beta = -\frac{a}{2},\ \omega = \sqrt{\frac{4b - a^2}{4}} > 0$$

Vergleicht man die Konstanten der Gleichung $\ddot{y}(t) + a \cdot \dot{y}(t) + b \cdot y(t) = 0$ und der Gleichung $\ddot{u} + 2 \cdot \delta \cdot \dot{u} + \omega_0^2 \cdot u = 0$, so ist: $a = 2\delta$ und $b = \omega_0^2$. Somit ist $\boxed{\beta = -\delta}$ und $\boxed{\omega_d = \sqrt{\omega_0^2 - \delta^2}}$.

$\boldsymbol{\omega_d}$ ist die **Eigenkreisfrequenz des gedämpften Schwingers**.

Der Ausdruck $u_{Ch}(t) = e^{-\delta t}\left(k_1 \cdot \sin\left(\sqrt{\omega_0^2 - \delta^2} \cdot t\right) + k_2 \cdot \cos\left(\sqrt{\omega_0^2 - \delta^2} \cdot t\right)\right)$ ist die allgemeine Lösung der homogenen DGL.

Mit der jetzt angenommenen ersten Anfangsbedingung $u_C(0) = U_0$ (d.h., der Kondensator ist zum Zeitpunkt $t = 0$ auf die Gleichspannung U_0 aufgeladen) und mit der sich dadurch ergebenden zweiten Anfangsbedingung $\dot{u}_C(0) = 0$ lässt sich die spezielle Lösung der homogenen DGL berechnen.

Aus $u_C(0) = U_0$ folgt: $U_0 = e^{-0}\left(k_1 \cdot \sin(0) + k_2 \cdot \cos(0)\right)$; $e^{-0} = 1$, $\sin(0) = 0$, $\cos(0) = 1$;

$$\Rightarrow \boxed{k_2 = U_0}$$

Die Ableitung von $u_{Ch}(t) = e^{\beta t}\left(k_1 \cdot \sin(\omega t) + k_2 \cdot \cos(\omega t)\right)$ ist:

$$\dot{u}_{Ch}(t) = \beta \cdot e^{\beta t}\left(k_1 \cdot \sin(\omega t) + k_2 \cdot \cos(\omega t)\right) + e^{\beta t}\left(k_1 \cdot \omega \cdot \cos(\omega t) - k_2 \cdot \omega \cdot \sin(\omega t)\right)$$

Mit $\dot{u}_C(0) = 0$, $\sin(0) = 0$ und $\cos(0) = 1$ folgt:

$$0 = \beta \cdot k_2 + k_1 \cdot \omega$$

Mit $k_2 = U_0$, $\beta = -\delta$, $\omega_d = \sqrt{\omega_0^2 - \delta^2}$ folgt:

$$0 = -\delta \cdot U_0 + k_1 \cdot \sqrt{\omega_0^2 - \delta^2}\ ;\ \boxed{k_1 = \frac{\delta \cdot U_0}{\sqrt{\omega_0^2 - \delta^2}}}$$

k_1, k_2 in $u_{Ch}(t) = e^{-\delta t}\left(k_1 \cdot \sin\left(\sqrt{\omega_0^2 - \delta^2} \cdot t\right) + k_2 \cdot \cos\left(\sqrt{\omega_0^2 - \delta^2} \cdot t\right)\right)$ eingesetzt ergibt die spezielle Lösung der homogenen DGL:

$$u_{Chp}(t) = U_0 \cdot e^{-\delta t}\left(\frac{\delta}{\sqrt{\omega_0^2-\delta^2}} \cdot \sin\left(\sqrt{\omega_0^2-\delta^2} \cdot t\right) + \cos\left(\sqrt{\omega_0^2-\delta^2} \cdot t\right)\right)$$

Lösung mit Maple

```
> # LC-Reihenschwingkreis mit Verlusten
> # ohne äußere Erregung, delta < w0 (Schwingfall)
> restart:
> # Definition der homogenen DGL
> DGL:=diff(u[c](t),t,t)+2*delta*diff(u[c](t),t)
  +omega[0]^2*u[c](t)=0;
```

$$DGL := \frac{d^2}{dt^2} u_c(t) + 2\,\delta\left(\frac{d}{dt} u_c(t)\right) + \omega_0^2\, u_c(t) = 0$$

```
> # Angenommene Werte: R = 0.1 Ohm, L = 1 mH, C = 1 mF
> # Anfangsspannung des Kondensators uc(0)
  # sei 1 Volt (Anfangswert1)
> # Ableitung D(uc(0)) gibt Anfangswert2
> R:=0.1; L:=0.001; C:=0.001; Anfangswert1:=u[c](0)=1;
  Anfangswert2:=D(u[c])(0)=0;
```

$R := 5$

$L := 0.001$

$C := 0.001$

$Anfangswert1 := u_c(0) = 1$

$Anfangswert2 := D(u_c)(0) = 0$

```
> delta:=R/(2*L); omega[0]:=1/sqrt(L*C);
```

$\delta := 50.00000000$

$\omega_0 := 1000.$

```
> # Spezielle Lösung der homogenen DGL unter
  # Berücksichtigung der Anfangswerte;
> uc:=dsolve({DGL, Anfangswert1, Anfangswert2},u[c (t));
```

$$uc := u_c(t) = \frac{1}{399}\sqrt{399}\, e^{-50\,t} \sin\left(50\sqrt{399}\, t\right) + e^{-50\,t}\cos\left(50\sqrt{399}\, t\right)$$

```
> # Grafik der Funktion
> plot(rhs(uc), t=0..0.08, color=black, thickness=3,
  labels=[„t", "uc(t)"],
```

```
labeldirections=[horizontal,vertical],
labelfont=[HELVETICA,BOLD,26],
axesfont=[HELVETICA,BOLD,26]);
```

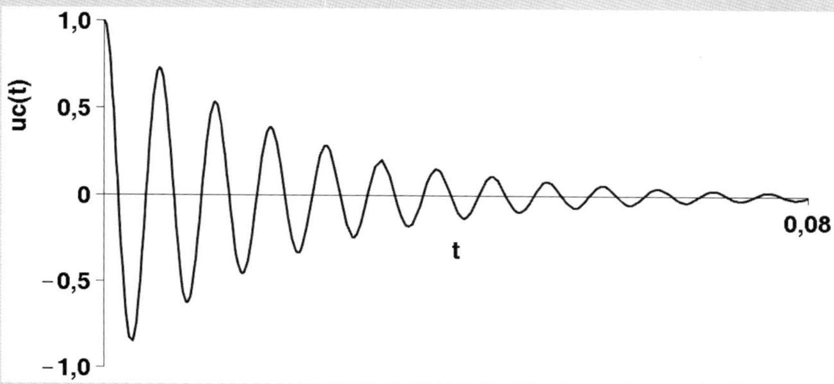

Abb. 157: Verlauf der Kondensatorspannung beim LC-Reihenschwingkreis mit Verlusten ohne äußere Erregung im Schwingfall (freie gedämpfte Schwingung), bei schwacher Dämpfung ergibt sich eine Schwingung mit exponentiell abklingender Amplitude

2. Fall: $\delta = \omega_0$ ($D = 0$, aperiodischer Grenzfall)

Die Lösungen der charakteristischen Gleichung sind beide gleich: $\lambda = \lambda_1 = \lambda_2 = -a$.

Die allgemeine Lösung der homogenen DGL ist nach Gl. (10.96): $u_{Ch}(t) = (k_1 \cdot t + k_2)e^{-\frac{a}{2}t}$

Mit $a = -2\delta$ folgt $u_{Ch}(t) = (k_1 \cdot t + k_2)e^{-\delta t}$. Mit den Anfangsbedingungen $u_C(0) = U_0$ und $\dot{u}_C(0) = 0$ errechnet sich die partikuläre Lösung. $U_0 = (k_1 \cdot 0 + k_2)e^{-\delta \cdot 0}$; $k_2 = U_0$;

$\dot{u}_{Ch}(t) = k_1 \cdot e^{-\delta t} - k_1 \cdot t \cdot \alpha e^{-\delta t} - k_2 \cdot \alpha \cdot e^{-\delta t}$; $0 = k_1 \cdot (1 - \delta \cdot 0) - \delta \cdot U_0$; $k_1 = \delta \cdot U_0$

$$\boxed{u_{Chp}(t) = U_0 \cdot (1 + \delta \cdot t) \cdot e^{-\delta t}}$$

Beim aperiodischen Grenzfall wird für das Abklingen der Schwingung die minimale Zeit benötigt. In der Praxis ist man am aperiodischen Grenzfall interessiert, wenn ein schwingungsfähiges System nach einer einmaligen Störung möglichst schnell in die Ruhelage zurückkehren soll (z. B. Zeigerinstrument, Stoßdämpfer).

Lösung mit Maple

```
> # LC-Reihenschwingkreis mit Verlusten
> # ohne äußere Erregung, delta = w0 (Aperiodischer
  Grenzfall)
> restart:
> # Definition der homogenen DGL
> DGL:=diff(u[c](t),t,t)+2*delta*diff(u[c](t),t)
  +omega[0]^2*u[c](t)=0;
```

$$DGL := \frac{d^2}{dt^2} u_c(t) + 2\,\delta \left(\frac{d}{dt} u_c(t) \right) + \omega_0^2\, u_c(t) = 0$$

```
> # Angenommene Werte: R = 1 Ohm, L = 0.25 mH, C = 1 mF
> # Anfangsspannung des Kondensators uc(0)
  # sei 1 Volt (Anfangswert1)
> # Ableitung D(uc(0)) gibt Anfangswert2
> R:=1; L:=0.00025; C:=0.001; Anfangswert1:=u[c](0)=1;
  Anfangswert2:=D(u[c])(0)=0;
```

$R := 1$

$L := 0.00025$

$C := 0.001$

$Anfangswert1 := u_c(0) = 1$

$Anfangswert2 := D(u_c)(0) = 0$

```
> delta:=R/(2*L); omega[0]:=1/sqrt(L*C);
```

$\delta := 2000.000000$

$\omega_0 := 2000.000000$

```
> # Spezielle Lösung der homogenen DGL unter
  # Berücksichtigung der Anfangswerte;
> uc:=dsolve({DGL, Anfangswert1, Anfangswert2},u[c](t));
```

$$uc := u_c(t) = e^{-2000\,t} + 2000\, e^{-2000\,t}\, t$$

```
> # Grafik der Funktion
> plot(rhs(uc), t=0..0.005, color=black, thickness=3,
  labels=[„t“,“uc(t)“],
  labeldirections=[horizontal,vertical],
  labelfont=[HELVETICA,BOLD,26],
  axesfont=[HELVETICA,BOLD,26]);
```

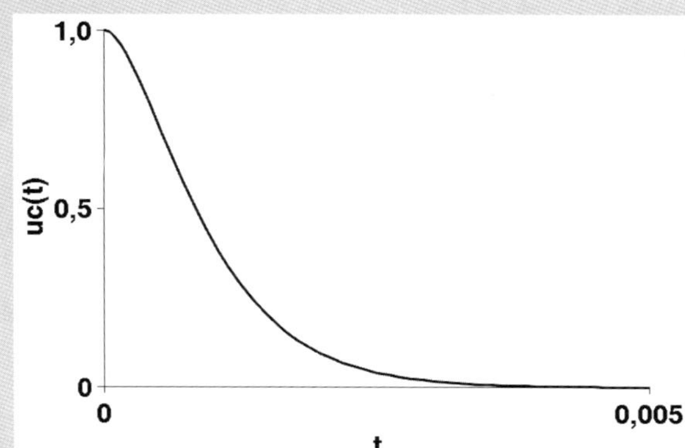

Abb. 158: Verlauf der Kondensatorspannung beim Schwingkreis im aperiodischen Grenzfall

3. Fall: $\delta > \omega_0$ ($D > 0$, starke Dämpfung, Kriechfall)

Bei starker Dämpfung kommt der so genannte „Kriechfall“ zustande.

Die Lösungen der charakteristischen Gleichung $\lambda_{1,2} = -\delta \pm \sqrt{\delta^2 - \omega_0^2}$ sind beide negativ.

Die allgemeine Lösung der homogenen DGL ist nach Gl. (10.97): $u_{Ch}(t) = k_1 \cdot e^{\lambda_1 t} + k_2 \cdot e^{\lambda_2 t}$

Mit den Anfangsbedingungen $u_C(0) = U_0$ und $\dot{u}_C(0) = 0$ errechnet sich wieder die partikuläre Lösung. $U_0 = k_1 + k_2;\ k_2 = U_0 - k_1$

$$\dot{u}_{Ch}(t) = k_1 \cdot \lambda_1 \cdot e^{\lambda_1 t} + k_2 \cdot \lambda_2 \cdot e^{\lambda_2 t};\ 0 = k_1 \cdot \lambda_1 + (U_0 - k_1)\lambda_2;\ k_1 = -\frac{U_0 \cdot \lambda_2}{\lambda_1 - \lambda_2}$$

Damit ist $k_2 = U_0 \cdot \frac{\lambda_1}{\lambda_1 - \lambda_2}$; $u_{Cp}(t) = \frac{-U_0 \cdot \lambda_2}{\lambda_1 - \lambda_2} \cdot e^{\lambda_1 t} + U_0 \cdot \frac{\lambda_1}{\lambda_1 - \lambda_2} e^{\lambda_2 t}$

$$u_{Chp}(t) = \frac{-U_0}{2\sqrt{\delta^2 - \omega_0^2}} \cdot \left(\left(-\delta - \sqrt{\delta^2 - \omega_0^2}\right) \cdot e^{\left(-\delta + \sqrt{\delta^2 - \omega_0^2}\right) \cdot t} - \left(-\delta + \sqrt{\delta^2 - \omega_0^2}\right) \cdot e^{\left(-\delta - \sqrt{\delta^2 - \omega_0^2}\right) \cdot t} \right)$$

Lösung mit Maple

```
> # LC-Reihenschwingkreis mit Verlusten
> # ohne äußere Erregung, delta > w0 (Kriechfall)
> restart:
> # Definition der homogenen DGL
> DGL:=diff(u[c](t),t,t)+2*delta*diff(u[c](t),t)
  +omega[0]^2*u[c](t)=0;
```

$$DGL := \frac{d^2}{dt^2} u_c(t) + 2\,\delta \left(\frac{d}{dt} u_c(t) \right) + \omega_0^2 u_c(t) = 0$$

```
> # Angenommene Werte: R = 5 Ohm, L = 1 mH, C = 1 mF
> # Anfangsspannung des Kondensators uc(0)
  # sei 1 Volt (Anfangswert1)
> # Ableitung D(uc(0)) gibt Anfangswert2
> R:=5; L:=0.001; C:=0.001; Anfangswert1:=u[c](0)=1;
  Anfangswert2:=D(u[c])(0)=0;
```

$R := 5$

$L := 0.001$

$C := 0.001$

$Anfangswert1 := u_c(0) = 1$

$Anfangswert2 := D(u_c)(0) = 0$

```
> delta:=R/(2*L); omega[0]:=1/sqrt(L*C);
```

$\delta := 2500.000000$

$\omega_0 := 1000.$

```
> # Spezielle Lösung der homogenen DGL unter
  # Berücksichtigung der Anfangswerte;
> uc:=dsolve({DGL, Anfangswert1, Anfangswert2},u[c](t));
```

$$uc := u_c(t) = \left(\frac{1}{2} + \frac{5}{42}\sqrt{21}\right) e^{500\,(-5+\sqrt{21})\,t} + \left(-\frac{5}{42}\sqrt{21} + \frac{1}{2}\right) e^{-500\,(5+\sqrt{21})\,t}$$

```
> # Grafik der Funktion
> plot(rhs(uc), t=0..0.02, color=black, thickness=3,
  labels=[„t","uc(t)"],
  labeldirections=[horizontal,vertical],
  labelfont=[HELVETICA,BOLD,26],
  axesfont=[HELVETICA,BOLD,26]);
```

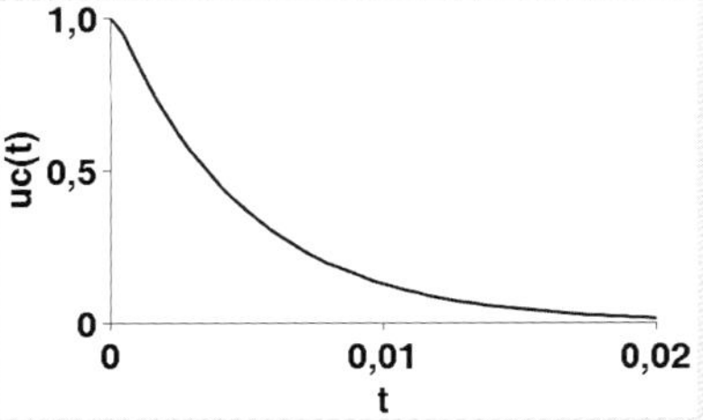

1,0
0,5
0
uc(t)
0
0,01
0,02
t

Abb. 159: Verlauf der Kondensatorspannung beim Schwingkreis im Kriechfall, die Ausgangsgröße des Systems nähert sich asymptotisch der Ruhelage

10.2.2.3 Erzwungene Schwingungen

Ungedämpfte elektromagnetische Schwingungen können erzeugt werden, indem die ohmschen Verluste durch ständige Anregung von außen kompensiert werden. Wird der Schwingkreis durch eine von außen angelegte Wechselspannung angeregt, so ergeben sich erzwungene Schwingungen mit der Frequenz dieser Wechselspannung.

Unmittelbar nach dem Anschalten der Spannungsquelle an den Schwingkreis tritt sowohl eine freie als auch eine erzwungene Schwingung auf. Direkt nach dem Einschalten sind beide Schwingungsarten vorhanden, es liegt eine Überlagerung einer gedämpften freien und einer erzwungenen Schwingung vor. Die freie Schwingung wird in der Regel gedämpft und klingt exponentiell ab. Einige Zeit nach dem Einschalten (nach Abschluss des Einschwingvorganges) ist nur noch die erzwungene Schwingung vorhanden. Das System hat dann seinen stationären Zustand erreicht.

Werden gedämpfte Schwingkreise, die an einer sinusförmigen Quelle liegen, im stationären Zustand betrachtet, so können Ströme und Spannungen mit der komplexen Wechselstromrechnung bestimmt werden.

Es wird der *Einschwingvorgang* beim verlustbehafteten Reihenschwingkreis mit äußerer Erregung untersucht.

Der Schwingkreis wird von außen durch eine Spannung $u_e(t) = \hat{U} \cdot \sin(\omega_e t)$ angeregt. ω_e ist die Erregerkreisfrequenz.

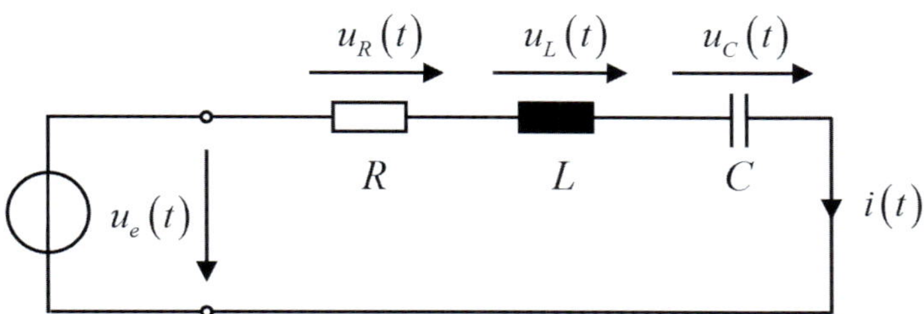

Abb. 160: Verlustbehafteter Reihenschwingkreis mit Spannungsquelle

Als Anfangsbedingung wird wieder $u_C(0) = U_0$ angenommen, der Kondensator ist zum Zeitpunkt $t = 0$ auf U_0 aufgeladen. Die Lösung der homogenen DGL wurde bereits im 1. Fall von Beispiel 77 ermittelt. Die Lösung ist:

$$u_{Chp}(t) = U_0 \cdot e^{-\delta t} \left(\frac{\delta}{\sqrt{\omega_0^2 - \delta^2}} \cdot \sin\left(\sqrt{\omega_0^2 - \delta^2} \cdot t\right) + \cos\left(\sqrt{\omega_0^2 - \delta^2} \cdot t\right) \right)$$

Dies ist die so genannte „flüchtige“ Lösung, die nach dem Einschwingvorgang keine Rolle mehr spielt.

Die gesuchte Größe ist wieder die Spannung am Kondensator $u_C(t)$. Für die Spannung $u_C(t)$ erhält man statt der homogenen DGL (10.105) die inhomogene DGL:

$$\frac{d^2u_C(t)}{dt^2}+\frac{R}{L}\cdot\frac{du_C(t)}{dt}+\frac{1}{LC}u_C(t)=\frac{1}{L}\cdot\frac{du_e(t)}{dt} \tag{10.106}$$

Die explizite Kennzeichnung der Zeitabhängigkeit wird zur Vereinfachung wieder weggelassen:

$$\ddot{u}+\frac{R}{L}\dot{u}+\frac{1}{LC}u=\frac{1}{L}\dot{u}_e \tag{10.107}$$

Mit den Abkürzungen $\boxed{\delta=\frac{R}{2L}}$ und $\boxed{\omega_0^2=\frac{1}{LC}}$ folgt:

$$\ddot{u}+2\cdot\delta\cdot\dot{u}+\omega_0^2\cdot u=\frac{1}{L}\cdot\dot{u}_e \tag{10.108}$$

Mit der Abkürzung $\boxed{a_0=\frac{1}{L}\omega_e\hat{U}}$ kann man schreiben:

$$\ddot{u}+2\cdot\delta\cdot\dot{u}+\omega_0^2\cdot u=a_0\cdot\cos(\omega_e t) \tag{10.109}$$

Für diese inhomogene DGL wird eine partikuläre Lösung gesucht. Durch Orientierung an der Störfunktion machen wir nach Tabelle 3 den Ansatz:

$$u_p(t)=K\cdot\sin(\omega_e t+\varphi) \tag{10.110}$$

$$\Rightarrow\ \dot{u}_p(t)=\omega_e K\cdot\cos(\omega_e t+\varphi);\ \ddot{u}_p(t)=-\omega_e^2 K\cdot\sin(\omega_e t+\varphi)$$

Durch Einsetzen in Gl. (10.109) erhält man:

$$-\omega_e^2K\cdot\sin(\omega_e t+\varphi)+2\delta\omega_e K\cdot\cos(\omega_e t+\varphi)+\omega_0^2K\cdot\sin(\omega_e t+\varphi)=a_0\cdot\cos(\omega_e t) \tag{10.111}$$

Gl. (10.111) wird entsprechend den zwei folgenden Additionstheoremen umgeformt:

1.) $\cos(\alpha+\beta)=\cos(\alpha)\cdot\cos(\beta)-\sin(\alpha)\cdot\sin(\beta)$

2.) $\sin(\alpha+\beta)=\sin(\alpha)\cdot\cos(\beta)+\cos(\alpha)\cdot\sin(\beta)$

$$-\omega_e^2K\sin(\omega_e t)\cos(\varphi)-\omega_e^2K\cos(\omega_e t)\sin(\varphi)+2\delta\omega_e K\cos(\omega_e t)\cos(\varphi)-2\delta\omega_e K\sin(\omega_e t)\sin(\varphi)+$$
$$+\omega_0^2K\sin(\omega_e t)\cos(\varphi)+\omega_0^2K\cos(\omega_e t)\sin(\varphi)=a_0\cdot\cos(\omega_e t)$$

Ausklammern von $\sin(\omega_e t)$ und $\cos(\omega_e t)$:

$$\left[-\omega_e^2 K\cos(\varphi)-2\delta\omega_e K\sin(\varphi)+\omega_0^2 K\cos(\varphi)\right]\cdot\sin(\omega_e t)+$$
$$+\left[-\omega_e^2 K\sin(\varphi)+2\delta\omega_e K\cos(\varphi)+\omega_0^2 K\sin(\varphi)\right]\cdot\cos(\omega_e t)=a_0\cdot\cos(\omega_e t)$$

Diese Gleichung ist nur erfüllbar, falls gilt (Koeffizientenvergleich):

$$\sin(\omega_e t):\ -\omega_e^2 K\cos(\varphi)-2\delta\omega_e K\sin(\varphi)+\omega_0^2 K\cos(\varphi)=0$$
$$\cos(\omega_e t):\ -\omega_e^2 K\sin(\varphi)+2\delta\omega_e K\cos(\varphi)+\omega_0^2 K\sin(\varphi)=a_0$$

Ausklammern:

$$K\cos(\varphi)\cdot\left(\omega_0^2-\omega_e^2\right)-2\delta\omega_e K\cdot\sin(\varphi)=0 \tag{10.112}$$
$$K\sin(\varphi)\cdot\left(\omega_0^2-\omega_e^2\right)+2\delta\omega_e K\cos(\varphi)=a_0$$

Beide Gleichungen quadrieren:

$$K^2\cos^2(\varphi)\left(\omega_0^2-\omega_e^2\right)^2-4\delta\omega_e K^2\left(\omega_0^2-\omega_e^2\right)\cos(\varphi)\sin(\varphi)+4\delta^2\omega_e^2K^2\sin^2(\varphi)=0$$
$$K^2\sin^2(\varphi)\left(\omega_0^2-\omega_e^2\right)^2+4\delta\omega_e K^2\left(\omega_0^2-\omega_e^2\right)\sin(\varphi)\cos(\varphi)+4\delta^2\omega_e^2K^2\cos^2(\varphi)=a_0^2$$

Durch Addieren der beiden Gleichungen und mit $\sin^2(\varphi)+\cos^2(\varphi)=1$ folgt:

$K^2\left(\omega_0^2-\omega_e^2\right)^2+4\delta^2\omega_e^2K^2=a_0^2$; mit $a_0=\frac{1}{L}\omega_e\hat{U}$ ist $\boxed{K=\frac{\omega_e\hat{U}}{L\cdot\sqrt{\left(\omega_0^2-\omega_e^2\right)^2+4\delta^2\omega_e^2}}}$

Aus Gl. (10.112) kann φ berechnet werden.

$$\left(\omega_0^2-\omega_e^2\right)=2\delta\omega_e\frac{\sin(\varphi)}{\cos(\varphi)};\ \tan(\varphi)=\frac{\omega_0^2-\omega_e^2}{2\delta\omega_e};\ \varphi=\arctan\left(\frac{\omega_0^2-\omega_e^2}{2\delta\omega_e}\right)$$

Die Lösung (Summe der homogenen und partikulären Lösung) der DGL (10.109) ist :

$$\boxed{\begin{aligned}u_C(t)&=U_0\cdot e^{-\delta t}\left(\frac{\delta}{\sqrt{\omega_0^2-\delta^2}}\sin\left(\sqrt{\omega_0^2-\delta^2}\ t\right)+\cos\left(\sqrt{\omega_0^2-\delta^2}\ t\right)\right)+\\&+\frac{\omega_e\hat{U}}{L\cdot\sqrt{\left(\omega_0^2-\omega_e^2\right)^2+4\delta^2\omega_e^2}}\sin\left(\omega_e t+\arctan\left(\frac{\omega_0^2-\omega_e^2}{2\delta\omega_e}\right)\right)\end{aligned}} \tag{10.113}$$

mit $\delta=\frac{R}{2L}$ und $\omega_0^2=\frac{1}{LC}$.

Beispiel 78

Reihenschwingkreis mit Verlusten mit äußerer Erregung

Gesucht ist die Spannung $u_C(t)$ am Kondensator nach Abb. 160 (mit Einschwingvorgang).

Lösung mit Maple

LC-Reihenschwingkreis mit Verlusten, mit äußerer Erregung

$u_e(t) = \hat{U} \cdot \sin(\omega_e t)$,

Berechnung der Spannung am Kondensator

```
> restart:
```

Definition der inhomogenen DGL

```
> DGL:=diff(u[c](t),t,t)+(R/L)*diff(u[c](t),t)+
omega[0]^2*u[c](t)=(1/L)*diff(Û*sin(omega[e]*t),t);
```

$$DGL := \frac{d^2}{dt^2} u_c(t) + \frac{R\left(\frac{d}{dt} u_c(t)\right)}{L} + \omega_0^2 u_c(t) = \frac{\hat{U} \cos(\omega_e t)\, \omega_e}{L}$$

Angenommene Zahlenwerte: $R = 6\ \Omega$, $L = 1$ H, $C = 1$ F

Anfangsspannung des Kondensators sei $u_c(0) = 1.5$ V (Anfangswert1)

Ableitung $D(u_c(0))$ gibt Anfangswert2 (= 0)

Kreisfrequenz der Quelle ist kleiner als Eigenkreisfrequenz ($\grave{u}_e < \grave{u}_0$)

```
> Anfangswert1:=u[c](0)=1.5; Anfangswert2:=D(u[c])(0)=0;
R:=6; L:=1; C:=1; omega[0]:=1/sqrt(L*C);
omega[e]:=0.8; Û:=1.2;
```

$$Anfangswert1 := u_c(0) = 1.5$$

$$Anfangswert2 := D(u_c)(0) = 0$$

$$R := 6$$

$$L := 1$$

$$C := 1$$

$$\delta := 3$$

$$\omega_0 := 1$$

$$\omega_e := 0.8$$

$$\hat{U} := 1.2$$

```
> uc:=dsolve({DGL,Anfangswert1,Anfangswert2},u[c](t));
```

$$uc := u_c(t) = e^{(-3+2\sqrt{2})\,t}\left(\frac{13825}{25744}\sqrt{2} + \frac{4779}{6436}\right) + e^{-(3+2\sqrt{2})\,t}\left(\frac{4779}{6436} - \frac{13825}{25744}\sqrt{2}\right) + \frac{24}{1609}\cos\left(\frac{4}{5}t\right) + \frac{320}{1609}\sin\left(\frac{4}{5}t\right)$$

```
> t[1]:=0: t[2]:=40:
> p1:=plot(rhs(uc),t=t[1]..t[2],color=black,thickness=2):
> p2:=plot(Û*sin(omega[e]*t),t=t[1]..t[2],color=black,
  thickness=2, linestyle=3,axesfont=[HELVETICA,BOLD,18]):
> plots[display]({p1,p2});
```

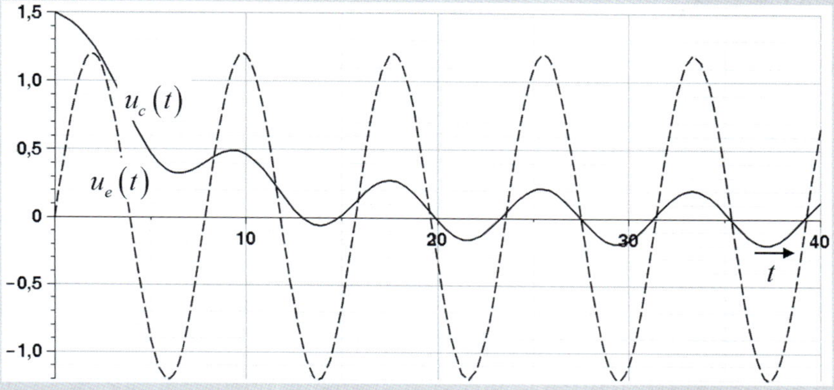

Abb. 161: Verlauf der Spannung am Kondensator beim Schwingkreis bei erzwungener Schwingung

Das Ergebnis dieser Lösung mit Maple wurde unter Verwendung der gegebenen Zahlenwerte mit einem Plot von Gl. (10.113) verglichen, es bestand Übereinstimmung. Am Anfang wird die Kurve $u_C(t)$ stark von der Lösung der homogenen DGL beeinflusst. Mit wachsender Zeit setzt sich die periodische Erregungskraft der Eingangsspannung $u_e(t)$ durch.

10.2.3 Zusammenfassung

1. Schwingungen sind periodische Zustandsänderungen.
2. Bei jedem schwingungsfähigen System (Oszillator) wird Energie zwischen zwei Energieformen hin- und hergewandelt.
3. Der verlustfreie (ideale) Schwingkreis führt ungedämpfte Schwingungen aus, die Schwingungsbreite bleibt konstant.
4. Der verlustbehaftete (reale) Schwingkreis führt gedämpfte Schwingungen aus, die Schwingungsbreite nimmt wegen der Verluste mit der Zeit ab.
5. Eine freie Schwingung erfolgt durch eine einmalige Anregung, z. B. durch einen geladenen Kondensator. Eine erzwungene Schwingung wird von außen erzwungen, z. B. durch eine Spannungsquelle.
6. Bei elektrischen Schwingkreisen unterscheidet man zwischen Reihenschwingkreis und Parallelschwingkreis.

7. $Z_K = \sqrt{\frac{L}{C}} = \omega_0 L = \frac{1}{\omega_0 C}$ wird als Kennwiderstand bezeichnet (Einheit Ohm).

8. $\omega_0 = \frac{1}{\sqrt{LC}}$ ist die Eigenkreisfrequenz (Kennkreisfrequenz) des ungedämpften Schwingers.

9. $\delta = \frac{R}{2L}$ ist die Dämpfungskonstante (Abklingkonstante).

10. $\omega_d = \sqrt{\omega_0^2 - \delta^2} = \sqrt{\frac{1}{LC} - \left(\frac{R}{2L}\right)^2}$ ist die Eigenkreisfrequenz des gedämpften Schwingers.

11. $D = \delta^2 - \omega_0^2$ ist die Diskriminante.

12. Die Frequenz der gedämpften Schwingung ist niedriger als die Frequenz der ungedämpften Schwingung.

13. Bei der freien gedämpften Schwingung (also mit Verlusten) sind drei Fälle zu unterscheiden:

    1. Fall: $\delta < \omega_0$ bzw. $D < 0$
    Schwache Dämpfung, Schwingfall, Schwingung mit der Kreisfrequenz ω.

    2. Fall: $\delta = \omega_0$ bzw. $D = 0$
    Aperiodischer Grenzfall, keine Schwingung, Amplitude nimmt schnellstmöglich ab.

    $$\frac{1}{LC} = \left(\frac{R}{2L}\right)^2 \Rightarrow R = \sqrt{\frac{4L}{C}},\ L = \frac{1}{4}R^2C;\ C = \frac{4L}{R^2}$$

    Der aperiodische Grenzfall ist von Bedeutung für Messgeräte oder für eine Regelung, wenn eine Schwingung vermieden und möglichst schnell ein Endwert erreicht werden soll.

    3. Fall: $\delta > \omega_0$ bzw. $D > 0$
    Starke Dämpfung, keine Schwingung, Kriechfall, Amplitude nimmt langsam ab.

14. Direkt nach dem Anschalten einer Spannungsquelle an einen Schwingkreis tritt sowohl eine freie als auch eine erzwungene Schwingung auf. Die freie Schwingung wird in der Regel gedämpft und klingt exponentiell ab.

15. Nach Abschluss des Einschwingvorganges ist nur noch die erzwungene Schwingung vorhanden. Das System hat dann seinen stationären Zustand erreicht, Ströme und Spannungen können jetzt mit der komplexen Wechselstromrechnung berechnet werden.

10.3 Reihenschwingkreis und komplexe Rechnung

Im Folgenden werden Größen beim Reihenschwingkreis mit Verlusten mit äußerer Erregung im stationären Zustand mit Hilfe der komplexen Rechnung berechnet.

10.3.1 Frequenzabhängigkeit des Widerstandes

Wir betrachten erneut den verlustbehafteten Reihenschwingkreis von Abb. 160 mit äußerer Erregung durch eine Spannungsquelle, aber statt im Zeitbereich nun mit komplexen Größen.

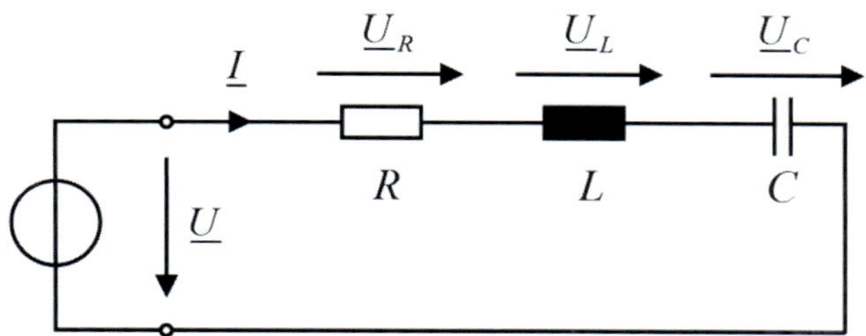

Abb. 162: Reihenschwingkreis mit Verlusten an einer Spannungsquelle

Ein verlustfreier (idealer) Schwingkreis kann nicht hergestellt werden, da immer ein Verlustwiderstand vorhanden ist. Die Verluste in der Spule und im Kondensator lassen sich durch einen einzigen ohmschen Widerstand in der Reihenschaltung berücksichtigen. Der Wirkwiderstand R stellt die Summe aller reellen Widerstände im Stromkreis dar. Diese können z. B. sein: Innenwiderstand der Spannungsquelle, Wicklungswiderstand der Spule, ohmsche Leitungswiderstände, dielektrische Verluste, Skineffekt-, Wirbelstrom- und Ummagnetisierungsverluste. Durch die Verluste wird elektromagnetische Energie in Wärme umgewandelt. Aufgrund des Energieverlustes wird der Schwingungsvorgang bedämpft und klingt mit der Zeit ab.

Die frequenzabhängige Impedanz $\underline{Z}(\omega)$ der RLC-Reihenschaltung ist:

$$\underline{Z}(\omega) = \underline{Z}_R + \underline{Z}_L + \underline{Z}_C = R + j\omega L + \frac{1}{j\omega C} = R + j \cdot \left(\omega L - \frac{1}{\omega C} \right) = R + j \cdot X = |\underline{Z}| \cdot e^{j\varphi} \quad (10.114)$$

Daraus folgt der Betrag der Impedanz:

$$|\underline{Z}| = \sqrt{R^2 + \left(\omega L - \frac{1}{\omega C} \right)^2} \quad (10.115)$$

Die Impedanz $\underline{Z}(\omega)$ hat einen frequenz*un*abhängigen Realteil $\mathrm{Re}\{\underline{Z}\} = R$ und einen frequenzabhängigen Imaginärteil $\mathrm{Im}\{\underline{Z}\} = \omega L - \frac{1}{\omega C}$. Die Impedanz wird für eine bestimmte Kreisfrequenz $\omega = \omega_r$ reell, wenn gilt:

$$\omega_r L - \frac{1}{\omega_r C} = 0 \tag{10.116}$$

Der Betriebszustand, bei dem $\mathrm{Im}\{\underline{Z}\} = 0$ ist, wird als **Resonanz** bezeichnet.

Bei der **Resonanzkreisfrequenz**

$$\boxed{\omega_r = \frac{1}{\sqrt{LC}}} \tag{10.117}$$

gilt somit $\underline{Z} = R$, die Impedanz ist reell.

Bei der **Resonanzfrequenz**

$$\boxed{f_r = \frac{\omega_r}{2\pi} = \frac{1}{2\pi\sqrt{LC}}} \tag{10.118}$$

kompensieren sich die Blindwiderstände X_L der Induktivität und X_C der Kapazität, als Gesamtwiderstand des Reihenschwingkreises bleibt nur der ohmsche Widerstand übrig.

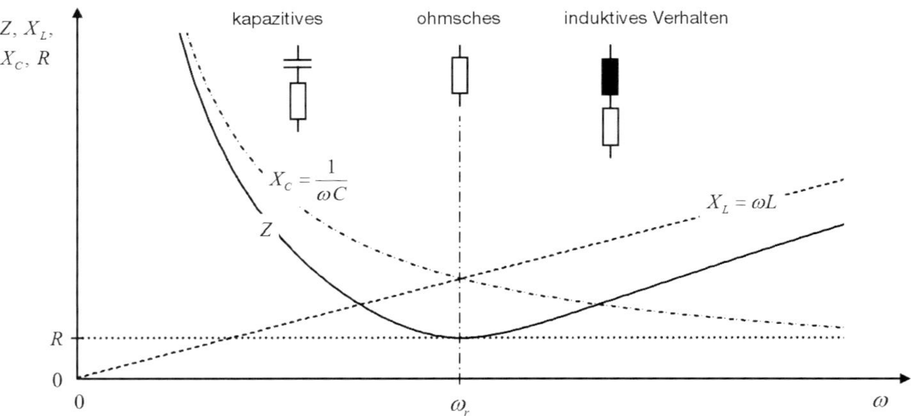

Abb. 163: Frequenzgang der Widerstände beim Reihenschwingkreis mit Verlusten

Wie beim verlustfreien Reihenschwingkreis (Abschnitt 10.2.1.4) stellt der Blindwiderstand die Differenz einer Geraden $X_L(\omega) = L \cdot \omega$ und einer Hyperbel $X_C(\omega) = \frac{1}{C} \cdot \frac{1}{\omega}$ dar. Zu dieser Differenz addiert sich eine Komponente durch den Verlustwiderstand R. Der Verlauf von Z setzt sich also aus den beiden Blindwiderständen X_C und X_L unter Addition eines ohmschen Anteils zusammen. Bei der **Resonanzkreisfrequenz** ω_r ist der **Widerstand des Reihenschwingkreises am kleinsten**, er ist nur $Z = R$, da sich die Blindwiderstände X_C und X_L kompensieren. Der Kreis verhält sich rein ohmsch. **Unterhalb der Resonanzkreisfrequenz** verhält sich der Kreis **kapazitiv**, **oberhalb induktiv**[19].

Von den Klemmen aus betrachtet verhält sich im Resonanzfall der Eingangswiderstand beim Reihenschwingkreis wie ein ohmscher Widerstand, in Abb. 162 ist dies R. Im allgemeinen Fall ist R eine reelle Zahl mit der Einheit Ohm, die nicht unbedingt einem bestimmten, in der Schaltung vorhandenen ohmschen Widerstand entsprechen muss, da R (wie bereits erwähnt) die Summe aller reellen Widerstände im Stromkreis darstellen kann. *In der Praxis entspricht R in etwa dem Wicklungswiderstand der Spule.*

10.3.1.1 Zeigerdiagramm des komplexen Widerstandes

Der komplexe Widerstand $\underline{Z} = R + j \cdot X = R + j \cdot \left(\omega L - \frac{1}{\omega C} \right)$ eines Reihenschwingkreises kann in einem Zeigerdiagramm dargestellt werden. Es ist: $X = \omega L - \frac{1}{\omega C}$. Für $X < 0$ ist der Blindwiderstand kapazitiv, für $X > 0$ ist er induktiv. Bei Resonanz mit $X = 0$ heben sich kapazitiver und induktiver Anteil auf, das Verhalten ist rein ohmsch.

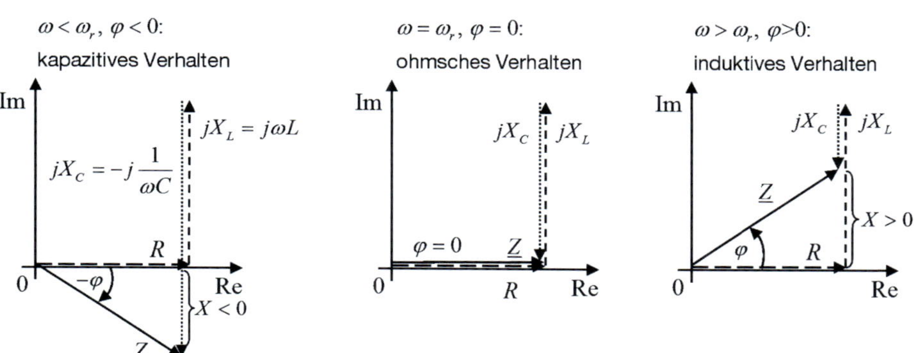

Abb. 164: Zeigerdiagramme der Impedanz des RLC-Reihenschwingkreises

Ortskurve der Impedanz

Die Zeigerspitze einer komplexen Größe beschreibt bei Variation der Frequenz bzw. Kreisfrequenz eine Kurve in der komplexen Zahlenebene. Trägt man den geometrischen Ort aller Endpunkte einer komplexen Größe, z. B. einer Impe-

19 Exakt ausgedrückt natürlich ohmsch-kapazitiv und ohmsch-induktiv, dies wird häufig abgekürzt.

danz $\underline{Z}$, für alle Kreisfrequenzen (von null bis unendlich) in der komplexen Ebene auf, so spricht man von einer **Ortskurve**. Je nach vorliegendem Netzwerk kann diese Kurve eine Gerade, ein Kreis oder eine andere Figur sein. Ortskurven sind sehr informativ, weil man aus ihnen sofort die Größe des Wechselstromwiderstandes und die Phasenverschiebung zwischen Spannung und Strom für eine gegebene Frequenz oder als Funktion der Frequenz ablesen kann.

Für den Reihenschwingkreis beschreibt die Impedanzzeigerspitze eine Gerade, die senkrecht auf der reellen Achse steht und den Abstand R von der imaginären Achse besitzt (denn R ist unabhängig von der Frequenz). Im Resonanzfall schneidet die Ortskurve die reelle Achse und der Abstand zum Ursprung gibt den reellen Anteil R der Größe bei Resonanz an.

Abb. 165 zeigt die Abhängigkeit des Scheinwiderstandes (Betrag der Impedanz, entspricht der Länge des Zeigers $\underline{Z}$) von der Frequenz. Bei der Resonanzfrequenz ist der Scheinwiderstand mit R minimal. Wird an den Reihenschwingkreis eine konstante Spannung gelegt, so ist bei Frequenzvariation bei der Resonanzfrequenz der Widerstand am kleinsten und somit der fließende Strom am größten.

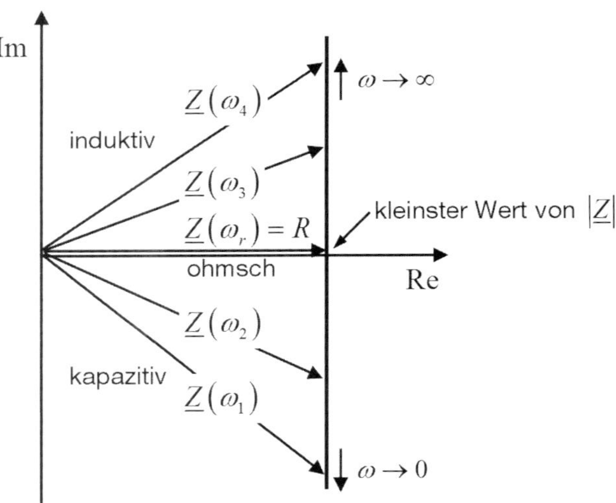

Abb. 165: Ortskurve der Impedanz des Reihenschwingkreises

10.3.1.2 Phasenresonanz, Betragsresonanz

Für $\omega = \omega_r$ ist nicht nur die Impedanz reell, sondern ihr Betrag hat auch ein Minimum:

$$Z = \left. \sqrt{R^2 + \left(\omega L - \frac{1}{\omega C} \right)^2} \right|_{\omega = \omega_r} = R \tag{10.119}$$

Ist $\underline{Z}$ reell, dann sind Spannung $\underline{U}$ und Strom $\underline{I}$ in Phase, man spricht von *Phasenresonanz*. Wird der Betrag Z minimal (bzw. beim Parallelschwingkreis maximal), so spricht man von *Betragsresonanz*.

Beim einfachen Reihenschwingkreis fallen beide Resonanzen zusammen. Man unterscheidet deshalb nicht zwischen den beiden Resonanzfällen. Beim einfachen Parallelschwingkreis gilt dies ebenfalls.

Zu beachten ist, dass die Resonanzkreisfrequenz ω_r nicht mit der Eigenkreisfrequenz ω_0 übereinstimmt, dies ist nur für $R = 0$ der Fall.

Die Eigenkreisfrequenz des freien ungedämpften Schwingers ist $\omega_0 = \frac{1}{\sqrt{LC}}$. Die Resonanzkreisfrequenz der gedämpften, erzwungenen Schwingung ist $\omega_r = \sqrt{\omega_0^2 - \delta^2}$. Umformungen ergeben:

$$\boxed{\omega_r = \sqrt{\omega_0^2 - \delta^2} = \sqrt{\frac{1}{LC} - \left(\frac{R}{2L} \right)^2} = \frac{1}{\sqrt{LC}} \sqrt{1 - \frac{R^2 C}{4L}}} \tag{10.120}$$

Nur für $R = 0$ gilt $\omega_0 = \omega_r$.

Die Resonanzkreisfrequenz ω_r liegt durch die Dämpfung unterhalb der Eigenkreisfrequenz ω_0 ($\omega_r < \omega_0$). Diese Abweichung kann bei (meist vorliegender) geringer Dämpfung vernachlässigt werden.

10.3.1.3 Allgemeine Definition der Phasenresonanz

Die Phasenresonanz wird jetzt für einen beliebigen Zweipol bei harmonischer Anregung definiert.

Unter Resonanz versteht man einen Vorgang, bei dem ein schwingungsfähiges System mit seiner Eigenfrequenz angeregt wird. Die Bedingung für Phasenresonanz ist, dass die Blindwiderstände verschwinden und somit Spannung und Strom in Phase sind. Die Eingangsimpedanz bei Resonanz ist ein reeller, ohmscher Widerstand. Bei der Resonanzfrequenz liefert die angeschlossene Spannungsquelle nur noch Wirkleistung in den Reihenschwingkreis.

Ermittlung der Resonanzkreisfrequenz eines beliebigen Zweipols:

1. **Berechnung des komplexen Widerstandes oder Leitwertes der Schaltung in der Komponentenform.**
2. **Imaginärteil gleich null setzen und nach der Kreisfrequenz auflösen.**

Beispiel 79

Bestimmen Sie von nachfolgender Schaltung den Ersatzwiderstand $\underline{Z}$ in der Form $\underline{Z} = a + j \cdot b$. Geben Sie also den Realteil a und den Imaginärteil b in Abhängigkeit von C_1, C_2 und L an. Berechnen Sie die Resonanzkreisfrequenz ω_r allgemein und die Resonanzfrequenz f_r für $C_1 = 1\ \mathrm{nF}$, $C_2 = 10\ \mathrm{nF}$ und $L = 20\ \mu\mathrm{H}$.

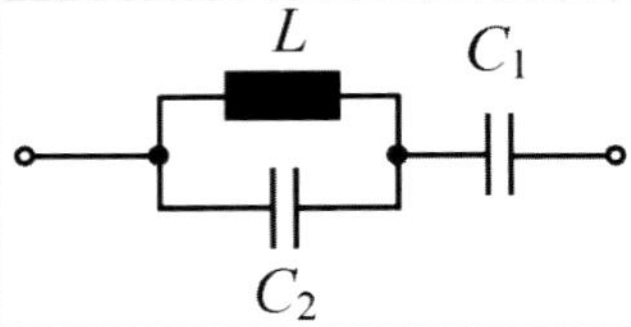

Abb. 166: Gesucht ist die Resonanzfrequenz der Schaltung

Lösung:

Die Schaltung enthält nur Blindwiderstände, der Realteil von $\underline{Z}$ muss deshalb null sein: $\underline{\underline{a = \mathrm{Re}\{\underline{Z}\} = 0}}$.

$$\underline{Z} = \underline{Z}_{C1} + \underline{Z}_{C2} \,||\, \underline{Z}_L = \frac{1}{j\omega C_1} + \frac{\frac{1}{j\omega C_2} \cdot j\omega L}{\frac{1}{j\omega C_2} + j\omega L} = \frac{1}{j\omega C_1} + \frac{j\omega L}{1 - \omega^2 C_2 L}$$

$$\underline{Z} = \frac{-\omega^2 C_1 L + 1 - \omega^2 C_2 L}{j \cdot \left(\omega C_1 - \omega^3 C_1 C_2 L\right)} = \frac{1 - \omega^2 L \left(C_1 + C_2\right)}{j \cdot \left(\omega C_1 - \omega^3 C_1 C_2 L\right)} = -j \frac{1 - \omega^2 L \left(C_1 + C_2\right)}{\omega C_1 - \omega^3 C_1 C_2 L}$$

$$\underline{\underline{b = \mathrm{Im}\{\underline{Z}\} = \frac{1 - \omega^2 L \left(C_1 + C_2\right)}{\omega C_1 - \omega^3 C_1 C_2 L}}}$$

Für ω_r muss gelten: $b = 0$; $1 - \omega_r^2 L \left(C_1 + C_2\right) = 0$; $\underline{\underline{\omega_r = \frac{1}{\sqrt{L\left(C_1 + C_2\right)}}}}$

$$f_r = \frac{1}{2\pi\sqrt{L\left(C_1 + C_2\right)}} = \frac{1}{2\pi\sqrt{2 \cdot 10^{-5}\ \Omega\mathrm{s} \cdot \left(10^{-9} + 10^{-8}\right)\ \frac{\mathrm{s}}{\Omega}}}; \quad \underline{\underline{f_r = 339{,}32\ \mathrm{kHz}}}$$

Beispiel 80

Zu bestimmen ist allgemein die Resonanzkreisfrequenz der folgenden Schaltung.

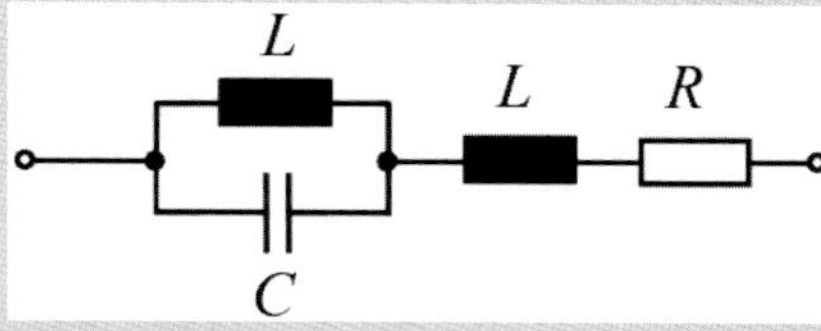

Abb. 167: Zur Bestimmung der Resonanzkreisfrequenz

Lösung:

$\underline{Z} = R + \underline{Z}_L + \underline{Z}_L \,||\, \underline{Z}_C$

$$\underline{Z} = R + j\omega L + \frac{j\omega L \cdot \frac{1}{j\omega C}}{j\omega L + \frac{1}{j\omega C}} = R + j\omega L + \frac{j\omega L}{1-\omega^2 LC} = R + j\frac{\omega L\left(2-\omega^2 LC\right)}{1-\omega^2 LC}$$

$\mathrm{Im}\{\underline{Z}\} = 0$ für $\omega = \omega_r$:

1. Lösung: $\omega_r = 0$, dies ist keine Resonanz.

2. Lösung: $2 - \omega_r^2 LC = 0$; $\underline{\underline{\omega_r = \sqrt{\frac{2}{LC}}}}$

Beispiel 81

Berechnen Sie allgemein die Admittanz $\underline{Y}$ der Schaltung in der Form $\underline{Y} = \mathrm{Re}\{\underline{Y}\} + j \cdot \mathrm{Im}\{\underline{Y}\}$. Bestimmen Sie dann allgemein die Resonanzkreisfrequenz ω_r der Schaltung.

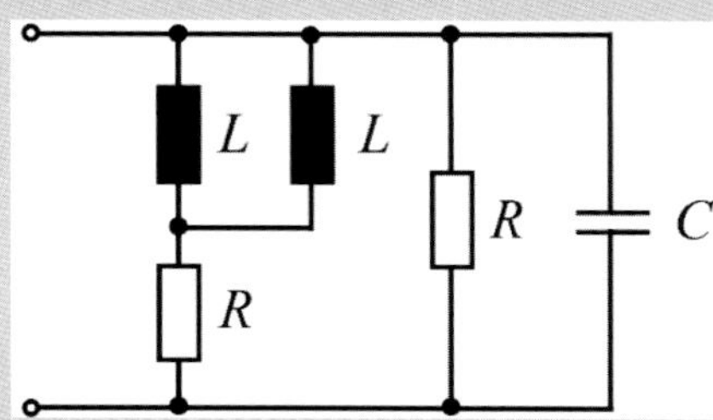

Abb. 168: Zu bestimmen sind die Admittanz und die Resonanzkreisfrequenz

Lösung:

$$\underline{Y} = \frac{1}{j\omega\frac{L}{2} + R} + \frac{1}{R} + j\omega C = \frac{1}{R} + j\omega C + \frac{2}{2R + j\omega L} = \frac{1}{R} + j\omega C + \frac{2(2R - j\omega L)}{(2R + j\omega L)(2R - j\omega L)}$$

$$\underline{Y} = \frac{1}{R} + j\omega C + \frac{2(2R - j\omega L)}{4R^2 + \omega^2 L^2} = \frac{1}{R} + j\omega C + \frac{4R}{4R^2 + \omega^2 L^2} - j\frac{\omega 2L}{4R^2 + \omega^2 L^2}$$

$$\underline{Y} = \frac{1}{R} + \frac{4R}{4R^2 + \omega^2 L^2} + j\frac{\omega 4R^2 C + \omega^3 L^2 C - \omega 2L}{4R^2 + \omega^2 L^2}$$

Bei Resonanz ist der Imaginärteil null.

$$\omega_r 4R^2 C + \omega_r^3 L^2 C - \omega_r 2L = 0;$$

$$\omega_r 4R^2 C + \omega_r^3 L^2 C - \omega_r 2L = \omega_r\left(4R^2 C - 2L + \omega_r^2 L^2 C\right) = 0$$

$\omega_r = 0$ ist keine Lösung (keine Resonanz). Die negative Lösung der quadratischen Gleichung ist physikalisch sinnlos, negative Frequenzen gibt es nicht.

$$\omega_r^2 L^2 C = 2L - 4R^2 C; \quad \underline{\underline{\omega_r = \sqrt{\frac{2L - 4R^2 C}{L^2 C}}}}$$

Beispiel 82

Berechnen Sie allgemein die Resonanzkreisfrequenz der folgenden Schaltung.

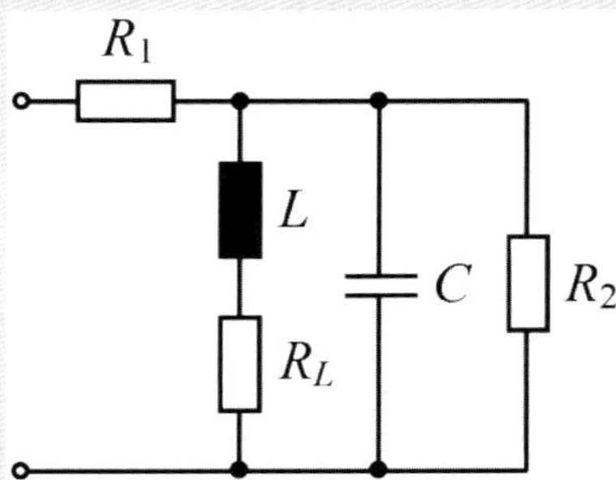

Abb. 169: Die Resonanzkreisfrequenz der Schaltung ist allgemein zu berechnen

Lösung:

$$\underline{Z}_1 = (R_L + j\omega L) \,||\, C$$

$$\underline{Z}_1 = \frac{(R_L + j\omega L)\cdot\frac{1}{j\omega C}}{R_L + j\omega L + \frac{1}{j\omega C}} = \frac{R_L + j\omega L}{1-\omega^2 LC + j\omega R_L C} = \frac{(R_L + j\omega L)\cdot\left(1-\omega^2 LC - j\omega R_L C\right)}{\left(1-\omega^2 LC\right)^2 + (\omega R_L C)^2}$$

$$\underline{Z}_1 = \frac{R_L - \omega^2 LR_L C + \omega^2 LR_L C}{\left(1-\omega^2 LC\right)^2 + (\omega R_L C)^2} + j\frac{\omega L - \omega^3 L^2 C - \omega R_L^2 C}{\left(1-\omega^2 LC\right)^2 + (\omega R_L C)^2}$$

$$\underline{Z}_1 = \frac{R_L}{\left(1-\omega^2 LC\right)^2 + (\omega R_L C)^2} + j\frac{\omega\left(L - R_L^2 C - \omega^2 L^2 C\right)}{\left(1-\omega^2 LC\right)^2 + (\omega R_L C)^2}$$

Die Addition $R_1 + \underline{Z}_1$ verändert den Imaginärteil von $\underline{Z}_1$ nicht. Die Addition $\frac{1}{R_2} + \frac{1}{\underline{Z}_1}$ verändert den Imaginärteil von $\frac{1}{\underline{Z}_1}$ nicht. Die Widerstände R_1 und R_2 haben keinen Einfluss auf die Resonanzfrequenz.

$\omega_r = 0$ ist keine Lösung (keine Resonanz).

$$L - \omega_r^2 L^2 C - R_L^2 C = 0;\; \underline{\underline{\omega_r = \sqrt{\frac{L - R_L^2 C}{L^2 C}} = \frac{1}{L}\sqrt{\frac{L}{C} - R_L^2}}}$$

10.3.2 Frequenzabhängigkeit der Phase

Nun wird das Verhalten des Phasenwinkels der Impedanz des Reihenschwingkreises nach Abb. 162 bei variabler Frequenz untersucht. Die Abhängigkeit des Phasenwinkels φ von der Kreisfrequenz ω (bzw. der Frequenz f) wird als **Phasengang** bezeichnet. Wie in Abschnitt 6.5.2 erwähnt, entspricht der Phasenwinkel des komplexen Widerstandes nach Vorzeichen und Betrag der Phasenverschiebung zwischen Spannung und Strom am Widerstand.

$$\boxed{\varphi = \varphi_Z = \varphi_{ui} = \varphi_u - \varphi_i} \qquad (10.121)$$

Den Phasenwinkel der Impedanz und somit den Phasenwinkel zwischen Strom und Spannung am Reihenschwingkreis erhalten wir aus Gl. (10.114):

$$\boxed{\varphi(\omega) = \arctan\left(\frac{\omega L - \frac{1}{\omega C}}{R}\right)} \qquad (10.122)$$

Bei Frequenzen unterhalb der Resonanzfrequenz ist der Wechselstromwiderstand des Kondensators größer als der der Spule, es gilt: $\frac{1}{\omega C} > \omega L$. Wegen $\arctan(-x) = -\arctan(x)$ wird in diesem Frequenzbereich φ negativ: $\varphi(\omega) < 0$. Der Reihenschwingkreis entspricht mehr einer RC-Reihenschaltung mit kapazitivem Verhalten. Geht die Frequenz gegen null, so überwiegt der Einfluss des Kondensators und der Phasenwinkel nähert sich dem Wert $-90°$ (siehe Abschnitt 6.5.5).

Bei der Resonanzfrequenz f_r verschwindet der Blindwiderstand ($\mathrm{Im}\{\underline{Z}\} = 0$), der Widerstand des Schwingkreises ist rein ohmsch, somit ist $\varphi = 0$.

Bei Frequenzen oberhalb der Resonanzfrequenz ist der Wechselstromwiderstand der Spule größer als der des Kondensators, es gilt $\omega L > \frac{1}{\omega C}$, für den Phasenwinkel gilt nun $\varphi(\omega) > 0$ (positiv). Die Schaltung entspricht einer RL-Reihenschaltung mit induktivem Verhalten. Geht die Frequenz gegen unendlich, so überwiegt der Einfluss der Spule und der Phasenwinkel nähert sich dem Wert $+90°$ (siehe Abschnitt 6.5.4).

Das beschriebene Verhalten des Phasenwinkels ist auch in Abschnitt 10.3.1.1 aus den Zeigerdiagrammen des komplexen Widerstandes ersichtlich.

Abb. 170 zeigt die Abhängigkeit des Phasenwinkels von der Kreisfrequenz für ein Beispiel mit $L = 10\ \mu\mathrm{H}$, $C = 10\ \mu\mathrm{F}$ und den Wirkwiderständen $R_1 = 0{,}07\ \Omega$, $R_2 = 0{,}27\ \Omega$ und $R_3 = 0{,}7\ \Omega$.

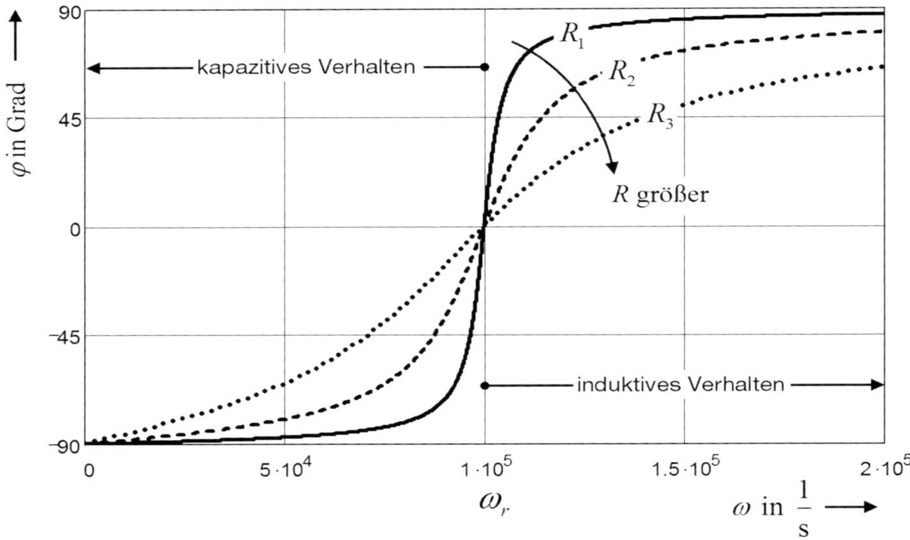

Abb. 170: Verlauf des Phasenwinkels beim verlustbehafteten Reihenschwingkreis in Abhängigkeit der Kreisfrequenz. Je kleiner der Dämpfungswiderstand ist, umso steiler ist der Phasenübergang bei der Resonanzkreisfrequenz.

10.3.3 Resonanzkurven des Reihenschwingkreises

10.3.3.1 Frequenzabhängigkeit des Stromes

Speist man den Reihenschwingkreis mit konstanter Spannung $\underline{U}$ und variiert die Frequenz, so erreicht der Strom bei der Resonanzkreisfrequenz ω_r ein Maximum.

Entsprechend Abb. 162 gilt:

$$\underline{I} = \frac{\underline{U}}{\underline{Z}} \tag{10.123}$$

Somit ist:

$$I = \frac{U}{Z} = \frac{U}{\sqrt{R^2 + \left(\omega L - \frac{1}{\omega C}\right)^2}} \tag{10.124}$$

Der Nenner wird am kleinsten und somit der Strom $I = I_{\max}$ am größten für:

$$\left. \omega L - \frac{1}{\omega C} = 0 \right|_{\omega = \omega_r}$$

Anmerkung: *Ein Resonanzeffekt tritt bei einem Reihenschwingkreis nur auf, wenn er aus einer niederohmigen Spannungsquelle gespeist wird.* Ansonsten wird der Stromkreis der RLC-Reihenschaltung durch die Impedanz der Signalquelle verändert, sozusagen nicht niederohmig geschlossen. Würde der Reihenschwingkreis mit einem konstanten Strom aus einer Stromquelle gespeist, so würde es bei der Resonanzfrequenz kein Strommaximum (keine Stromüberhöhung) geben. Die Spannungen an den Bauelementen sind zwar frequenzabhängig, es gilt z. B. $\underline{U}_L = j\omega L \cdot \underline{I}$. Da aber der Strom bei Speisung aus einer Stromquelle im Resonanzfall konstant bliebe, würden auch keine Spannungsüberhöhungen an L und C entstehen.

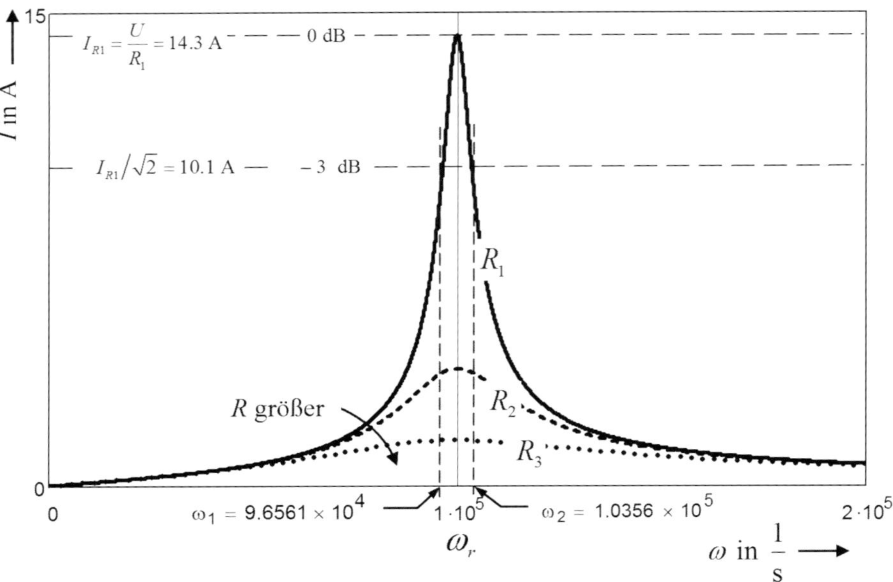

Abb. 171: Frequenzgang des Effektivwertes der Stromstärke bei einem Reihenschwingkreis

Bei der Resonanzkreisfrequenz ω_r ist der Strom I beim Reihenschwingkreis am größten. Je größer R wird, umso kleiner wird das Strommaximum. Abb. 171 zeigt die Abhängigkeit des Stromes von der Kreisfrequenz, wieder für das Beispiel mit $\underline{U} = 1$ V, $L = 10\ \mu$H, $C = 10\ \mu$F und den Wirkwiderständen $R_1 = 0{,}07\ \Omega$, $R_2 = 0{,}27\ \Omega$ und $R_3 = 0{,}7\ \Omega$ (Werte der Bauelemente wie für Abb. 170).

Grenzfrequenzen

Wird der bei der Resonanzkreisfrequenz auftretende Stromwert I_{max} durch $\sqrt{2}$ dividiert, so erhält man einen um 3 dB kleineren Wert (70,7 %) des Stromes. Eine durch diesen Wert gelegte Parallele zur Abszisse schneidet die Stromkurve unterhalb und oberhalb der Resonanzkreisfrequenz bei den Kreisfrequenzen ω_1 und ω_2. Die zugehörige Frequenz f_1 wird **untere**, die Frequenz f_2 **obere Grenzfrequenz** genannt. Statt f_1 sind auch die Bezeichnungen f_u oder f_{gu} und statt f_2 sind die Angaben f_o oder f_{go} üblich. Bei den Grenzfrequenzen ist der Strom gegenüber seinem Maximalwert um 3 dB kleiner. Der Phasenwinkel zwischen Strom und Spannung beträgt bei f_1 gleich $-45°$ und bei f_2 gleich $+45°$. Die beiden Grenzfrequenzen werden deshalb auch 45°-Frequenzen genannt.

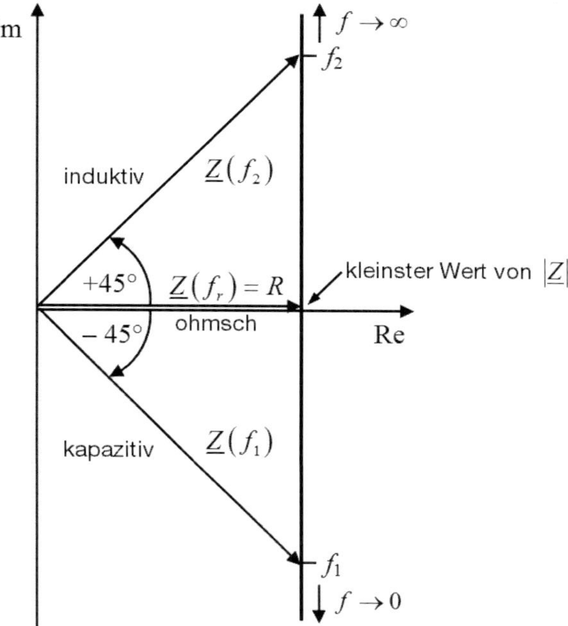

Abb. 172: Ortskurve beim Reihenschwingkreis mit den Impedanzzeigern bei unterer und oberer Grenzfrequenz

Die Werte der Grenzfrequenzen sind eine Funktion der Bauelemente R, L und C des Schwingkreises. Um die Kreisfrequenzen ω_1 und ω_2 in Abhängigkeit der Bauelemente zu ermitteln, wird von der Bedingung $\mathrm{Re}\{\underline{Z}(f)\} = \mathrm{Im}\{\underline{Z}(f)\}$ ausgegangen. In dem Ausdruck

$$\underline{Z} = R + j \cdot \left(\omega L - \frac{1}{\omega C} \right) \tag{10.125}$$

hat der Imaginärteil dann die gleiche Größe wie der Realteil R.

Bei den Kreisfrequenzen ω_1 und ω_2 ist der Strom auf den $1/\sqrt{2}$-fachen Teil (das 0,71-fache, entspricht –3 dB) seines Maximalwertes I_{max} gefallen.

$$I = \frac{U}{Z} = \frac{U}{\sqrt{R^2 + R^2}} = \frac{U}{\sqrt{2} \cdot R} = \frac{I_{max}}{\sqrt{2}} \tag{10.126}$$

Mit anderen Worten: Bei den Kreisfrequenzen ω_1 und ω_2 ist der Scheinwiderstand des Reihenschwingkreises um den Faktor $\sqrt{2}$ größer als der Scheinwiderstand $Z = R$ im Resonanzfall.

Folglich gilt für die Beträge der Widerstände:

$$\sqrt{R^2 + \left(\omega_1 L - \frac{1}{\omega_1 C}\right)^2} = \sqrt{R^2 + \left(\omega_2 L - \frac{1}{\omega_2 C}\right)^2} = \sqrt{R^2 + R^2} = \sqrt{2} \cdot R \qquad (10.127)$$

Somit muss die Klammer zum Quadrat gleich R^2 sein.

$$\left(\omega_1 L - \frac{1}{\omega_1 C}\right)^2 = \left(\omega_2 L - \frac{1}{\omega_2 C}\right)^2 = R^2 \qquad (10.128)$$

Die Klammerausdrücke können positiv oder negativ sein. Damit folgt:

$$\left|\omega_1 L - \frac{1}{\omega_1 C}\right| = \left|\omega_2 L - \frac{1}{\omega_2 C}\right| = R \qquad (10.129)$$

Für $\omega_1 < \omega_r$ gilt $\frac{1}{\omega C} > \omega L$ (siehe Abschnitt 10.3.2), somit ist $\omega_1 L - \frac{1}{\omega_1 C} < 0$, also $\omega_1 L - \frac{1}{\omega_1 C} = -R$.

Für $\omega_2 > \omega_r$ gilt $\omega L > \frac{1}{\omega C}$, somit ist $\omega_2 L - \frac{1}{\omega_2 C} > 0$, also $\omega_2 L - \frac{1}{\omega_2 C} = +R$.

Es folgen die beiden quadratischen Gleichungen:

$$LC\omega_1^2 + RC\omega_1 - 1 = 0 \qquad (10.130)$$

$$LC\omega_2^2 - RC\omega_2 - 1 = 0 \qquad (10.131)$$

Auflösen der beiden Gleichungen ergibt die Lösungen:

$$\boxed{\omega_1 = \frac{-RC + \sqrt{R^2C^2 + 4LC}}{2LC}} \qquad (10.132)$$

$$\boxed{\omega_2 = \frac{RC + \sqrt{R^2C^2 + 4LC}}{2LC}} \qquad (10.133)$$

Dabei wurde berücksichtigt, dass es keine negativen Frequenzen gibt, dass also nur positive Vorzeichen der Wurzelausdrücke in den Lösungen der quadratischen Gleichungen sinnvoll sind.

Bandbreite

Als Bandbreite (**3-dB-Bandbreite**) mit der Einheit Hertz wird die Differenz der Grenzfrequenzen bezeichnet:

$$\boxed{b = \Delta f = f_2 - f_1 = \frac{\omega_2 - \omega_1}{2\pi}} \quad [b] = \mathrm{Hz} \qquad (10.134)$$

Werden die Gleichungen (10.132) und (10.133) in Gleichung (10.134) eingesetzt, so erhält man:

$$b = \frac{1}{2\pi} \cdot \frac{R}{L} \tag{10.135}$$

Die Bandbreite definiert die Breite der Resonanzkurve des Stromes in Abb. 171. Je kleiner R ist, desto schmaler ist die Resonanzkurve und desto steiler ist ihr Verlauf rechts und links von der Resonanzfrequenz f_r. Je kleiner die Breite der Resonanzkurve ist, desto höher ist die Selektivität des Schwingkreises. Unter **Selektivität** oder **Trennschärfe** versteht man die Eignung einer Anordnung zur trennscharfen Hervorhebung bzw. Unterdrückung eines Frequenzbandes.

Güte

Die Größe b definiert den absoluten Wert der Bandbreite. Es ist sinnvoll zusätzlich eine bezogene Größe zu definieren, welche die Bandbreite in Beziehung zur Mittenfrequenz (Resonanzfrequenz) des Schwingkreises setzt. Eine Bandbreite von $1\ \mathrm{Hz}$ bedeutet bei einer Mittenfrequenz von $100\ \mathrm{kHz}$ schließlich eine wesentlich höhere Trennschärfe als bei einer wesentlich kleineren Mittenfrequenz von $100\ \mathrm{Hz}$. Diesen Bezug stellt die Güte (auch Gütefaktor genannt) Q her. Sie ist definiert als:

$$Q = \frac{f_r}{b} \tag{10.136}$$

Je höher Q ist, desto höher ist die Selektivität einer Resonanzcharakteristik.

Dämpfung

Neben der Güte ist auch deren Kehrwert, die Dämpfung, ein gebräuchlicher Parameter.

$$d = \frac{1}{Q} = \frac{b}{f_r} \tag{10.137}$$

Kennwiderstand

Bei Resonanz ist der Betrag des Blindwiderstandes der Induktivität und der Kapazität gleich groß, dieser Widerstand wird als Kennwiderstand Z_K des Resonanzkreises bezeichnet. Es gilt:

$$Z_K = \omega_r L = \frac{1}{\omega_r C}$$

Nach Einsetzen von $\omega_r = \frac{1}{\sqrt{LC}}$ folgt:

$$Z_K = \sqrt{\frac{L}{C}} \quad [Z_K] = \Omega \tag{10.138}$$

Mit der Definition des Kennwiderstandes kann die Güte anders dargestellt werden.

$$Q = \frac{f_r}{b} = \frac{f_r \cdot 2\pi L}{R} = \frac{\omega_r L}{R} = \frac{\frac{1}{\sqrt{LC}} L}{R} = \frac{1}{R} \cdot \sqrt{\frac{L}{C}} \tag{10.139}$$

$$Q = \frac{Z_K}{R} = \frac{1}{R} \cdot \sqrt{\frac{L}{C}} \tag{10.140}$$

Verstimmung

Eine genaue Betrachtung der Resonanzkurve des Stromes in Abb. 171 ergibt, dass die Kurve nicht symmetrisch zur Resonanzfrequenz f_r ist. Durch die Asymmetrie ergibt sich:

$$\Delta f_2 > \Delta f_1 \quad \text{mit } \Delta f_2 = f_2 - f_r \text{ und } \Delta f_1 = f_r - f_1 \tag{10.141}$$

Die Resonanzfrequenz ist nicht die arithmetische Mitte, sondern wird als geometrische Mitte erfasst:

$$f_r = \sqrt{f_1 \cdot f_2} \quad f_1 = \text{untere, } f_2 = \text{obere Grenzfrequenz} \tag{10.142}$$

Die folgende Abbildung zeigt die Asymmetrie der Resonanzkurve mit den Werten $\underline{U} = 1\ \text{V}$, $L = 10\ \mu\text{H}$, $C = 10\ \mu\text{F}$ von Abb. 171 für den Widerstandswert $R_2 = 0{,}27\ \Omega$. Die Kurve mit R_2 aus Abb. 171 wird hier im Bereich der zugehörigen $3\ \text{dB}$-Grenzkreisfrequenzen ω_1 und ω_2 vergrößert dargestellt.

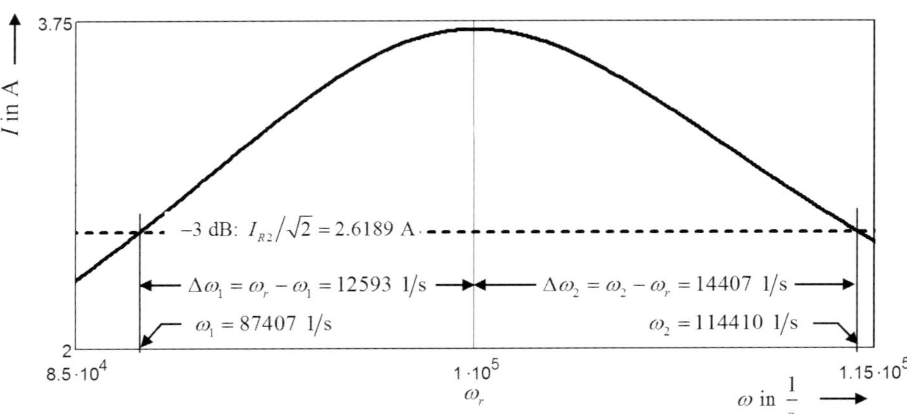

Abb. 173: Asymmetrie der Resonanzkurve

Die **absolute Verstimmung** als Maß für die Abweichung der Frequenz von der Resonanzfrequenz ist:

$$\boxed{v_{abs} = \Delta f} \tag{10.143}$$

$$\boxed{v_{abs,2} = \Delta f_2 = f_2 - f_r} \tag{10.144}$$

oder

$$\boxed{v_{abs,1} = \Delta f_1 = f_r - f_1} \tag{10.145}$$

Für Verstimmungen $\Delta f \leq 0{,}05 \cdot f_r$ kann mit $\Delta f_2 = \Delta f_1 = \Delta f$ gerechnet werden, die Bandbreite ist dann näherungsweise $b = 2 \cdot \Delta f$.

Die **relative Verstimmung** ist:

$$\boxed{v_{rel} = \frac{v_{abs}}{f_r} = \frac{\Delta f}{f_r}} \tag{10.146}$$

$$\boxed{v_{rel,2} = \frac{\Delta f_2}{f_r} = \frac{f_2 - f_r}{f_r}} \tag{10.147}$$

oder

$$\boxed{v_{rel,1} = \frac{\Delta f_1}{f_r} = \frac{f_r - f_1}{f_r}} \tag{10.148}$$

Die Frequenzabhängigkeit der Impedanz des Reihenschwingkreises kann umgeformt und anders dargestellt werden.

$$\underline{Z} = R + j \cdot \left(\omega L - \frac{1}{\omega C} \right) \tag{10.149}$$

$$\underline{Z} = R + j \cdot \left(\omega L \frac{\omega_r}{\omega_r} - \frac{1}{\omega C} \frac{\omega_r}{\omega_r} \right) = R + j\omega_r L \cdot \left(\frac{\omega}{\omega_r} - \frac{1}{\omega} \frac{1}{LC} \frac{1}{\omega_r} \right)$$

Mit $\frac{1}{LC} = \omega_r^2$ folgt:

$$\boxed{\underline{Z} = R + j\omega_r L \cdot \left(\frac{\omega}{\omega_r} - \frac{\omega_r}{\omega} \right)} \tag{10.150}$$

Als **Verstimmung** (auch als Doppelverstimmung bezeichnet) ist definiert:

$$v = \frac{\omega}{\omega_r} - \frac{\omega_r}{\omega} = \frac{f}{f_r} - \frac{f_r}{f} \tag{10.151}$$

Durch v wird eine normierte Frequenzskala definiert, bei der ω_r in der Mitte liegt. Als Mittenwert und als Grenzwerte ergeben sich:

$\omega = \omega_r: v = 0;\ \omega \to 0: v \to -\infty;\ \omega \to +\infty: v \to +\infty$

Mit v als laufende Variable erhalten wir:

$$\underline{Z} = R \cdot \left(1 + j\omega_r \frac{L}{R} v\right) \tag{10.152}$$

Nach Gl. (10.139) ist $Q = \dfrac{\omega_r L}{R}$. Es folgt:

$$\underline{Z} = R \cdot (1 + j \cdot Q \cdot v) \tag{10.153}$$

Nun kann auch noch eine *normierte Verstimmung* Ω definiert werden:

$$\Omega = Q \cdot v = \frac{v}{d} \tag{10.154}$$

Somit ist:

$$\underline{Z}(\Omega) = R \cdot (1 + j \cdot \Omega) \tag{10.155}$$

mit dem Betrag

$$Z(\Omega) = R \cdot \sqrt{1 + \Omega^2} \tag{10.156}$$

und der Phase

$$\varphi(\Omega) = \arctan(\Omega) \tag{10.157}$$

Durch die Verwendung der Verstimmung anstatt der Frequenz als unabhängige Variable verschwindet die Asymmetrie der Resonanzkurve links und rechts von der Resonanzfrequenz, man erhält eine normierte, symmetrische Kurve. Der Verlauf des Scheinwiderstandes hängt jetzt nicht mehr von den drei Größen R, L und C sowie der jeweiligen Resonanzfrequenz ab, sondern nur noch von den zwei Größen R und Q. Auch der Verlauf des Phasenwinkels ist jetzt symmetrisch.

Die folgende Abbildung zeigt den Verlauf des Betrages der Impedanz und des Phasenverschiebungswinkels $\varphi = \varphi_{ui}$ eines Reihenschwingkreises mit der auf die Resonanzfrequenz normierten Frequenz. Der Widerstand hat den Wert (wie in Abb. 170 und Abb. 171) $R = R_1 = 0{,}07\ \Omega$. Bei der normierten Verstimmung $\Omega = \pm 1$ hat der Scheinwiderstand den Wert $Z = \sqrt{2} \cdot R$. Der Phasenwinkel ist dort $\varphi = \pm \frac{\pi}{4} = \pm 45°$.

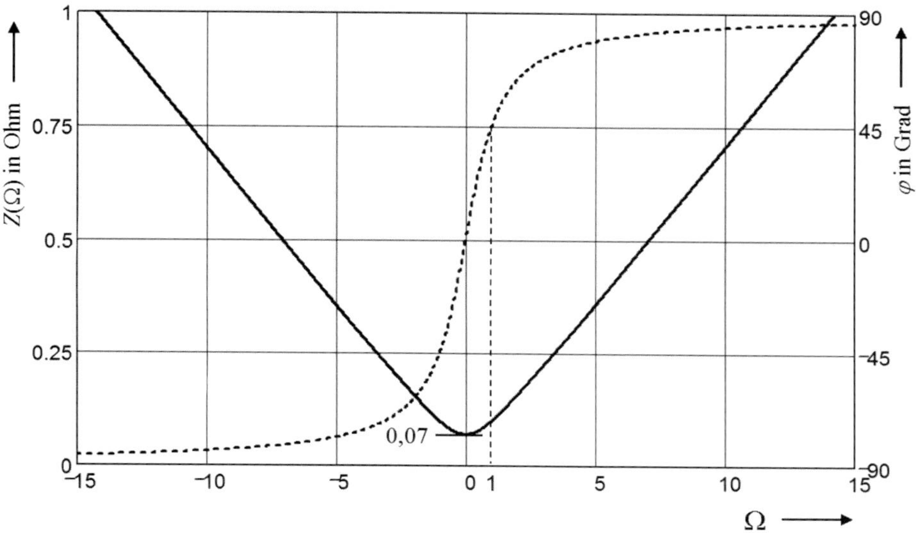

Abb. 174: Symmetrische Kurven des Betrages der Impedanz und des Phasenwinkels eines Reihenschwingkreises

Auch die Frequenzabhängigkeit des Stromes des Reihenschwingkreises kann in normierter From dargestellt werden.

$$\underline{I} = \frac{\underline{U}}{\underline{Z}} = \frac{\underline{U}}{R \cdot (1 + j \cdot \Omega)}$$

Mit $\underline{I}_{\max} = \frac{\underline{U}}{R}$ bei der Resonanzfrequenz erhält man:

$$\boxed{\underline{I}(\Omega) = \underline{I}_{\max} \frac{1}{1 + j \cdot \Omega}} \tag{10.158}$$

$$\boxed{I(\Omega) = I_{\max} \cdot \frac{1}{\sqrt{1 + \Omega^2}}} \tag{10.159}$$

Der Verlauf der Stromkurve ist dann nicht asymmetrisch zur Mittenkreisfrequenz ω_r wie in Abb. 171, sondern symmetrisch zur normierten Verstimmung $\Omega = 0$, wie in Abb. 175 ($R = R_1 = 0{,}07\ \Omega$).

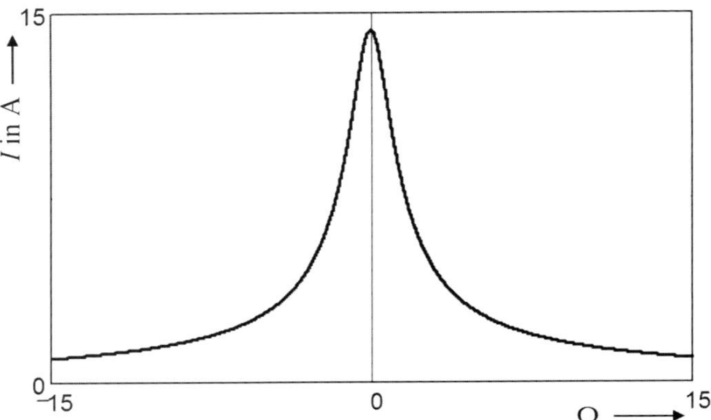

Abb. 175: Symmetrische Stromkurve beim Reihenschwingkreis nach Normierung der Resonanzfrequenz

Wert der Selektivität

Die Selektivität s ist definiert als:

$$s = Q \cdot |v| \tag{10.160}$$

Die Selektivität ist das Verhältnis des Scheinwiderstandes Z bei einer betrachteten Frequenz zu der Größe des Wirkwiderstandes R.

Ist U_{Rr} die Spannung am Wirkwiderstand R bei Resonanz und f die betrachtete Frequenz, so gilt:

$$s = \frac{Z}{R} = \frac{U_{Rr}}{U_f} = Q \cdot |v| \tag{10.161}$$

Damit kann die (kleinere) Spannung U_f am Wirkwiderstand R für eine Frequenz berechnet werden, die bei einer beliebigen Frequenz f liegt, statt bei der Resonanzfrequenz f_r.

Beispiel 83

Ein Reihenschwingkreis hat die Resonanzfrequenz $f_r = 10{,}0\ \text{MHz}$ und die Güte $Q = 80$. Er wird mit einer sinusförmigen Wechselspannung der Frequenz $f = 10{,}5\ \text{MHz}$ gespeist. Um wie viel dB wird die Spannung am Wirkwiderstand R gegenüber dem Resonanzfall gedämpft?

Lösung:

Die Verstimmung ist $v = \frac{f}{f_r} - \frac{f_r}{f} = \frac{10{,}5}{10{,}0} - \frac{10{,}0}{10{,}5} = \frac{41}{420}$.

Die Selektivität ist $s = Q \cdot v = \dfrac{164}{21}$.

Somit ist $U_f = \dfrac{U_{Rr}}{s} = \dfrac{21 \cdot U_{Rr}}{164} = 0{,}128 \cdot U_{Rr}$.

Die Spannung am Wirkwiderstand R ist bei der Frequenz $f = 10{,}5\ \text{MHz}$ um den Faktor $k = 0{,}128$ kleiner als bei der Resonanzfrequenz $f_r = 10{,}0\ \text{MHz}$. Dies entspricht einer Dämpfung in dB:

$$k_{dB} = 20 \cdot \log\left(\frac{21}{164}\right) = \underline{\underline{-17{,}9\ \text{dB}}}$$

10.3.3.2 Frequenzabhängigkeit der Spannungen

Bisher wurden beim Reihenschwingkreis der komplexe Widerstand, der Phasenverschiebungswinkel zwischen Spannung und Strom und die Höhe des Stromes jeweils in Abhängigkeit der Frequenz der speisenden Quelle (Sinusspannung mit konstanter Amplitude) betrachtet. Nun werden noch die Teilspannungen (Resonanzkurven) an den Bauelementen untersucht, dies sind in Abb. 162 die Spannungen $\underline{U}_R$, $\underline{U}_L$ und $\underline{U}_C$. Die Strom-Spannungsbeziehungen ergeben sich zu:

$$\underline{U}_R = R \cdot \underline{I} \tag{10.162}$$

$$\underline{U}_L = j\omega L \cdot \underline{I} \tag{10.163}$$

$$\underline{U}_C = \frac{1}{j\omega C} \cdot \underline{I} \tag{10.164}$$

Die drei Spannungen addieren sich zur Gesamtspannung $\underline{U}$:

$$\underline{U} = \underline{U}_R + \underline{U}_L + \underline{U}_C \tag{10.165}$$

Aus oben genannten Gleichungen können die Zeigerbilder der Spannungen des Reihenschwingkreises abgeleitet werden. Dabei sind drei Fälle zu unterscheiden, die wir bereits in den Abschnitten 10.3.1 und 10.3.2 kennengelernt haben.

1. Fall
$\omega L < 1/\omega C$ bzw. $\omega < \omega_r$: $\underline{I}$ eilt $\underline{U}$ voraus, d. h. $\varphi < 0$, somit ohmsch-kapazitives Verhalten des Schwingkreises.

2. Fall
$\omega L = 1/\omega C$ bzw. $\omega = \omega_r$: $\underline{U}$ und $\underline{I}$ sind in Phase, d. h. $\varphi = 0$, Zustand der Resonanz mit rein ohmschem Verhalten des Schwingkreises ($Z = R$).

3. Fall
$\omega L > 1/\omega C$ bzw. $\omega > \omega_r$: $\underline{U}$ eilt $\underline{I}$ voraus, d.h. $\varphi > 0$, somit ohmsch-induktives Verhalten des Schwingkreises.

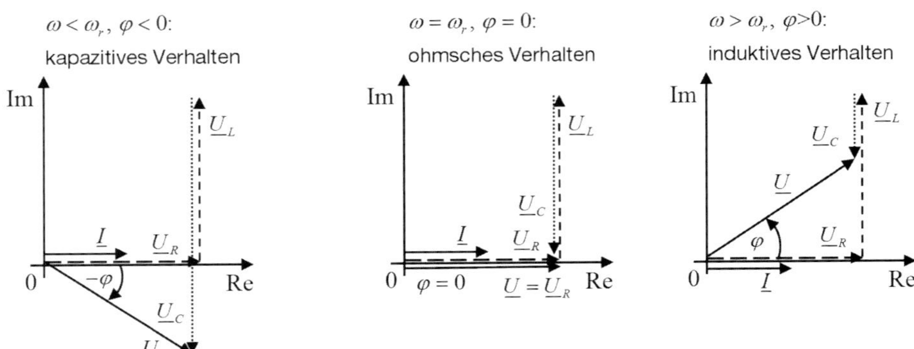

Abb. 176: Zeigerbilder mit den Spannungen beim Reihenschwingkreis (in der Mitte: Resonanz)

Die Spannung $\underline{U}_R$ am ohmschen Widerstand

Mit $I = \dfrac{U}{Z} = \dfrac{U}{\sqrt{R^2 + \left(\omega L - \dfrac{1}{\omega C}\right)^2}}$ entsprechend Gl. (10.124) und $\underline{U}_R = R \cdot \underline{I}$

nach Gl. (10.162) folgt:

$$U_R(\omega) = U \cdot \frac{R}{\sqrt{R^2 + \left(\omega L - \dfrac{1}{\omega C}\right)^2}} \tag{10.166}$$

Wie gezeigt wurde, ist der Strom I beim Reihenschwingkreis bei der Resonanzkreisfrequenz ω_r am größten. Somit liegt das Maximum von $U_R(\omega)$ bei $\omega = \omega_r = 1/\sqrt{LC}$ und beträgt:

$$\boxed{U_R(\omega_r) = U_R(\omega)_{\max} = U} \tag{10.167}$$

Abb. 177 zeigt die Abhängigkeit der Spannung am Widerstand von der Kreisfrequenz, wieder für das Beispiel mit $\underline{U} = 1\ \text{V}$, $L = 10\ \mu\text{H}$, $C = 10\ \mu\text{F}$ und den Wirkwiderständen $R_1 = 0{,}1\ \Omega$, $R_2 = 0{,}5\ \Omega$ und $R_3 = 2{,}0\ \Omega$.

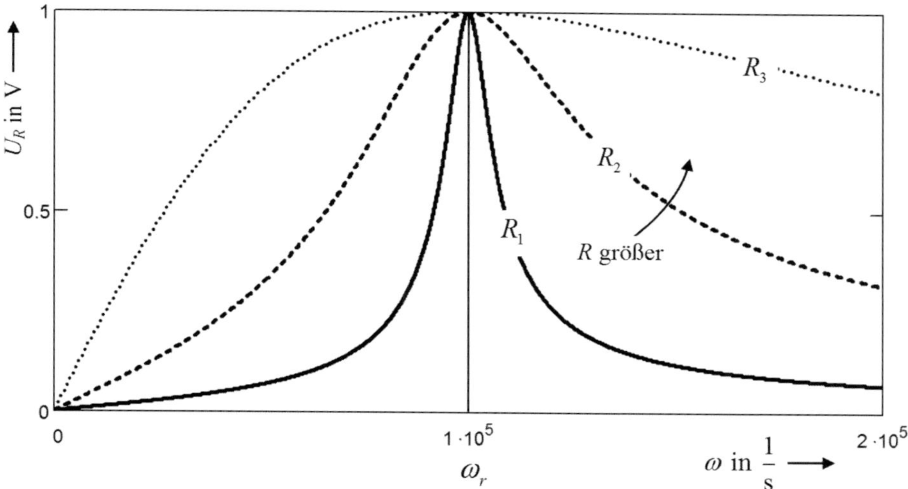

Abb. 177: Spannung am ohmschen Widerstand eines Reihenschwingkreises

Die Spannung $\underline{U}_L$ an der Spule

Aus $U_L = \omega L \cdot I$ mit $I = \dfrac{U}{Z} = \dfrac{U}{\sqrt{R^2 + \left(\omega L - \dfrac{1}{\omega C}\right)^2}}$ folgt:

$$U_L(\omega) = U \cdot \frac{\omega L}{\sqrt{R^2 + \left(\omega L - \dfrac{1}{\omega C}\right)^2}} \tag{10.168}$$

Gesucht werden die Extremwerte dieser Funktion in Abhängigkeit von ω.

Umformen des Radikanden:

$$R^2 + \left(\omega L - \frac{1}{\omega C}\right)^2 = \frac{\omega^2 R^2 C^2 + \omega^4 L^2 C^2 - 2\omega^2 LC + 1}{\omega^2 C^2}$$

$$U_L(\omega) = U \cdot \frac{1}{\sqrt{\dfrac{\omega^2 R^2 C^2 + \omega^4 L^2 C^2 - 2\omega^2 LC + 1}{\omega^2 C^2 \omega^2 L^2}}};$$

$$\left[U_L(\omega)\right]^2 = U^2 \cdot \frac{\omega^4 L^2 C^2}{\omega^2 R^2 C^2 + \omega^4 L^2 C^2 - 2\omega^2 LC + 1}$$

Die Stellen der Extremwerte des Quadrates der Funktion stimmen mit den Stellen der Extremwerte der Funktion überein.

$\frac{d}{d\omega}\left[U_L(\omega)\right]^2 = 0$; Beachtung der Quotientenregel ergibt:

$$4\omega^3 L^2C^2 \cdot \left(\omega^2 R^2C^2 + \omega^4 L^2C^2 - 2\omega^2 LC + 1\right) - \omega^4 L^2C^2 \cdot \left(2\omega R^2C^2 + 4\omega^3 L^2C^2 - 4\omega LC\right) = 0$$

$$4\omega^5 R^2L^2C^4 + \cancel{4\omega^7L^4C^4} - 8\omega^5 L^3C^3 + 4\omega^3 L^2C^2 - 2\omega^5 R^2L^2C^4 - \cancel{4\omega^7L^4C^4} + 4\omega^5 L^3C^3 = 0$$

$$2\omega^3 L^2C^2 \cdot \left(\omega^2 R^2C^2 - 2\omega^2 LC + 2\right) = 0$$

Erste Lösung: $\underline{\underline{\omega = 0}}$, d. h., die Funktion beginnt mit der Anfangssteigung null.

$$\omega^2 \cdot \left(R^2C^2 - 2LC\right) + 2 = 0\ ;\ \omega^2 = \frac{2}{2LC - R^2C^2} = \frac{1}{LC - \frac{R^2C^2}{2}}$$

$$\omega = \frac{1}{\sqrt{LC - \frac{R^2C^2}{2}}} = \frac{1}{\sqrt{LC}} \frac{1}{\sqrt{1 - \frac{R^2C}{2L}}}$$

Zweite Lösung:

$$\boxed{\omega = \frac{\omega_r}{\sqrt{1 - \frac{R^2C}{2L}}}} \qquad (10.169)$$

Somit ist: $\omega > \omega_r$

Der Maximalwert der Spannung an der Spule liegt nicht bei ω_r, sondern bei einer größeren Kreisfrequenz.

Mit $Q^2 = \frac{1}{R^2}\frac{L}{C}$ folgt:

$$\boxed{\omega = \frac{\omega_r}{\sqrt{1 - \frac{1}{2Q^2}}}} \qquad (10.170)$$

Die Spannung U_L an der Induktivität kann bei einem Reihenschwingkreis erheblich (z. B. um den Faktor 150) größer werden als die erregende Spannung U, es handelt sich dann um eine **Spannungsüberhöhung**, man spricht von **Spannungsresonanz**. Wird die Spulenspannung auf die Eingangsspannung bezogen, so wird dieses Spannungsverhältnis als *normierte Spulenspannung* bezeichnet.

$$\frac{U_L}{U} = \frac{\omega L}{\sqrt{R^2 + \left(\omega L - \frac{1}{\omega C}\right)^2}} \qquad (10.171)$$

Im Resonanzfall nimmt die Spannungsüberhöhung einen Wert an, der als **Resonanzüberhöhung** bezeichnet wird. Die Größe der Spannungsüberhöhung entspricht dem Gütefaktor Q des Reihenschwingkreises. U_L wird Q-mal größer als U.

$$Q = \left.\frac{U_L}{U}\right|_{\omega=\omega_r} = \frac{\omega_r L}{R} = \frac{1}{R}\sqrt{\frac{L}{C}} \tag{10.172}$$

Für $R = 0$ (Schwingkreis ohne Verluste) ist die Güte und damit die Spannungsüberhöhung unendlich groß. Dann ergibt sich entsprechend Gl. (10.169) kein Maximum mit waagrechter Tangente, sondern ein Pol bei $\omega = \omega_r$, Gl. (10.169) geht in die Thomson-Gleichung über. Für $R^2C = 2L$ liegt das Maximum von U_L bei unendlich großer Kreisfrequenz. Für $R^2C > 2L$ tritt kein Maximum mehr auf (Kriechfall). Für $\omega \to \infty$ geht $U_L \to U$. Für $\omega \to 0$ geht $U_L \to 0$.

Abb. 178 zeigt die Abhängigkeit der Spannung an der Spule von der Kreisfrequenz mit den Werten $\underline{U} = 1\ \text{V}$, $L = 10\ \mu\text{H}$, $C = 10\ \mu\text{F}$ und den Wirkwiderständen $R_1 = 0{,}1\ \Omega$, $R_2 = 0{,}2\ \Omega$ und $R_3 = 0{,}5\ \Omega$.

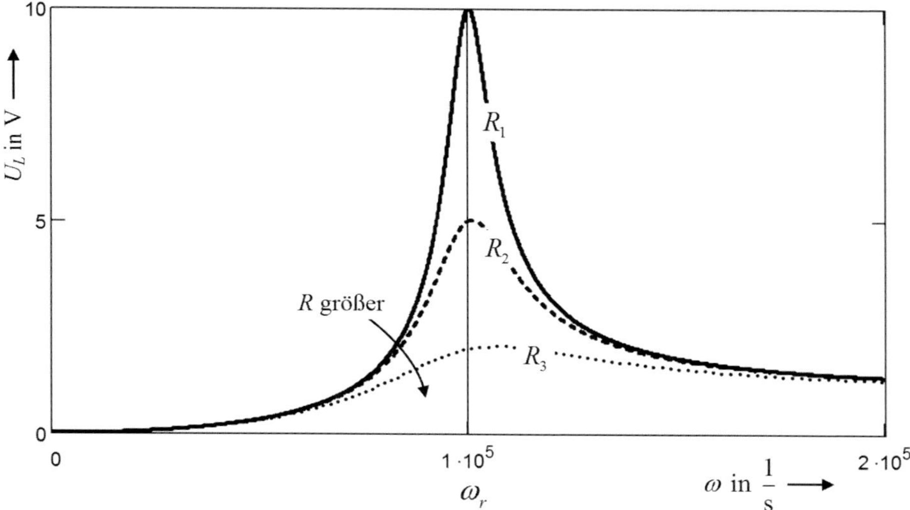

Abb. 178: Spannung an der Spule eines Reihenschwingkreises

Spannung $\underline{U}_C$ am Kondensator

Aus $U_C = \frac{1}{\omega C} \cdot I$ mit $I = \frac{U}{Z} = \frac{U}{\sqrt{R^2 + \left(\omega L - \frac{1}{\omega C}\right)^2}}$ folgt:

$$U_C(\omega) = U \cdot \frac{1}{\omega C \cdot \sqrt{R^2 + \left(\omega L - \frac{1}{\omega C}\right)^2}} \tag{10.173}$$

$$\left[U_C(\omega)\right]^2 = U^2 \cdot \frac{1}{\omega^2 R^2 C^2 + \omega^4 L^2 C^2 - 2\omega^2 LC + 1}\,;\quad \frac{d}{d\omega}\left[U_C(\omega)\right]^2 = 0$$

$$-2\omega R^2 C^2 - 4\omega^3 L^2 C^2 + 4\omega LC = 0\,;\; 2\omega \cdot \left(2LC - 2\omega^2 L^2 C^2 - R^2 C^2\right) = 0$$

Erste Lösung: $\underline{\underline{\omega = 0}}$, d. h., die Funktion beginnt mit der Anfangssteigung null.

$$2\omega^2 L^2 C^2 + R^2 C^2 - 2LC = 0\,;\; \omega^2 LC + \frac{R^2 C^2}{2LC} - 1 = 0\,;\; \omega^2 = \frac{1}{LC}\left(1 - \frac{R^2 C}{2L}\right)$$

$$\omega = \frac{1}{\sqrt{LC}}\sqrt{1 - \frac{R^2 C}{2L}}$$

Zweite Lösung:

$$\boxed{\omega = \omega_r \cdot \sqrt{1 - \frac{R^2 C}{2L}}} \tag{10.174}$$

Somit ist: $\boxed{\omega < \omega_r}$

Der Maximalwert der Spannung am Kondensator liegt nicht bei ω_r, sondern bei einer kleineren Kreisfrequenz.

Mit $Q^2 = \frac{1}{R^2}\frac{L}{C}$ folgt:

$$\boxed{\omega = \omega_r \cdot \sqrt{1 - \frac{1}{2Q^2}}} \tag{10.175}$$

Ebenso wie die Spannung an der Spule kann beim Reihenschwingkreis auch die Spannung am Kondensator erheblich größer werden als die Eingangsspannung. Im Resonanzfall haben $\underline{U}_C$ und $\underline{U}_L$ den gleichen Betrag und sind entgegengesetzt gerichtet (Phasenverschiebung von 180°), sie kompensieren sich.

Wie bei der Spule tritt im Resonanzfall eine Spannungsüberhöhung mit einer Höhe auf, die dem Gütefaktor Q des Reihenschwingkreises entspricht. U_C wird Q-mal größer als U.

$$Q = \left.\frac{U_C}{U}\right|_{\omega=\omega_r} = \frac{1}{\omega_r RC} = \left.\frac{U_L}{U}\right|_{\omega=\omega_r} = \frac{\omega_r L}{R} = \frac{1}{R}\sqrt{\frac{L}{C}} \qquad (10.176)$$

Wie bei der Spule ergibt sich für $R=0$ bei $\omega=\omega_r$ ein Pol. Für $R^2C=2L$ wird $\omega=0$. Für $\omega \to 0$ geht $U_C \to U$, der Kondensator wurde über den Widerstand R auf die ladende Spannung aufgeladen. Für $\omega \to \infty$ geht $U_C \to 0$, der Kondensator bildet einen Kurzschluss.

Abb. 179 zeigt die Abhängigkeit der Spannung am Kondensator von der Kreisfrequenz mit den Werten $\underline{U}=1\text{ V}$, $L=10\ \mu\text{H}$, $C=10\ \mu\text{F}$ und den Wirkwiderständen $R_1=0{,}1\ \Omega$, $R_2=0{,}2\ \Omega$ und $R_3=0{,}5\ \Omega$.

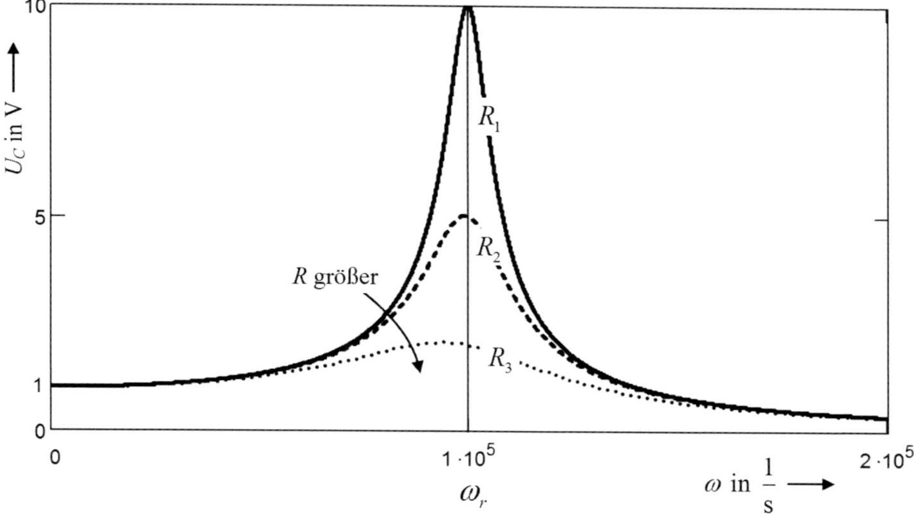

Abb. 179: Spannung am Kondensator eines Reihenschwingkreises

10.3.4 Zusammenfassung

1. Bei der Resonanzfrequenz kompensieren sich die Blindwiderstände der Induktivität und der Kapazität, der Reihenschwingkreis wirkt wie ein ohmscher Widerstand.
2. Der Widerstand des Reihenschwingkreises ist bei der Resonanzfrequenz am kleinsten: $Z = R$.
3. Unterhalb der Resonanzkreisfrequenz verhält sich der Kreis kapazitiv, oberhalb induktiv.
4. Bei Phasenresonanz sind Spannung und Strom in Phase, $\underline{Z}$ ist dann reell.
5. Zur Ermittlung der Resonanzkreisfrequenz eines beliebigen Zweipols: Komplexen Widerstand oder Leitwert berechnen, Imaginärteil gleich null setzen und nach der Kreisfrequenz auflösen.
6. Im Resonanzfall ist der Strom beim Reihenschwingkreis am größten.
7. Je größer der ohmsche Widerstand ist, umso kleiner ist das Strommaximum.
8. Bei der unteren und oberen Grenzfrequenz ist der Strom auf den $1/\sqrt{2}$-fachen Teil (das 0,71-fache, entspricht $-3\ \mathrm{dB}$) seines Maximalwertes $I_{\max}$ gefallen.
9. Die Differenz der Grenzfrequenzen wird als Bandbreite (3-dB-Bandbreite) bezeichnet:
10. Je kleiner der ohmsche Widerstand ist, desto schmaler ist die Resonanzkurve und desto höher ist die Selektivität des Schwingkreises.
11. Die Güte ist als bezogene Größe definiert, sie setzt die Bandbreite in Beziehung zur Mittenfrequenz (Resonanzfrequenz) des Schwingkreises. Die Bandbreite ist umgekehrt proportional zur Kreisgüte.
12. Güte Q und Dämpfung d sind zueinander umgekehrt proportional.
13. Als Kennwiderstand ist $Z_K = \sqrt{L/C}$ definiert.
14. Ein Reihenschwingkreis kann als Bandpass oder als Bandsperre eingesetzt werden.
15. Die Verstimmung kennzeichnet die Asymmetrie der Stromresonanzkurve zur Resonanzfrequenz.
16. Der Maximalwert der Spannung an der Spule liegt bei bei einer größeren Frequenz als der Resonanzfrequenz.
17. Der Maximalwert der Spannung am Kondensator liegt bei einer kleineren Frequenz als der Resonanzfrequenz.

18. Im Resonanzfall können die Spannungen an der Spule und am Kondensator durch eine Spannungsüberhöhung (Resonanzüberhöhung) erheblich höher als die Gesamtspannung sein.
19. Die Größe der Spannungsüberhöhung entspricht dem Gütefaktor Q des Reihenschwingkreises.

10.4 LC-Parallelschwingkreis

10.4.1 LC-Parallelschwingkreis ohne Verluste

Der verlustfreie Parallelschwingkreis besteht aus der Parallelschaltung einer idealen Spule und eines idealen Kondensators.

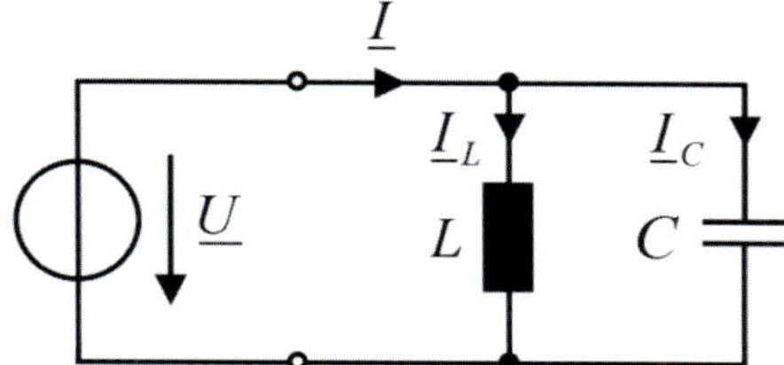

Abb. 180: Verlustfreier Parallelschwingkreis

Die Impedanz des idealen Parallelschwingkreises in Abhängigkeit von der Frequenz ist:

$$\underline{Z} = \frac{j\omega L \cdot \frac{1}{j\omega C}}{j\omega L + \frac{1}{j\omega C}} = j \cdot \frac{\omega L}{1 - \omega^2 LC} \qquad (10.177)$$

Der Betrag ist:

$$Z = \left| \frac{\omega L}{1 - \omega^2 LC} \right| \qquad (10.178)$$

Der Betrag des Gesamtstromes ist:

$$I = \frac{U}{Z} = I_L + I_C \qquad (10.179)$$

Der Teilstrom $\underline{I}_L$ hat den Betrag

$$I_L = \frac{U}{\omega L} = \frac{U}{L} \cdot \frac{1}{\omega} \tag{10.180}$$

und stellt als Funktion von ω eine Hyperbel dar.

Der Teilstrom $\underline{I}_C$ hat den Betrag

$$I_C = \frac{U}{\frac{1}{\omega C}} = UC \cdot \omega \tag{10.181}$$

und stellt als Funktion von ω eine Gerade dar.

Mit $L = 1\ \text{H}$, $C = 1\ \text{F}$ und $U = 1\ \text{V}$ ergibt sich der in Abb. 181 gezeigte Verlauf der Größen Z, I_L, I_C und $I(\omega)$ in Abhängigkeit der Frequenz.

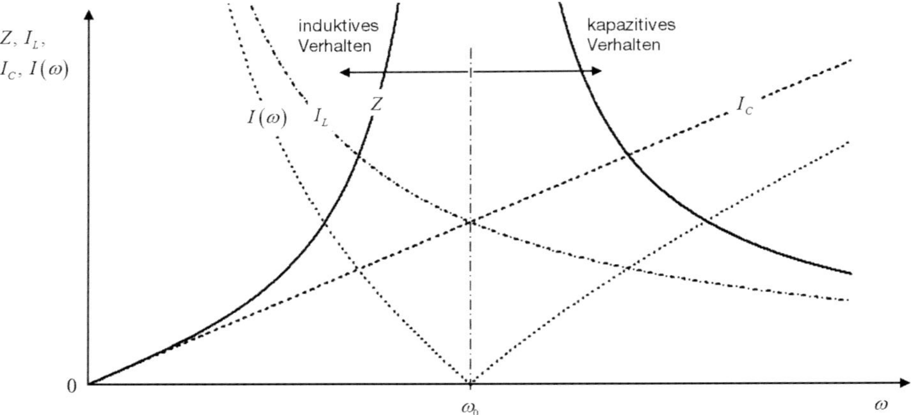

Abb. 181: Frequenzgang der Ströme und des Widerstandes beim verlustfreien Parallelschwingkreis

Der Verlauf von $I(\omega)$ in Abb. 181 setzt sich aus den beiden Strömen $I_L(\omega)$ und $I_C(\omega)$ zusammen.

Für Gleichspannung ($f = 0\ \text{Hz}$) sperrt der Kondensator, die ideale Spule mit $Z = 0\ \Omega$ leitet unendlich gut, der Strom $I(\omega)$ würde unendlich groß werden. Mit steigender Frequenz nimmt I_C zu und I_L nimmt ab. Bis zur Eigenkreisfrequenz ω_0 überwiegt I_L als Anteil am Gesamtstrom, der Kreis verhält sich *induktiv*, der Gesamtstrom I eilt der Spannung U um $\varphi = +90^\circ$ nach.

Bei der Eigenkreisfrequenz schneiden sich die Kurven von I_L und I_C, die beiden Ströme sind gleich groß und heben sich auf, da sie um 180° phasenverschoben sind. Der Gesamtstrom I wird null, der Gesamtwiderstand Z würde unendlich groß werden. Wie beim Reihenschwingkreis folgt aus der Resonanzbedingung $X_L = X_C$ bzw. $\omega_0 L = 1/\omega_0 C$ die Thomson-Gleichung $\omega_0 = 1/\sqrt{LC}$ für die Eigenkreisfrequenz. Der Phasenverschiebungswinkel springt von $\varphi = +90°$ nach $\varphi = -90°$.

Steigt die Frequenz weiter und die Kreisfrequenz wird größer als die Eigenkreisfrequenz, so überwiegt I_C als Anteil am Gesamtstrom. Der Kreis verhält sich ab ω_0 mit zunehmender Frequenz wie ein *kapazitiver* Widerstand, der Gesamtstrom eilt der Spannung um $\varphi = -90°$ voraus. Für $f \to \infty$ gilt $Z \to 0$ bzw. $I \to \infty$.

Man beachte, dass im Resonanzfall zwar in der Zuleitung kein Gesamtstrom I fließt, *im* Kreis die Ströme I_L und I_C aber vorhanden sind.

Der Zustand der Resonanz kann wie beim Reihenschwingkreis nicht nur durch Veränderung der Frequenz, sondern auch durch eine Änderung der Werte von L oder C erreicht werden.

Anmerkung: Ein Resonanzeffekt tritt bei einem Parallelschwingkreis nur auf, wenn er aus einer Stromquelle (bzw. einer sehr hochohmigen Spannungsquelle) gespeist wird. Andernfalls werden die Eigenschaften des Parallelschwingkreises durch die Impedanz der Signalquelle beeinflusst. Eine niederohmige Spannungsquelle würde den Schwingkreis annähernd kurzschließen.

Beim Zeigerdiagramm des idealen Parallelschwingkreises muss unterschieden werden, ob die Frequenz kleiner, gleich oder größer als die Eigenfrequenz ist. Unterhalb der Eigenfrequenz ist der induktive Widerstand kleiner als der kapazitive, der Pfeil des Gesamtstromes zeigt nach unten. Der Gesamtstrom eilt der Spannung nach, es liegt induktives Verhalten vor. Bei Resonanz sind die Pfeile für I_L und I_C gleich lang, der Gesamtstrom in den Zuleitungen ist null (dies ergibt die geometrische Addition der beiden Pfeile). Betragsmäßig ist der Gesamtstrom I stets kleiner als die Einzelströme I_L oder I_C. Je näher man an die Eigenfrequenz herankommt, desto größer sind die Einzelströme gegenüber dem in den Zuleitungen fließenden Gesamtstrom. Es findet also ein **Stromüberhöhung** statt. Oberhalb der Eigenfrequenz ist der kapazitive Widerstand kleiner als der induktive, der Pfeil des Gesamtstromes zeigt nach oben. Der Gesamtstrom eilt der Spannung voraus, es liegt kapazitives Verhalten vor.

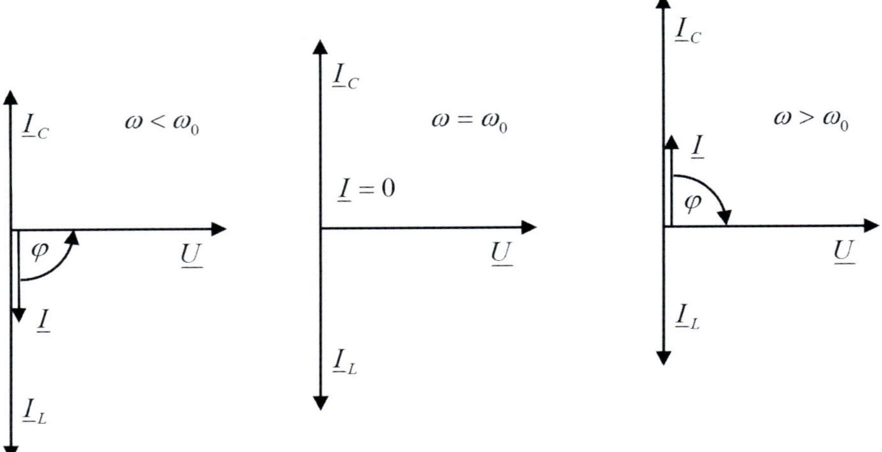

Abb. 182: Zeigerdiagramme der Spannung und der Ströme des idealen Parallelschwingkreises

10.4.2 LC-Parallelschwingkreis mit Verlusten

Verluste können durch einen ohmschen Widerstand R parallel zu Spule und Kondensator berücksichtigt werden.

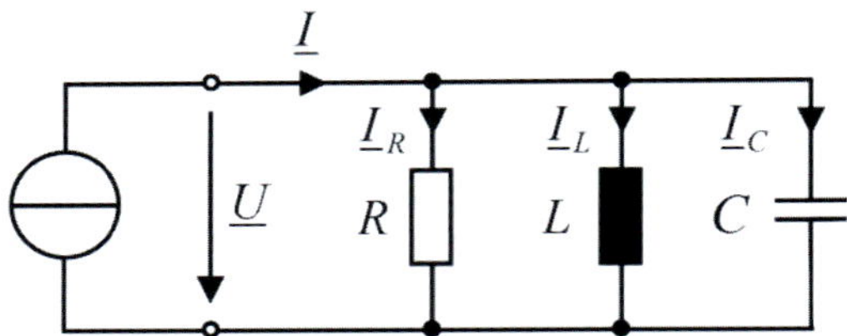

Abb. 183: Parallelschwingkreis mit Verlusten

10.4.2.1 Frequenzabhängigkeit des Widerstandes

Die frequenzabhängige Impedanz $\underline{Z}(\omega)$ der RLC-Parallelschaltung ist:

$$\boxed{\underline{Z}(\omega) = \frac{1}{\frac{1}{R} + j \cdot \left(\omega C - \frac{1}{\omega L}\right)}} \tag{10.182}$$

Daraus folgt der Betrag der Impedanz:

$$\boxed{Z(\omega) = \frac{1}{\sqrt{\frac{1}{R^2} + \left(\omega C - \frac{1}{\omega L}\right)^2}}} \tag{10.183}$$

Da hier drei Bauelemente parallel geschaltet sind, ist es sinnvoll, zu der Addition von Leitwerten überzugehen. Mit $G = 1/R$ ist die Admittanz des realen Parallelschwingkreises nach Abb. 183:

$$\underline{Y} = G + \frac{1}{j\omega L} + j\omega C = G + j \cdot \left(\omega C - \frac{1}{\omega L} \right) \tag{10.184}$$

Der Betrag der Admittanz (der Scheinleitwert) ist:

$$Y = \sqrt{G^2 + \left(\omega C - \frac{1}{\omega L} \right)^2} \tag{10.185}$$

Die Admittanz $\underline{Y}(\omega)$ hat einen frequenz*un*abhängigen Realteil $\mathrm{Re}\{\underline{Y}\} = G$ und einen frequenzabhängigen Imaginärteil $\mathrm{Im}\{\underline{Y}\} = \omega C - \frac{1}{\omega L}$. Die Admittanz wird für eine bestimmte Kreisfrequenz $\omega = \omega_r$ reell, wenn gilt:

$$\omega_r C - \frac{1}{\omega_r L} = 0 \tag{10.186}$$

Dies ist der Resonanzfall, bei dem Strom und Spannung in Phase sind. Wie beim Reihenschwingkreis (Abschnitt 10.3.1) gilt wieder die Thomson-Gleichung:

$$\omega_r = \frac{1}{\sqrt{LC}} \tag{10.187}$$

Wird bei Resonanz der Imaginärteil von $\underline{Y} = 1/\underline{Z}$ null, so sind $\underline{Y}$ und $\underline{Z}$ reell. Die Admittanz $\underline{Y}$ nimmt betragsmäßig ihren kleinsten Wert $G = 1/R$ an, während der Betrag der Impedanz $\underline{Z}$ mit dem Wert $Z = R$ maximal wird.

Bei der Resonanzkreisfrequenz ω_r ist der **Widerstand des Parallelschwingkreises am größten**, er ist $Z = R$, da sich die Blindleitwerte $Y_L = 1/\omega L$ und $Y_C = \omega C$ kompensieren. Der Kreis verhält sich rein ohmsch. Da der Widerstand um die Resonanzfrequenz herum sehr hoch ist, wird der Parallelschwingkreis auch als **Sperrkreis** bezeichnet. **Unterhalb der Resonanzkreisfrequenz** verhält sich der Kreis **induktiv**, **oberhalb kapazitiv**.

Abb. 184 zeigt als Beispiel die Abhängigkeit des Scheinwiderstandes und des Scheinleitwertes von der Kreisfrequenz mit den Werten $L = 10\ \mu\mathrm{H}$, $C = 10\ \mu\mathrm{F}$ und $R = 5\ \Omega$.

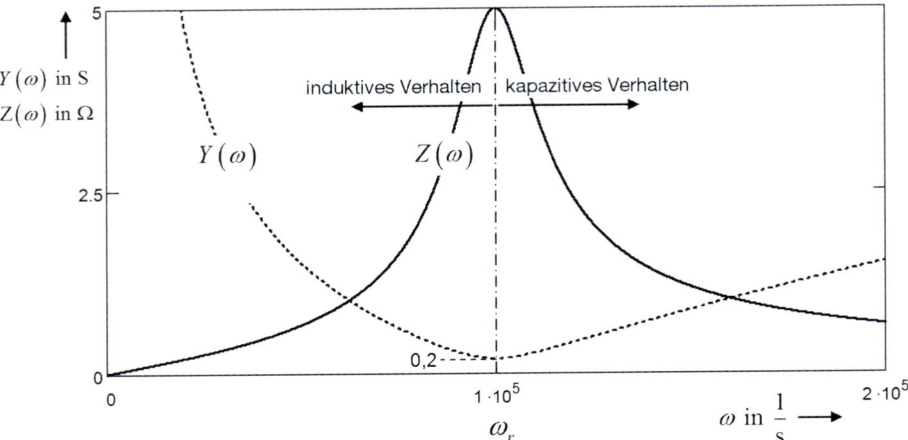

Abb. 184: Frequenzgang des Leitwertes und des Widerstandes beim Parallelschwingkreis mit Verlusten

10.4.2.2 Zeigerdiagramm des komplexen Leitwertes

Der komplexe Leitwert $\underline{Y} = G + j \cdot B = \frac{1}{R} + j \cdot \left(\omega C - \frac{1}{\omega L} \right)$ eines Parallelschwingkreises kann in einem Zeigerdiagramm dargestellt werden. Es ist: $B = \omega C - \frac{1}{\omega L}$. Für $B < 0$ ist der Blindleitwert induktiv, für $B > 0$ ist er kapazitiv. Bei Resonanz mit $B = 0$ heben sich induktiver und kapazitiver Anteil auf, das Verhalten ist rein ohmsch.

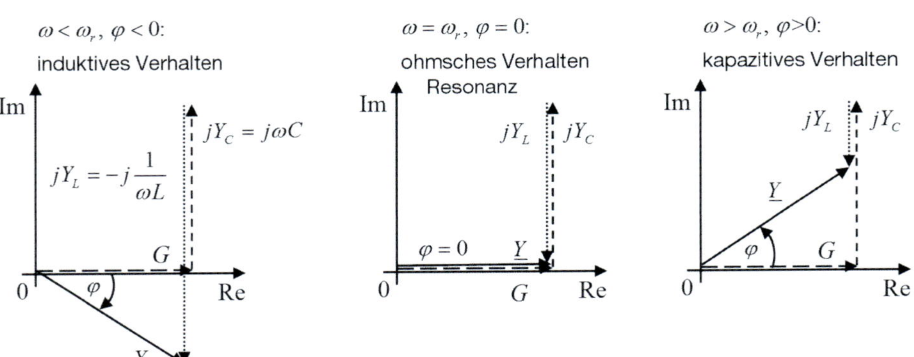

Abb. 185: Zeigerdiagramme der Admittanz des RLC-Parallelschwingkreises

Ortskurve der Admittanz

Für den Parallelschwingkreis beschreibt die Admittanzzeigerspitze bei Variation der Frequenz eine Gerade, die senkrecht auf der reellen Achse steht und den Abstand $G = 1/R$ von der imaginären Achse besitzt (denn G ist unabhängig von der Frequenz). Im Resonanzfall schneidet die Ortskurve die reelle Achse und der Abstand zum Ursprung gibt den reellen Anteil G der Größe bei Resonanz an.

Abb. 165 zeigt die Abhängigkeit des Scheinleitwertes (Betrag der Admittanz, entspricht der Länge des Zeigers $\underline{Y}$) von der Frequenz. Bei der Resonanzfrequenz ist der Scheinwiderstand mit G minimal. Bei der Resonanzfrequenz ist der Leitwert am kleinsten (der Widerstand am größten) und somit auch der fließende Strom am kleinsten.

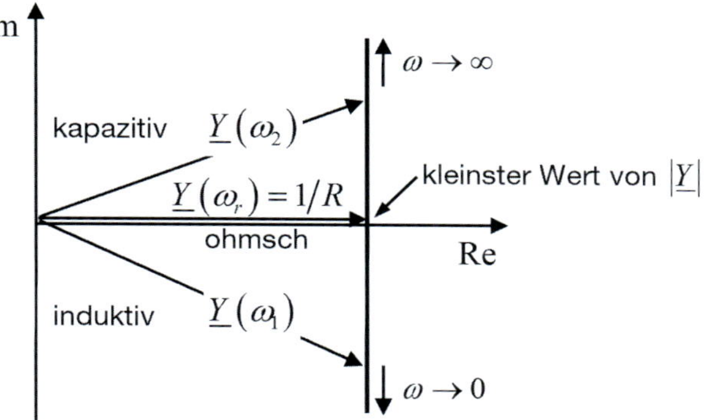

Abb. 186: Ortskurve der Admittanz des Parallelschwingkreises

10.4.2.3 Frequenzabhängigkeit der Phase

Den Phasenwinkel der Impedanz und somit den Phasenwinkel zwischen Strom und Spannung am Parallelschwingkreis erhalten wir aus Gl. (10.182) unter Verwendung von Gl. (6.23):

$$\varphi = -\arctan\left(\frac{\omega C - \frac{1}{\omega L}}{\frac{1}{R}}\right) \tag{10.188}$$

$$\boxed{\varphi = -\arctan\left[R \cdot \left(\omega C - \frac{1}{\omega L}\right)\right]} \tag{10.189}$$

Wie bereits in Abschnitt 10.4.1 festgestellt, überwiegt für $0 < \omega < \omega_r$ das induktive Verhalten, es ist $\varphi > 0$ (man beachte: $-\arctan(-x) = \arctan(x)$. Für $\omega_r < \omega < \infty$ überwiegt das kapazitive Verhalten, es gilt $\varphi < 0$.

Abb. 187 zeigt die Abhängigkeit des Phasenwinkels von der Kreisfrequenz für ein Beispiel mit $L = 10\ \mu\text{H}$, $C = 10\ \mu\text{F}$ und den Wirkwiderständen $R_1 = 15\ \Omega$, $R_2 = 4\ \Omega$ und $R_3 = 1{,}5\ \Omega$.

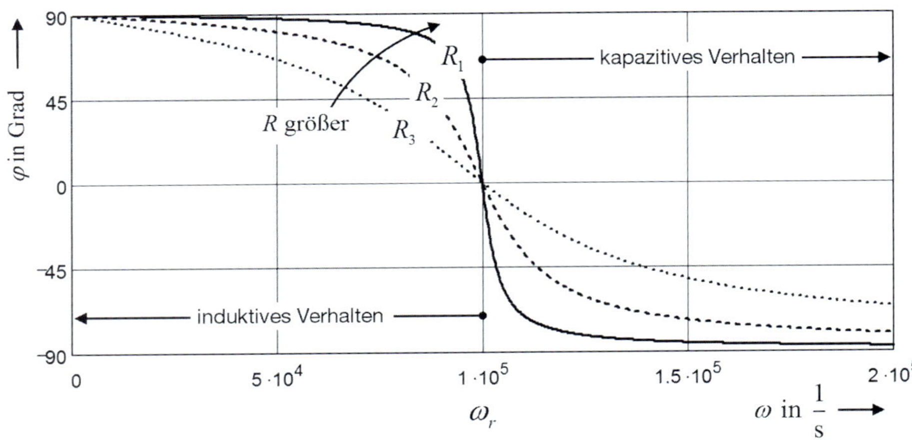

Abb. 187: Verlauf des Phasenwinkels beim verlustbehafteten Parallelschwingkreis in Abhängigkeit der Kreisfrequenz. Je größer der Dämpfungswiderstand ist, umso steiler ist der Phasenübergang bei der Resonanzkreisfrequenz.

10.4.2.4 Frequenzabhängigkeit der Spannung

Speist man den Parallelschwingkreis mit konstantem Strom $\underline{I}$ und variiert die Frequenz, so erreicht die Spannung bei der Resonanzkreisfrequenz ω_r ein Maximum.

Entsprechend Abb. 183 gilt:

$$\underline{U} = \underline{I} \cdot \underline{Z} \tag{10.190}$$

Somit ist:

$$U = I \cdot Z = I \cdot \frac{1}{\sqrt{\frac{1}{R^2} + \left(\omega C - \frac{1}{\omega L}\right)^2}} \tag{10.191}$$

Der Nenner wird am kleinsten und somit die Spannung $U = U_{\text{max}}$ am größten für: $\left. \omega C - \frac{1}{\omega L} = 0 \right|_{\omega = \omega_r}$

Bei der Resonanzkreisfrequenz ω_r ist der Widerstand des Parallelschwingkreises mit dem Wert $Z = R$ am größten, die Spannung am Schwingkreis nimmt ihren Maximalwert an. Bei konstantem Strom wird U umso größer, je größer R ist.

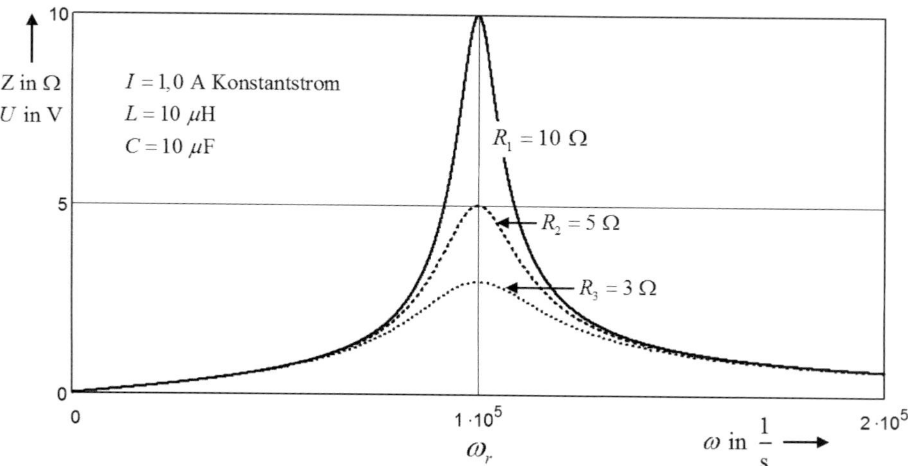

Abb. 188: Verlauf des Widerstandes und der Spannung beim Parallelschwingkreis für drei verschiedene Werte des Wirkwiderstandes in Abhängigkeit der Kreisfrequenz (bei konstantem Strom)

Grenzfrequenzen

Wie beim Reihenschwingkreis bestimmen wir auch beim Parallelschwingkreis die untere (f_1) und die obere (f_2) Grenzfrequenz. Bei den Grenzfrequenzen ist die Spannung gegenüber ihrem Maximalwert um 3 dB ($= 1/\sqrt{2}$-faches) kleiner. Der Phasenwinkel zwischen Strom und Spannung beträgt bei f_1 gleich $+45°$ und bei f_2 gleich $-45°$.

Die Werte der Grenzfrequenzen sind wieder eine Funktion der Bauelemente R, L und C des Schwingkreises. Um die Kreisfrequenzen ω_1 und ω_2 in Abhängigkeit der Bauelemente zu ermitteln, gehen wir wieder von der Bedingung $\mathrm{Re}\{\underline{Z}(f)\} = \mathrm{Im}\{\underline{Z}(f)\}$ aus. In dem Ausdruck

$$\underline{Z} = \frac{1}{\frac{1}{R} + j \cdot \left(\omega C - \frac{1}{\omega L} \right)} \tag{10.192}$$

hat der Imaginärteil dann die gleiche Größe wie der Realteil $1/R$. Dabei ist zu berücksichtigen, dass der Imaginärteil für ω_1 negativ und für ω_2 positiv ist.

Es folgen die beiden quadratischen Gleichungen:

$$\omega_1^2 + \omega_1 \frac{1}{RC} - \frac{1}{LC} = 0 \tag{10.193}$$

$$\omega_2^2 - \omega_2 \frac{1}{RC} - \frac{1}{LC} = 0 \tag{10.194}$$

Auflösen der beiden Gleichungen und Berücksichtigung physikalisch sinnvoller Lösungen (keine negativen Frequenzen) ergibt:

$$\boxed{\omega_1 = -\frac{1}{2RC} + \sqrt{\frac{1}{4R^2C^2} + \frac{1}{LC}}} \tag{10.195}$$

$$\boxed{\omega_2 = \frac{1}{2RC} + \sqrt{\frac{1}{4R^2C^2} + \frac{1}{LC}}} \tag{10.196}$$

Bandbreite

Die Bandbreite in Hertz als Differenz der Grenzfrequenzen ist:

$$b = \Delta f = f_2 - f_1 = \frac{\omega_2 - \omega_1}{2\pi} = \frac{1}{2\pi RC}$$

Die Bandbreite definiert die Breite der Resonanzkurve der Spannung in Abb. 188. Je größer R ist, desto schmaler ist die Resonanzkurve und desto steiler ist ihr Verlauf rechts und links von der Resonanzfrequenz f_r.

Kennleitwert

Bei Resonanz ist der Betrag des Blindleitwertes der Kapazität und der Induktivität gleich groß, dieser Leitwert wird als **Kennleitwert** Y_K des Resonanzkreises bezeichnet. Es gilt:

$$Y_K = \omega_r C = \frac{1}{\omega_r L} \tag{10.197}$$

Nach Einsetzen von $\omega_r = \frac{1}{\sqrt{LC}}$ folgt:

$$\boxed{Y_K = \sqrt{\frac{C}{L}}} \quad [Y_K] = \frac{1}{\Omega} \tag{10.198}$$

Der Kennleitwert des Parallelschwingkreises ist also das Reziproke des Kennwiderstandes beim Serienschwingkreis.

Güte

Der Gütefaktor ist wie beim Reihenschwingkreis definiert:

$$\boxed{Q = \frac{f_r}{b}} \tag{10.199}$$

Andere Darstellung der Güte:

$$Q = \frac{f_r}{b} = f_r \cdot 2\pi RC = \omega_r RC = \frac{RC}{\sqrt{LC}}$$

$$\boxed{Q = R \cdot \sqrt{\frac{C}{L}}} \tag{10.200}$$

Dämpfung

$$\boxed{d = \frac{1}{Q} = \frac{b}{f_r} = \frac{1}{R} \cdot \sqrt{\frac{L}{C}}} \tag{10.201}$$

Verstimmung

Die Verstimmung ist wie beim Reihenschwingkreis definiert:

$$\boxed{v = \frac{\omega}{\omega_r} - \frac{\omega_r}{\omega}} \tag{10.202}$$

10.4.2.5 Frequenzabhängigkeit der Ströme

Der Betrag des Gesamtstromes ist:

$$\boxed{I = I_R + I_L + I_C} \tag{10.203}$$

Der Teilstrom durch den Wirkwiderstand ist $I_R = U/R$.

Die Teilströme durch Spule und Kondensator sind wie im Abschnitt 10.4.1:

$$\boxed{I_L = \frac{U}{L} \cdot \frac{1}{\omega}} \tag{10.204}$$

$$\boxed{I_C = UC \cdot \omega} \tag{10.205}$$

Mit $L = 1\ \mathrm{H}$, $C = 1\ \mathrm{F}$, $R = 3\ \Omega$ und $U = 1\ \mathrm{V}$ ergibt sich der in Abb. 189 gezeigte Verlauf der Größen Z, I_L, I_C und $I(\omega)$ in Abhängigkeit der Frequenz.

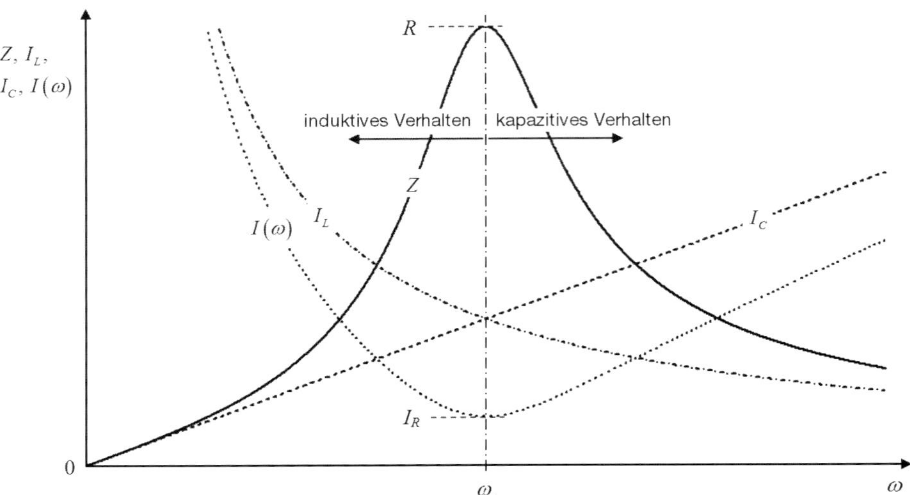

Abb. 189: Frequenzgang der Ströme und des Widerstandes beim Parallelschwingkreis mit Verlusten

Bei tiefen Frequenzen überwiegt der Einfluss der Induktivität. Da die Induktivität bei sehr niedrigen Frequenzen fast wie ein Kurzschluss wirkt, geht die Spannung am Parallelschwingkreis gegen null und der Gesamtstrom gegen unendlich. Der Teilstrom $\underline{I}_L$ strebt betrags- und winkelmäßig gegen $\underline{I}$. Der Gesamtstrom eilt der Spannung um annähernd $90°$ nach (induktives Verhalten), für den Phasenverschiebungswinkel gilt: $\varphi \to +90°$.

Bei Resonanz sind die beiden Ströme I_L und I_C gleich groß und heben sich auf, da sie um $180°$ phasenverschoben sind. Strom und Spannung sind in Phase ($\varphi = 0$). Der Gesamtstrom I nimmt mit $I_R = U/R$ sein Minimum ein. Der Gesamtwiderstand nimmt seinen maximalen Wert $Z = R$ an. Die Spannung am Schwingkreis wird maximal.

Bei sehr hohen Frequenzen überwiegt der Einfluss der Kapazität. Sie wirkt nahezu wie ein Kurzschluss. Der Teilstrom $\underline{I}_C$ strebt betrags- und winkelmäßig gegen $\underline{I}$. Der Gesamtstrom eilt der Spannung um annähernd $90°$ voraus (kapazitives Verhalten), für den Phasenverschiebungswinkel gilt: $\varphi \to -90°$.

Das Zeigerdiagramm der komplexen Ströme des Parallelschwingkreises zeigt die folgende Abbildung.

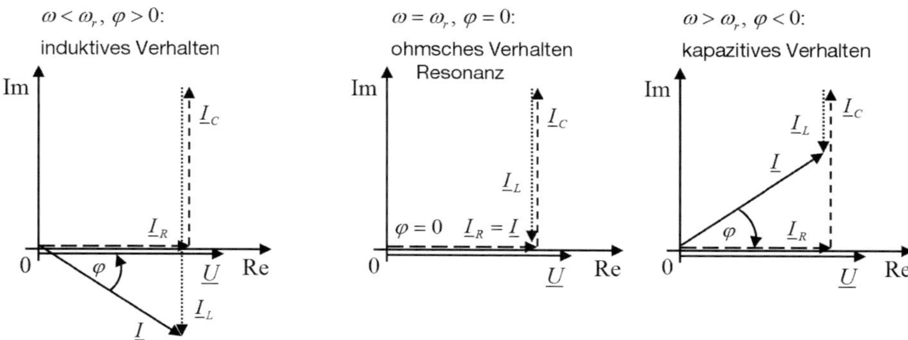

Abb. 190: Zeigerdiagramm der Spannung und der Ströme beim Parallelschwingkreis

Bestimmt werden die Teilströme und die Lage ihrer Maximalwerte (in Abhängigkeit von I und ω).

Entsprechend der Stromteilerregel[20] gilt: Bei einer Parallelschaltung von Widerständen teilen sich die Einzelströme im Verhältnis der Leitwerte auf.

$$\frac{I_\mu}{I} = \frac{G_\mu}{\sum\limits_{\nu=1}^{n} G_\nu}, \ \mu = 1, 2, \ldots, n \qquad (10.206)$$

Für den Strom $\underline{I}_R$ gilt somit:

$$\underline{I}_R = \underline{I} \cdot \frac{G}{G + j \cdot \left(\omega C - \frac{1}{\omega L} \right)} \qquad (10.207)$$

Der Betrag ist:

$$I_R = I \cdot \frac{G}{\sqrt{G^2 + \left(\omega C - \frac{1}{\omega L} \right)^2}} \qquad (10.208)$$

I_R nimmt bei $\omega_r = 1/\sqrt{LC}$ seinen Maximalwert (= Gesamtstrom in den Zuleitungen) an.

Für den Spulenstrom $\underline{I}_L$ gilt:

20 Siehe Abschnitt 3.2.4, Elektrotechnik für Studierende: Band 2 – Gleichstrom, Christiani-Verlag

$$\underline{I}_L = \underline{I} \cdot \frac{\frac{1}{j\omega L}}{G + j \cdot \left(\omega C - \frac{1}{\omega L} \right)} \tag{10.209}$$

Der Betrag ist:

$$I_L = I \cdot \frac{1}{\omega L \cdot \sqrt{G^2 + \left(\omega C - \frac{1}{\omega L} \right)^2}} \tag{10.210}$$

Für den Kondensatorstrom $\underline{I}_C$ gilt:

$$\underline{I}_C = \underline{I} \cdot \frac{j\omega C}{G + j \cdot \left(\omega C - \frac{1}{\omega L} \right)} \tag{10.211}$$

Der Betrag ist:

$$I_C = I \cdot \frac{\omega C}{\sqrt{G^2 + \left(\omega C - \frac{1}{\omega L} \right)^2}} \tag{10.212}$$

Nun wird untersucht, bei welcher Kreisfrequenz ω_{Cr} der Maximalwert des Kondensatorstromes I_C und bei welcher Kreisfrequenz ω_{Lr} der Maximalwert des Spulenstromes I_L auftritt. Dazu werden die ersten Ableitungen der Ströme nach ω gleich null gesetzt.

$$\frac{dI_L}{d\omega} \overset{!}{=} 0 \tag{10.213}$$

$$\frac{dI_C}{d\omega} \overset{!}{=} 0 \tag{10.214}$$

Die Berechnungen (die hier nicht gezeigt werden) ergeben:

$$\omega_{Lr} = \sqrt{\frac{1}{LC} - \frac{G^2}{2C^2}} \tag{10.215}$$

$$\omega_{Cr} = \sqrt{\frac{2}{2LC - G^2 L^2}} \tag{10.216}$$

Umformung von Gl. (10.215):

$$\omega_{Lr} = \sqrt{\frac{LC}{LC} \cdot \left(\frac{1}{LC} - \frac{1}{2} \cdot \frac{1}{R^2 C^2} \right)} = \sqrt{\frac{1}{LC} \cdot \left(1 - \frac{1}{2} \frac{L}{R^2 C} \right)} = \omega_r \cdot \sqrt{1 - \frac{1}{2} \cdot \frac{L}{R^2 C}}$$

Mit der Güte $Q = R \cdot \sqrt{\frac{C}{L}}$ und der Dämpfung $d = \frac{1}{Q}$ folgt:

$$\omega_{Lr} = \omega_r \cdot \sqrt{1 - \frac{1}{2} \cdot \frac{1}{Q^2}} = \omega_r \cdot \sqrt{1 - \frac{1}{2} \cdot d^2} \quad (d \le \sqrt{2}) \tag{10.217}$$

Somit ist: $\omega_{Lr} < \omega_r$

Der Maximalwert des Spulenstromes liegt nicht bei ω_r, sondern bei einer kleineren Kreisfrequenz.

Umformung von Gl. (10.216):

$$\omega_{Cr} = \sqrt{\frac{\frac{1}{LC}}{1 - \frac{G^2 L}{2C}}} = \sqrt{\frac{\omega_r^2}{1 - \frac{1}{2} \cdot \frac{L}{R^2 C}}}$$

Mit der Güte $Q = R \cdot \sqrt{\frac{C}{L}}$ und der Dämpfung $d = \frac{1}{Q}$ folgt:

$$\omega_{Cr} = \omega_r \cdot \frac{1}{\sqrt{1 - \frac{1}{2} \cdot \frac{1}{Q^2}}} = \omega_r \cdot \frac{1}{\sqrt{1 - \frac{1}{2} \cdot d^2}} \quad (d \le \sqrt{2}) \tag{10.218}$$

Somit ist: $\omega_{Cr} > \omega_r$

Der Maximalwert des Kondensatorstromes liegt nicht bei ω_r, sondern bei einer größeren Kreisfrequenz.

Bei großer Schwingkreisgüte ($d \to 0$) sind die Kreisfrequenzen fast identisch: $\omega_{Lr} \approx \omega_{Cr} \approx \omega_r = 1/\sqrt{LC}$. Je kleiner die Schwingkreisgüte wird, desto weiter rücken ω_{Lr} und ω_{Cr} auseinander.

Einen Grenzfall stellt der Wert $d = \sqrt{2}$ bzw. $Q = 1/\sqrt{2}$ dar. Für $d \to \sqrt{2}$ gilt: $\omega_{Lr} \to 0$ und $\omega_{Cr} \to \infty$.

Für $d > \sqrt{2}$ tritt keine Resonanzerscheinung mehr auf. Der Strom durch die Spule und den Kondensator kann dann maximal gleich dem Gesamtstrom werden. Eine Stromüberhöhung kann aber nur für eine Güte $Q > 1/\sqrt{2}$ auftreten.

Wie bereits beim verlustfreien Parallelschwingkreis zum Begriff Stromüberhöhung erläutert, können Teilströme durch Spule und Kondensator auftreten, die erheblich größer als der Gesamtstrom sind. Deshalb spricht man beim Parallelschwingkreis auch von **Stromresonanz**.

Der normierte Spulenstrom ist:

$$\frac{I_L}{I} = \frac{1}{\omega L \cdot \sqrt{G^2 + \left(\omega C - \frac{1}{\omega L}\right)^2}} \tag{10.219}$$

Der normierte Kondensatorstrom ist:

$$\frac{I_C}{I} = \frac{\omega C}{\sqrt{G^2 + \left(\omega C - \frac{1}{\omega L}\right)^2}} \tag{10.220}$$

Im Resonanzfall ist die Stromüberhöhung:

$$Q = \frac{I_L}{I} = \frac{I_C}{I} = \frac{R}{\omega_r L} = \omega_r RC = R \cdot \sqrt{\frac{C}{L}} \tag{10.221}$$

Die Teilströme I_L und I_C werden Q-mal größer als der Gesamtstrom I in den Zuleitungen.

Die beiden nächsten Abbildungen zeigen den Frequenzgang von Spulen- und Kondensatorstrom für die Gütefaktoren 10, 5 und 3.

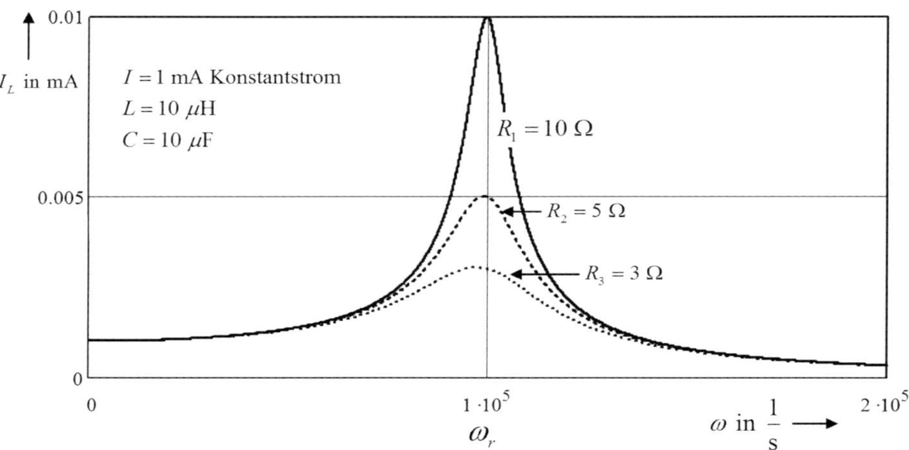

Abb. 191: Frequenzgang der Resonanzkurve, Verlauf des Spulenstromes beim Parallelschwingkreis für drei verschiedene Werte des Wirkwiderstandes in Abhängigkeit der Kreisfrequenz (bei konstantem Strom)

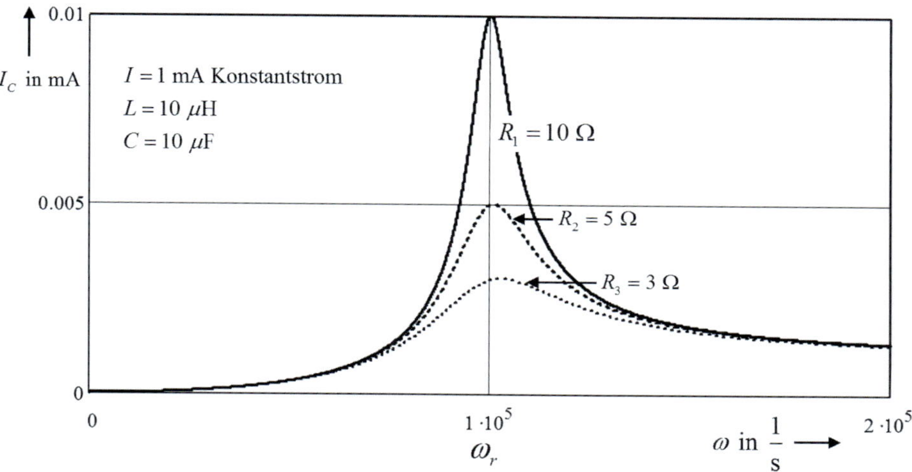

Abb. 192: Frequenzgang der Resonanzkurve, Verlauf des Kondensatorstromes beim Parallelschwingkreis für drei verschiedene Werte des Wirkwiderstandes in Abhängigkeit der Kreisfrequenz (bei konstantem Strom)

10.4.2.6 Berücksichtigung realer Bauelemente

Wird bei einem Parallelschwingkreis angenommen, dass der Kondensator nicht ideal, sein Dielektrikum also kein vollkommener Isolator ist, so werden die Verluste in einem parallel geschalteten Leitwert G_C berücksichtigt.

Wird zusätzlich die Spule als real angenommen, so muss in Reihe mit der Induktivität der ohmsche Widerstand R_L der Drahtwicklung berücksichtigt werden.

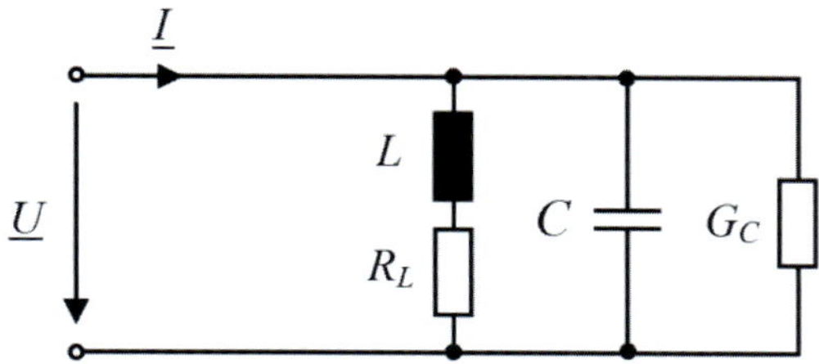

Abb. 193: Technischer Parallelschwingkreis mit Verlusten in Kondensator und Spule

Der Eingangsleitwert des technischen Parallelschwingkreises nach Abb. 193 ist:

$$\underline{Y} = G_C + j\omega C + \frac{1}{R_L + j\omega L}$$

$$\underline{Y} = G_C + \frac{R_L}{R_L^2 + \omega^2 L^2} + j \cdot \left(\omega C - \frac{\omega L}{R_L^2 + \omega^2 L^2} \right) \tag{10.222}$$

Bei Resonanz: $\mathrm{Im}\{\underline{Y}\}=0$

$$\omega C-\frac{\omega L}{R_L^2+\omega^2 L^2}=0;\ \omega\cdot\left[C\cdot\left(R_L^2+\omega^2 L^2\right)-L\right]=0;\ \omega^2 L^2 C+R_L^2 C-L=0;$$

$$\omega^2=\frac{1}{LC}-\frac{R_L^2}{L^2}$$

$$\boxed{\omega=\sqrt{\frac{1}{LC}-\frac{R_L^2}{L^2}}=\sqrt{\omega_r^2-\frac{R_L^2}{L^2}}} \qquad (10.223)$$

Die Kreisfrequenz, bei der Resonanz vorliegt, wird kleiner als ω_r. Je größer der Wert von R_L wird, umso niedriger wird die Resonanzfrequenz. Wie die nächste Abbildung zeigt, werden die verlustbedingten Eigenschaften des Parallelschwingkreises vor allem durch den ohmschen Wicklungswiderstand der Spule festgelegt.

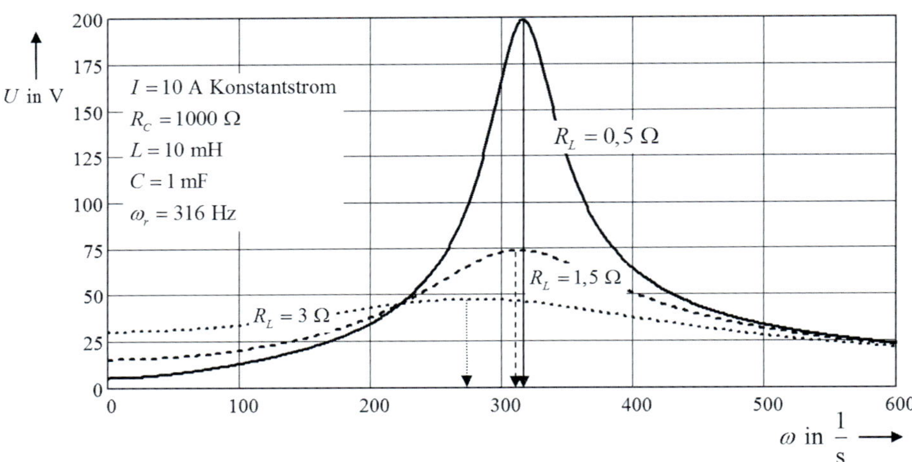

Abb. 194: Resonanzkurven eines technischen Parallelschwingkreises mit unterschiedlichen Wicklungswiderständen der Spule und dadurch unterschiedlichen Resonanzkreisfrequenzen

10.4.3 Anwendungen von Schwingkreisen

10.4.3.1 Anwendungen eines Reihenschwingkreises

Die Bandbreite bzw. die Güte ist eine wichtige Kenngröße eines Schwingkreises. Besteht die speisende Spannung aus einer Überlagerung mehrerer Teilspannungen mit unterschiedlichen Frequenzen, so wird durch diejenige Teilspannung der größte Strom erzeugt, deren Frequenz mit der Resonanzfrequenz des Reihenschwingkreises übereinstimmt. Mit einem Reihenschwingkreis kann daher eine Spannung mit einer bestimmten Frequenz aus einem Frequenzgemisch „herausgesiebt“, d. h. unterdrückt oder hervorgehoben werden. Mit Hilfe von Schwingkreisen lassen sich Siebschaltungen (Filterschaltungen) realisieren. Damit dieses „Sieben" möglichst ohne die Mitnahme von benachbarten Frequenzen erfolgt, muss die Resonanzkurve auf beiden Seiten der Resonanzfrequenz möglichst steil abfallen. Je kleiner die Bandbreite eines Reihenschwingkreises ist, umso besser ist seine Wirkung als **Siebglied** und umso höher ist die Trennschärfe des Kreises als Bandsperre. Eine **Bandsperre** dient zur **Unterdrückung** von Spannungen mit Frequenzen, die in einem bestimmten Frequenzbereich liegen, sie lässt nur Spannungen mit Frequenzen unterhalb der unteren Grenzfrequenz f_1 und oberhalb der oberen Grenzfrequenz f_2 durch. Spannungen mit Frequenzen um die Resonanzfrequenz f_r herum werden stark gedämpft, da sie durch den kleinen Resonanzwiderstand des Reihenschwingkreises fast kurzgeschlossen werden.

Je schmaler und spitzer die Resonanzkurve eines Reihenschwingkreises ist, d. h., je kleiner seine Bandbreite ist, desto stärker werden Spannungen mit Frequenzen in unmittelbarer Nähe der Resonanzfrequenz unterdrückt oder hervorgehoben.

Die Bandbreite eines Reihenschwingkreises ist umso kleiner, je

- kleiner der Wirkwiderstand R,
- größer die Induktivität L,
- kleiner die Kapazität C ist.

Bei Einsatz eines Reihenschwingkreises als Bandsperre wird die Spannung über der Serienschaltung von Spule und Kondensator abgegriffen.

Der Reihenschwingkreis kann auch als **Bandpassfilter** zur **Hervorhebung** einer bestimmten Frequenz (der Resonanzfrequenz) verwendet werden. Die Spannungen an Spule und Kondensator sind (wie gezeigt wurde) bei der Resonanzfrequenz wegen der Spannungsresonanz wesentlich größer als die speisende Spannung (Generatorspannung).

Bei Einsatz eines Reihenschwingkreises als Bandpassfilter wird die Spannung entweder an der Spule oder am Kondensator abgegriffen.

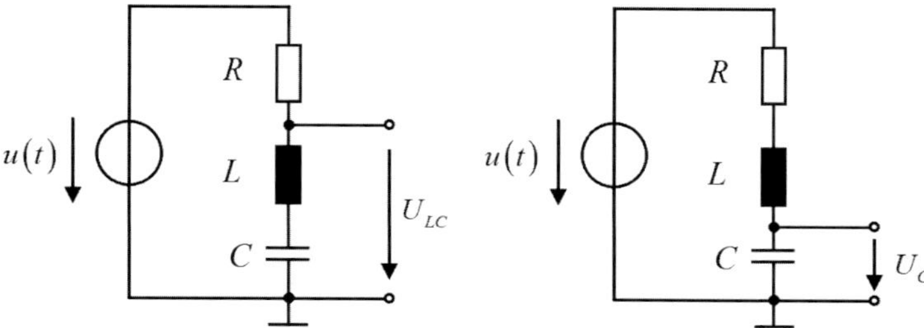

Abb. 195: Abgriff der Spannungen beim Reihenschwingkreis, Bandsperre zur Unterdrückung einer Frequenz (links), Bandpassfilter zum Hervorheben einer Frequenz (rechts)

Am häufigsten wird ein Reihenschwingkreis als Bandsperre zur Unterdrückung von Spannungen mit unerwünschten Frequenzen eingesetzt. Ein Anwendungsfall ist z. B. in der Rundfunktechnik die Störungsunterdrückung bei einem gestörten Empfänger. Überlagert ein sehr starker Sender alle anderen Sender, so kann parallel zum Empfängereingang ein Reihenschwingkreis geschaltet werden. Stimmen die Resonanzfrequenz des Schwingkreises und die Sendefrequenz des Störsenders überein, so wird die Spannung des Störsenders praktisch kurzgeschlossen. Der Reihenschwingkreis wird in der Nachrichtentechnik und in der Leistungselektronik auch als **Saugkreis** bezeichnet, weil er im Resonanzfall einen hohen Strom zieht.

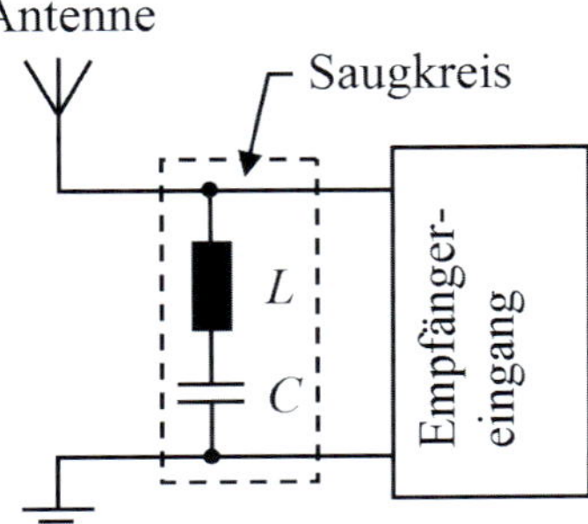

Abb. 196: Anwendung des Reihenschwingkreises als Saugkreis zur Entstörung

10.4.3.2 Anwendungen eines Parallelschwingkreises

Je größer der Wirkwiderstand R wird, umso größer werden die Maximalwerte von $|\underline{Z}|$ bei der Resonanzfrequenz. Mit größer werdendem R nimmt die Dämpfung ab und der Gütefaktor Q zu.

Bei der Resonanzfrequenz ist der Widerstand des Parallelschwingkreises am größten, und der von der Schaltung aufgenommene Gesamtstrom am kleinsten. Der Parallelschwingkreis kann in der Praxis daher als „Sperrkreis" zur Unterdrückung einer unerwünschten Frequenz eingesetzt werden. Besteht die speisende Spannung aus einer Überlagerung mehrerer Teilspannungen mit unterschiedlichen Frequenzen, so wird derjenige Teilstrom, dessen Frequenz gleich der Resonanzfrequenz ist, durch den hohen Widerstand des Schwingkreises nahezu „gesperrt". **Beim Einsatz als Sperrkreis wird die weiter zu verarbeitende Spannung an einem Widerstand in Reihe zum Parallelschwingkreis abgegriffen**.

Bei Resonanz ruft diejenige Teilspannung, deren Frequenz der Resonanzfrequenz entspricht, am Parallelschwingkreis den größten Spannungsabfall hervor. Der Parallelschwingkreis kann deshalb auch als Bandpassfilter (als „**Abstimmkreis**") verwendet werden. **Beim Einsatz als Abstimmkreis wird die weiter zu verarbeitende Spannung direkt am Parallelschwingkreis**

abgegriffen. Damit Spannungen mit Frequenzen, die nicht bei der Resonanzfrequenz liegen, durch den kleinen Widerstand des Parallelschwingkreises zusammenbrechen, muss der Innenwiderstand der speisenden Spannungsquelle hoch sein oder durch einen Widerstand in Reihe zum Parallelschwingkreis künstlich vergrößert werden. Da dieser Widerstand durch die ideale Spannungsquelle mit dem Innenwiderstand null Ohm parallel zum Schwingkreis liegt, wird die Güte des Schwingkreises umso höher, je größer dieser Widerstand ist.

In der Hochfrequenztechnik sind die meisten Schwingkreise Abstimmkreise. Sie dienen z. B. beim Radioempfänger dazu, eine bestimmte Frequenz eines Senders aus den verschiedenen Frequenzen der Sender hervorzuheben. Je näher die Frequenzen zweier Sender nebeneinander liegen, umso schwieriger sind die Sender zu trennen, und umso höher muss die Güte des Schwingkreises sein. Derjenige Sender, dessen Frequenz der Resonanzfrequenz des Parallelschwingkreises entspricht, ruft an diesem die größte Spannung hervor, welche verstärkt und weiter verarbeitet werden kann. Als Abstimmkreis wird fast ausschließlich der Parallelschwingkreis verwendet.

Soll ein Schwingkreis auf verschiedene Resonanzfrequenzen einstellbar sein, so kann dies durch eine Veränderung des Kapazitätswertes geschehen. Dazu können Drehkondensatoren oder Kapazitätsdioden eingesetzt werden.

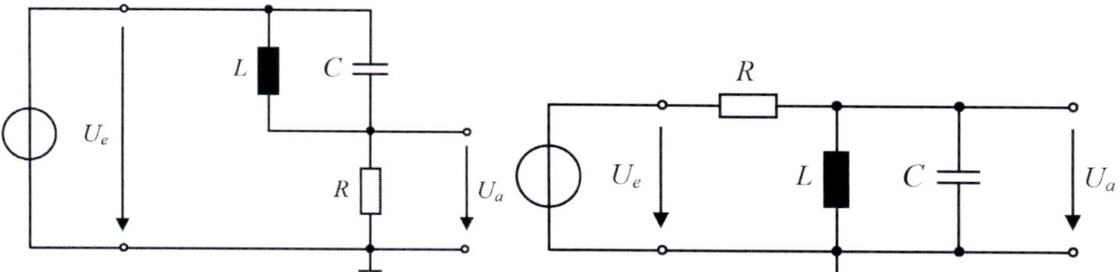

Abb. 197: Parallelschwingkreis als Sperrkreis (links) und als Abstimmkreis (rechts)

10.4.4 Zusammenfassung

1. Im Resonanzfall kompensieren sich die Blindleitwerte der Induktivität und der Kapazität, der Parallelschwingkreis wirkt wie ein ohmscher Widerstand.
2. Der Widerstand des Parallelschwingkreises ist bei der Resonanzfrequenz am größten: $Z = R$.
3. Unterhalb der Resonanzkreisfrequenz verhält sich der Kreis induktiv, oberhalb kapazitiv.
4. Im Resonanzfall ist der Strom in den Zuleitungen beim Parallelschwingkreis am kleinsten.

5. Die Spannung am Parallelschwingkreis wird bei der Resonanzkreisfrequenz maximal.
6. Je größer der ohmsche Widerstand ist, umso kleiner ist die Dämpfung.
7. Als Kennleitwert ist $Y_K = \sqrt{C/L}$ definiert.
8. Der Maximalwert des Spulenstromes liegt bei einer kleineren Kreisfrequenz als der Resonanzfrequenz.
9. Der Maximalwert des Kondensatorstromes liegt bei einer größeren Kreisfrequenz als der Resonanzfrequenz.
10. Im Resonanzfall können durch Resonanzüberhöhung Teilströme durch Spule und Kondensator auftreten, die erheblich größer als der Gesamtstrom (Zuleitungsstrom) sind.
11. Die Resonanzfrequenz wird umso niedriger, je größer der Wicklungswiderstand der Spule ist.
12. Ein Parallelschwingkreis kann als Sperrkreis oder als Abstimmkreis eingesetzt werden.

11 Literaturverzeichnis

Ahlers, H.: Grundlagen der Elektrotechnik II, Fachhochschule Wilhelmshaven, 21. September 2008

Beckert, U.: Wechselstromtechnik, Skriptum für Nichtelektrotechniker, TU Bergakademie Freiberg, Januar 2006

Bisterfeld, M.: Skript Grundlagen der Elektrotechnik III, Fachhochschule Karlsruhe, 01.03.2001

Buch, G., Küpper,T.: Grundlagen der Elektrotechnik FK03

Friedemann, M.: Grundlagen der Elektrotechnik 2, Zeitabhängige Vorgänge, Pforzheim 2012

Fuhrmann, T.: Ergänzung Komplexe Zahlen

Gellißen, H. D.: Netzwerke bei zeitabhängiger Erregung, Eine Einführung, Juni 2005

Götze, J.: Vorlesungsunterlagen Grundlagen der Schaltungstechnik, Universität Dortmund, WS 98/99

Hartmann: Skriptum zu den Grundlagen der Elektrotechnik, 02.10.2002

Hering, E., Bressler, K., Gutekunst, J.: Elektronik fiir Ingenieure und Naturwissenschaftler, Springer-Verlag 2005

Kallenrode, M.-B.: Einführung in die Elektronik, Universität Osnabrück, 26.10.2006

Laur, R.: Grundlagen der Elektrotechnik für Produktionstechniker und Wirtschaftsingenieure

Meerkötter, K.: Bemerkungen zu den komplexen Zahlen und zur komplexen Wechselstromrechnung, 21. August 2009

Paul, M.: Bauelemente der Technischen Informatik, Universität Trier, Vorlesungsskript SS 2003

Petry, S.: Einführung in die Theoretische Physik, Der elektrische Strom – Wesen und Wirkungen, Teil III: Elektrische Stromkreise, 25. Oktober 2010

Schäfer, U.: Einführung in die Elektrotechnik, Teil I, Universität Stuttgart, 2004

Schlup, M.: Wechselstromlehre, ZHaW, Departement T, 7. September 2008

Schmidt-Walter, H.: Elektrotechnik 1, Skriptum

Schneider-Obermann, H.: Basiswissen der Elektro-, Digital- und Informationstechnik, Für Informatiker, Elektrotechniker und Maschinenbauer, Vieweg-Verlag. Okt 2006

Schröder, G.: Elektrotechnik für Maschinenbauer, Teil 1: Grundlagen, Vorlesungsskript, Stand 1.03

Skrotzki, T.: Elektrotechnik / Elektronik, Grundlagen der Gleich- und Wechselstromtechnik, Fachhochschule Südwestfalen, Skript zur Vorlesung für Wirtschaftsingenieure und Wirtschaftsinformatiker, Version 1.0 04.04.2003

Stiny, L.: Grundwissen Elektrotechnik, Franzis-Verlag, 2011

Stiny, L.: Aufgaben mit Lösungen zur Elektrotechnik, Franzis-Verlag, 2008

Stiny, L.: Elektrotechnik für Studierende, Band 1: Grundlagen, Christiani-Verlag, 2012

Stiny, L.: Elektrotechnik für Studierende, Band 2: Gleichstrom, Christiani-Verlag, 2012

Suchaneck: Grundlagen der Elektrotechnik II, TFH Berlin, SS 2006

Toonen, H.: Grundlagen der Elektrotechnik, Fachhochschule Gelsenkirchen

Wachutka, G.: Elektromagnetische Feldtheorie, Vorlesungsskript, Lehrstuhl für Technische Elektrophysik, Technische Universität München, 29. November 2011

Werner, R.: Ergänzende Unterlagen zur Vorlesung Grundlagen der Elektrotechnik (437.201) für Elektrotechnik-Studierende und Biomedical Engineering-Studierende, 13. November 2006

Wilfried Plaßmann, W., Schulz, D.: Handbuch Elektrotechnik, 5., korrigierte Auflage 2009, Vieweg+Teubner

Weißgerber, W.: Elektrotechnik für Ingenieure 2, 6., überarbeitete Auflage, Vieweg 2007

12 Stichwortverzeichnis

3

A

B

C

D

E

F

G

H

I

K

L

M

N

O

P

Q

R

S

T

U

V